力学ステーション

時間と空間を舞台とした
物体の振る舞い

小林幸夫 著

森北出版

下記のサイトより補注(pdfファイル)をダウンロードできます．
https://www.morikita.co.jp/books/mid/016061

● 本書の補足情報・正誤表を公開する場合があります．当社Webサイト（下記）
で本書を検索し，書籍ページをご確認ください．
https://www.morikita.co.jp/

● 本書の内容に関するご質問は下記のメールアドレスまでお願いします．なお，
電話でのご質問には応じかねますので，あらかじめご了承ください．
editor@morikita.co.jp

● 本書により得られた情報の使用から生じるいかなる損害についても，当社およ
び本書の著者は責任を負わないものとします．

[JCOPY] 〈(一社)出版者著作権管理機構 委託出版物〉
本書の無断複製は，著作権法上での例外を除き禁じられています．複製される
場合は，そのつど事前に上記機構（電話 03-5244-5088, FAX 03-5244-5089,
e-mail: info@jcopy.or.jp）の許諾を得てください．

まえがき

　電車に乗っていると，単調に流れていく中にも，印象に残る景色があるものです．満員電車だと，そういう情緒が失せてしまうことがしばしばです．学生の方々も，電車に乗ったとき，あまり景色を眺めていないのではないでしょうか．でも，その景色を楽しむゆとりがほしいところです．

　本書は，「力学の考え方を知るための電車」に乗って旅立つときのガイドブックです．途中のいくつかの駅で降りて，その周辺を車に乗らずに自分の足で歩いてみようという学生の方を対象としています．どの駅で降りたらよいかがわからないという，旅に不慣れな方々に「ここの駅が楽しそうですよ」という道案内をするつもりです．旅慣れた方々のためのガイドブックではありません．そういう方々は，すでに旅の楽しみ方をよく知っているはずだからです．また，すべての駅で降りることはしません．そんなことをしたら，どの駅でも降りなかったのと同じことになるからです．

　【図と絵】　本文中の図と絵（イラスト）は，プロではなく著者自身が描いたので，見にくい部分があるかもしれません．しかし，読者の方々に図と絵の表している意図を理解していただければ幸いです．

　〈謝辞〉本書の執筆にあたって，終始激励していただき，貴重なアドバイスを賜った森北出版の多田夕樹夫氏に厚くお礼申し上げます．

2002 年 11 月

著　者

第 2 刷によせて

　要点だけをコンパクトにまとめた本が多い時代に，文章の長い本書を贈るのは，根底からゆっくり探究する読者を想定しているからです．このたび森北出版のご理解のもとに，第 2 刷をオンデマンドで出版することができました．今回の趣旨は，初版 1 刷の誤植を修正し，一部の図面を差し替えることです．

　オンデマンド出版までのご尽力に対して，森北出版の石田昇司氏に深く感謝致します．

2009 年 1 月

小林　幸夫

本書の特色

1 測定の意味に基づいて量と数の概念から出発する

物理学は，異なる物理量の間で成り立つ法則を見つける科学である。測定しなくても，物体が存在すれば，長さ，質量などはもともと物体に備わっている。人の都合で，これらを数で表しているにすぎない。量を数で表すと，量どうしの間にどんな関係が成り立つかを見つけやすくなるからである。量を数で表す方法を「測定」という。

このように，物理学には「量の科学」の側面がある。しかし，現状の物理教育では，測定の意味に基づいて量と数の概念を深く学習する機会が乏しい。このため，物理量について多くの誤解と混乱が生じている。量と数は，まったく異なる概念である。2 m，2 kg，…のどの物理量を表すときにも，数 2 を使う。量がなければ数は現れない。本書では，2 m，2 kg，…などが，どんな意味を表すかを理解する。物差を使わずに長さを測る段階から順序正しく考える。

最近の中学・高校では，実験時間を削減する傾向がある。このため，大学に入学した学生の多くは，有効数字の扱いに慣れていない。本書では，有効数字についても簡単に説明したので，実験科目の参考にもなる。

2 力学現象を「時間の観点」と「空間の観点」から考察する

■運動の勢いの意味をはっきりさせる

重力による運動は，もっとも身近な力学現象である。それにもかかわらず，単なる例題程度にしか扱っていない教科書もある。しかし，重力による運動には，重大な問題の手がかりが隠されている。「運動の勢いを表すために，どんな量を考えるのが適切か」という問題である。歴史を振り返ると，ガリレイもデカルトも，重力による落下運動から出発している。

そもそも，何を「勢い」というのか。これを決めない限り，「勢いの表し方」といっても意味がない。本書では，ボールの投げ上げと投げ下ろしをくわしく見直し，勢いの意味をはっきりさせる。その結果から，運動の勢いを「時間の観点」で表すときには運動量，「空間の観点」で表すときには運動エネルギーが適切な量であることを示す。回転の勢いを「時間の観点」で表すときには，これらとは別に角運動量を導入すると都合がよい。これらの三つの物理量が，運動の勢いを表すとき同じレベルの量である。

■三つの命題を出発点にする

運動の勢いの変化とその原因を明瞭にする。運動の勢いを表す量（運動量，運動エネルギー，角運動量）をはじめに導入するのは，このためである。運動方程式を出発点にする立場ではなく，

① 並進運動の勢いを「時間の観点」から見るとき：「運動量は，外界から受けた力積の分だけ変化する」
② 回転運動の勢いを「時間の観点」から見るとき：「角運動量は，外界から受けた力積のモーメントの分だけ変化する」
③ これらの勢いを「空間の観点」から見るとき：「運動エネルギーは，外界から受けた仕事の分だけ変化する」

の三つの命題を出発点にする。力学現象について，「時間の観点」と「空間の観点」の両方の見方を身につけると，波動現象を学ぶときにも大いに役立つ。言語についても「時代とともにどのように変遷したか」

という見方と「地域によって方言がどうちがうか」という見方がある。

ニュートンの運動方程式は，電磁気学のマクスウェルの方程式に匹敵する。初等的な電磁気学では，マクスウェルの方程式から出発しないで，最初に「クーロンの法則」「アンペールの法則」「ファラデーの法則」を学ぶ。力学は，電磁気学と進み方が反対で，ニュートンの運動方程式から出発して保存則を導く。初学者がいきなりマクスウェルの方程式の使い方を習っても，電磁気学の現象を理解することはむずかしい。同様に，ニュートンの運動方程式を押し付けられても，初学者にはなじみにくい。そこで，上記の法則に足並みをそろえて，力学でも三つの命題から学習するというシナリオにした。

■ **現象の因果関係をはっきりさせる**

ニュートンの運動方程式は，力学の基本の方程式である。しかし，「物体が力を受けて加速度が生じる」という表現は初学者にはわかりにくい。このため，運動方程式の形では因果律の見方が明瞭になりにくい。そのせいか，学生は運動方程式を単なる公式として暗記する傾向がある。$m\vec{a}$ という力がはたらいていると誤解する学生も少なくない。「力学とは，運動方程式という微分方程式を解くことが目的の分野である」と思い込む学生も現れる。

そこで，「時間 dt をかけながら力 $\vec{F}$ が，ある向きにはたらいたから（原因），その向きに勢い（運動量）が $d(m\vec{v})$ だけ変化した（結果）」という因果律の見方を強調した。「加速度が生じる」という表現の代わりに「速度（または運動量）が変化する」といい表すことにした。運動量の変化を $d(m\vec{v})/dt = \vec{F}$ と表さないで，$d(m\vec{v}) = \vec{F}\,dt$ と書いた。加速度を使わない理由は，時間についての2階微分は，実感がつかみにくいからだという着想だけではない。上級コースで解析力学に進むと，加速度ではなく「一般化した運動量」を扱うという点も考慮したからである。「時間の観点」と「空間の観点」の両面で「勢いの変化」を表すと，運動方程式（質量×加速度＝力）を仮定する事情が見えてくる。「(質量×加速度) が力に比例し，その比例定数の値を 1 とする」というあいまいな説明を避けることができる。力を（質量×加速度）と同じ次元の量とする必然性を理解しやすくした。

■ **エネルギー原理の導入の仕方を見直す**

エネルギー原理の導入にも注意した。高校物理では，等加速度運動の場合，$v^2 - v_0^2 = 2as$（v：速度，v_0：初速度，a：加速度，s：変位）の両辺に $\frac{1}{2}m$（m：質量）を掛けてエネルギー原理を導く。この方式は唐突な印象を与える。大学物理では，運動方程式を空間積分（速度を掛けて時間で積分）してエネルギー原理を説明する。本書では，「時間に速度を掛けると変位になるので，時間の観点（運動量と力積の方程式）から空間の観点（運動エネルギーと仕事の方程式）に翻訳する操作である」と説明した。力学的エネルギー保存則を使って問題を解く場合，運動方程式よりも使いやすいと説明する教科書がある。これに対して，「空間の観点から力学現象を見た」という立場を明確にしようと試みた。

3 微分の概念を見直す

本書では，従来の力学の教科書とちがって，dx を Δx が無限に小さくなった極限とは考えない。この扱いはあいまいである。Δx がどの程度の大きさになったら dx と書くのかわからない。そもそも dx と Δx は，量の大きさのちがいではなく，概念そのものが異なる。dx は，ある位置から測った座標（または局所座標軸の名称）であり，大きさに制約はない。これに対して，Δx は単なる「位置の変化分」にすぎない。経済数学でも，この立場で線形近似を通じて微分の概念を説明している。微分 dx, dt は，慣性の概念とも密接に関わっている（5.2節 [注意 2]）。

目 次

0 プロローグ
- 0.1 なぜ古典力学なのか……………………………………………………………… 2
- 0.2 理想化した状況の設定——思考実験……………………………………………… 2
- 0.3 対象の単純化……………………………………………………………………… 2

1 物理量の測定の仕方
- 1.1 長さの測定——なぜ測定という操作が必要なのか……………………………… 6
- 1.2 測定値と有効数字………………………………………………………………… 11
  - 1.2.1 測定器械の目盛の読み方　11
  - 1.2.2 測定値の演算の方法　13
- 1.3 時間の測定——目に見えない量をどのように測定するか……………………… 15
  - 1.3.1 時間の単位と60進法　16
  - 1.3.2 時刻と時間　16
- 1.4 長さと時間のオーダー…………………………………………………………… 17

2 運動の記述の仕方
- 2.1 位置の移動………………………………………………………………………… 20
  - 2.1.1 運動の調べ方——時間の観点と空間の観点　20
  - 2.1.2 変位の表し方　21
  - 2.1.3 ベクトルの演算——加法とスカラー倍　22
- 2.2 位置の表し方……………………………………………………………………… 26
  - 2.2.1 位置ベクトル——矢印で位置を表す　26
  - 2.2.2 座標の概念——数で位置を表す　27
  - 2.2.3 ベクトルの成分表示——矢印と座標を同一視する　29
- 2.3 速度——変位の時間変化………………………………………………………… 33
  - 2.3.1 速さの表し方——時間の観点と空間の観点　33
  - 2.3.2 速さを求める式の意味　34
  - 2.3.3 速度と速さ　35
  - 2.3.4 平均速度と瞬間速度——「微分」の概念を導入する事情　38
- 2.4 加速度——速度の時間的変化…………………………………………………… 46
- 2.5 加速度から速度と位置を求める方法——「積分」の概念を導入する事情……… 50

3 力

- 3.1 力のはたらき ……………………………………………………………… 56
- 3.2 慣性系 ……………………………………………………………………… 58
- 3.3 物体にはたらいている力の見つけ方 …………………………………… 61
- 3.4 力の図示 …………………………………………………………………… 62
- 3.5 作用と反作用——物体を押す力と物体が押し返す力の関係 ………… 65
- 3.6 重力の表し方 ……………………………………………………………… 68
- 3.7 力の効果の表し方 ………………………………………………………… 73
  - 3.7.1 力積——時間の観点から力の効果を調べる　73
  - 3.7.2 仕事——空間の観点から力の効果を調べる　74
  - 3.7.3 トルク——回転の効果　82

4 運動の基本的な量

- 4.1 運動の勢いの表し方——時間の観点と空間の観点 …………………… 90
  - 4.1.1 運動量と運動エネルギー　90
  - 4.1.2 時間の観点から勢いを調べる　93
  - 4.1.3 空間の観点から勢いを調べる　101
- 4.2 質量の測定 ………………………………………………………………… 104
- 4.3 基本単位と組立単位 ……………………………………………………… 106
- 4.4 角運動量——回転の勢いの表し方 ……………………………………… 106

5 いろいろな力学現象

- 5.1 位置エネルギー——落下運動再論 ……………………………………… 118
- 5.2 斜方投射——なぜ放物運動するのか …………………………………… 125
- 5.3 空気抵抗を受ける運動 …………………………………………………… 132
- 5.4 摩擦を受ける運動 ………………………………………………………… 136
- 5.5 円運動 ……………………………………………………………………… 150
- 5.6 振　動 ……………………………………………………………………… 155
  - 5.6.1 単振動　155
  - 5.6.2 減衰振動　170
  - 5.6.3 ばねを介した2物体の振動　175
- 5.7 衝　突 ……………………………………………………………………… 181
- 5.8 天体の運動と万有引力 …………………………………………………… 187

6 剛体の運動

- 6.1 剛体とは …………………………………………………………………… 196
- 6.2 剛体のつりあい …………………………………………………………… 196
- 6.3 回転の勢いの表し方再論——慣性モーメント ………………………… 201
  - 6.3.1 固定軸のまわりの剛体の回転　201
  - 6.3.2 剛体の平面運動　210
- 6.4 角運動量保存則 …………………………………………………………… 219

7　非慣性系で観測した運動の法則

7.1　慣性系で観測した運動 …………………………………………………………… 222
7.2　非慣性系で観測した運動 ………………………………………………………… 223
7.3　回転座標系で観測した運動 ……………………………………………………… 228

8　エピローグ

付　録
- **A**　　異なる力学現象の間の共通性　　234
- **B**　　重力質量と慣性質量　　236
- **C**　　三角比から三角関数へ　　237
- **D**　　等号の意味　　239
- **E**　　文字の使い方　　240
- **F**　　グラフの書き方　　243

索　引　244

0 プロローグ
——力学の研究のはじめに

キーワード◆方法の科学，量の科学，思考実験，モデル化

物理学の方法は，観察した結果を定量的に分析していくという点に特徴がある。このため，物理学を「方法の科学」または「量の科学」と呼ぶことがある。物理学は，ある手順を繰り返すことによって，自然現象を説明する科学である。一つ一つの現象を観測する。データを整理して，量と量の間に成り立つ法則を見つける。さらに，その法則がほかの現象にもあてはまるかどうかを調べ，法則の適用範囲を明らかにする。その際，現象をモデル化して数値計算し，実験と比較しながら描像を修正していく。

こういう方法で，一見ちがった現象でも同じ法則で説明できる例が見つかった。リンゴの落下と天体の運行は，どちらも万有引力が引き起こしている。これは，驚きでもあり，おもしろいところでもある。他方，法則の適用限界に達したとき，新しい理論体系に拡張してきたという歴史の流れがある。20世紀初期に，日常の力学の考え方は，原子と分子の世界では成り立たないことがわかり，量子力学が建設された。

物理学の進歩とともに，量の測定または量と量の間の関係を解析するために数学の方法が発展した。高校の数学で学習したベクトルと微積分は，運動学，力学と密接な関係がある。どのようにして数学を使うのかという考え方が，ほかの分野の研究のヒントにもなる。化学だけでなく，生物学，工学，経済学などの学問分野も，物理学の方法から影響を受けている。このため，物理学の概念と思考方法を体得すると，どの分野を専攻するにしても役に立つ場合が少なくない。

15世紀頃，自然現象を対象とした学問分野を自然哲学（natural phylosophy）と呼ぶようになった。やがて16世紀になって，化学が錬金術から学問として誕生した。この時期に，physics ということばが生まれたようである。これが現在の物理学にあたる。したがって，物理学も化学と同じように自然現象の観察から始まる。

物理学は哲学の影響を強く受けている。1992年になって，ガリレオ裁判にようやく終止符が打たれたという（1992年11月1日付朝日新聞）。しかし，物理学は哲学そのものではないから，数学の方法で現象を記述する。

0.1 なぜ古典力学なのか

本書で扱う内容は，物理学の中でももっとも基礎的な古典力学に限定している。ここで，「基礎的」とは「やさしい」という意味ではない。小学校を振り返ってみよう。理科の時間には，テコ，天秤，輪軸などの道具について習う。体育の時間には，徒競走，相撲などの運動を行う。これらは，力と運動に関係の深い題材である。大学で学ぶ電気力学，流体力学，熱力学，統計力学という分野にも，「力学」という名称が付いている。電子の流れ，磁石と鉄の間にはたらく力，川の水流も，力と運動に関するテーマである。シリンダーを熱すると，内部の気体が膨張してピストンが動く。こういう現象も同様である。原子と分子のミクロな世界では，日常のマクロな世界とは別の力学の法則が支配している。それにもかかわらず，量子力学と呼び，「力学」という名称が付いている。これらからわかるように，力学は物理学のすべての分野の基礎になっている。ただし，量子力学と区別するために「古典力学」と呼んでいる。

0.2 理想化した状況の設定——思考実験

物体が存在すれば，たとえ測らなくても，物体を特徴づける量（伸び，広がり，膨らみ，…）がある。物差（または一般に測定装置）の目盛の読みは，量そのものを示すのではなく，その量を表現するデータにすぎない。つまり，長さを2mと表しても，「長さそのものが2という数値」を意味するわけではない。

2 mの場合，「数値のデータが2」である。

1.2 節参照

誤差が生じるのは，目盛の読みと量を一義的に（正確に一つに）対応させることができないからである。量の真の値は，永久に未知である。しかし，そういう値が存在すると信じて，物理学の体系を組み立てている。誤差の入り込む余地がないほど状況を理想化した実験を「思考実験」という。「実際そのままでは行われない，頭の中だけの実験」という意味である。運動の法則をもとにして質量を決める実験は，思考実験の例である。

4.2 節参照

時計を考えてみよう。振り子が，摩擦や抵抗をともなわずに，重力の影響だけを受けて往復すると考える。このとき，往復時間（周期）が常に一定になる。これは，力学の法則が保証する。原理の上では，時間の測定は，一定の周期を持つ振動を利用している。

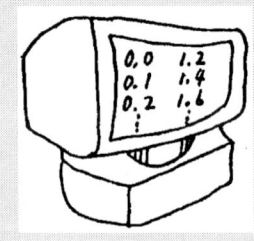

0.3 対象の単純化

日常生活でボールの飛ぶ軌跡を考える場合，ボールのどんな性質に注目したらいいだろうか。ボールの軌跡を知りたいだけであれば，質点（質量を考えるが，形と大きさを考えない）として扱う。これを対象の単純化（モデル化）という。ボールが回転していない場合または回転に変化がない場合には，質点の運動を解析すればよい。

質点近似とは，物体に大きさがないという意味ではない。いうまでもなく，ボールには形と大きさがある。ボールを細かく砕きつづけると粉になる。ボールは，点状の細かい部分の集まりとみなせる。一つの細か

い部分に注目してみる。これには，重力がはたらいているだけでなく，まわりの部分から押されたり引っぱられたりしている。しかし，ボールの軌跡を考えるときには，もっと簡単に扱ってよい。ボールの1点に全質量が集中したかのように重力を受けて振る舞っているとみなせる。

もし，このような扱い方で十分に説明できない現象が見つかれば，無視した性質を考慮する。地球の公転を解析するとき，通常は地球を質点として扱う。しかし，自転を調べるときは地球を剛体として扱う。モデルの設定は，どういう現象を調べるかということを十分考えた上で進めなければならない。

重力については 3.6 節参照

剛体について 6 章で取り上げる。

1 物理量の測定の仕方
——量と数はどうちがうのか

◆ 1章の問題点
① 量を測る方法と量の表し方（量 = 数値 × 単位）を理解すること。
② 「単位とは何か（そもそもメートルとは何の名称か）」という問いに答えることができるようにすること。

キーワード◆物理量，測定，測定値，誤差，単位，時間の観点，空間の観点

物質（または物体）は，時間と空間の世界で，さまざまな自然現象を引き起こしている。日常生活で，野球のボールが飛ぶ場面，花火が夜空で広がる場面など，いろいろな現象を経験している。これらの現象を支配する法則を見出すために，さまざまな量を考え，それらの間に成り立つ規則性を調べる。物理学は，そのための方法を考案する科学である。

大小を比較することができる要素を
「物理量」（または単に「量」）という。

測定データを吟味すると，量と量の間の関係に規則性が見つかる場合がある。したがって，データを正確に集める方法を確立しなければならない。そこで，物理量の意味とその測定方法から始める。

「測定」とは，基準になる単位の大きさを約束して，
対象の大きさと単位の大きさとの比を求める操作である。

量の大小を実数で表すと，漠然としか見ていなかった現象の中から規則性が浮かび上がってくる。

物理学の扱う対象は，物質（または物体），時間，空間である。したがって，これらに関係のある物理量を考えなければならない。しかし，すべての量を定義したり，それらの量の測定方法を考案したりするのは意外にむずかしい。

測定についての学習は，運動学と力学の内容に立ち入る前の段階である。自然現象の舞台となる時間と空間の世界で，「時間」と「長さ」という量の表し方を考える。その考え方は，力学現象に対して，「時間の観点」と「空間の観点」の二つの見方があることを理解するときに役立つ。

本章の目標は，量を数で表す意味を理解することである。長さは時間とちがって目に見えるという意味で直観的な量といえる。そこで，長さの測定の仕方から始める。ほかの量の測定方法も，基本の考え方は長さにならうものとする。

物体は物質からできている。
【物質】 H_2, O_2, N_2, Fe, Cu など
【物体】 机，椅子，棒，電気スタンドなど

「もの」というあいまいなことばを使わない。

one word/one meaning：一つの用語には，一つの意味だけを持たせる（篠田義明『コミュニケーション技術』中公新書）。

【例】 長さ（または距離），面積，体積，時間など

比とは，「何倍かを表す実数」である。

1.1 長さの測定——なぜ測定という操作が必要なのか

■量を実数で表す

　パズルの本に，目の錯覚を題材にした問題がある。生理学者によると，錯覚はわれわれが物体を目で見るだけではなく，脳で無意識に判断しているために起こる。われわれは，錯覚して物体の大きさを見まちがうことがある。例えば，面積が同じ紙なのに，ちがう大きさと誤解した経験があるかもしれない。

> **? 疑問**：目の錯覚によらず，物体の長さを客観的に判断するには，どのようにしたらよいだろうか。

【例題 1.1】　線分の長さ　　(a) と (b) の 2 本の線分がある。
(1)　(a) と (b) の線分は，どちらが長く見えるか。
(2)　両者の長さを比較するには，どうしたらよいか。

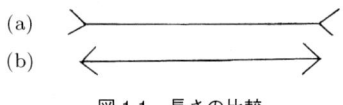

図 1.1　長さの比較

【解説】
　(1) (a) の方が (b) よりも長く見える。
　(2) (a) と (b) のどちらが長いかを知るだけであれば簡単である。ぴんと張った糸を (a) にあてる。糸に (a) の両端をサインペンでマークする。この糸を (b) にあてる。しかし，この方法では，(a) と (b) の長さがどれだけちがうかまでは表せない。そこで，これらの長さを定量的に比較しなければならない。例えば，紙片の長さ ℓ を単位（基準となる長さ）としてみる。「(a) と (b) の長さが紙片の長さの何倍にあたるか」を数値（実数の値）で示せばよい。つまり，長さを

$$長さ = 数値 \times 単位$$

の関係式で書き表す。(a) が紙片の長さと紙片を半分折りにした長さの和に等しければ，

$$(a) の長さ = 1 \times \ell + 0.5 \times \ell = 1.5 \times \ell = 1.5\ell$$

となる。

　例題 1.1 の方法では，ある人の測った (a) の数値をほかの人の測った (b) の数値と比較することができない。一人一人の持っている紙片の長さが，必ずしも同じでないからである。このように，一人一人が勝手に決めた基準の長さ（個別単位）を使うと不便である。

　そこで，万人に共通の基準の長さ（普遍単位）を約束して，「物差」という測定器械を利用する。日常の世界では，基準の長さはヒトの身長と同程度の長さに決めると便利である。こういう発想で，基準の長さを

$$メートル（記号は m）$$

と名付け，これを普遍単位と約束して物差を作る。紙片の長さ ℓ が普遍単位 m に代わっただけである。例えば，棒の長さが「メートル」とい

長さ＝数値 × 単位の関係式については，p. 8 参照

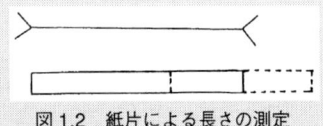

図 1.2　紙片による長さの測定

習慣上，動植物名は片仮名で書く。
【例】ヒト，ユリ

う名称の長さの5倍とする。このとき

$$棒の長さ = 5 \times \text{メートル} = 5 \times \text{m} = 5\,\text{m}$$

である。なお，$1\,\text{m}$ とは「メートルの1倍」である。m そのものも量（長さ）を表し，数値に添える接尾辞ではない。

棒の長さ $= 5 \times \text{m}$ は，
$$物理量 = 数値 \times 単位$$
の形である。

中学数学で，数と文字の積を表す乗号（×）は省略する規則を学んだ。この規則で，$5 \times \text{m}$ を $5\,\text{m}$ と表す。$5\,\text{m}$ は「$1\,\text{m}$ の5倍」と考えてもまちがいではないが，「m の5倍」である。

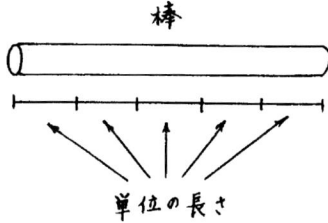

図 1.3　単位の長さに対する比

長さの単位はメートルだけではない。測る対象に適した単位を使うと便利である。$10^{-2}\,\text{m}$ をセンチメートル（記号は cm）と呼ぶことにして，ペンの長さを $0.08\,\text{m}$ の代わりに，$8\,\text{cm}$ と表す方がわかりやすい。天体の世界または原子・分子のミクロな世界では，それぞれの世界に適した単位を決めると都合がよい。天体の世界では，1年間に光が進む距離 $0.94605 \times 10^{13}\,\text{km}$ を1光年と約束している。原子・分子の世界では，$10^{-10}\,\text{m}$ を Å（オングストローム）と約束し，水素原子の原子半径を $0.5\,\text{Å}$ と表している。こういう理由で，長さの単位には m のほかに光年，km，cm，mm，Å などがある。図 1.4 の物差には mm の目盛が付いている。

p. 18 表 1.4 参照

単位の換算（例えば，km で表した長さを mm で表す計算など）については，1.4 節で取り上げる。単位を換算するときに，物理量 = 数値 × 単位という関係式の重要さが実感できるはずである。この関係式を量の単なる書き方と思い込んでいると，単位を換算するときに手間がかかる。

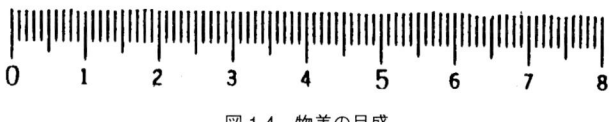

図 1.4　物差の目盛

――― 休憩室◆メートル法の歴史 ―――

1995年4月7日付朝日新聞にメートル法に関するおもしろい記事が掲載されていた。この記事の内容に歴史上の流れを補足して紹介する。

フランス革命以前には，特にフランスで地方ごとに長さの単位がちがっていた。このため，科学の研究，貿易などの上で非常に不便だった。そのような状況の中で，民衆が単位の統一を望み出した。単位の長さを決めるために，二人の天文学者がダンケルクとバルセロナの間の距離を測定し，これを基準にして地球を南北に一周する子午線の長さを計算した。1795年4月7日に，その距離の4分の1（北極から赤道までの距離）の1000万分の1を「メートル」（フランス語で「測る」を意味する語）と名付け，単位の長さと決めた。1995年4月7日で，メートルがフランスで誕生してから200年になる。

その後，単位の精度は，測定技術の進歩に支えられて次第に向上してきている。子午線の長さからメートル原器へ，さらに光の波長を利用するというように基準を改定している。地球の形が固定したままであるという保証はどこにもない。だから，子午線に頼ってメートル尺を作ることは合理的とはいえない。そこで，国際メートル原器（基準の物差）を作り，これをパリ郊外の

一松信『改訂増補新数学事典』大阪書籍（1991）
山本邦夫"質量とは"『数理科学』383 (1995) 22.
吉村利明"単位の発生と人間尺度"『数学セミナー』1995年5月号，p. 34.

度量衡局の地下室に保管し，メートル条約加盟国には副原器を配布した。しかし，国際メートル原器は目盛線の鮮明度，膨張係数の精度などに限界があった。そこで，1957 年には「メートルはクリプトン 86 の原子の準位 $2p^{10}$ と $5d^5$ の間の遷移に対応する光源の真空中での波長の 1650763.73 倍に等しい長さ」と定義した。1983 年の第 17 回計量総会で，メートルの長さを正確に再現できるように，「メートルは真空中で光が 1 秒間に進む距離の 1/299792458」と再定義した。

> 度量衡とは
> 度は手で測ること (長さの意味)，
> 量は升で測ること (体積の意味)，
> 衡は天秤ばかりの横木 (質量の意味)
> である。

脳の中でどのように判断を下し，どんな錯覚が生じるのか。われわれは自分でも予期できない場合がある。例題 1.1 で，(a) の方が (b) よりも長く見える。しかし，実際に物差で比較すると，両者の長さは等しいことがわかる。

この例では，2 本の線分を比較する問題を取り上げた。線分が存在する以上，線分には「長さ」という量がある。線分を定量的に観察した結果（長さ）を実数の値で表す方法を考えた。つまり，

物体 (線分) → 量 (長さ) → 数 (目盛の読み)

の手順をたどったことになる。ここで，

定量的な観察を「測定」，
測定した結果を表した数値を「測定値」

という。

> 測らなくても「長さ」はある。測ってわかるのは長さの数値である。

長さに限らず，一般に物理量の大きさは，測定を通して知ることができる。測定値は，測定器械で読み取った目盛の値で表す。したがって，物理量は

物理量 = 数値 × 単位

の形で書き表す。単位は，長さ，面積，質量という物理量ごとに決める。しかし，長さと面積を互いに関係付けて単位を決めると便利である。長さの単位をメートルと選んだときには，$m \times m = m^2$ から，面積の単位を平方メートルとする。

> 面積については 4.4 節でくわしく扱う。

> $m \times m = m^2$ は，$3 \times 3 = 3^2 = 9$ のような数値どうしの掛算をまねて書いた形にすぎない。$m \times m$ という掛算は，数値どうしの掛算とちがって，計算できるわけではない。

[注意 1] 数値と単位　基準がなければ，「長さがいくらか」という数値そのものが決まらない。単に「4」といっても，どこから 4 が決まったのかわからない。4 m は「m の 4 倍」という意味である。4 は倍を表す実数である。「数値に単位を付ける理由は，どの量なのか（長さなのか，時間なのか，…）を区別するため」と勘違いしないこと。

[注意 2] 連続量と離散量　長さそのものは，直接一つ，二つ，…と数えることができない

連続量（連続的にどんな値でも取り得る量）

である。これに対して，個数は直接数えることができる

離散量（とびとびの値しか取れない量）

である。

「長さ」を数で表すときには，必ず単位を付けなければならない。長さの場合，測定器械（物差）で，単位の長さの何倍かを測っている。その数

値と単位の長さ（mm など）を掛けた形で，長さを数値で表す。40.00 cm の線分と 3.0 mm の線分をつないだ場合の全長を考えてみる。倍を表す実数だけで 40.00 + 3.0 = 43.0 と表してはいけない。正しくは，

$$40.00\,\mathrm{cm} + 3.0\,\mathrm{mm} = 400.0\,\mathrm{mm} + 3.0\,\mathrm{mm} = 403.0\,\mathrm{mm}$$

と書き表す。

これに対して，個数は量であるが，測定器械を使わずに数で表すことができる。「個」「本」「冊」「人（ニン）」などは，物体の個数を表すときに使う助数詞（数詞に付けて物体の種類を表す接尾辞）である。「2個のリンゴと3個のリンゴを合わせると5個のリンゴになる」という場合，

$$2\,個 + 3\,個 = 5\,個$$

と書き表せる。

> 助数詞「個」を単位と見る立場とそうでない立場がある。

図 1.5　リンゴの個数

> 図 1.5 では，物差のような測定器械を使わずに3個と表すことができる。

この事情は，日本語ではなく英語で考えるとわかりやすい。例えば，

「2 m の鉛筆」を a pencil of two meters
　　　　　　　　　↓　　　　　↓　　　↓
　　　　　　　　 名詞　　　数詞　　 単位

というが，

「2 本の鉛筆」は two pencils
　　　　　　　　　↓　　　↓
　　　　　　　　 数詞　名詞

という。このように，長さを表すときには単位があるが，個数を表すときには単位を使わない。個数の場合は，対象となる名詞（pencil, dog など）によってそのまま日本語の助数詞（「本」「匹」など）が決まる。

> 銀林 浩『数の世界』むぎ書房（1975）によると，正しくは two-set of pencils と表現する。

量はあくまでも数そのものではない。数とは抽象的な概念である。これも英語で考えるとわかりやすい。たとえ単位を付けなくても「2本の鉛筆」を単に two とはいわずに two pencils という。

$$\text{数}\ 2\ \begin{cases}\text{量} \begin{cases}\text{単位で表す量：}\ 2\,\mathrm{m},\ 2\,\mathrm{cm},\ 2\,\mathrm{m}^2\ \text{など} \\ \text{助数詞で表す量：}\ 2\,個\,(2\ \text{apples}),\ 2\,本\,(2\ \text{pens}), \\ \qquad\qquad\qquad\qquad 2\,冊\,(2\ \text{books})\ \text{など}\end{cases}\end{cases}$$

> 「名数」「無名数」という用語があるが，本書では「単位で表す量」「助数詞で表す量」という。

[注意3] **量の書き表し方**　中学理科，高校物理・化学で，教科書によっては単位に ( ) または [ ] を付けて，3(m) または 3[m] と書いてある。しかし，物理量＝数値×単位の関係式からわかるように，単位に ( ) または [ ] を付けなければならない本質的な理由はない。日常生活でも，身長を 175 cm と書くが，175(cm) とは書かない。

しかし，単位に ( ) または [ ] を付ける立場もある。力学では，通常，質量を m と書く。3 m と書くと，不慣れな学生が「質量の3倍」と誤読するおそれ

がある。こういう教育上の配慮のため，中学理科，高校物理・化学では 3(m) または 3[m] と書くように指導する先生方がいらっしゃるのかもしれない。g（グラム）と g（単位質量の物体にはたらく重力）についても同様である。なお，印刷では

立体は単位（例．m, g）

を表し，

斜字体は数または量（例．m, g）

を表す。

x[m] という表記がある。これは，$x = 2$ m のように，「x という量を m という単位で測る」という意味である。x に m という単位が付いていることを表しているのではない。

> g（単位質量の物体にはたらく重力）については，3.6 節参照

[注意 4] 量の関係式の書き方　　量の関係式を書くときには，数値＝量の形にならないように注意する（例題 1.2, 1.3）。

【例題 1.2】　量の和　　(a) $2 + 3 = 5$, (b) $2 + 3 = 5$ m, (c) 2 m $+ 3$ m $= 5$ m の書き方を検討せよ。

【解説】
(a) 数値の和と見れば正しいが，量の和ではない。
(b) 正しくない。左辺が単なる数値なのに，右辺が量である。
(c) 正しい。$2 \times$ m $= 2$ m などから $2 \times$ m $+ 3 \times$ m $= 5 \times$ m を意味する。

【例題 1.3】　縦 3 m, 横 4 m の長方形の面積　　(a) $3 \times 4 = 12$ m^2, (b) 3 m $\times 4$ m $= 12$ m^2 の書き方を検討せよ。

【解説】
(a) 正しくない。左辺が数値なのに，右辺が量である。
(b) 正しい。$3 \times$ m $\times 4 \times$ m $= 3 \times 4 \times$ m $\times$ m $= 12$ m^2 となる。

> 例題 1.1 の (a) の長さを表す式で ℓ が m におきかわっただけである。

[注意 5] 量を表す記号と数値を表す記号　　量を表す記号は数値×単位を意味する。

【例】　$x = 3$ m の x は 3 だけでなく 3 m を表す。

> $x = 3 \times$ m

【例題 1.4】　量の関係式　　x が距離，v が速度，t が時間のとき，$v = 10$ m/s, $t = 5$ s として，(a) $x = vt$, (b) $x = 10 \times 5$, (c) $x = 10t$ の書き方を検討せよ。

【解説】
(a) 正しい。$x = vt = 10$ m/s $\times 5$ s $= 10 \times 5 \times$ m/s $\times$ s $= 50$ m である。
(b) 正しくない。$x = 10 \times 5 = 50$ であり，x が単なる数値になる。
(c) 正しくない。$x = 10 \times t = 10 \times 5$ s $= 50$ s だから，x が時間になる。

$x = X$ m, $v = V$ m/s, $t = T$ s と書いた場合，x, v, t は量（数値×単位）を表すが，X, V, T は数値だけを表す。$x = vt$ は，X m $= V$ m/s $\times T$ s $= VT$ m だから，$X = VT$ である。これは量でなく数値の式であるが，この方が見やすいかもしれない。

> 距離＝速度×時間

> ◆休憩室◆
> 1995 年 3 月 18 日付朝日新聞の「天声人語」に興味深い話題がある。「人が大勢います」とは「何人か」「長電話」とは「何分か」という問題である。日常生活の中では，量の程度があいまいでもどうにかなるものである。物理学では，このようなあいまいさは許されない。

1.2 測定値と有効数字
1.2.1 測定器械の目盛の読み方

最近の測定器械は，デジタル式が多い。しかし，測定の考え方を理解するために，物差の目盛の読み方を約束する。この考え方は，温度計，電流計，電圧計などの場合にもあてはまる。

> **？ 疑問**：mmの目盛の付いた物差を使って長さを測定するには，どのようにしたらよいか。「最小目盛の1/10まで読み取る」という注意は，何を意味するのだろうか。

目盛と目盛の間を目分量で読み取ることができる。したがって，最小目盛（mm）の1/10の桁まで測定できる。図1.6の場合，位置 x_2 は4.1 cm よりも長く，4.2 cm よりも短いので，

$$4.1 * \text{cm}$$
$$\uparrow\uparrow$$
mmの桁 mmの一つ下の桁

（最小目盛の桁）（最小目盛の1/10の桁）

になる。目盛を信じる限り，4.1までは正確である。*に入る数値は目分量で読んだので，4.1までとは信頼度が異なる。最小目盛mmの物差で測った長さは，0.1 cmの1/10まで目分量で測ることができるが，それ以下の桁を測ることはできない。つまり，4.12 cmと表すことはできるが，4.124 cmという読み方はできない。4.12 cmのように，有効数字は，最小桁にだけ誤差を含む数値である。

棒の長さは2点間の相対位置だから，次のようにして測る。
① 2点の位置 x_1 と x_2 を測定する。
② $x_2 - x_1$ によって長さを求める。

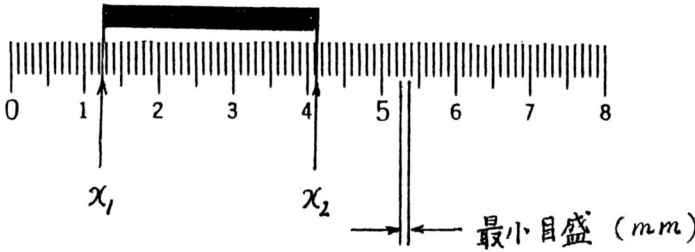

図1.6 物差の拡大図

> ［注意1］0の扱い　測定値を書き表すとき，0の扱い方に注意しなければならない。例えば，12 mmと12.0 mmは意味がまったくちがう。これらの有効数字は，それぞれ
>
> 　　　　12 mm（小数第1位の数はまったくわからない）　　2桁
> 　　　　12.0 mm（小数第1位の0にも意味がある）　　　　3桁
>
> である。有効数字のちがいは，測定に使った物差がちがうことを意味する。12 mmは最小目盛10 mmの物差，12.0 mmは最小目盛mmの物差で測った値である。12.0 mmは12 mmよりも10倍高い精度で測定した結果を表す。物理量の測定では，12 mm ≠ 12.0 mmと解釈する。

「最小目盛の1/10まで読み取る」とは，「目盛と目盛の間を目分量で読む」という意味である。目盛と目盛の間は，1目盛の一つ下の桁（これを「最小目盛の1/10」という）まで読む。

誤差は「まちがい」という意味ではなく，「測定の精度の範囲外」を意味する。

有効数字の減法の仕方は後出

物差の端は，通常0 cmである。しかし，物差の端を棒の一端にあてれば，2点の位置の差を求める手間が省けると考えてはいけない。物差の端はすり減っているかもしれないからである。長さが2点の位置の差であるという考え方は，特殊相対性理論を学習するときにも重要である。

単位の換算の仕方は1.4節で取り上げる。

$m = 10^2$ cm
cm = 10 mm

c（センチ）は 10^{-2} を表し，m（ミリ）は 10^{-3} を表す（p. 18参照）。

表 1.1　金属棒の長さの測定

長さ (cm)	人数（人）
10.82	2
10.83	10
10.84	19
10.85	6
10.86	3

くわしい誤差論によると，誤差の確率密度関数は正規分布となる。

【参考】　ヒストグラムは，統計力学に進んでからも活用する。ある温度で，気体分子の速さの分布を縦軸に，分子の速さを横軸に表すと，気体分子の運動のようすがわかる。

［注意2］　**単位の変換と有効数字の桁数**　有効数字の桁数は，単位を変換しても同じである。

【例】　4.50 m = 4.50 × 10^{-3} km = 0.000 450 km

3桁 ← 3桁 ← 3桁　　位取りのための0（有効数字に数えない）

4.50 m = 4.50 × 10^2 cm = 4.50 × 10^3 mm

1. 0.000450 km のように，有効数字の頭部に位取りの0がつづく書き方は適切でない。
2. 4500 mm と書くと0がつづいているので，どこまでの桁に意味があるのかあいまいである。

【例題1.5】　**測定値の散らばり**　40人の学生が金属棒の長さを測定して，表1.1の結果を得た。

(1) 測定値をヒストグラム（柱状グラフ）に表せ。このグラフを使うと便利な点は何か。

(2) 同一の物差を使って，同一の金属棒の長さを測定したにもかかわらず，測定値が散らばっているのはなぜか。

(3) 散らばりをできるだけ小さくするには，測定する際にどのように注意したらよいか。

【解説】
(1)

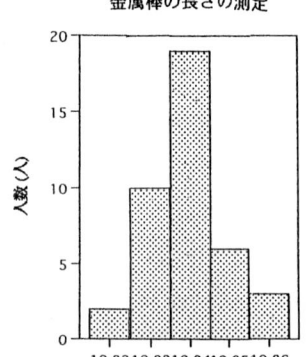

図 1.7　測定値の散らばり

ヒストグラムに表すと，数表とちがって測定値の散らばり方と最大・最小が一目瞭然である。ヒストグラムを見ると，測定値の誤差は，ある値を中心とする確率分布を示すことがわかる。

(2) 真の値と実際に得た測定値の差を「誤差」という。測定には必ず誤差がともない，本質的に誤差を避けることはできない。したがって，誤差を小さくするための工夫はできるが，誤差は完全に0にはならない。

誤差は実験の誤りではないとすると，誤差の原因は何だろうか。測定器械に起因する誤差と測定者の読み取りに起因する誤差がある。

　(a) 測定器械に起因する誤差：物差をたくさん集めて目盛を比較するとわかるように，同じ目盛の長さがわずかにちがう場合がある。1本の物差

でも，目盛と目盛の間の長さがどこでも同じとは限らない。
  (b) 測定者の読み取りに起因する誤差：目の錯覚，目のコンディション，読み取るときの判断に個人差がある。
(3) いうまでもなく，狂いのない測定器械を使うこと，測定者が目盛を正しく読み取ることが大切である。しかし，誤差を完全に避けることはできない。したがって，
  (a) 物体にあてる物差の目盛の位置をずらす。
  (b) 物差の端はすり減っている場合があるので，物差の端に物体の端を一致させない。
  (c) 物差に垂直な方向から目盛を読む（斜めの方向から見ると，錯覚のために誤差が大きくなる）。
  (d) 目盛線に太さがあるので，目盛線の中心から中心までを1目盛の幅とする。
  (e) 1回だけの測定ではなく測定者を交代したり，同一の測定者でも数回測定したりして，測定値の平均を求める。

図1.8は(3)(a)の例を示している。

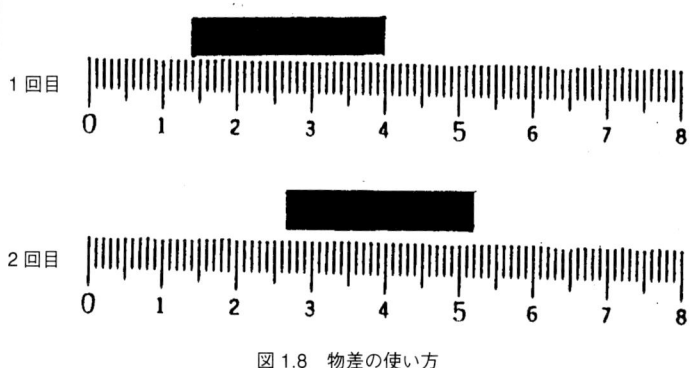

図1.8 物差の使い方

1.2.2 測定値の演算の方法

? 疑問：誤差を含む数値は，どのように表したらよいのだろうか。

平均値が4.367 cmとなっても，そのまま4.367 cmと表さない。mmの目盛の付いた物差で測定した場合，小数第2位は目分量で読み取ったから誤差を含んだ数である。したがって，平均値を求めたとき，小数第3位を書いても無意味である。四捨五入して4.37 cmとする。

  測定値　　4.35 cm
  平均値　　4.367 cm
  　　　　　　　↑この桁を書いても意味がない
  四捨五入　4.37 cm

? 疑問：誤差のある数値の計算は，どのように実行すればよいだろうか。

【例題1.6】　測定値の四則演算
(1) 加減
  (a) $4.25\,\mathrm{cm} + 5.62\,\mathrm{cm}$（同じ物差で測った長さの和）

図1.9 振り子

1.2.1 項[注意 1]参照

単に数値計算の方法を理解するだけでなく，どんな実験で必要な計算かを考えること．

(a) 4.25 cm と 5.62 cm のどちらも最小目盛 0.1 cm の物差で測った長さである．

(b) 針金におもりを取り付けて振り子を作るとき，針金の長さとおもりの直径の和．針金の長さは巻尺で測るが，おもりの直径はノギスで測るので，最小目盛の大きさがちがう．このため，針金の長さとおもりの直径は小数点以下の桁数がちがう．

(c) 物差で 2 点間の相対位置 $x_2 - x_1$ を求めるときの計算

(b) 122.74 までが有効数字（最小桁に誤差を含む形で書く）である．

小数第 2 位の 4，小数第 3 位の 4 がどちらも誤差を含む．有効数字とは，最小桁にだけ誤差を含む形である．だから，小数第 3 位の 4 を書かない．

(b) 122.35 cm + 0.394 cm（異なる物差で測った長さの和）
(c) 4.18 cm − 2.05 cm（同じ物差で測った長さの差）
(d) 5.127 cm − 3.24 cm（異なる物差で測った長さの差）

(2) 乗除
(a) 4.25 cm × 5.62 cm（面積）
(b) 4.25 cm × 0.59 cm（面積）
(c) 8.24 cm ÷ 2.85 cm（傾き）
(d) 8.53 cm ÷ 2.4 cm（傾き）

【解説】
● 有効数字は最小桁に誤差を含む．計算結果も誤差を含む桁が 1 桁だけになるようにする．
● 誤差のある数の上に × 印を付けて計算するとよい．
● 誤差のある数を加えても引いても誤差があることには変わりない．

(1) (a) 9.87 cm (b) 122.74 cm (c) 2.13 cm (d) 1.89 cm

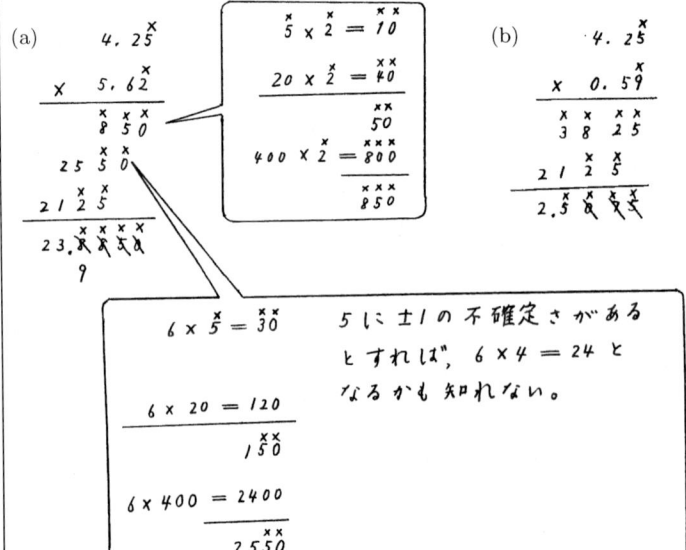

122.35 の測定では読み取ることのできない桁であり，しかも小数第 2 位の 4 はすでに誤差を含む．

(2) (a) 23.9 cm² (b) 2.5 cm² (c) 2.89 (d) 3.6

● 誤差のある数値の乗除算では，結果は有効数字の少ない方の桁数に合わせる．

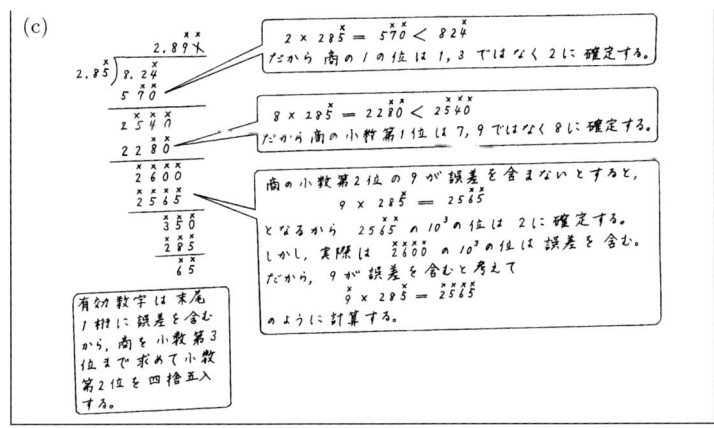

1.3 時間の測定——目に見えない量をどのように測定するか

時間は持続していると感じる心理的な表象である。目で見たり手で触れたりすることはできない。このため，長さとちがって直接，時間を測定することはできない。

> **？疑問**：長さを測定する方法と長さの測定値の表し方を理解した。それでは，目に見えない時間を測定するにはどうしたらよいだろうか。

時計は，時間を測定する器械である。しかし，時計の針の進みを調べているのであって，時間そのものを直接，測定しているのではない。つまり，時間をほかの量（針の進んだ角度）におきかえて測定している。この点が，物差で長さを測定するときとちがう特徴である。

時間を測るためには，ストップウォッチのような時計を使う必要はない。メトロノームのように，規則正しく等間隔で打つ器械を使ってもよい。ヒトの呼吸数または心臓の鼓動を利用するという発想も浮かぶ。しかし，これらには個人差があるし，同一人物でも体調によって異なるので，測定結果があいまいになる。たとえストップウォッチを使っても測定結果に散らばりが生じるからこそ，誤差を考えなければならない。時計を目で見ても，脳からの信号が手に伝達する際に，ストップウォッチを押す遅れが生じる。これが誤差の原因の一つである。測定の基本は，誤差ができる限り小さくなるように測定することである。したがって，呼吸数または心臓の鼓動ではなく，ストップウォッチを使う方がよい。長さを測るときにも，ヒトが腕を広げたときの長さを基準にせず，メートル法（1.1節）に基づいた物差を使う。

1.1節で 長さの測定を取り上げたとき，「測定とは基準の量の何倍かを求める操作である」と考えた。この理解の仕方は，正しいにはちがいない。しかし，時間の場合には，測定の意味をもう少し深く考える方がよい。時計の針が動いた角度を測るとはいっても，角度を知ることが目的ではないからである。時間の測定とは，

「時計の針の動いた角度から，
目に見えない時間という量を決める操作」

である。長さと同じように，時間の場合にも基準を約束して，その何倍

メトロノームは音楽の拍子をはかるときに使う器械である。『岩波理化学辞典』によると，1816年ドイツのJ. Mänzelが発明したそうである。

図1.10 メトロノーム

1.3.1 時間の単位と60進法

1960年以前には地球の自転周期に基づいて秒の長さを定義していた。しかし，地球の自転周期は変動することがわかったので，秒を再定義した。壊れず，しかも複製できる標準器として，セシウム133原子が9192031770回の振動を行うのにかかる時間を「秒」と約束した。

時間は $3s = 3 \times s$ のように，
単位の何倍にあたるかという形で表す。

長さを10進法で表すのに対して，時間は60進法で表す。バビロン人は12が2, 4, 3, 6で割り切れることから12を神秘的な数と考えた。1年を12月，1日を24時（午前，午後が12時間ずつ），1時間（1h）が60分（60min），1分（1min）が60秒（60s）とした。これは12に関係があるためらしい。

> 1日を二等分し，前半を「午前」，後半を「午後」という。つまり，午前と午後はどちらも12時間である。したがって，「午後12時30分」という表現は正しくない。午後は12時間しかないから，12時を超える時刻はあり得ない。12時制では「午後0時30分」，24時制では，「12時30分」である。

1.3.2 時刻と時間

1.2節で，棒の長さは2点間の相対位置だから $x_2 - x_1$ で求めることを理解した。時計で時間を測定する場合にも，考え方は長さの場合と同じである。そこで，長さと位置にあたる量はそれぞれ何かということを考えてみる。

> **? 疑問**：「6時15分」と「6時間15分」の意味は，どのようにちがうのだろうか。

物差（最小目盛mm）では，位置に対応する目盛の値は0mmからの長さを表している（図1.6）。これと同じように，0時から経過した時間を「時刻」という。時刻が位置にあたる。2点間の相対位置（距離）を $x_2 - x_1$ によって求める。これと同じように，時刻 t_1 と時刻 t_2 の差が時間 $t_2 - t_1$ を表す。「時刻」と「時間」のちがいがわかるような表現をあげてみる。ある時刻から時間が経過したあとの時刻をいい表す場合，「0時から6時間15分だけ経過すると，時刻は6時15分になる」という。ある時刻とそれ以後の時刻との間で経過した時間をいい表す場合，「6時15分から12時30分までの間に6時間15分だけ時間が経過した」という。

★まとめ

単位の大きさを約束すると，長さと時間の表し方が決まる。長さと時間の表し方が決まると，位置と時刻の表し方が決まる。

単位の大きさを約束する
↓
長さ・時間：単位の大きさの何倍かによって表す
↓
位置・時刻：基準点からの長さ・時間で表す

> 考え方の発展に着目すること。

【例題 1.7】 位置を含む演算と時刻を含む演算　位置＋位置, 時刻＋時刻 は意味のない演算である。それでは，次の演算にはどういう意味があるか。

$$\text{変位} = \text{位置} - \text{位置}, \quad \text{位置} + \text{変位} = \text{位置}$$
$$\text{時間} = \text{時刻} - \text{時刻}, \quad \text{時刻} + \text{時間} = \text{時刻}$$

【解説】　位置は座標軸上の1点である。位置（点）から位置（点）を差し引くと長さ（線分）になるという考えは不思議に思える。しかし，位置は基準点からの長さで表すから，問題の演算は

AからBまでの長さ
　＝（基準点からBまでの長さ）−（基準点からAまでの長さ）
（基準点からAまでの長さ）＋（AからBまでの長さ）
　＝基準点からBまでの長さ

の長さどうしの演算である。同じ考え方で，

AからBまでの時間
　＝（基準点からBまでの時間）−（基準点からAまでの時間）
（基準点からAまでの時間）＋（AからBまでの時間）
　＝基準点からBまでの時間

は時間どうしの演算である。

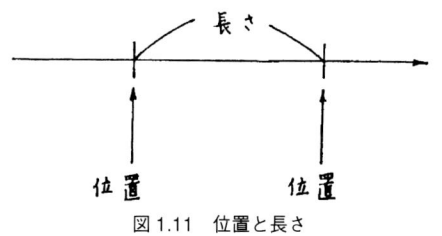

図 1.11　位置と長さ

1.4　長さと時間のオーダー

オーダーとは，大きさの程度を示す値である。量を10のベキ（10^1, 10^2, 10^3, …など）で表すことによって，大きさの程度を把握する。正確な値がわからなくても，近似値が役に立つ場合が多い。学生実験で重力加速度（標準値は約$9.8\,\text{m/s}^2$）を測定する。「測定値が$9.8 \times 10^5\,\text{m/s}^2$になった」と報告する学生と「$9.7\,\text{m/s}^2$になった」と報告する学生を比べると，前者は「誤差」ではなく「測定ミス」である。量の大きさの程度を正しく把握することが肝要である。

質量については，運動の法則を学んでからでないと説明できないので，4章で扱う。

―― 課題◆次の量の大きさはどの程度か ――
(1) A3, A4, B4, B5などの紙の縦と横の長さ
(2) ノート型パソコンの幅，高さ，奥行
(3) 自分の通学時間
(4) 正常な心拍周期

例題 5.1 参照

座標軸上に2点A, Bを考える。

位置を時刻に，長さを時間に対応させると，図1.11は時刻を含む演算にもあてはまる。

重力加速度については4章参照

われわれを取り巻く世界では，地球の大きさから原子の大きさまでのいろいろな階層にわたっている。それらを互いに比較してみよう。

表 1.2　時間の程度

大学の講義時間	90 min
東京−大阪	180 min
（東海道新幹線）	
ヒトの平均寿命	10^9 s
地球の年齢	1.3×10^{17} s

これらのほかにもいろいろな時間と長さの近似値を調べること。

■単位の換算

量の計算は単位によらないことが重要である。したがって、

$$物理量 = 数値 \times 単位$$

の関係式が単位の換算の基本になる。

〈例1〉 km→mm

「12.0 km は km の 12.0 倍」と「km は 10^3 m」から，「12.0 km は 10^3 m の 12.0 倍」である。これを式で表すと，

$$12.0\,\text{km} = 12.0 \times \text{km} = 12.0 \times 10^3\,\text{m} = 12.0 \times 10^3 \times 10^3\,\text{mm}$$
$$= 12.0 \times 10^6\,\text{mm}$$

となる。

〈例2〉 h→s

$$8.3\,\text{h} = 8.3 \times \text{h} = 8.3 \times 60\,\text{min} = 8.3 \times 60 \times 60\,\text{s} = 2.988 \times 10^4\,\text{s}$$

このように，物理量 = 数値 × 単位 を理解していると，単位の換算が簡単である。

■異なる単位で表した量の間の比

異なる単位で表した量は，「単位は接頭辞を使って構成してある」という考え方で比較する。

〈例1〉 km/m

12.0 km は 3.0 m の何倍か。「km は k（キロ）× m（メートル）として作った単位」である。12.0 km の m（メートル）と 3.0 m の m（メートル）を約す。「k（キロ）は 10^3 を意味する接頭辞」だから，

$$\frac{12.0\,\text{km}}{3.0\,\text{m}} = 4.0\,\text{k} = 4.0 \times 10^3$$

となる。

〈例2〉 mm/km

14.0 mm は 7.0 km の何倍か。「mm は m（ミリ）× m（メートル）として作った単位」である。mm の m（メートル）と km の m（メートル）を約す。「m（ミリ）は 10^{-3} を意味する接頭辞」だから，

$$\frac{14.0\,\text{mm}}{7.0\,\text{km}} = 2.0 \times \frac{\text{m}}{\text{k}} = 2.0 \times \frac{10^{-3}}{10^3} = 2.0 \times 10^{-6}$$

となる。

★1章の自己診断

1. 測定の意味を理解したか。
2. 量と数の概念を通じて，物理量 = 数値 × 単位 の関係式を理解したか。

表1.3 長さの程度

地球の平均軌道半径	1.5×10^{11} m
ヒトの身長	10^0 m
ゴルフボール	2.1×10^{-2} m
水素原子の直径	10^{-10} m

k（キロ）は 10^3 を意味する接頭辞だから km = 10^3 m である。k は 10^3 のおきかえと見なす。

m（ミリ）は 10^{-3} を意味する接頭辞だから mm = 10^{-3} m である。m は 10^{-3} のおきかえと見なす。

表1.4 単位の接頭辞

f	femto	フェムト	10^{-15}
p	pico	ピコ	10^{-12}
n	nano	ナノ	10^{-9}
μ	micro	マイクロ	10^{-6}
m	milli	ミリ	10^{-3}
c	centi	センチ	10^{-2}
d	deci	デシ	10^{-1}
h	hecto	ヘクト	10^2
k	kilo	キロ	10^3
M	mega	メガ	10^6
G	giga	ギガ	10^9
T	tera	テラ	10^{12}

本を読むだけでなく，日常生活の中で学び取る姿勢も重要である。

k（キロ）と m（ミリ）については例1参照
$\dfrac{\text{m}}{\text{k}}$ の分子 m はミリである。

2 運動の記述の仕方
——変位，速度，加速度

◆ *2章の問題点*
① 運動を定性的に理解する段階から定量的に理解する段階に進めること。
② 微分，積分，ベクトルの概念を物理のことばで理解すること。

キーワード◆変位，速度，加速度，有向距離，位置，座標，ベクトル量，スカラー量

　物理学では，時間と空間の中で物質（または物体）が引き起こす現象を考える。0章で指摘したように，物理学には「方法の科学」という側面がある。本章では，運動学の基礎を学び，位置の表し方を理解し，運動のようすを幾何学の方法で調べる。物質に固有な量（質量）が登場する場面は，運動学の範囲ではなく，力学の範囲に入ってからである。力学では，物体の運動の向きが変化したり，動きが速くなったり遅くなったりする原因を考える。

　本章では，1章に引きつづき，時間と空間だけにスポットをあてる。1章では，量の測定方法を考えたが，量の大きさだけに注目した。本章では，大きさだけでなく方向，向きも持つ量（有向量）の表し方を考える。

　まず，変位（移動）を矢印で表現するために，「矢印ベクトル」という概念を導入する。矢印ベクトルは，位置を表すときにも有効である。このとき「位置ベクトル」という。

　次に，位置を数で表すために，「座標」という概念を導入する。1章では，量は数値（大きさ）と単位（大きさを測る基準の量）の積で表すことを理解した。しかし，量の測定値は正の実数または0だった。本章では，向きも表すために，測定値の取り得る値を実数全体（負の数を含む）に拡張する。

　さらに，「数ベクトル」という概念を導入する。「位置ベクトル」と「座標」が同一視できる事情を理解する。数ベクトルは，実数の組である。平面上では2個の実数の組，空間内では3個の実数の組になる。実数の組を「ベクトル」と呼ぶ。変位，速度，加速度はベクトルで表せる量なので，「ベクトル量」という。これに対して，1個の実数を「スカラー」と呼ぶ。変位，速度，加速度の大きさはスカラーで表せる量なので，「スカラー量」という。

時間	空間	物体
↓	↓	↓
いつ	どこで	何が

物理学を通じて，数の概念を理解する。

本書は，量と数の理論を強調している。このため，「ベクトル」と「ベクトル量」を区別したり，「スカラー」と「スカラー量」を区別したりする。

2. 運動の記述の仕方

2.1 位置の移動

家から駅に向かって歩き，駅に着くと階段を上ってホームに向かう。電車が来ない間は，ホームで立って電車を待っている。電車が到着したら，電車に乗るために再び歩き出す。電車に乗ったら，その中でまた歩く。

「運動」とは，時間が経つにつれて
物体の位置が移り変わる現象である。

「静止」は，位置が変わらず，時間だけが過ぎていく現象である。静止を運動の特別な場合とみなす。運動を定量的に調べるためには，何を測定し，その結果をどのように記述したらよいだろうか。

2.1.1 運動の調べ方——時間の観点と空間の観点

運動を定量的に調べるために，時計と物差を用意して，物体が動く間の経過時間と移動距離を測定する。経過時間と移動距離は，それぞれ「時間の観点で調べた運動の効果」と「空間の観点で調べた運動の効果」を表している。日常生活の中でも，目的地までの道順を説明するとき，所要時間を示す場合と距離を示す場合がある。「駅から目的地まで徒歩5分」は，時間の観点で調べた運動の効果である。これに対して，「駅から目的地まで2km」は，空間の観点で調べた運動の効果である。

> **？ 疑問：**「時間の観点で調べた運動の効果」と「空間の観点で調べた運動の効果」の間には，どのような類似点と相違点があるだろうか。

【例題 2.1】 歩行距離と経過時間 Ⅰコース（816m）とⅡコース（612m）がある。これらは互いに直交している。家から書店まで8分歩き，書店に20分滞在した。このあと，Ⅱコースを通って，書店から9分歩いて東駅に到着した。書店の中で歩き回った距離は無視して，以下の問題を考えよ。ただし，歩行速度は毎秒1.7mとする。

(1) 経過時間に着目して，この人の運動の状況をいい表せ。
(2) 歩行距離に着目して，この人の運動の状況をいい表せ。
(3) Ⅲコースを通って家から東駅に向かった場合について，(1)と同様に運動の状況をいい表せ。
(4) Ⅲコースを通って家から東駅に向かった場合について，(2)と同様に運動の状況をいい表せ。

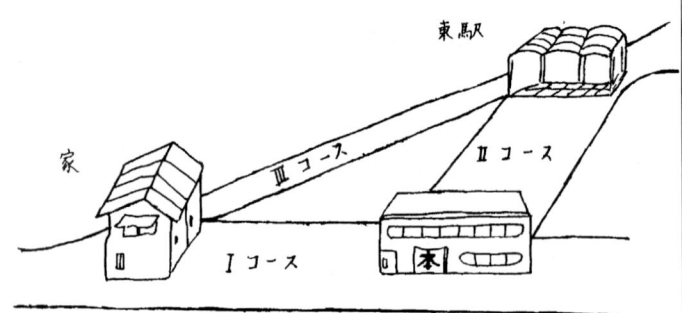

図 2.1 家から駅までのコース

脇注:

物理現象を研究するときには，いきなり数式を考えないこと。どんな器械（道具）を用意すれば測定できるかを考えることが重要である。

決まった距離だけ運動する時間。

「速度」と「速さ」の概念は 2.3 節で取り上げる。ここでは，差し当たり速度とは「1秒間に進む距離」と考える。

速度の単位 m/s（メートル毎秒）については，2.3.3 項で説明する。例題 2.1 では，「毎秒 1.7 m」ということにする。

【解説】
(1) 家から書店まで 8 分歩き，書店で 20 分静止し，書店から東駅まで 9 分歩いた。家から東駅までの歩行時間は 17 分，全体の経過時間は 37 分である。
(2) I コースの方向に 816 m 歩いてから，書店で II コースの方向に折り返して 612 m 歩いた。家から東駅までに歩いた距離は 1428 m である。
(3) 家から 10 分歩いて東駅に到着した。I コースと II コースを通る場合よりも 7 分早く東駅に着く。
(4) 家から 1020 m 歩いて東駅に到着した。I コースと II コースを通る場合よりも 408 m だけ少ない。

「静止」も運動の形態である。

三平方の定理から，III コースの距離は 1020 m
$$\left(=\sqrt{(816\,\text{m})^2 + (612\,\text{m})^2}\right)$$

(3) I コースと II コースを通る場合，書店に立ち寄らないと家から 17 分で東駅に到着する。III コースを歩行する時間は
$1020\,\text{m} \div 1.7\,\text{m/s} = 600\,\text{s} = 10\,\text{min}$
である。

(4) 三角形の 2 辺の和（I コース + II コース）は，他の 1 辺（III コース）よりも長い。

時間と距離は，どちらも数値と単位の積で表す。その数値の大小によって，時間どうしまたは距離どうしの間で定量的に比較できる。空間内での移動を表すためには距離だけでなく，方向と向きも示さなければならない。

- 「方向」：直線の傾き方
- 「向き」：向かい方

距離だけではなく方向と向きも考慮して，空間内での移動を表す幾何学の方法をくわしく考えてみよう。

【方向の例】「東—西」，「左—右」

【向きの例】「東から西に向かう」，「右向き」

「方向」というときには「向き」も決まっていると考えて，「方向」と「向き」を厳密に区別しない流儀の教科書もある。

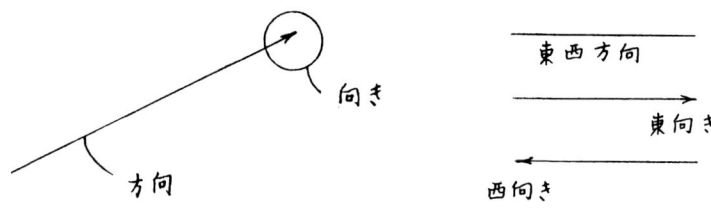

図 2.2 「方向」と「向き」

図 2.2 に「方向」は同じだが「向き」がちがう例が示してある。

2.1.2 変位の表し方

「家から書店に行き，次に書店から東駅に行く場合」と「家から直接東駅に行く場合」を比べてみよう。両者は，行動パターンがちがうし，運動そのものもちがう。しかし，出発点と到着点だけを示し，途中のコースを一切問題にしないことにする。どのコースを通ってもすべて同一視して，「家から東駅への変位」と呼ぶ。このように決めると，運動の効果を表現する上で便利である。同様に，「家から書店への変位」「書店から東駅への変位」も考えることができる。

変位を表すために，表記の仕方を決めておくと都合がよい。この例で，家を A，書店を B，東駅を C とする。A から B へ向かう矢印，B から C へ向かう矢印，A から C へ向かう矢印を描く。これらの矢印に名前を付けて，「家から書店までの変位」を $\overrightarrow{AB}$，「書店から東駅までの変位」を $\overrightarrow{BC}$，「家から東駅までの変位」を $\overrightarrow{AC}$ と表す。

$\overrightarrow{AB}$ は，始点 A と終点 B を並べて AB と書き，
　　その上に → を付けた記号
である。ほかも同様である。$\overrightarrow{AB}$ の大きさ（A から B までの矢印の長

図 2.1 参照

「変位」とは位置の変化である。

「運動の効果」とは，「家を出発して東駅に到着した」という内容を指している。この内容そのものは通ったコースによらない。したがって，どのコースを通ってもすべて同一視する。

「同一視する」とは，「同じとみなす」という意味である。

さ）は，絶対値の記号を使って，

$$|\overrightarrow{AB}|$$

と書き表す。いまの例では，

$$|\overrightarrow{AB}| = 816\,\text{m}$$

である。

2.1.3　ベクトルの演算——加法とスカラー倍
■ベクトルの加法

　それぞれの変位を矢印で描いただけでは，どのコースを通ってもすべて同一視したことにならない。そこで，変位と変位の間の関係を明確に決める。「家から書店へ移動し，書店から東駅へ移動した結果」を，一種の数学の演算を施した結果とみなす。つまり，移動のつなぎ合わせを
(家から書店への移動) + (書店から東駅への移動) = 家から東駅への移動
の加法と考えることにする。加法といっても，2 + 3 = 5 のような数の加法とちがって，「矢印どうしをつなぎ合わせる操作」を意味する。

> **?　疑問**：演算記号 + と 等号 = の意味をどのように理解したらよいか。

　演算記号 + と等号 = の表す意味を考える前に，移動のつなぎ合わせを変位の記号で書き表す。それぞれの変位を表す矢印の名前 $\overrightarrow{AB}$, $\overrightarrow{BC}$, $\overrightarrow{AC}$ を使うと，

$$\overrightarrow{AB} + \overrightarrow{BC} = \overrightarrow{AC}$$

と書ける。ここで，

左辺の演算記号 + は
「A から B への移動」「B から C への移動」の
2 回の移動を表している。

　一方，

右辺は「A から C への 1 回の移動」

を表している。右辺の $\overrightarrow{AC}$ は，左辺の「1 回目の移動（A → B）の起点 A」と「2 回目の移動（B → C）の終点 C」を結んだ矢印であり，中継点 B が介入していない。左辺と右辺は，ちがった移動の仕方を表している。したがって，等号 = は「等しい」という意味ではなく，「左辺と右辺を同一視する」という意味になる。

　図 2.3 で，I コースと V コースが平行であり，II コースと IV コースも平行である。$\overrightarrow{AB} + \overrightarrow{BC} = \overrightarrow{AC}$ の左辺で矢印のつなぎ合わせは，I, V, II, IV コースで作る平行四辺形の対角線を作る操作にあたる。

ベクトル：平行四辺形の合成則に従う矢印
（方向，向き，大きさを持つ）

（欄外注）

量を表す記号は，1 章で考えた数値×単位を表す。この例で，$|\overrightarrow{AB}|$ は AB 間の距離だから，816 という数値だけを表すのではない。

「同一視する」とは，「同じと見なす」という意味である。

「ベクトル」という用語は，「移動，輸送」を意味する vect というラテン語に由来する。平行四辺形の合成則に無関係の単なる矢印（道路標識の矢印）は，ベクトルでない。

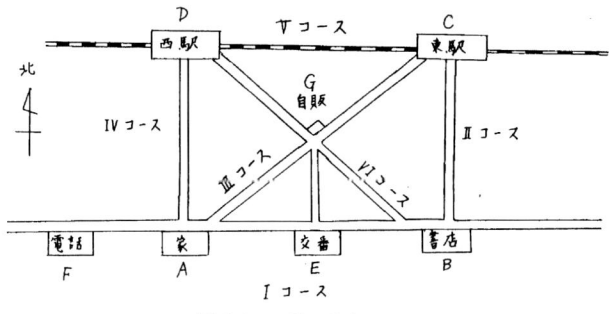

図 2.3　いろいろなコース

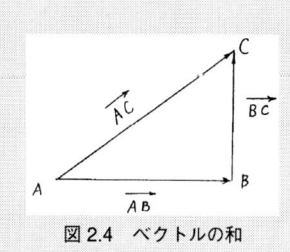

図 2.4　ベクトルの和

$\overrightarrow{AB}$ と $\overrightarrow{BC}$ のつなぎ合わせは，A → B → C の順の一筆書きにあたる。A から出発して C に到着するように，$\overrightarrow{AB}$ の始点 A から $\overrightarrow{BC}$ の終点 C に向かう矢印を描く。

■ベクトルの相等

西駅を D とする。$\overrightarrow{AD}$ と $\overrightarrow{BC}$ は平行で，大きさが等しい。$\overrightarrow{AB}$ と $\overrightarrow{DC}$ についても同様である。$\overrightarrow{AD}$ は A から D に向かう矢印であり，$\overrightarrow{BC}$ は B から C に向かう矢印である。したがって，$\overrightarrow{AD}$ と $\overrightarrow{BC}$ は同じ矢印ではない。しかし，「$\overrightarrow{AD}$ と $\overrightarrow{BC}$ は方向，向き，大きさが等しい」という性質だけに着目する。$\overrightarrow{AD}$ と $\overrightarrow{BC}$ を「同一視する」と約束して，

$$\overrightarrow{AD} = \overrightarrow{BC}$$

と書く。

家，西駅，書店に限らず，これら以外に目印はいくらでもある。地面に 2 点を適当に選びさえすればよいからである。$\overrightarrow{AD}$ と $\overrightarrow{BC}$ 以外にも，方向，向き，大きさが同じ矢印を無数に考えることができる。個々の矢印によらない性質は，方向，向き，大きさが同じという性質だけである。そこで，2 点 (始点と終点) の選び方によらない表し方を工夫すると都合がよい。点 A，B を使わずに $\vec{a}$ ($\vec{b}, \vec{c}, \ldots$ と書いてもよい) または $\boldsymbol{a}$ ($\boldsymbol{b}, \boldsymbol{c}, \ldots$ と書いてもよい) と書くと，一般的な表記になる。このとき，大きさは $|\vec{a}|$，$|\boldsymbol{a}|$，a (細文字) のどれかで書き表す。

? 疑問：加法以外の演算を決める必要はないだろうか。

■ベクトルのスカラー倍

「ベクトルに加法以外の演算が必要かどうか」という問題を考える。図 2.3 で I コースに沿って家と書店の間に交番がある。家から交番までの変位の表し方を考えてみよう。家と書店の間の距離は 816 m，家と交番の間の距離は 408 m である。交番を E として，家から交番までの変位を

$$\overrightarrow{AE} = 0.5\overrightarrow{AB}$$

と表す。いうまでもなく，0.5 は矢印ではなく，「倍を表す実数」である。「ベクトル」と名付けた矢印と区別するために，倍を表す実数を「スカラー」と呼ぶ。

ベクトルのスカラー倍 (実数倍ともいう)

休憩室◆ベクトルの学習

ベクトルの導入の仕方は一通りとは限らない。まず実数の組をベクトルと定義し，次にそれを矢印で表現するという筋道を採る方式がある。これは，数学 (特に大学) で使うスタイルである。本章では，ベクトルの語源 (移動，輸送) にしたがって，ベクトルの概念をできるだけ自然な形で導入した。その方が運動学または力学の感じが出ると考えたからである。

「同一視する」とは，「同じと見なす」という意味である。

ベクトルを表す記号：大学の物理学では $\boldsymbol{a}$ のような太文字を使う。高校の数学と物理では $\vec{a}$ のような記号を使う。本書では，イメージを重視する趣旨で，矢印ベクトルに $\vec{a}$ の記号を使う。

スカラーは「目盛」を意味する scale という語に由来する。通常，スカラーは「一つの実数」を表す。

は，加法とは別の演算である。$\overrightarrow{AB}$ と方向は同じだが向きのちがうベクトルを考えなければならない場合もある。実数の正負でベクトルの向きを区別する。

1. 実数が正のとき

$\overrightarrow{AE} = 0.5\overrightarrow{AB}$ のような場合で，方向と向きが $\overrightarrow{AB}$ と同じベクトルになる。

2. 実数が0のとき

$\overrightarrow{AA} = 0\overrightarrow{AB}$ のように，始点と終点が一致したベクトルと約束する。このようなベクトルは無数に存在するので，一般には

$$0\vec{a} = \vec{0} \quad (\text{または} \quad 0\boldsymbol{a} = \boldsymbol{0})$$

と表す。$\vec{0}$ または $\boldsymbol{0}$ を「零ベクトル」という。零ベクトルの大きさは 0 だが，方向は決めない。

3. 実数が負のとき

$\overrightarrow{AE} = 0.5\overrightarrow{AB}$ のような場合とちがって，$\overrightarrow{AB}$ と方向は同じだが反対向きのベクトルになる。図 2.3 で電話ボックスを F，$|\overrightarrow{AF}| = 408\,\mathrm{m}$ とすると，$\overrightarrow{AF} = -0.5\overrightarrow{AB}$ と書ける。

$$(-1)\overrightarrow{AB} \text{ を } -\overrightarrow{AB} \text{ と書き，}$$

$\overrightarrow{BA}$（始点 B から終点 A に向かう矢印）を表すと約束する。

一般には，$(-1)\vec{a}$ を $-\vec{a}$ と書く。

■ベクトルの演算規則

ベクトルの加法とベクトルの実数倍を約束した。次に，これらが満たす演算規則を調べてみる。

【例題 2.2】 ベクトルの演算規則

(1) 方向，向き，大きさの等しいベクトルを互いに同一視する。この約束のもとで，「I コースと II コースを通って家から東駅に行く移動」と同等な移動を見つけよ。

(2) 「家から西駅に行く移動」と同等な移動を見つけよ。それをベクトルで書き表すと，どのような演算の法則が成り立つか。

(3) 家を出発して，I コースと VI コースを通って，III コースの中点にある自販機に達した。この移動を「I コースと II コースを通って家から東駅に行く移動」と比べよ。

【解説】

(1) 交換法則　　I コースと II コースを通る場合と，IV コースと V コースを通る場合では，進み方がちがう。しかし，「同じ距離だけ歩いて家から東駅に到達する」という同じ結果になる。したがって，

$$\overrightarrow{AB} + \overrightarrow{BC} = \overrightarrow{AD} + \overrightarrow{DC}$$

の成り立つことがわかる。$\overrightarrow{AB}$ と $\overrightarrow{DC}$ は同等のベクトルである。$\overrightarrow{BC}$ と $\overrightarrow{AD}$ も同様である。$\overrightarrow{AB}$，$\overrightarrow{DC}$ と方向，向き，大きさが同じベクトルを $\vec{a}$ と書く。$\overrightarrow{BC}$，$\overrightarrow{AD}$ と方向，向き，大きさが同じベクトルを $\vec{b}$ と書く。$\overrightarrow{CD}$ と方向，向き，大きさが同じベクトルを $\vec{c}$ と書く。一般に，

「方向」と「向き」のちがいは，図 2.2 参照

誤解を招くおそれのないときには，零ベクトル（大きさ 0 の矢印）をスカラー（普通の数）のように 0 と書く場合がある。初歩の段階では $\vec{0}$ または $\boldsymbol{0}$（太字）と書いて，ベクトルとスカラーのちがいを意識する方がよい。

実数が負のとき，「方向」と「向き」のちがいを理解していると都合がよい。

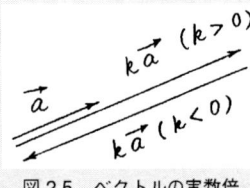

図 2.5　ベクトルの実数倍

「同一視する」とは，「同じと見なす」という意味である。

$$\vec{a}+\vec{b}=\vec{b}+\vec{a}$$

が成り立つ。これを「ベクトルの加法の交換法則」という。

(2) 結合法則

$$\overrightarrow{AD} = \overrightarrow{AC} + \overrightarrow{CD} = (\overrightarrow{AB} + \overrightarrow{BC}) + \overrightarrow{CD}$$

　IVコース　　IIIコース　Vコース　　Iコース　　IIコース

他方，

$$\overrightarrow{AD} = \overrightarrow{AB} + \overrightarrow{BD} = \overrightarrow{AB} + (\overrightarrow{BC} + \overrightarrow{CD})$$

　IVコース　Iコース　VIコース　　　　IIコース　Vコース

これらを比べると，

$$(\overrightarrow{AB}+\overrightarrow{BC})+\overrightarrow{CD}=\overrightarrow{AB}+(\overrightarrow{BC}+\overrightarrow{CD})$$

の成り立つことがわかる。$\overrightarrow{CD}$ と方向，向き，大きさが同じベクトルを $\vec{c}$ と書く。一般に，

$$(\vec{a}+\vec{b})+\vec{c}=\vec{a}+(\vec{b}+\vec{c})$$

が成り立つ。これを「ベクトルの加法の結合法則」という。

(3) 分配法則

$$\overrightarrow{AE}+\overrightarrow{EG}=\overrightarrow{AG}$$
$$\overrightarrow{AB}+\overrightarrow{BC}=\overrightarrow{AC}$$

ここで，$\overrightarrow{AB}=2\overrightarrow{AE}$，$\overrightarrow{BC}=2\overrightarrow{EG}$（$\overrightarrow{BC}$ は $\overrightarrow{EG}$ と同じ向きで，大きさは $\overrightarrow{EG}$ の 2 倍），$\overrightarrow{AC}=2\overrightarrow{AG}$ だから，

$$2(\overrightarrow{AE}+\overrightarrow{BG})=2\overrightarrow{AG}=\overrightarrow{AC}=\overrightarrow{AB}+\overrightarrow{BC}=2\overrightarrow{AE}+2\overrightarrow{EG}$$

となる。

一般に，

$$k(\vec{a}+\vec{b})=k\vec{a}+k\vec{a} \quad (k \text{ は実数})$$

である。これを「ベクトルの加法の分配法則」という。

[注意1] ベクトルの減法の表し方　$\overrightarrow{AB}+(-\overrightarrow{AB})$ を $\overrightarrow{AB}-\overrightarrow{AB}$ と書く。これは，$\overrightarrow{AB}+(-\overrightarrow{AB})=\overrightarrow{AB}+\overrightarrow{BA}=\overrightarrow{AA}=\vec{0}$ を意味する。A から B に行き，次いで B から A に行く。結局，A を出発して A に戻るので，実質的にまったく変位しなかったのと同じ結果になる。

■単位ベクトル

大きさが 1 のベクトルを「単位ベクトル」という。

ベクトルの大きさはスカラー（一つの実数）である。$\vec{a}$ と方向，向きが同じ単位ベクトルを $\vec{n}$ とする。$\vec{a}$ はベクトルのスカラー倍の形で

$$\vec{a}=|\vec{a}|\vec{n}$$

と書ける。この書き方では，ベクトル $\vec{a}$ が方向，向き，大きさを持つことがわかりやすい。$\vec{n}$ が $\vec{a}$ の方向と向きを表し，$|\vec{a}|$ が $\vec{a}$ の大きさを表す。

物体に三つ以上の力がはたらく場合，力の合計を考える際に，ベクトルの結合法則を適用することができる。

$(k+l)\vec{a}=k\vec{a}+l\vec{a}$　$(k, l$ は実数$)$ も成り立つ。

$|\vec{a}|$ は $\vec{a}$ の大きさだからスカラー（一つの実数）である。

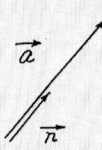

$|\vec{n}|=1$
$\vec{a}$ と方向は同じだが向きがちがう単位ベクトルを $\vec{n}$ とした場合は，$\vec{a}=-|\vec{a}|\vec{n}$ と書ける。

2.2 位置の表し方
2.2.1 位置ベクトル——矢印で位置を表す

2.1 節で考えたように,「位置の移動」を表すとき,ベクトルという矢印を導入すると便利である.この考え方にしたがうと,物体の位置そのものを表すときにも,ベクトルが有効であることに気が付く.書店の位置を「家から東に 816 m 離れた地点にある」のようにいい表す.つまり,対象の物体(書店)が,基準の物体(家)から見て,どの向きにどれだけ離れているかを示さなければならない.したがって,対象の物体の位置を表すときにも矢印を使うとよい.どのように移動すると,基準の物体から対象の物体に到達するかを表す.この矢印を「位置ベクトル」という.

> [注意 1] 変位ベクトルと位置ベクトルのちがい 「変位」と「位置」は異なる概念である.
>
> 「変位」は,1 個の物体が,ある時刻から別の時刻までの間に,どの向きにどれだけ移動するかを表す.つまり,1 個の物体に対して時刻のデータは 2 個である.
>
> これに対して,
>
> 「位置」は,同じ時刻で 2 個の物体(一方は対象の物体,他方は基準の物体)が互いにどの向きにどれだけ離れているかを表す.つまり,2 個の物体に対して時刻のデータは 1 個である.

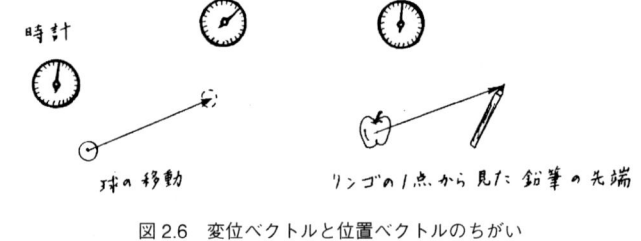

図 2.6 変位ベクトルと位置ベクトルのちがい

変位ベクトルは,ある点から別の点に行くにはどのように移動すればよいかを表す.ある時刻における物体の位置そのものは,変位とちがって物体の移動ではない.しかし,「基準点から,どの向きにどれだけ移動すれば注目する物体に到達するか」を考える.この変位ベクトルで,その物体の位置をいい表すと便利だからである.その物体が基準点からの変位ベクトルに沿って実際に移動するわけではない.位置を表すために便宜上使う変位ベクトルが位置ベクトルである.したがって,変位ベクトルと同様に,位置を表すための矢印もベクトルの性質を満たす.一般に,

1 点 O(オウ)を基準点にして,
O から対象の物体 P に向かって引いた矢印を「位置ベクトル」という.

何を基準点に選んでもよい.位置ベクトルをこのように決めると,図 2.7 で O から見た P の位置ベクトル $\overrightarrow{OP}$,O から見た O′ の位置ベクトル $\overrightarrow{OO'}$,O′ から見た P の位置ベクトル $\overrightarrow{O'P}$ の間には,

$$\overrightarrow{OO'} + \overrightarrow{O'P} = \overrightarrow{OP}$$

p. 22 参照

の関係が成り立つ。OP 間の距離は OQ 間の距離の k 倍のとき，同じ向きの場合は $k>0$，逆向きの場合は $k<0$ として

$$\overrightarrow{OP} = k\overrightarrow{OQ}$$

と書く。加法と実数倍が決まるので，これらの満たす演算の法則は，変位ベクトルと同じように成り立つ。

図 2.5 参照

　位置を表すための矢印を「位置ベクトル」と呼んで，ベクトルの一種として扱ってよいことがわかった。物体（正確には物体の代表点）の位置を矢印で表すという方法を作り出したことによって，新しい見方ができるようになった。「点という図形」と「矢印という図形」が 1 対 1 に対応する。このため，点と矢印を同一視することができる。したがって，位置を表すとき，点の代わりに矢印（位置ベクトル）を指定してもよい。

「同一視する」とは，「同じと見なす」という意味である。

「点」と「矢印」は，いうまでもなくまったく異なる図形である。

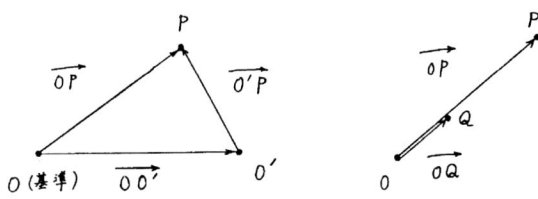

図 2.7　点 P の位置ベクトル

2.2.2　座標の概念——数で位置を表す

　前項で，位置を矢印で表すという幾何学の方法を考えた。この方法は，視覚に訴えるので直観的にわかりやすいが，数値計算には便利でない。そこで，番地のように数値で位置を表すという解析学の方法を考えよう。

> **?** 疑問：位置を数値で表すには，どうしたらよいだろうか。

　物体の位置は，「基準点から，どの向きにどれだけ離れているか」を示すことによって表せる。だから，基準点（原点と呼ぶ）を決め，そこから物体までの距離を物差で測ればよい。しかし，基準点からの距離を測定しただけでは，位置を正確にいい表したことにならない。「平面内で基準点から 2 m 離れた地点」は，基準点を中心とする半径 2 m の円周上のすべての点があてはまるからである。数値を使って，距離だけでなく向きも表すためには，どのように工夫すればよいだろうか。

原点から物体までの距離のほかに，
原点から見た物体の向きが右と左のどちらかを指定する。

　二つの反対の向きを正負の符号で表した距離を「有向距離」という。物体は原点から負の向きに 2 m 離れた位置にあるとき，原点からの有向距離は $-2\,\text{m}$ である。

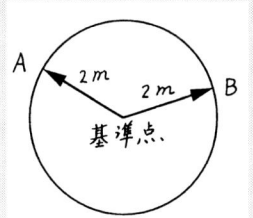

図 2.8　基準点から 2 m 離れた地点　円周上のどの位置を指すのかわからない。例えば，A なのか，B なのか，またはこれら以外なのか。

「座標」とは「座（場所）の標（しるし）」の意味である。

■座標

原点の位置を 0（ゼロ）と決める。直線上で原点をはさんで一方の向きを「正の向き」，それと反対向きを「負の向き」と約束する。日常使う物差には，正の値の目盛しか付いていない。長さを測ることはできるが，位置の指定に不都合である。そこで，負の値の目盛も付けた物差に拡張する。このように，

原点と正の向きが決まっていて負の値も取り得る物差を
「座標軸」または「数直線」という。
目盛の値を「座標」と呼ぶ。

座標は長さという量そのものではなく，長さを単位で割った数値である。原点から正の向きに 2 m 離れた位置の座標は 2 である。

位置 $x = 2$ m（量＝数値×単位）
座標 $x/\text{m} = 2$（量／単位＝数値）

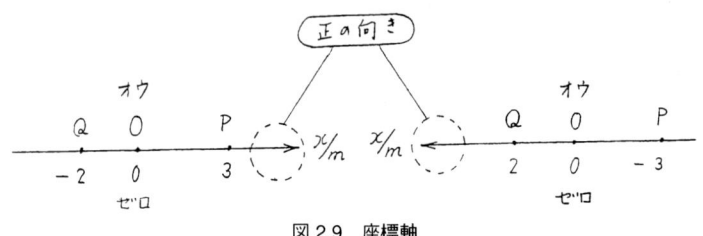

図 2.9　座標軸

座標の値は，座標軸の選び方で決まる。座標軸の矢印は，正の向きを示している。O（オウ）は，点の名前なのでアルファベットの大文字。0（ゼロ）は目盛の値（座標）なので数値

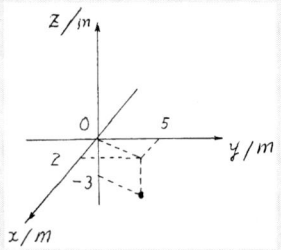

図 2.10　空間内の位置

ここで使う座標を「直交座標」または「デカルト座標」という。

実数の正負によって向きを区別する。2.1.3 項で考えたベクトルの実数倍を思い出すとよい。

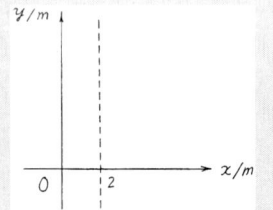

図 2.11　y 方向の距離を示さない場合

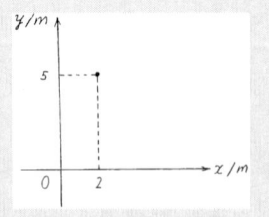

図 2.12　平面内の位置

1 章で理解したように，量＝数値×単位の関係式がある。

【例題 2.3】 **位置の測定に必要な物差の本数**　空間内（例えば，部屋の中）で物体の位置を測定するためには，物差は何本必要か。

【解説】 空間内に 3 本の物差（x 軸，y 軸，z 軸）を用意する。

原点から見た物体の向きは無数にある。3 本の物差（x 軸，y 軸，z 軸）を互いに直交するように置く。それらの交点を原点 O（オウ）と決める。原点の位置を $x/\text{m} = 0$（ゼロ），$y/\text{m} = 0$（ゼロ），$z/\text{m} = 0$（ゼロ）とする。それぞれの物差で，物体が原点からどの向きにどれだけ離れているかを測る。

例えば，「物体は原点から x 軸の正の向きに 2 m，y 軸の正の向きに 5 m，z 軸の負の向きに 3 m 離れた位置にある」という。つまり，幅と奥行と高さを測らなければ，特定の位置が指定できない。位置を座標で表すときには，$(2, 5, -3)$ のように書く。2 を x 座標，5 を y 座標，-3 を z 座標という。

（物体が直線上を運動する場合）

物体が x 軸に沿って運動する場合，x の値は時々刻々変化するが y と z の値は一定である。だから，実質的に x 軸だけを考えて，位置を座標で表すとき，例えば 2 または (2) と書いてもよい。

（物体が平面内（例えば，床面，机上）を運動する場合）

直線上を運動する場合とちがって，原点から見た物体の向きは無数にある。物体が xy 平面内で運動する場合，x と y の値は時々刻々変化するが z の値は一定である。だから，x 軸と y 軸だけを考えて，例えば「物体は原点から x 軸の正の向きに 2 m，y 軸の正の向きに 5 m 離れた位置にある」という。y 方向を示さないと，y 軸に平行で $x = 2$ m を満たす直線上のすべての位置があてはまる（図 2.11）。これでは，特定の位置を指定したことにならない。平面内の位置を座標で表すときに $(2, 5)$ と書いてもよい。2 を x 座標，5 を y 座標という。

位置の座標表示という方法を考え出したことによって，新しい見方ができるようになった。「点という図形」と「座標という実数」が1対1に対応する。このため，点と座標を同一視することができる。したがって，点を直接指す代わりに座標を指定することができる。平面内で2点間の距離を知りたいとき，直接，物差に2点をあてて測らなくてもよい。x座標どうしの差とy座標どうしの差を使って，三平方の定理から計算で距離が求まるからである。空間内でも同様である。位置を実数で表すと，数値計算に便利である。

> [注意2] 座標と住居表示のちがい　座標$(2,5)$は2丁目5番地という住居表示に似ている。しかし，座標と住居表示には大きなちがいがある。座標はあらゆる実数値を取り得るので，連続的である。これに対して，住居表示は正の整数しか取れないので，離散的である。

点は図形の一種であるのに対して，座標は実数である。点と座標はまったく別の概念である。異なる概念を同じと見なしてよいという考え方は，数学の思想の発展を象徴する。

2.2.3　ベクトルの成分表示——矢印と座標を同一視する

物体（正確には物体の代表点）の位置は「矢印という図形」で表す方法と「座標という実数」で表す方法のどちらでも表せる。点と矢印を同一視し，点と座標も同一視するという新しい見方ができるようになった。

> ❓ 疑問：矢印と座標を同一視することはできないだろうか。

点$P(X_1, Y_1)$から見た点$Q(X_2, Y_2)$の位置ベクトル$\overrightarrow{PQ}$を，点Pと点Qの座標と関係付ける。このため，$\overrightarrow{PQ}$という矢印を矢印の形の棒と考え，この棒に光をあてた場面を想定する。x軸上にはP$'$からQ$'$へ向く矢印の形の影ができ，y軸上にはP$''$からQ$''$へ向く矢印の形の影ができる（図2.13）。このような操作を

$$\text{「ベクトルの成分をとる」}$$

という。射影の矢印$\overrightarrow{P'Q'}$と$\overrightarrow{P''Q''}$を

$$\text{「}\overrightarrow{PQ}\text{のベクトル成分」}$$

という。$\overrightarrow{P'Q'}$と$\overrightarrow{P''Q''}$は座標軸に平行なので，点Pと点Qの座標と関係付けやすくなった。

座標軸の設定の仕方は一通りではない。直交座標表示以外の座標表示については，力学の範囲に進んでから取り上げる。例えば，円運動する物体の位置は極座標で表すと便利である。必ずしも直交座標を使うとは限らず，斜交座標を選ぶ場合もある。

――休憩室◆座標の概念の発見――

デカルト（Descartes）が，ベッドに寝ているとき，天井に止まっているハエを見て，その位置をどのように表そうかと考え，座標の概念（大げさにいえば，解析幾何学の基礎）を発見したそうである。そこで，直交座標をデカルト座標という。しかし，実際にはデカルトは，座標の概念を考えたことはないらしい（足立恒雄『たのしむ数学10話』岩波書店，1988）。

2.2.2項参照

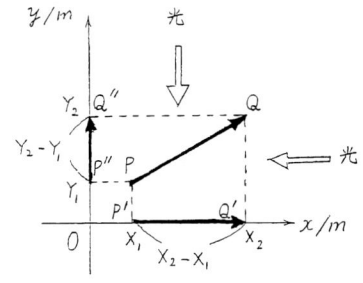

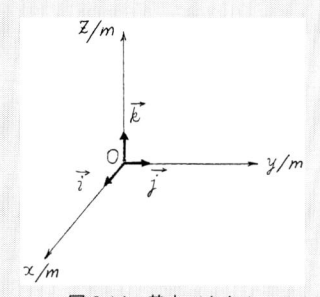

図2.13　ベクトルの成分表示

ここで，新しいベクトルを導入すると便利である。

座標軸の原点O（オウ）から，x軸，y軸，z軸の正の向きに向く単位ベクトル（大きさ1のベクトル）を，それぞれ$\vec{i}, \vec{j}, \vec{k}$と書く。これらを「基本ベクトル」という。

図2.14　基本ベクトル

$|\vec{i}| = 1, \ |\vec{j}| = 1, \ |\vec{k}| = 1$

射影の矢印は，その向きが

　　　座標軸の正の向きに一致するとき，
　　　　基本ベクトルに正の実数を掛けた形で，
　　　座標軸の負の向きに一致するとき，
　　　　基本ベクトルに負の実数を掛けた形で

表すことができる。基本ベクトルの大きさは 1 だから，基本ベクトルに掛ける実数は

$$(終点の座標) - (始点の座標)$$

とすればよい。位置ベクトル $\overrightarrow{PQ}$ は基本ベクトルのスカラー倍の形を使って，

$$\overrightarrow{PQ} = \overrightarrow{P'Q'} + \overrightarrow{P''Q''} = (X_2 - X_1)\vec{i} + (Y_2 - Y_1)\vec{j}$$

と書き表せる。ここで，

**ベクトルを構成している実数 $X_2 - X_1$ と $Y_2 - Y_1$ を
「$\overrightarrow{PQ}$ のスカラー成分」という。**

$X_2 - X_1$ は x 成分，$Y_2 - Y_1$ は y 成分である。これらのスカラー成分を並べて，

$$\overrightarrow{PQ} = \begin{pmatrix} X_2 - X_1 \\ Y_2 - Y_1 \end{pmatrix}$$

と表す。これを位置ベクトル $\overrightarrow{PQ}$ の成分表示という。左辺は「矢印に付けた名称」であり，右辺は「実数の組」である。等号は「等しい」と考えずに「左辺と右辺を同一視する」という意味を表している。ベクトルを成分表示したとき，

　　　ベクトルの加法は x 成分どうしの和，y 成分どうしの和を作り，
　　　ベクトルの実数倍は 各成分に実数を掛ける。

点 $P(X_1, Y_1)$ から見た点 $Q(X_2, Y_2)$ の位置ベクトル $\overrightarrow{PQ}$ は，点 $P(X_1, Y_1)$ から点 $Q(X_2, Y_2)$ への変位ベクトルと決めた。上式は点 $P(X_1, Y_1)$ から点 $Q(X_2, Y_2)$ への変位ベクトル $\overrightarrow{PQ}$ の成分表示と見ることもできる。

> [注意3] **ベクトルのスカラー成分**　基本ベクトルに掛ける実数を (始点の座標) − (終点の座標) と決めるとわかりにくくなる。射影の矢印の向きが座標軸の正の向きに一致するとき，基本ベクトルに負の実数を掛けた形になるからである。
>
> $X_1 = 3$，$X_2 = 5$ のとき，$X_1 - X_2 = -2$ だから，$\overrightarrow{P'Q'} = (-2)\vec{i}$ となる。この式は，現実とちがって，$\overrightarrow{P'Q'}$ は $\vec{i}$ と反対向きであることを意味する。$\overrightarrow{P'Q'}$ を正しく表したことにならない（図 2.13）。

■**位置ベクトルの基準点の選び方と座標軸の原点**

位置ベクトルの基準点はどこに選んでもよいが，座標軸の原点 O（オウ）［座標は 0（ゼロ）］に一致させると便利である。このように決めると，点の座標と位置ベクトルの成分表示が対応するからである。

座標軸の原点から見た物体の位置ベクトルのスカラー成分の値は，物

体の座標の値と一致する。したがって，位置ベクトルの基準点の位置を座標軸の原点に選ぶと便利である。つまり，点 P の座標が (X, Y) のとき，位置ベクトル $\overrightarrow{OP}$ の成分表示は

$$\overrightarrow{OP} = \begin{pmatrix} X \\ Y \end{pmatrix}$$

である。このとき，$\overrightarrow{OP}$ は基本ベクトル $\vec{i}$ と $\vec{j}$ を使って，

$$\overrightarrow{OP} = X \begin{pmatrix} 1 \\ 0 \end{pmatrix} + Y \begin{pmatrix} 0 \\ 1 \end{pmatrix} = X\vec{i} + Y\vec{j}$$

と書ける。$\overrightarrow{OP}$ の大きさは，三平方の定理から

$$|\overrightarrow{OP}| = (X^2 + Y^2)^{1/2}$$

である。ベクトルの大きさは，一つの実数で表せるのでスカラーである。

> 基本ベクトルの成分表示は
> $$\vec{i} = \begin{pmatrix} 1 \\ 0 \end{pmatrix}, \vec{j} = \begin{pmatrix} 0 \\ 1 \end{pmatrix}$$
> である。

点 P の座標を (X, Y) とする。位置ベクトル $\overrightarrow{OP}$ は，原点 O から点 P に向かう矢印（矢印ベクトルという）で表示することができる。

$$\overrightarrow{OP} = \begin{pmatrix} X \\ Y \end{pmatrix}$$

として成分表示する（数ベクトルという）こともできる。このように，矢印と座標を同一視してよい。物体の位置を表す場合，矢印の代わりに座標を使うこともできるし，座標の代わりに矢印を使うこともできる。

> 一つの実数を「スカラー」と呼ぶ。
> 2.1.3 項参照

[注意4] **座標と位置ベクトルのスカラー成分** 「座標」と「位置ベクトルのスカラー成分」は元来，別々に（まったく無関係に）導入した異なる概念である。両者の値を一致させることができるので，これらの概念を同一視する。しかし，「数値が一致するということ」と「概念が同じであるということ」を混同してはいけない。座標軸の原点以外の点を，位置ベクトルの基準点にすることもできる。その場合，座標の値と位置ベクトルのスカラー成分の値は一致しない。

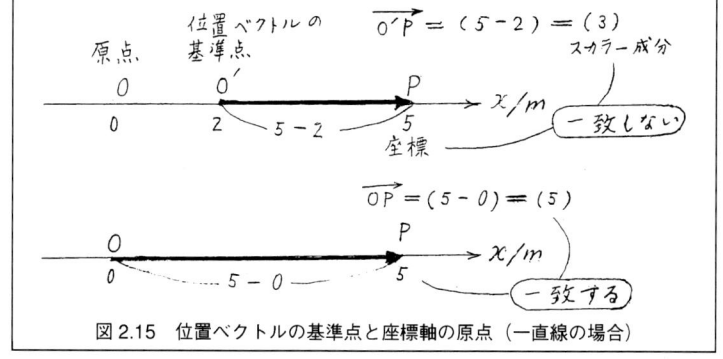

図2.15 位置ベクトルの基準点と座標軸の原点（一直線の場合）

> 位置ベクトルの基準点 O' を $X = 2$ の位置に選ぶと，点 P（座標は5）の位置ベクトル $\overrightarrow{O'P}$ の成分表示は (3) となる。点 P の座標と位置ベクトルの成分表示が一致しない。しかし，位置ベクトルの基準点 O を $X = 0$ の位置に選ぶと，$\overrightarrow{OP}$ の成分表示は (5) となるから点 P の座標と一致する。

> ベクトルを座標軸で表すと順序の付いた実数の組になる。これらの実数の値は座標軸の選び方によって異なる。これに対して，スカラーは座標軸の選び方に無関係である。例えば，質量はスカラー量である。この観点から考えたベクトルとスカラーのちがいについて，本書では深入りしない。

[注意5] **ベクトルとベクトル量** 「ベクトル」と「ベクトル量」の区別は厳然としているわけではない。しかし，数と量のちがいは物理学では重要なので，この観点から一応区別しておく方がよい。

「ベクトル」は，幾何では方向，向き，大きさを合わせ持った線分（矢印）であり，代数では実数（ベクトルの成分）の組である。

これに対して，

「ベクトル量」は，幾何では矢印を使って表すことができる量であり，
代数では実数で表した量の組である。

この考え方を，位置について具体的に調べてみる。平面内で原点から x 軸の正の向きに 3 m，y 軸の負の向きに 5 m にある点の位置を表す場合を考える。この場合，「位置」は有向距離 (p.27) という量の組を使って，

$$\begin{pmatrix} 3\,\mathrm{m} \\ -5\,\mathrm{m} \end{pmatrix}$$

と表す。これに対して，「位置ベクトル」は実数の組

$$\begin{pmatrix} 3 \\ -5 \end{pmatrix}$$

である。1 章で，量 = 数値 × 単位 の関係式を理解した。この関係式を 2 成分に拡張した形である。つまり，

$$\begin{pmatrix} 3\,\mathrm{m} \\ -5\,\mathrm{m} \end{pmatrix} = \begin{pmatrix} 3 \\ -5 \end{pmatrix} \mathrm{m}$$

(量の組) = (数値の組) × 単位
 ‖   ‖
(位置)   (位置ベクトル)

の関係がある。「位置」は「位置ベクトル」という変位ベクトルを使って表せる量である。このため，位置は変位の（「原点を基準にした」という意味で）特別なベクトル量と考える。さらに，位置について「基本ベクトル」の観点から見直してみる。

$$\begin{pmatrix} 3\,\mathrm{m} \\ -5\,\mathrm{m} \end{pmatrix} = 3 \begin{pmatrix} 1\,\mathrm{m} \\ 0\,\mathrm{m} \end{pmatrix} + (-5) \begin{pmatrix} 0\,\mathrm{m} \\ 1\,\mathrm{m} \end{pmatrix}$$

(量の組)   (実数) (量の組)   (実数) (量の組)
 ‖   ‖   ‖
(位置)   (座標) (単位の長さ)   (座標) (単位の長さ)

$$= 3 \begin{pmatrix} 1 \\ 0 \end{pmatrix} \mathrm{m} + (-5) \begin{pmatrix} 0 \\ 1 \end{pmatrix} \mathrm{m}$$

(実数) (数の組) (単位)   (実数) (数の組) (単位)
         ‖   ‖
      (基本ベクトル)   (基本ベクトル)
    (ベクトルの実数倍)   (ベクトルの実数倍)

$$= \begin{pmatrix} 3 \\ 0 \end{pmatrix} \mathrm{m} + \begin{pmatrix} 0 \\ -5 \end{pmatrix} \mathrm{m}$$

(数の組) (単位)   (数の組) (単位)

今後，学習が進むにつれて，いろいろな「ベクトル」と「ベクトル量」が登場する。例えば，「速度」と「速度ベクトル」「力」と「力ベクトル」などである。2 m，2 m/s，2 N などのいろいろな量があるが，2 という数値はどんな量を表すときにも使う。これと同じように，

$$\begin{pmatrix} 3 \\ -5 \end{pmatrix}$$

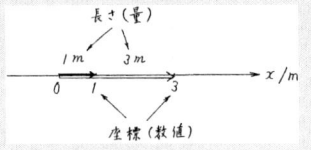

図 2.16 位置の x 成分
単位の長さをメートルとする。

座標は長さを単位で割った数値である。

$$\begin{pmatrix} 1\,\mathrm{m} \\ 0\,\mathrm{m} \end{pmatrix} = \underbrace{\begin{pmatrix} 1 \\ 0 \end{pmatrix}}_{\text{基本ベクトル}} \mathrm{m}$$

N は力の単位で，「ニュートン」と読む。3 章参照

という数の組はどんな量の組を表すときにも使う．1個の数を拡張したベクトル（数の組）という概念を作っておくと都合がよい．

> 「…ベクトル」とは，…という量の組を表すための数の組（ベクトル）である．

【例】 「変位」は量の組（ベクトル量）
$$\begin{pmatrix} 3\,\mathrm{m} \\ -5\,\mathrm{m} \end{pmatrix}$$
である．これに対して，「変位ベクトル」は数の組（ベクトル）
$$\begin{pmatrix} 3 \\ -5 \end{pmatrix}$$
である．

> [注意6] **基準の取り方と位置の測定**　ホームを基準にすると，ホームの上のいすは止まっているように見える．一方，走っている電車の窓から見ると，そのいすは後方へ動いているように見える．このように，物体の運動の表し方は基準の取り方によってちがう．運動を観測する基準は，力学の範囲に入ってから運動の法則を理解するときに重要になる．

> 「スカラー」と「スカラー量」についても同様である．

> 7章参照

2.3　速度——変位の時間変化

2.1節と2.2節で，物体の運動を記述するために，変位と位置の表し方を考えた．それでは，運動が速いか遅いかは，何によって判断したらよいだろうか．この判断は，駅のホームに止まっている人と走っている電車の中の人では，どのようにちがうのだろうか．

2.3.1　速さの表し方——時間の観点と空間の観点

> **?**　疑問：日常生活の中で，「運動が速いか遅いか」を何によって判断しているだろうか．

> 【例題 2.4】　**速さの判断の仕方**　運動が速いかどうかを考えるとき，「運動にかかった時間で判断する例」と「進んだ距離で判断する例」をあげよ．
> 【解説】　たいていの人は，体育の時間に徒競走を行い，走った時間（タイム）を測った経験がある．50 m走であれば，50 mを完走する時間が短いほど「速い」という．駅伝の順位も，これと同じ判断に基づいている．それでは，運動が速いか遅いかは，いつも徒競走の場合と同じように，時間で判断するだろうか．乗り物を思い出すと，時間の長短によって速いかどうかを示していないことに気がつく．自動車の場合，「時速50 kmで走っている」という．「時」という語を含んでいるが，距離が大きいほど「速い」と判断する．
> 　徒競走と乗り物のちがいを，どのように理解したらよいだろうか．徒競走の場合は，走る距離を固定している．走る時間を測定し，その時間の長さによって，速いかどうかを判断する．これに対して，乗り物の場合は，走る時間を固定している．その時間内に走る距離を測定し，その距離の大きさによって，速いかどうかを判断する．

> マラソンのときは 42.195 km 走る．

> 時速というときは 1 h，分速というときは 1 min，…である．

例題 2.4 は,「時間の観点」と「空間の観点」のどちらに注目するかという見方のちがいを示している。物理学では,時間を固定した上で,通過する距離によって,運動が速いかどうかを判断する場合が多い。時間で速いかどうかをいい表すのは不便だからである。時間は,目に見えないという意味でわかりにくい量である。目で見て大小のわかる量は,長さ（距離），角度などの空間の量である。時間を知っただけでは,速いかどうかを判断できても,どの経路を通過したかということはわからない。そこで,これからは時間を固定し（1 s,1 min,1 h など），その時間内に移動する距離で速さを判断する。

2.3.2　速さを求める式の意味

小学校の算数で,速さの定義式（速さ＝距離÷時間）を習う。しかし,速いかどうかは,この式で速さを計算しなくても感覚でわかる。数値で表すのは,いろいろな場合を比べると,法則を見出すことができるからである。

ところで,この式の意味を考えてみると,わかっていたはずの意味が実はよくわかっていないことに気が付く。この単純な式は,深い内容を含んでいる。そのような事情を意識しないで,わかったつもりになっていただけなのかもしれない。そこで,この式のどこがむずかしいのかということから振り返ってみよう。

1章,2.1節,2.2節を思い出してみる。まず,「長さ」という概念を理解した。次に,矢印を使ったり,実数を負の範囲に拡張したりして,「変位」という有向量の表し方を考えた。「長さ」に対応する量は「速さ」である。方向と向きも含んだ「変位」に対応する量を「速度」という。

> **?　疑問**：速度＝変位÷時間 という式を計算すると,何がわかるのだろうか。

直線運動がもっとも簡単なので,この場合について考えてみよう。
- 物体が座標軸の正の向きに,30 s 間に 6 m 進む場合と 20 s 間に 5 m 進む場合では,どちらが速いか。

上式で速度を計算すると,$6\,\mathrm{m} \div 30\,\mathrm{s} = 0.2\,\mathrm{m/s}$ と $5\,\mathrm{m} \div 20\,\mathrm{s} = 0.25\,\mathrm{m/s}$ となる。これらの計算では,1 s あたりの変位を求めている。それは,何を意味するのだろうか。

変位を時間で割るのは,変位が時間に比例すると考えているからである。「30 s 間に 6 m 進む」ということは,「1 s 間に,その 1/30 の 0.2 m だけ進む」という発想である。つまり,注目した時間（いまの例では,30 s）に,物体が一様に（速くなったり遅くなったりしないで）運動すると仮定している。したがって,30 s の時間内であれば,どの時刻から測って 1 s 経っても（2.8 s → 3.8 s でも 20 s → 21 s でもよい）,1 s 間に物体は 0.2 m 進む。上式を使うときには,いつもこの注意を忘れてはいけない。

側注:

2.1.1 項参照

1.3 節参照

振り子の周期のように時間の長短を問題にする場合もある。

「速さ」は単位時間あたりの位置の変化の大きさである。長さ（距離）と速さは正の値を取る。変位と速度の値は正負のどちらも取り得る。

ここでは,有効数字の桁数について一切考えていない。

$$6\,\mathrm{m} \div 30\,\mathrm{s} = \frac{6 \times \mathrm{m}}{30 \times \mathrm{s}} = 0.2\,\mathrm{m/s}$$

――休憩室◆「公式」という語――
物理学の「公式」と呼んでいる式は,ほとんどの場合「定義式」または「法則を表す式」である。速度＝変位÷時間は速度の「定義式」である。

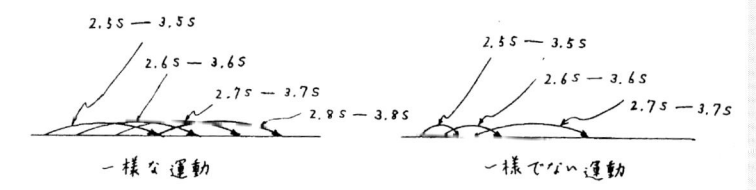

図 2.17 一様な運動と一様でない運動

どの時刻から 1 s 経っても同じ向きに同じ距離だけ移動するとき,「等速度運動」という。

図 2.17 の右図は,同じ 1 s 間であっても,変位が同じでない場合を表している。

2.3.3 速度と速さ

時刻 t_1 から時刻 t_2 まで時間が経過したとき,物体の位置が x_1 から x_2 まで変化した。時間と変位を $x_1 = x(t_1)$, $x_2 = x(t_2)$ だから

$$\Delta t = t_2 - t_1$$
$$\Delta x = x_2 - x_1 = x(t_2) - x(t_1) = x(t_1 + \Delta t) - x(t_1)$$

と書き表すと便利である。

t "time"(時間)の頭文字

$x(t_1)$ は「時刻 t_1 における位置 x」の意味。この記号は,位置が時間の関数(時間とともに変化する)であることを意味する。

(あとの量) − (はじめの量)

Δ は d に相当するギリシア文字で「デルタ」と読む。

Δt は一つの記号であって,Δ と t の積と見てはいけない。Δx についても同様である。「動(ドウ)」という漢字を「重力(ジュウリョク)」と読まないのと同じである。

一直線上の運動を考える。変位 $\Delta x (= x_2 - x_1)$ の値は,x_1 と x_2 の大小関係によって正と負のどちらも取り得る。

- $\Delta x > 0$ m ($x_1 < x_2$) のとき:物体は座標軸の正の向きに進む
- $\Delta x < 0$ m ($x_1 > x_2$) のとき:物体は座標軸の負の向きに進む

そこで,単なる距離(正の値で表す)ではなく,

変位(正の値も負の値も取り得る)を

経過時間(正の値と約束する)で割った量:$v = \dfrac{\Delta x}{\Delta t}$

を考える。v の値の正負によって運動の向きを表すことができる。この量を「速度」と名付ける。「速度(velocity)」の大きさを「速さ(speed)」という。「速度」は方向,向き,大きさを持つ量なのでベクトル量である。これに対して,「速さ」は一つの実数で表せる量なのでスカラー量である。

$v = \dfrac{\Delta x}{\Delta t}$ は,「速度を $\dfrac{\Delta x}{\Delta t}$ と定義し,これを記号 v で表す」という意味。

-3 m/s
負号は向きを表す。

v "velocity"(速度)の頭文字。「速さ」は "speed" であって,「速度」と区別する。

「速さ」の「さ」は,「大きさ」の「さ」と同じく,程度を表す接尾辞である。

速度の大きさ
速さ

■速度の単位

単位時間 s に単位距離 m だけ進む速度を,変位÷時間 = m÷s = m/s と表して,m/s(「メートル毎秒」と読む)を速度の単位とする。

秒を表す記号 s は時間という量である。1 s, 2 s, … の s は数値につける接尾辞ではない。$1 \times $ s, $2 \times$ s, … を表す。記号 m も同様
1.1 節参照

■速度の単位の換算

1.4 節で単位の換算の仕方を理解した。その考え方を速度の単位の換算に適用する。

〈例 1〉 km/h → m/s

「72.0 km/h は km/h の 72.0 倍」である。「km は 10^3 m」と「h は 3600 s」に注意する。これらから,「72.0 km/h は 10^3 m/3600 s の 72.0 倍」である。

km/h の分子 km を 10^3 m に,分母 h を 3600 s におきかえる。

$$72.0 \,\text{km/h} = 72.0 \times \frac{\text{km}}{\text{h}} = 72.0 \times \frac{10^3 \,\text{m}}{3600 \,\text{s}} = 20.0 \,\text{m/s}$$

〈例 2〉 m/s → km/h

「20.0 m/s は m/s の 20.0 倍」である。「m は 10^{-3} km」と「s は (1/3600) h」に注意する。これらから,「20.0 m/s は 10^{-3} km/(1/3600) h の 20.0 倍」である。

m/s の分子 m を 10^{-3} km に,分母 s を (1/3600) h におきかえる。

$$20.0\,\mathrm{m/s} = 20.0 \times \frac{\mathrm{m}}{\mathrm{s}} = 20.0 \times \frac{10^{-3}\,\mathrm{km}}{\frac{1}{3600}\,\mathrm{h}} = 72.0\,\mathrm{km/h}$$

このように，k（キロ）は 10^3 を意味する接頭辞（10^3 m を簡単に km と書く）だから，

$$\mathrm{km} = 10^3\,\mathrm{m}$$

である。両辺に 10^{-3} を掛けると，

$$10^{-3}\,\mathrm{km} = \mathrm{m}$$

となる。別の考え方もできる。$1 = 10^{-3} \times 10^3 = 10^{-3}\,\mathrm{k}$ と考え，全体に m を掛ける。$1 \times \mathrm{m} = 10^{-3}\,\mathrm{k} \times \mathrm{m}$ から $1\,\mathrm{m} = 10^{-3}\,\mathrm{km}$ となる。

■いろいろな速さ

「長さ 170 cm」といえば，ヒトの身長を思い起こして，どのくらいの大きさかという感覚がつかめる。これと同じように，われわれの身のまわりの現象から，いろいろな速さを調べて，速さの感覚を身につけよう。

■問　空気中の酸素分子の速さとあなたの 50 m 走の速さを比べてみよ。

【例題 2.5】　**速度と速さ**　「西向きに速さ 5 m/s で一様に進む運動」と「東向きに速さ 5 m/s で一様に進む運動」の速度は同じか。

【解説】　これらの速度は一致しない。東向きを正の向きとする座標軸（物差）を設定すると，西向きの運動の速度は -5 m/s，東向きの運動の速度は $+5$ m/s（＋は省略してもよい）となる。西向きを正の向きとする座標軸を選ぶと，西向きの運動の速度は $+5$ m/s，東向きの運動の速度は -5 m/s である。

図 2.18　座標軸の選び方と速度の正負

【例題 2.6】　**変位と移動距離**　北向きに速さ 5 m/s で進み，4 s 後に南向きに同じ速さで引き返した。最初から 8 s 後の位置と 8 s 間に動いた距離を求めよ。

【解説】　8 s 間に動いた距離は，

$$\text{速さ} \times \text{時間} = 5\,\mathrm{m/s} \times 8\,\mathrm{s} = 40\,\mathrm{m}$$

である。はじめの位置を原点とし，北向きを正の向きに選ぶと，8 s 後の位置は

（はじめの 4 s 間の速度）× 時間 ＋（あとの 4 s 間の速度）× 時間

$$= 5\,\mathrm{m/s} \times 4\,\mathrm{s} + (-5)\,\mathrm{m/s} \times 4\,\mathrm{s} = 0\,\mathrm{m}$$

である。8 s 後にはもとの位置に戻っている。このとき，

8 s 間の変位 ＝（8 s 後の位置）－（はじめの位置）＝ 0 m － 0 m ＝ 0 m

である。

2000 年問題を「Y2K」と呼ぶ。これは，k が 1000 を表すので 2K が 2000 になるからである。

$\mathrm{k} = 10^3$

回転寿司のベルトコンベヤーは，平均して 4 cm/s（4 センチメートル毎秒）である。

表 2.1　いろいろな速さ

ヒトの歩行	1.0 m/s
新幹線	93 m/s
地球の自転	465 m/s

「一様に進む」とは，「速くなったり遅くなったりしない」という意味である。

「変位」と「移動距離」のちがいに注意すること。

図 2.19 速度と変位

あとの 4s 間
速度 $-5\,\mathrm{m/s}$

はじめの 4s 間
速度 $+5\,\mathrm{m/s}$

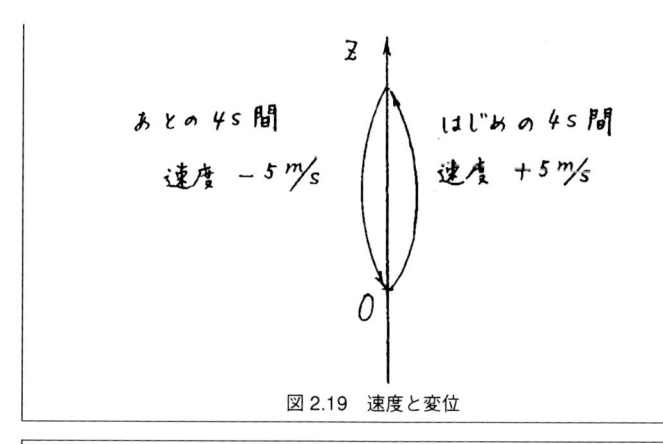

【例題 2.7】 **速度の向き** 物体が一様に運動している場合を考える。運動の向きは P → P' の向きである。つまり,物体の位置は時刻 t のとき P,$t+\Delta t$ ($\Delta t > 0\,\mathrm{s}$) のとき P' である。(1) から (6) までの物差(座標軸)で測った速度の正負を答えよ。

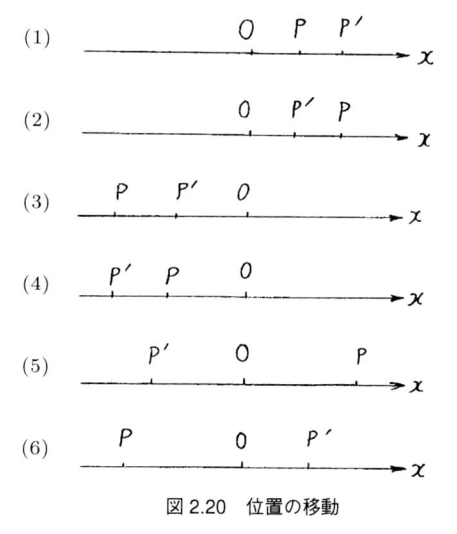

(1) O P P'
(2) O P' P
(3) P P' O
(4) P' P O
(5) P' O P
(6) P O P'

図 2.20 位置の移動

Δt は量を表す記号だから,数値 0 だけでなく,単位 s も含む。
量 = 数値 × 単位 の関係式に注意すること。

【解説】
(1) $\Delta x = x(t+\Delta t) - x(t) > 0\,\mathrm{m}$ だから,$v = \Delta x/\Delta t > 0\,\mathrm{m/s}$ となる。
　　変位　　P'の位置　Pの位置
(2) $\Delta x = x(t+\Delta t) - x(t) < 0\,\mathrm{m}$ だから,$v = \Delta x/\Delta t < 0\,\mathrm{m/s}$ となる。
　　変位　　P'の位置　Pの位置
(3) から (6) までは,各自考えること。
(a) 座標軸の正の向きを指定する。
(b) Δt の値は正として,$\Delta x/\Delta t$ を計算する。
(c) 速度の向きは運動の向きを表している。
　① x 軸の正の向きに運動しているとき:$v > 0\,\mathrm{m/s}$
　② x 軸の負の向きに運動しているとき:$v < 0\,\mathrm{m/s}$
- x 座標の正負は速度の正負(運動の向き)と関係ない。
- 「運動の向き」は,「座標軸の正の向きに運動するか」,または「負の向きに運動するか」を意味する。

(1) P' は P の右側だから,$x(t+\Delta t) > x(t)$ である。
(2) P' は P の左側だから,$x(t+\Delta t) < x(t)$ である。
(3) $v > 0\,\mathrm{m/s}$
(4) $v < 0\,\mathrm{m/s}$
(5) $v < 0\,\mathrm{m/s}$
(6) $v > 0\,\mathrm{m/s}$

2. 運動の記述の仕方

[注意1] $\Delta t = 0\,\mathrm{s}$ と $\Delta x = 0\,\mathrm{m}$ の意味　　$\Delta t = 0\,\mathrm{s}$ は時間が経過しないことを意味する。これは静止とはちがう。「静止」は「$\Delta t \neq 0\,\mathrm{s}$ であって $\Delta x = 0\,\mathrm{m}$ の場合（位置が変化しない）」である。

はじめ：始状態
あと　：終状態
（あとの量）−（はじめの量）：「はじめの量」から見て，「あとの量」は増えたか減ったかを表す。

[注意2] 変化分　　時間は時刻の変化分，変位は位置の変化分である。始状態から終状態に移る間に量がどれだけ変化したかを表すために，量の変化分を

$$（あとの量）−（はじめの量）$$

と約束する。「変化分」といわずに「増分」と呼んでいる教科書もある。しかし，「増分」というと量がいつでも増加するという誤解を招くおそれがある。増分が負のときには減少と解釈すればよいが，初学者にはまぎらわしい。$x_2 - x_1$ の値は，x_1 と x_2 の大小関係によって正と負のどちらも取り得る。本書では「増分」といわずに「変化分」という。

「位置は時間とともに変化する」という意味
$x = x(t)$
　左辺の x：従属変数
　右辺の x：関数記号
　　　　t：独立変数
$y = f(x)$
　　　　y：従属変数
　　　　f：関数記号
　　　　x：独立変数

[注意3] 関数記号と変数名　　$x = x(t)$ は「位置 x は時間 t の関数」を表す。この書き方は，中学数学以来，見慣れている $y = f(x)$ と同じである。$x = x(t)$ は，従属変数 y と関数名 f のどちらも x と表した場合にあたる。つまり，

$$y = f(x)$$
$$\updownarrow \quad \updownarrow \updownarrow$$
$$x = x(t)$$

のように対応している。$x_1 = x(t_1)$ は「時刻 t_1 のときの位置 $x(t_1)$ が x_1 である」という意味である。初めのうちはまぎらわしいかもしれないが，慣れるとこの書き方はわかりやすい。関数名を x にすると，位置を表していることが一目瞭然だからである。

2.3.4　平均速度と瞬間速度——「微分」の概念を導入する事情

疑問：速度 = 変位 ÷ 時間　という式は，測定時間内に速度が変わるかもしれないということまでは考慮していない。しかし，どの 1s の区間もすべて同じ速度で運動するということが，現実にあるだろうか。1s の時間を，さらに短い時間（例えば 0.05s）に区切って測定すると，その短い時間に速度が変化している場合はないだろうか。速度が一定でない場合，上式を使うことはできないはずである。

位置の x 成分は水平方向，z 成分は鉛直方向

物体を斜め方向に投げると，その物体が xz 平面内で放物運動した。手放してから時間が t だけ経過したときの位置の成分が

$$\begin{cases} x(t) = v_{0x} t \\ y(t) = y_0 \\ z(t) = v_{0z} t + a t^2 \end{cases}$$

$\mathrm{m/s^2}$ は加速度の単位（p. 47）

と表せることが測定結果からわかった。ただし，位置の単位は m，時間の単位は s とする。$y_0 = 0\,\mathrm{m}$，$v_{0x} = 4.0\,\mathrm{m/s}$，$v_{0z} = 8.0\,\mathrm{m/s}$，$a = -5.0\,\mathrm{m/s^2}$ である。

正確には $a = -4.9\,\mathrm{m/s^2}$

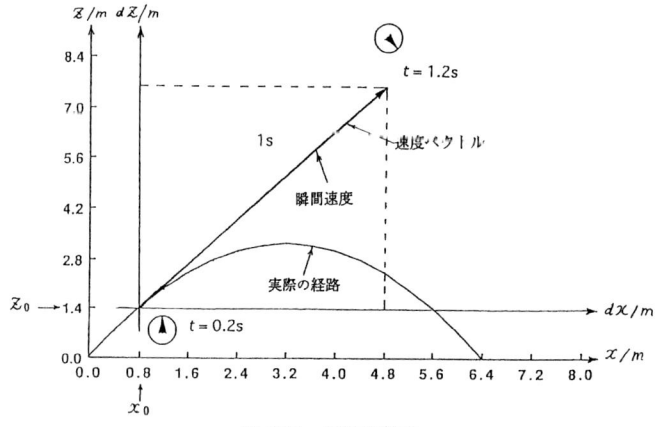

図 2.21 運動の軌跡

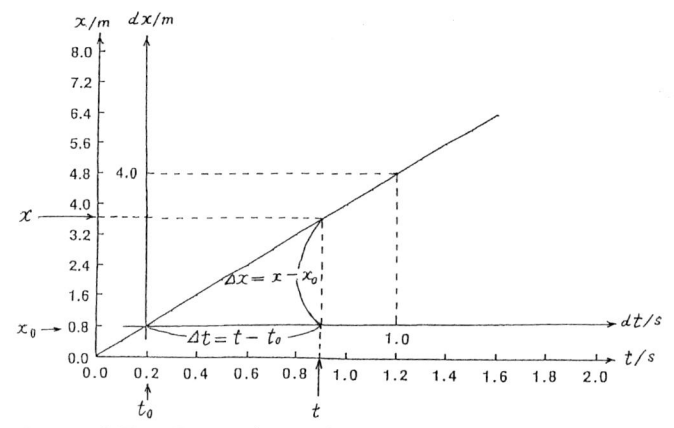

図 2.22 位置－時間グラフ（水平方向）　この例では等速度運動（一様な運動）

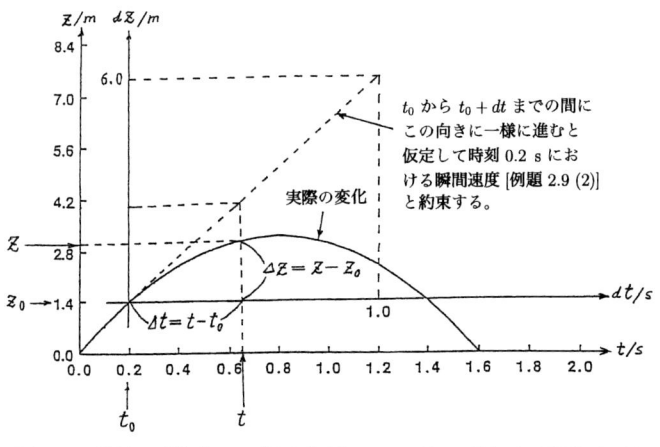

図 2.23 位置－時間グラフ（鉛直方向）　この例では等加速度運動（一様でない運動）

軸上の数値は $x/\text{m} = 1.6, dx/\text{m} = 4.0$ などを表す。

表2.2　時間と位置の関係

t/s	x/m	z/m
0.0	0.00	0.00
0.1	0.40	0.75
0.2	0.80	1.40
0.3	1.20	1.95
0.4	1.60	2.40
0.5	2.00	2.75
0.6	2.40	3.00
0.7	2.80	3.15
0.8	3.20	3.20
0.9	3.60	3.15
1.0	4.00	3.00
1.1	4.40	2.75
1.2	4.80	2.40
1.3	5.20	1.95
1.4	5.60	1.40
1.5	6.00	0.75
1.6	6.40	0.00

t/s, x/m, z/m の記法は，付録 F 参照

dx, dz, dt の意味は，例題 2.9 で考える。

「等速運動」は「速さ」が一定の運動だから，向き，方向は変化する場合もある。

【例】等速円運動（5.5 節）

「等速度運動」は「速度」が一定の運動だから，速さ，方向，向きのどれも変化しない．これは「よいドライバー」の運転といえるかもしれない．

位置の変化分は「変位」，時刻の変化分は「時間」である．位置と時刻，変位と時間がそれぞれ対応する．「位置－時刻グラフ」という方がわかりやすい．しかし，「位置－時間グラフ」という用語が定着しているので，いまさら変えることはできない．

鉛のおもりをひもに付けて吊したときにひもの示す方向だから，「鉛直方向」という．地上の水の表面が鉛直方向に垂直なので，「水平方向」という．

(1) 平均速度

【例題 2.8】一様な運動と一様でない運動　図 2.22，図 2.23 について，水平方向と鉛直方向の平均速度を，「速度 ＝ 変位 ÷ 時間」という定義にしたがって求めよ．ただし，0.4 s, 0.8 s, 1.2 s, 1.6 s 経過する間に物体がどれだけ進むかということに注目して計算せよ．

例題 2.6 参照

(4.8 − 0.8) m ÷ (1.2 − 0.2) s
= 4.0 m/s

【解説】 水平方向：運動が一様で速度の値は一定（4.0 m/s）である。
鉛直方向：0.4 s 経過すると 2.40 m 進む。0.8 s 経過すると 3.20 m 進む。1.2 s 経過すると 2.40 m に戻る。1.6 s 経過すると，もとの高さに戻る。

速度 = 変位 ÷ 時間 を計算すると，

$$2.40\,\text{m} \div 0.4\,\text{s} = 6\,\text{m/s}, \quad 3.20\,\text{m} \div 0.8\,\text{s} = 4\,\text{m/s},$$
$$2.40\,\text{m} \div 1.2\,\text{s} = 2\,\text{m/s}, \quad 0\,\text{m} \div 1.6\,\text{s} = 0\,\text{m/s}$$

となる。

図 2.23 の t 軸と z 軸に注目するとわかる。

鉛直方向の場合，1 s あたりどれだけ進むといえばよいのだろうか。1.2 s までの間に，物体は上昇だけでなく下降もする。しかし，1.2 s 間では速度の値が正（2 m/s）だから，ずっと上昇しているかのようである。1.6 s 間では 0 m/s だから，物体が静止しつづけていたかのような結果になる。これらの結果は，0.4 s 間，0.8 s 間，1.2 s 間，1.6 s 間に運動が一様でないことを示している。それにもかかわらず，速度 = 変位 ÷ 時間 の式を使った。その理由は，「変位が時間に比例している」と仮定したことである。しかし，実際には 0.8 s 経過する間で，時間が 2 倍になっても変位は 2 倍にならない。例えば，0.4 s から 0.8 s になると，2.40 m の 2 倍は 4.80 m なのに，3.20 m しか進んでいない。このように，

1.6 s 経過する間に，z 軸の正の向きに進む場合と負の向きに進む場合がある。だから，変位が 0 m になる。平均速度 0 m/s は，正の向きから負の向きに変化する運動を反映している。

現実に運動が一様であるかどうかにかかわらず，
一様であると仮定して求めた速度を「平均速度」という。

例題 2.8 で計算した結果は「0.4 s 経過するまでの間で平均速度は 6 m/s である」という。0.8 s, 1.2 s, 1.6 s 経過するまでの間についても同様である。

■等速度運動

どの時刻から時間を測っても，物体が単位時間（単位として決めた時間で，1 s, 1 min, 1 h など）につねに同じ距離だけ進む場合，

7 s → 8 s, 10 s → 11 s, ..., でもよいし，3 min → 4 min, 5 h → 6 h でもよい。

「物体は同じ運動状態をつづけている」

「同じ状態をつづける」という内容は，3.2 節で慣性を理解するとき重要になる。

という。この一様な運動を

「等速度運動」

図 2.17 参照

と呼ぶ。しかし，現実には，運動は一様でない場合がほとんどである。それでは，「速度が時々刻々（瞬間ごとに）変化する」という意味は何だろうか。

(2) 速度

速度 = 変位 ÷ 時間 を使うと，「物体は一様に進む」と仮定したときの速度（単位時間あたりに進む変位）を求めることができる。この式を変位 = 速度 × 時間 と書き直すと，速度の値は変位と時間の間の比例定数になる。しかし，速度が一定と見なせる短い時間でないと，この比例関係を使うことができない。例題 2.8 で，鉛直方向の平均速度を 6 m/s として，0 s から 0.8 s の間に進む変位を計算してみる。6 m/s × 0.8 s = 4.8 m となって，3.2 m という正しい結果にならない。

長い時間が経過する間に速度が一定でなくなる場合がある。

> **疑問**：時々刻々，速度が変化する場合，瞬間ごとに速度を表さなければならない。しかし，瞬間であれば経過時間はほとんど 0 s だから，物体は動かないのではないか。m/s という単位を使うとき，1 s 間に何 m 進むかを考えているはずである。しかし，瞬間は 1 s よりも短い。だから，m/s という単位で速度を表せないのではないか。

【例題 2.9】 速度の表し方 図 2.22，図 2.23 について，どの時点でも一様に運動すると仮定する。時刻 $t_0(=0.2\,\mathrm{s})$ から 1 s 間に水平方向と鉛直方向のそれぞれの方向にどれだけ進むか。ここで，時刻 $t_0(=0.2\,\mathrm{s})$ から測った時間を dt，この時刻の位置から測った有向距離（正の値も負の値も取り得る）を dx，dz と書く。

(1) 図 2.21 を使って水平方向の速度を求めよ。
(2) 図 2.23 を使って鉛直方向の速度を求めよ。

[注意] dx，dz の正の向き x 軸と dx 軸は，正の向きを一致させる。z 軸と dz 軸も同様。

【解説】 「瞬間」と表現するほど短いとはいえ有限な時間が経つ。その間に物体は位置を変えているから，速度を 0 m/s と考えることはできない。

(1) 速度の x 成分を具体的に求めるためには，変位と時間の間の関係を測定しなければならない。

$$v_x = \frac{dx}{dt} = \frac{x - x_0}{t - t_0} = \frac{4.8\,\mathrm{m} - 0.8\,\mathrm{m}}{1.2\,\mathrm{s} - 0.2\,\mathrm{s}} = 4.0\,\mathrm{m/s}$$

$t = 0.2\,\mathrm{s}$ のとき $v_x = 4.0\,\mathrm{m/s}$ となることがわかる。図 2.21 で

　　速度 = 変位 ÷ 時間 は，位置－時間グラフの傾きを求める式

と見なすことができる。

(2) 速度の z 成分を具体的に求めるためには，変位と時間の間の関係を測定しなければならない。(1) の結果を発展させて図 2.23 で，位置－時間グラフの時刻 0.2 s における接線の傾きを

　　「時刻 0.2 s における速度（くわしくは，瞬間速度）」

と考えることにする。接線は直線だから，各時刻ごとに変位は時間に比例すると見なせる。dz 軸と dt 軸で測ると，接線の傾きは $\dfrac{dz}{dt}(=dz \div dt)$ と表せる。したがって，

$$v_z(t_0) = \left.\frac{dz}{dt}\right|_{t=t_0} = \frac{6.0\,\mathrm{m} - 0.0\,\mathrm{m}}{1.0\,\mathrm{s} - 0.0\,\mathrm{s}} = 6.0\,\mathrm{m/s}$$

である。$t = 0.2\,\mathrm{s}$ のとき $v_z = 6.0\,\mathrm{m/s}$ となることがわかる。

図 2.24 で●を◎に限りなく近づけると，直線 ℓ は直線 ℓ' に近づく。したがって，時刻 t_0 における速度は，

$$v_z(t_0) = \underbrace{\lim_{t \to t_0} \frac{z(t) - z(t_0)}{t - t_0}}_{\text{直線 }\ell\text{ の傾き}}^{\text{直線 }\ell'\text{ の傾き}} = \lim_{t \to t_0} \frac{(v_{0z}t + at^2) - (v_{0z}t_0 + at_0^2)}{t - t_0}$$

$$= \lim_{t \to t_0}[v_{0z} + a(t + t_0)]$$

$$= v_{0z} + 2at_0$$

$t = 0.2\,\mathrm{s}$ 以降ずっと一様に運動しつづけると仮定する。

$dt = t - t_0$
$dx = x - x_0$
$dz = z - z_0$

現実の目の前に見える状況は，水平方向の距離と鉛直方向の距離を表す図 2.21 である。図 2.22 と図 2.23 は，横軸が時刻を表すので，目の前に見えるわけではない。

速度ベクトルは，速度という量を表すためのベクトルである（p. 33, p. 39 図 2.21）。
2.2 節参照

$dz = v_z(t)\,dt$ の注意点 (p. 45) を参照

$\left.\dfrac{dz}{dt}\right|_{t=t_0}$ は「時刻 t_0 のときの速度」を表す。時刻ごとに $\dfrac{dz}{dt}$ の値がちがうから $t = t_0$ を添えてある。いまの場合，$t_0 = 0.2\,\mathrm{s}$ である。

(1) と (2) の結果を使うと，図 2.21 の時刻 0.2 s における速度ベクトル（速度を表す矢印）が書き込める。

高校では「$\dfrac{dz}{dt}$ は $dz \div dt$ ではない」と説明する。高校数学の範囲では，dz と dt に意味を与えないからである。

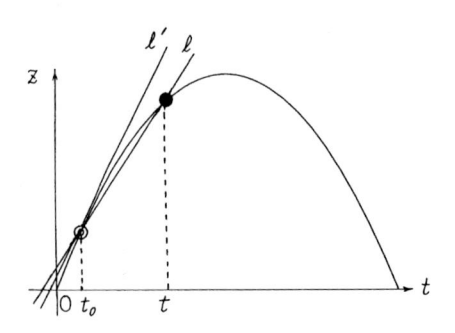

図2.24 位置−時間グラフの接線の傾き

として求めることができる。この式に $v_{0z} = 8.0\,\mathrm{m/s}$, $a = -5.0\,\mathrm{m/s^2}$, $t_0 = 0.2\,\mathrm{s}$ を代入すると，$v_z = 6.0\,\mathrm{m/s}$ となる。たしかに，上の結果と一致する。「時刻 0.2 s で速度 6.0 m/s」といっても，この時刻から 1.0 s 後に物体が実際に 6.0 m 先まで進んでいるとは限らない（図 2.23）。

■速度と速さ——ベクトル量とスカラー量

速度はベクトル量であり，
$$\vec{v} = \begin{pmatrix} v_x \\ v_y \\ v_z \end{pmatrix} = \begin{pmatrix} 4.0\,\mathrm{m/s} \\ 0.0\,\mathrm{m/s} \\ 6.0\,\mathrm{m/s} \end{pmatrix}$$
と表せる。速さはスカラー量であり，
$$|\vec{v}| = \sqrt{v_x^2 + v_y^2 + v_z^2} = \sqrt{(4.0\,\mathrm{m/s})^2 + (0.0\,\mathrm{m/s})^2 + (6.0\,\mathrm{m/s})^2}$$
$$\cong 7.2\,\mathrm{m/s}$$
のように一つの数値で表せる。

■微分の概念
$$dx = v_x(t)\,dt, \quad dz = v_z(t)\,dt$$
と書き表してみる。数学では，dx, dz, dt を微分，$v_x(t)$, $v_z(t)$ を微分係数（「微分 dt の係数」の意味）という。

$\quad dx$ と dz は「経路を各点ごとに分割して（微小に分けて），
$\quad\quad$ 注目する点から測った水平方向と鉛直方向の有向距離
$\quad\quad$ （正の値と負の値のどちらも取り得る）」

である。

$\quad dt$ は「時間という流れを各瞬間ごと（微小）に分割して，
$\quad\quad$ 注目する時刻から測った時間」

である。

$t = t_0 + \Delta t$ として
$$t - t_0 = (t_0 + \Delta t) - t_0$$
と考えると，$t \to t_0$ は $\Delta t \to 0\,\mathrm{s}$ と同じ意味になる。

速度ベクトルは，数の組だから
$\begin{pmatrix} 4.0 \\ 0.0 \\ 6.0 \end{pmatrix}$ である（p. 33, p. 39 図2.21）。

$\cong$ は「近似的に等しい」

$v_x = \dfrac{dx}{dt} = dx \div dt$ から $dx = v_x\,dt$ となる。

$v_z = \dfrac{dz}{dt} = dz \div dt$ から $dz = v_z\,dt$ となる。

「一瞬一瞬の経過が重なって一時間になり一日になる」[シドニィ・シェルダン『真夜中は別の顔（下）』アカデミー出版 (1992) p. 48]

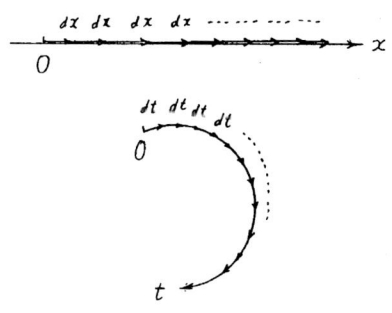

図 2.25　dx と dt の意味

■直線の方程式

1. 点 (x_0, y_0) を通り，傾き a の直線の方程式

$$\text{点 }(x_0, y_0)\text{ における傾き} = \frac{\text{高さ}}{\text{幅}}$$

$$a = \frac{y - y_0}{x - x_0}$$

高さ $= [\text{点 }(x_0, y_0)\text{ における傾き}] \times \text{幅}$

$$y - y_0 = a(x - x_0)$$

または

$$y = ax + (y_0 - ax_0)$$

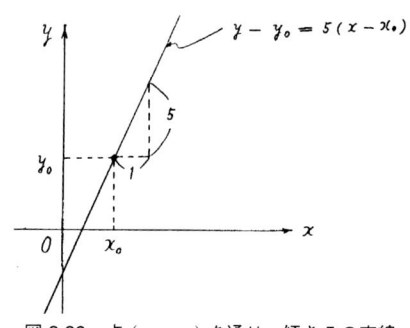

図 2.26　点 (x_0, y_0) を通り，傾き 5 の直線

2. 点 (x_0, y_0) における傾きが $v(x_0)$ の直線の方程式

点 (x_0, y_0) を原点とする (dx, dy) 座標で表す。

$$\text{点 }(x_0, y_0)\text{ における傾き} = \frac{\text{高さ}}{\text{幅}}$$

$$v(x_0) = \frac{dy}{dx}$$

高さ $= [\text{点 }(x_0, y_0)\text{ における傾き}] \times \text{幅}$

$$dy = v(x_0)\, dx$$

中学数学の復習

直線は「傾きが一定の図形」である。直線の方程式を書くためには，「傾きが一定」を式で表せばよい。つまり，$a = \dfrac{y - y_0}{x - x_0}$ を $y = \cdots$ の形に書き直せばよい。
同様に，円は「ある点からの距離が一定の図形」である。この意味を式で表すと，$x^2 + y^2 = r^2$ (r は半径) となる。

2. は 1. の発展であり，発想は同じ。$y - y_0$ を dy，$x - x_0$ を dx と書いただけにすぎない。

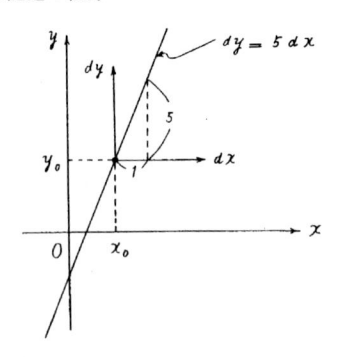

図 2.27 点 (x_0, y_0) における傾きが $v(x_0) = 5$ の直線

図 2.26 のグラフは原点を通らないから，y は x に比例しない。これに対して，図 2.27 のグラフは (dx, dy) 平面の原点を通るから，dy は dx に比例する。

[注意 4] dx と dt の意味　従来の物理学の教科書では，「dt は $\Delta t \to 0$ s のように，限りなく小さい変化分（無限小の時間）を表し，dx はそれにともなう $\Delta x \to 0$ m のように限りなく小さい変化分（無限小の距離）を表す」と説明している。しかし，本書では，dt と dx の大きさに制約はない（図 2.27 の dx と dy を見よ）。

注目する点 [（例えば，t_0, x_0）] を原点とする物差を設定したので，$dt = t - t_0$，$dx = x - x_0$ と書き表している。この立場では，$dx/dt = 5$ m/s は通常の $(x - x_0)/(t - t_0) = 5$ m/s と同じように，（従属変数の変化）/（独立変数の変化）＝変化率 と見る式である。ただし，dx, dt は d と x の積，d と t の積ではないから，分母と分子の d を約分してはいけない。

dt と dx の意味をよく理解しないと，熱力学を学習するときに全微分，偏微分の概念が把握できなくなる。

■ 微分 dx, dt を使って速度を書き表す手順

① 位置－時間グラフの時刻 t における接線の傾きを $v_x(t)$ とする。接線の方程式を $dx = v_x(t)\,dt$ と書く。

$dx = v_x(t)\,dt$ は，接線の方程式 $x - x_0 = v_x(t)(t - t_0)$ を (dt, dx) 座標で表した形

② 傾き $v_x(t)$ を $x(t)$ から $t' \to t$ の極限操作によって求める。

$\dfrac{dx}{dt}$ を，簡単に $\dot{x}$（「エックス・ドット」と読む）と書く場合もある。

【例】　$x(t) = at^2$（a は一定量）のとき
$$v_x(t) = \lim_{t' \to t} \frac{x' - x}{t' - t} = \lim_{t' \to t} \frac{at'^2 - at^2}{t' - t} = 2at$$

考えている時刻 t ごとに速度が求まる。$dz = v_z(t)\,dt$ についても同様である。

$v_x(t)$ は「時刻 t における速度 v_x」を表す。

③ $dx = 2at\,dt$ と書く。

④ これを商の形に変形して
$$\frac{dx}{dt} = 2at$$
と表す。

$dx \div dt = 2at$

「微分」という用語から微小量を連想しがちである。dt は「ある時刻から測った時間」という意味しかない。時刻 t_0 のとき位置 x_0 とする。変位＝速度×時間を表す $dx = v_x(t_0)\,dt$ は，接線の方程式 $x - x_0 = v_x(t_0)(t - t_0)$ と同じである。しかし，実際の運動は，時々刻々速くなる（または，遅くなる）。したがって，時刻 t_0 のときの速度 $v(t_0)$ のままではない。時刻 t_0 から微小時間しか経たなければ，速度は $v(t_0)$ のままと見てよい。だから，実際に $dx = v_x(t_0)\,dt$ とみなせる範

$dx = v_x(t)\,dt$ の $v_x(t)$ が $2at$ の場合にあたる。

p. 43 参照

囲は dt が微小時間に限られる。$v_x(t)$ は，位置－時間グラフ（水平方向）の各点ごとの傾きを表している。各時刻で位置－時間グラフの接線（直線）を考える。この発想は，「どの時刻からも等速度運動する」という仮定にあたる。時刻 t から，その瞬間の速度 $V(t)\,\mathrm{m/s}$ のまま $1\,\mathrm{s}$ 経過したとしよう。

$$dx = v_x(t)\,dt = V(t)\,\mathrm{m/s} \times 1\,\mathrm{s} = V(t)\,\mathrm{m}$$

だから，変位と速度は同じ値である。ただし，現実には速度が時々刻々変化するので，時刻 t から $1\,\mathrm{s}$ 経過しても $V(t)\,\mathrm{m}$ 進むとは限らない。

■ $dx = v_x(t)\,dt$, $dz = v_z(t)\,dt$ の注意点

① dx（または dz）と dt の間の比例関係は瞬間ごとに，どの位置を原点としても成り立っている。つまり，変位 $=$ 速度 $\times$ 時間 の関係式が使える。これは，位置－時間グラフの接線の方程式である。座標 (dt, dx) を使って書くと，

$$\text{たて座標} = \text{傾き} \times \text{よこ座標} \quad dx = v_x(t)\,dt$$
$$\text{傾き} = \frac{\text{たて座標}}{\text{よこ座標}} \quad v_x(t) = \frac{dx}{dt}$$

である。

② 次の瞬間には速度が変化しているので，傾きの値が変わる。このため，位置－時間グラフの接線の傾きを $\Delta t \to 0\,\mathrm{s}$ の極限操作で求める。

③ 物体の位置も移動しているので，dx の原点（$dx = 0\,\mathrm{m}$ に対応する位置）は時刻ごとにちがう。同じ $dx = 2.0\,\mathrm{m}$ でも，位置 $(x =)4.0\,\mathrm{m}$ から $(dx =)2.0\,\mathrm{m}$ という場合と位置 $(x =)5.0\,\mathrm{m}$ から $(dx =)2.0\,\mathrm{m}$ という場合などがある。

④ 時間 dt についても，測り始めの時刻（$dt = 0\,\mathrm{s}$ に対応する時刻）がちがう。同じ $dt = 2.0\,\mathrm{s}$ でも，時刻 $(t =)4.0\,\mathrm{s}$ から $(dt =)2.0\,\mathrm{s}$ という場合と時刻 $(t =)5.0\,\mathrm{s}$ から $(dt =)2.0\,\mathrm{s}$ という場合などがある。

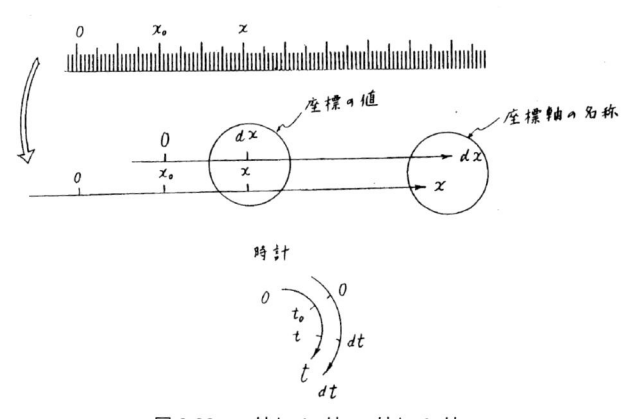

図 2.28　x 軸と dx 軸，t 軸と dt 軸

図 2.21, 2.23 が参考になる。

$x(t)$ の単位が m，t の単位が s なので，a の単位は $\mathrm{m/s^2}$ である。

$v(t) = V(t)\,\mathrm{m/s}$
量を表す文字を $v(t)$，数値を表す文字を $V(t)$ とする。量 $v(t)$ は数値 $V(t)$ と単位 m/s の積を意味する。

瞬間を測ることは困難である。だから仮に速度を保ったまま $1\,\mathrm{s}$ 間進んだとしたら，どこまで進むかを考える。

各時刻ごとに線型近似（曲線のグラフを 1 点で直線と見なすという発想）を施したと考える。変位が時間に比例するという考え方をあてはめるための工夫と考えればよい。図 2.21 参照

ここでは秒速を考えているが，時速，分速でも同様

この注意点は，5.2 節 [注意 2] で慣性を理解するときにも本質的な意味を持つ。

$\dfrac{dx}{dt}$ の分子と分母は座標の値を持つ量であり，座標軸の名称ではない（図 2.28）。

例題 2.9 参照

図 2.29 で物体が上昇中は $\dfrac{dz}{dt}$ の値が正，下降中は $\dfrac{dz}{dt}$ の値が負
位置が変化しなければ静止している。

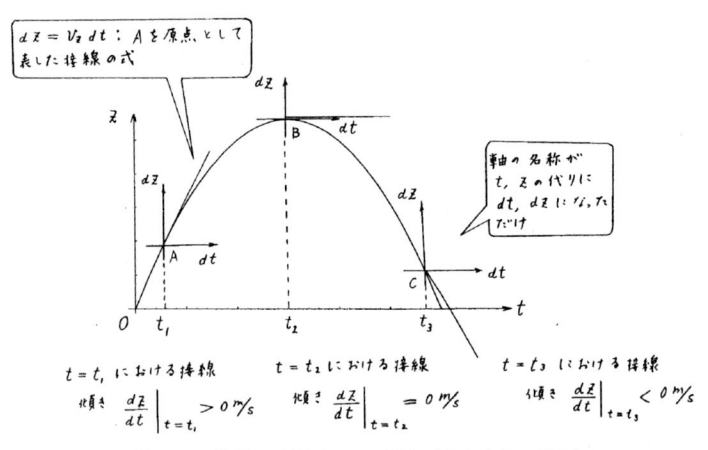

図 2.29　位置－時間グラフの傾き（鉛直方向の場合）

[注意5] 微分演算子　　速度は，微分 dx を微分 dt で割った形で書き表す。他方，「$x(t)$ から $\Delta t \to 0\,\mathrm{s}$ の極限操作によって $v(t)$ を求める」演算を，「微分する」という。この操作を簡単に書き表すために，$\dfrac{d}{dt}$ という形の微分演算子を作って $v(t) = \dfrac{d}{dt}x$ と書く場合もある。$\dfrac{d}{dt}$ は $\dfrac{dx}{dt}$ をまねて作った記号であるが，「時間 t の関数 $x(t)$ に対して微分するという操作を施して，時間 t の関数 $v(t)$ を求めよ」という命令を表している。$\dfrac{d}{dt}x$ を $\dfrac{dx}{dt}$ と書く場合もある。ただし，このときは 分子÷分母 ではなく，ひとかたまりの記号と見る。

このように，$\dfrac{dx}{dt}$ と $\dfrac{d}{dt}x$ は思想がちがう。本書では，微分係数を求める操作 $\dfrac{d}{dt}x$ を考えず，「微分」という概念に注目して $\dfrac{dx}{dt}$ を考える。

「微分」（名詞）と「微分する」（動詞）の区別に注意すること。「微分」（名詞）は dx，dt などを表す。「微分する」（動詞）は「極限操作を行う」という意味である。

[注意6] 速度を定義できない場合　　速度の値は，位置－時間グラフの接線の傾きの値である。ある時刻で速度は一つしかないから，位置－時間グラフの折れ曲がりまたは不連続は生じない。折れ曲がったり不連続が生じたりしたら，接線が1本に決まらない。数学のことばでいい表すと，変数 t が一つの値 t_0 に限りなく近づくとき，その近づき方によって $x(t)$ の極限が異なる場合がある。この場合，

$$t \to t_0 \text{ のとき } x(t) \text{ の極限はない}$$

という。

現象が数学に従っているのではなく，現象を合理的に記述できるように数学を使ったり作ったりしている。

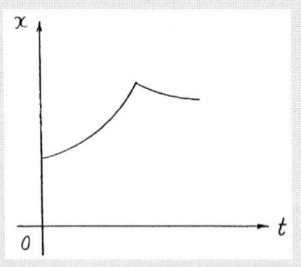

図 2.30　速度が定義できない場合

【参考】　化学反応の速度　速度の概念は，運動学だけでなく化学にも登場する。ある物質に化学反応が起きている場合を考える。時刻 t で物質の濃度を $[x]$ とする。時間 Δt に濃度が $\Delta [x]$ だけ変化したとき，$\Delta[x]/\Delta t$ は反応の平均速度を表す。また，$\Delta t \to 0\,\mathrm{s}$ の極限では，時刻 t における反応速度 $d[x]/dt$ になる。

2.4　加速度――速度の時間的変化

2.3 節で考えたように，物体はいつでも一様に運動するとは限らない。速度が時々刻々どのような割合で変化しているかを，どのように表したらよいだろうか。位置－時間グラフで，各点における接線の傾きは速度を表している。速度が一定でないときには，接線の傾きが変化する。加速度とは，位置－時間グラフの接線の傾きの変化を表す量である。

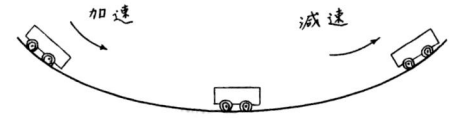

図 2.31 ジェットコースターの加速と減速

瞬間ごとに加速度を求めるための準備として、平均加速度を

$$平均加速度 = 速度の変化分 \div 時間$$

と定義する。

■加速度の単位

加速度は、単位時間に単位の速度だけ変化する割合を単位として表す。時間 s に速度が m/s だけ変化する割合 m/s^2（「メートル毎秒毎秒」と読む）が加速度の単位である。$2\,m/s^2$ は m/s^2 の2倍の加速度である。

「速度の変化分」であって「速さの変化分」ではない。

$(m/s)/s = m/s^2$

本問を例題 2.7 と比べること。

【例題 2.10】　加速度の向き、加速と減速　　速度の変化が一様である場合を考える。運動の向きは P → P′ とする。つまり、物体の位置は時刻 $t\,(=3\,s)$ のとき P、時刻 $t+\Delta t\,(\Delta t = 2\,s)$ のとき P′ である。それぞれの場合の加速度を求めよ。

(1) P $\xrightarrow{4\,m/s}$　　P′ $\xrightarrow{7\,m/s}$ → x

(2) P $\xrightarrow{7\,m/s}$　　P′ $\xrightarrow{4\,m/s}$ → x

(3) $\xleftarrow{-7\,m/s}$ P′　　$\xleftarrow{-4\,m/s}$ P → x

(4) $\xleftarrow{-4\,m/s}$ P′　　$\xleftarrow{-7\,m/s}$ P → x

図 2.32　速度の変化

【解説】　加速度は、速度（ベクトル量）の変化分を時間（スカラー量）で割った量だからベクトル量である。「速度」の大きさを「速さ」というように、

$$加速度の大きさを「加速」$$

という。

$$加速度 = \frac{(あとの速度) - (はじめの速度)}{(あとの時刻) - (はじめの時刻)}$$

だから、(1) の場合は

$$\frac{7\,m/s - 4\,m/s}{5\,s - 3\,s} = 1.5\,m/s^2$$

と計算する。

(1) $1.5\,m/s^2$　加速度の値が正で速くなる。
(2) $-1.5\,m/s^2$　加速度の値が負で遅くなる。
(3) $-1.5\,m/s^2$　加速度の値が負で速くなる。
(4) $1.5\,m/s^2$　加速度の値が正で遅くなる。

図 2.33　速度ベクトル $\vec{v}$ と加速度ベクトル $\vec{a}$ の作図

(はじめの速度) + 加速度 × 時間
　= あとの速度、
時間
　= (あとの時刻) - (はじめの時刻)

加速度ベクトル（加速度を表す矢印）の向きが正の向きのとき加速度の値は正、負の向きのとき加速度の値は負

［注意 1］加速度の値の正負　　速度の向き（正負）は運動の向きであるが、加速度の向き（正負）は運動の向きとは限らない。

【例題 2.11】 速度－時間グラフの傾き　2.3.4 項の例では，位置の x 成分と z 成分がそれぞれ

$$\begin{cases} x(t) = v_{0x}t \\ z(t) = v_{0z}t + at^2 \end{cases}$$

と表せた．ただし，位置の単位は m，時間の単位は s とし，$v_{0x} = 4.0\,\mathrm{m/s}$，$v_{0z} = 8.0\,\mathrm{m/s}$，$a = -5.0\,\mathrm{m/s^2}$ である．この運動の速度－時間グラフから加速度を求めよ．

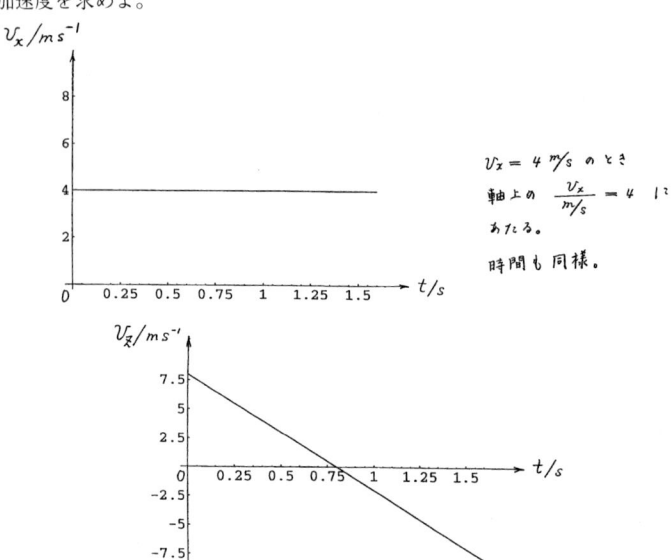

図 2.34　速度－時間グラフ

※手書きメモ：$v_x = 4\,m/s$ のとき軸上の $\frac{v_x}{m/s} = 4$ にあたる．時間も同様．

【解説】　例題 2.9 の結果から，速度の x 成分と z 成分は

$$\begin{cases} v_x = v_{0x} \\ v_z = v_{0z} + 2at \end{cases}$$

である．どちらの成分の速度－時間グラフも直線だから，速度の変化が一様であることがわかる．平均加速度の定義（平均加速度 ＝ 速度の変化分 ÷ 時間）から，どの時刻でも，

　　速度－時間グラフの傾きの値が加速度の値である

と考えてよい．加速度の x 成分と z 成分をそれぞれ a_x，a_z と書くと，$t_0 = 0\,\mathrm{s}$ として

$$\begin{cases} a_x = \dfrac{v_x - v_{0x}}{t - t_0} = \dfrac{v_{0x} - v_{0x}}{t - t_0} = 0\,\mathrm{m/s^2} \\ a_z = \dfrac{v_z - v_{0z}}{t - t_0} = \dfrac{(v_{0z} + 2at) - (v_{0z} + 2at_0)}{t - t_0} = 2a \\ = 2 \times (-5.0\,\mathrm{m/s^2}) = -10\,\mathrm{m/s^2} \end{cases}$$

である．速度－時間グラフが右下がりであることから，$a_z < 0\,\mathrm{m/s^2}$ が納得できる．$v_z = v_{0z} + 2at$ は $v_z = v_{0z} + a_z t$（a_z は一定量）を表していることがわかる．

【例題 2.12】 速度の変化が一様でない運動　一直線上の運動を観測した結果，位置が $x(t) = \alpha t^2 + \beta t^3$ と表せることがわかった．ただし，$\alpha =$

（欄外注）

例題 2.9(3) で，$v_z(t_0) = v_{0z} + 2at_0$ の t_0 を任意の時刻におきかえる．

a：“acceleration”（加速度）の頭文字

a_z の分子 $= (v_{0z} + 2at) - (v_{0z} + 2at_0)$
$= 2a(t - t_0)$

例題 2.9 と同じ考え方をあてはめる．

$1.5\,\mathrm{m/s^2}(>0\,\mathrm{m/s^2})$, $\beta=-2.0\,\mathrm{m/s^3}(<0\,\mathrm{m/s^3})$ である。どの時刻でも一様に加速すると仮定する。時刻 $t_0(=0.2\,\mathrm{s})$ から 1 s 間にどれだけ加速するか。ここで, 時刻 $t_0(=0.2\,\mathrm{s})$ から測った時間を dt, この時刻からの速度の変化を dv_x と書く。

(1) 速度－時間グラフを描け。
(2) 時刻 0.2 s における接線の傾きから加速度を求めよ。

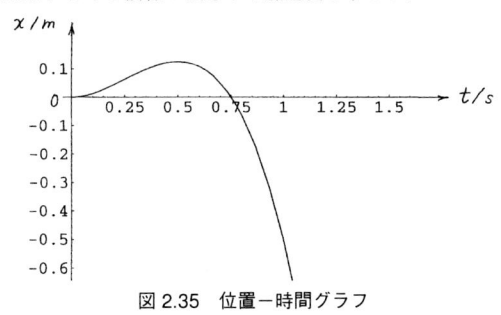

図 2.35　位置－時間グラフ

【解説】
(1) 時刻 t における速度の表式は, 位置－時間グラフの接線の傾きから
$$v_x(t)=2\alpha t+3\beta t^2$$
である。この式は
$$\begin{aligned}v_x(t_0)&=\lim_{t\to t_0}\frac{x(t)-x(t_0)}{t-t_0}\\&=\lim_{t\to t_0}\frac{\alpha(t^2-t_0^2)+\beta(t^3-t_0^3)}{t-t_0}\\&=\lim_{t\to t_0}\frac{\alpha(t+t_0)(t-t_0)+\beta(t-t_0)(t^2+tt_0+t_0^2)}{t-t_0}\\&=\lim_{t\to t_0}[\alpha(t+t_0)+\beta(t^2+tt_0+t_0^2)]\\&=2\alpha t_0+3\beta t_0^2\end{aligned}$$
で, t_0 を任意の時刻 t におきかえると求まる。

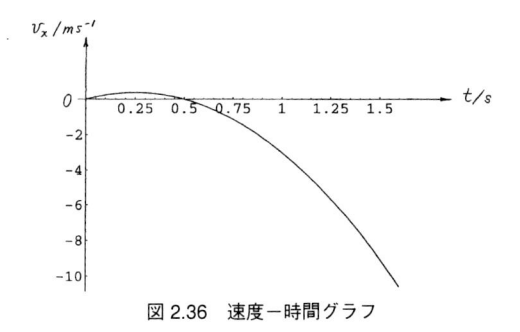

図 2.36　速度－時間グラフ

(2) ある時刻から一様に加速すると仮定する。微分 dv_x, dt を使うと, その時刻からの速度の変化は,
$$dv_x=a_x\,dt$$
と表せる。a_x の値はその時刻における速度－時間グラフの接線の傾きである。この傾きを,「時刻 t_0 における加速度 (くわしくは瞬間加速度)」と考えることにする。

α の単位は $\mathrm{m/s^2}$ である。$x(t)$ の単位 m を t^2 の単位 $\mathrm{s^2}$ で割ると α の単位が求まる。

β の単位は $\mathrm{m/s^3}$ である。$x(t)$ の単位 m を t^3 の単位 $\mathrm{s^3}$ で割ると β の単位が求まる。

$$\begin{aligned}&x(t)-x(t_0)\\&=(\alpha t^2+\beta t^3)-(\alpha t_0^2+\beta t_0^3)\\&=\alpha(t^2-t_0^2)+\beta(t^3-t_0^3)\end{aligned}$$

加速度 = 速度の変化分 / 時間 から

速度の変化分 = 加速度 × 時間

と考えることができる。微分 dv_x, dt を使うと
$$a_x=\frac{dv_x}{dt}$$
$$dv_x=a_x\,dt$$
と表せる。

例題 2.9(2) 参照

$$a_x(t_0) = \lim_{t \to t_0} \frac{v_x(t) - v_x(t_0)}{t - t_0} = \lim_{t \to t_0} \frac{2\alpha(t - t_0) + 3\beta(t^2 - t_0^2)}{t - t_0}$$
$$= \lim_{t \to t_0} [2\alpha + 3\beta(t + t_0)]$$
$$= 2\alpha + 6\beta t_0$$

である。この式に $\alpha = 1.5\,\mathrm{m/s^2}$, $\beta = -2.0\,\mathrm{m/s^3}$, $t_0 = 0.2\,\mathrm{s}$ を代入すると $a_x(t_0) = 0.6\,\mathrm{m/s^2}$ となる。

時刻 $0.2\,\mathrm{s}$ で加速度 $0.6\,\mathrm{m/s^2}$ であっても，$1.0\,\mathrm{s}$ 後（時刻 $1.2\,\mathrm{s}$）に物体が実際に $0.6\,\mathrm{m/s}$ だけ加速しているとは限らない。

傍注:
$v_x(t) - v_x(t_0)$
$= (2\alpha t + 3\beta t^2) - (2\alpha t_0 + 3\beta t_0^2)$
$= 2\alpha(t - t_0) + 3\beta(t^2 - t_0^2)$
$t^2 - t_0^2 = (t + t_0)(t - t_0)$

p. 45 参照

$v_x = \dfrac{dx}{dt}$

簡単に $\dfrac{d^2x}{dt^2}$ を $\ddot{x}$ （「エックス・ツー・ドット」と読む）と書く場合がある。

d^3x/dt^3 のように微分係数の次数を上げると，運動の状態はもっと精密に記述できる。しかし，通常は 2 階微分までを使い，加速度という名称が付いている。この理由は，力学における運動の法則と関係がある。「村（ムラ）」という漢字を「木寸（キスン）」と読まないのと同じように，dx はひとかたまりの記号であり，$d \times x$ ではない。d は数を表す記号ではないから，d に数を代入することはない。d^2 は d の 2 乗ではなく，2 階微分を表す。

微分 dv_x, dt を使って加速度を書き表すには，
$$a_x(t) = \frac{dv_x}{dt}$$
とすればよい。
$$\frac{dv_x}{dt} = \frac{d}{dt}\frac{dx}{dt} = \frac{d^2x}{dt^2}$$
と表すこともできる。ここで，$d(dx) = d^2x$, $(dt)(dt) = (dt)^2 = dt^2$ と表した。

[注意 2] 速度 $0\,\mathrm{m/s}$ と加速度 $0\,\mathrm{m/s^2}$ のちがい
- 速度 $0\,\mathrm{m/s}$：「$1\,\mathrm{s}$ 間に $0\,\mathrm{m}$ 進む」は，「静止」を意味する。
- 加速度 $0\,\mathrm{m/s^2}$：「$1\,\mathrm{s}$ 間の速度の変化が $0\,\mathrm{m/s}$ である」は，「速くなったり遅くなったりしないで同じ速度のまま運動している状態」を意味する。

2.5 加速度から速度と位置を求める方法――「積分」の概念を導入する事情

■積分の概念

位置－時間グラフを使うと，変位と時間から速度を求めることができる。その計算は，

　各時刻における接線の傾き
　　＝（その時刻の位置から測った高さ）÷（その時刻からの時間）

にあたる。鉛直方向の場合は，
$$v_z(t) = \frac{dz}{dt}$$
と表す。これに対して，速度と時間から変位を求める計算は，

　ある時刻の位置から測った高さ
　　＝（その時刻における接線の傾き）×（その時刻からの時間）

にあたる。鉛直方向の場合は，
$$dz = v_z(t)\,dt$$
と表す。$v_z(t)$ は時刻 t における速度である。時刻が変われば速度の値も変わるから，この式は瞬間ごとに成り立つ式である。時間とともに $dz = 2.0\,\mathrm{m/s} \times dt$, $dz = 2.1\,\mathrm{m/s} \times dt$, ... のように変化していく。

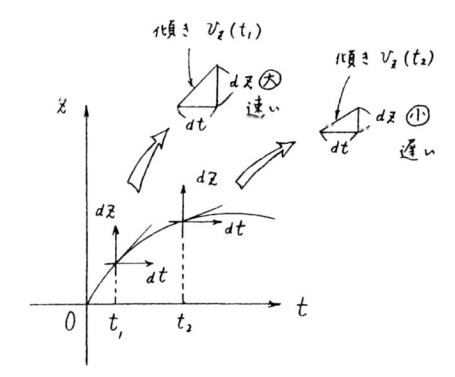

図 2.37 高さ，時間，傾きの間の関係

> **?** 疑問：ある時刻における物体の位置を知るには，具体的にどのようにすればよいだろうか。

一般に，「位置 x_0 から距離 dx だけつなぎつづけて位置 x_n に達し，$x_n - x_0$ の距離の軌跡が生じた」とき，

$$\int_{x_0}^{x_n} dx = x_n - x_0 \tag{1}$$

（x_0 から x_n までつなぎ合わせよ／線素／線分の長さ）

と表す。この式は，「線分は線素の集まりである（$x_n - x_0$ は dx のつなぎ合わせ）」という意味を表している。

「線素」は「線分の素」の意味。本来，dx は大きくても小さくてもよい（2.3.4 項［注意 4］）。しかし，$dx = v_x(t)\,dt$ の $v_x(t)$ が時々刻々変化するので，dx を微小にして足し合わせなければならない（図 2.38）。

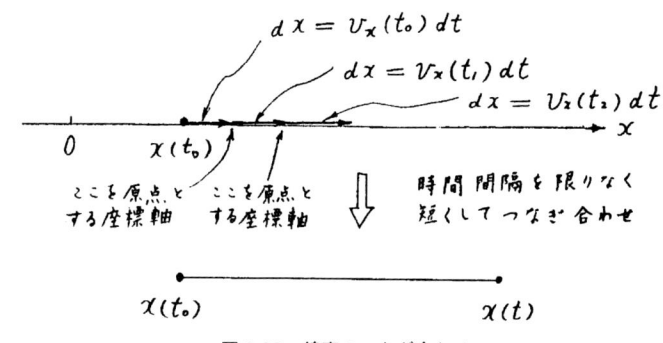

図 2.38 線素のつなぎ合わせ

「時刻 t_0 から時間を dt だけつなぎつづけて時刻 t_n に達し，$t_n - t_0$ の時間が経過した」とき，

$$\int_{t_0}^{t_n} dt = t_n - t_0 \tag{2}$$

（t_0 から t_n までつなぎ合わせよ／瞬間／時間）

と表す。この式は，「時間は瞬間の集まりである（$t_n - t_0$ は dt のつなぎ合わせ）」という意味を表している。

x_0 から dx 進めて x_1 に達し，x_1 から dx 進めて x_2 に達し，$\cdots$，x_n に達する。

高校数学で学んだように，離散的な（とびとびの）数を足し合わせる操作をシグマ記号 Σ で表す。例えば，

$$\sum_{k=1}^{3} k = 1 + 2 + 3 = 6$$

Σ は，和 sum の頭文字のギリシア文字である。

のように書く。連続的にベターッとつなぎ合わせるときには，Σ を上下に伸ばした記号 ∫（「インテグラル」と読む）を使う。このように，

微小に分割した刻みを積み重ねていく操作を「積分」という。

$\int_{t_1}^{t_2} t\,dt$ は「t の積分」ではなく，「$t\,dt$ の積分」である．$t\,dt$ を足し合せるという意味だからである。

式 (1) と式 (2) が積分の根本の式である。複雑な場合も，これらの式に立ち戻って考える。例えば，

$$\int_{t_1}^{t_2} t\,dt = \int_{\frac{1}{2}t_1^2}^{\frac{1}{2}t_2^2} d\left(\frac{1}{2}t^2\right) = \int_{s_1}^{s_2} ds = s_2 - s_1$$
$$= \frac{1}{2}t_2^2 - \frac{1}{2}t_1^2 \qquad (3)$$

$\frac{a}{b} = c$ は $cb = a$ と書き直せる。これと同じように考える。$\frac{d(t^2)}{dt} = 2t$ を $2t\,dt = d(t^2)$ と書き直す。両辺を 2 で割ると，$t\,dt = d\left(\frac{1}{2}t^2\right)$ となる。

$s = \frac{1}{2}t^2$ とおいた。

∫ と d が並んだ形になっている。

である。$\frac{d\left(\frac{1}{2}t^2\right)}{dt} = t$ を思い出す。この式を $d\left(\frac{1}{2}t^2\right) = t\,dt$ と変形する。上限は $s_2 = \frac{1}{2}t_2^2$，下限は $s_1 = \frac{1}{2}t_1^2$ である。$\int_{\frac{1}{2}t_1^2}^{\frac{1}{2}t_2^2} d\left(\frac{1}{2}t^2\right)$ を簡単に $\left[\frac{1}{2}t^2\right]_{t_1}^{t_2}$ と書く場合がある。

【例題 2.13】 速度から変位を求める方法　位置 x_0，z_0 から物体を斜め上方に投げ上げた。水平右向きを x 軸の正の向き，鉛直上向きを z 軸の正の向きとする。このとき，速度が $v_x(t) = v_{0x}$，$v_z(t) = v_{0z} + at$ で表せることがわかった。v_{0x}，v_{0z} は初速度の x 成分と z 成分である。投げ上げてから時間が t だけ経ったときの位置を求めよ。

xz 平面内の運動と考えると，y 方向に運動しないから y の値は一定とみなす。

初期位置 $x_0 = 0\,\mathrm{m}$，$z_0 = 0\,\mathrm{m}$，投げ上げた時刻を $t_0 = 0\,\mathrm{s}$ とする。$v_{0x} = 4\,\mathrm{m/s}$, $v_{0z} = 8\,\mathrm{m/s}$, $a = -9.8\,\mathrm{m/s^2}$ として数値計算すること。

【解説】 まず，速度ベクトルを描きながら，時々刻々位置を追跡してみる。

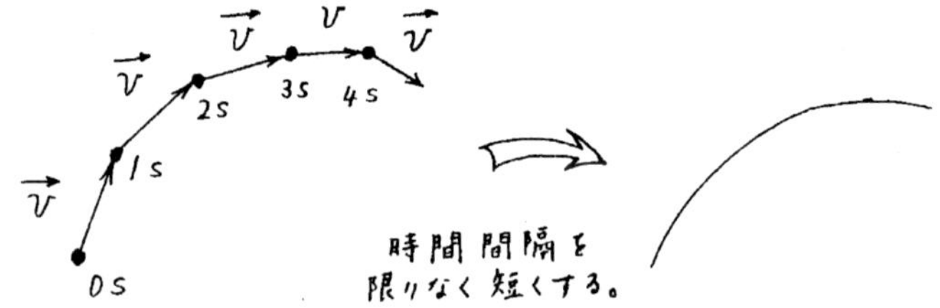

図 2.39 速度の変化

速度ベクトルを描いて次々と位置を見つけていく。時間幅が限りなく 0 s に近いほど，ギザギザな線ではなく，なめらかな曲線になる。

(1) 水平方向の変位：速度の x 成分は一定なので，$x = v_x t = v_{0x} t$ である。

水平方向の変位
　= (速度の x 成分) × 時間

この式は，$dx = v_x(t)\,dt$（時刻 t における変位を表す式）とどんな関係があるかを考えてみよう。$dx = v_x(t)\,dt$ は，時刻 0 s における位置 x_0 と速度 v_{0x} がわかると，次の瞬間 $(t = t_1)$ における位置 x_1 が決まることを表している。つまり，x_0 を原点として，傾き v_{0x} と幅 dt から高さ dx を求めると，位置 x_1 が決まる。$dx = v_x(t)\,dt$ は瞬間ごとにしか成り立たない。限りなく 0 s に近い時間幅で時刻 t まで dx をつなぎ合わせると，時刻 t における位置 $x(t)$ に達する。したがって，

x_0 に dx を足すと x_1 になる。

運動状態は位置と速度で決まる。

$$\int_{x_0}^{x} dx = \int_{t_0}^{t} v_x(t)\,dt$$

と表せる。$v_x(t) = v_{0x}$ だから，この式は

$$x - x_0 = v_{0x}(t - t_0)$$

$$\int_{t_0}^{t} v_x(t)\,dt = \int_{t_0}^{t} v_{0x}\,dt = v_{0x}\int_{t_0}^{t} dt = v_{0x}(t - t_0)$$

となる。$t_0 = 0\,\mathrm{s}$，$x_0 = 0\,\mathrm{m}$ なので，

$$x = v_{0x} t$$

を得る。

(2) 鉛直方向の変位：速度の z 成分は時々刻々変化するので，$z = v_z(t)t$ として計算することはできない。そこで，瞬間ごとに成り立つ式 $dz = v_z(t)\,dt = (v_{0z} + at)\,dt$ を使う。dt の幅が大きいとギザギザの曲線になるが，細かく刻むほどなめらかな曲線になる（図 2.39）。

$$\int_{z_0}^{z} dz = \int_{t_0}^{t} (v_{0z} + at)\,dt$$

左辺は式 (1) と同じ形だから，

$$\int_{z_0}^{z} dz = z - z_0$$

である。一方，右辺は式 (3) にならって，

$$v_{0z}\int_{t_0}^{t} dt + a\int_{t_0}^{t} t\,dt = v_{0z}(t - t_0) + a\left(\frac{1}{2}t^2 - \frac{1}{2}t_0^2\right)$$
$$= v_{0z}(t - t_0) + \frac{1}{2}a(t^2 - t_0^2)$$

とする。これから，

$$z - z_0 = v_{0z}(t - t_0) + \frac{1}{2}a(t^2 - t_0^2)$$

となる。$z_0 = 0\,\mathrm{m}$，$t_0 = 0\,\mathrm{s}$ から

$$z = v_{0z}t + \frac{1}{2}at^2$$

を得る。

> dt の幅が限りなく小さいと，その時間の範囲内では z-t グラフを時刻 t における接線と同じとみなせる。

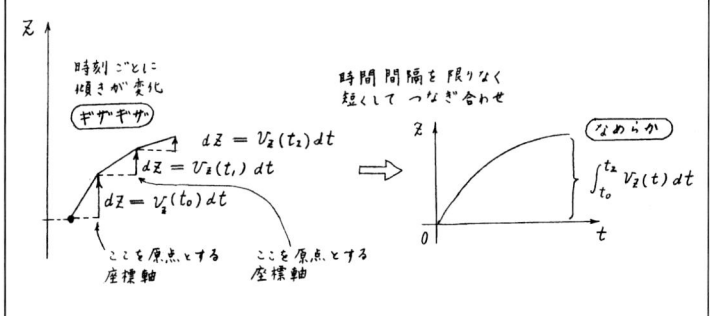

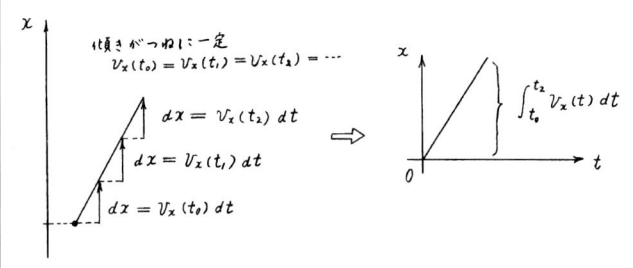

図 2.40 変位の求め方

> $z(t_0)$ から dz 進めて $z(t_1)$ に達し，$z(t_1)$ から dz 進めて $z(t_2)$ に達し，$\cdots$，$z(t_n)$ に達する。$z(t_0)$ は z_0，$v_z(t_0)$ は v_{0z} である。x 方向についても同様である。

■ 別の見方（区分求積法）

速度－時間グラフで，$v_z\,dt$ は高さ × （小さい幅）だから，これを $t = t_1$ から $t = t_2$ まで合計すると，グラフ，$t = t_1$，$t = t_2$，t 軸で囲まれる面積の値になる（図 5.27）。

[注意1] 微分の関係式

- $\dfrac{d\left(\dfrac{1}{2}t^2\right)}{dt} = t : \dfrac{高さ}{幅} = 傾き$

- $d\left(\dfrac{1}{2}t^2\right) = t\,dt : 高さ = 傾き \times 幅$

[注意2] dz と $|dz|$ のちがい　dz は有向距離だから，dz の値は上昇中に正であり，下降中に負である。だから，dz を足しつづけても増えつづけるとは限らない。実際に移動した距離は，$|dz|$ を足しつづけると求まる。

$|dz|$ の値は正

★まとめ

　　　　　　　　　　　　変位　　速度−時間グラフの面積
　　　　　　時間微分 ——↓↑—— 時間積分
位置−時間グラフの傾き　速度　　加速度−時間グラフの面積
　　　　　　時間微分 ——↓↑—— 時間積分
速度−時間グラフの傾き　加速度

★ 2章の自己診断

1. 運動を調べるときに，「時間の観点」と「空間の観点」があることを理解したか。
2. ベクトルの演算規則がどのようにして生まれたかを理解したか。
3. 位置を「矢印という図形で表す方法」と「座標という数値で表す方法」が同等である事情を理解したか。
4. 変位，速度，加速度の表し方を通じて，微分と積分の概念のイメージを描くことができたか。

【注】高校では，演算規則を記憶して使えるようになればよかったかもしれない。大学では，演算規則の由来を理解する姿勢が肝要である。数学のことばが，物理の概念と見事に関わり合っている。

3 力
——物体が変形するときの原因と運動の勢いが変化するときの原因

◆ *3章の問題点*
① 物体がどのようになったときに,「物体に力がはたらいた」というのかを理解すること.
② 力が物体にはたらいた効果を表す方法(力積,仕事,トルク)を理解すること.

キーワード◆力,慣性系,力の合計,作用と反作用,重力,力積,仕事,トルク,ベクトル積,内積,質点

大昔の人々は,見えない天使が星を押しているから星が動いていると考えたらしい.現代では,だれもそんな理屈を信じない.それでは,手から離れたボールは,いつまでも手から押されているだろうか.ボールの飛ぶ道筋を決めている「見えない天使」は一体何か.本章のねらいは「どういうときに物体に力がはたらいていると考えるのか」という問題を探究することである.

力とは,物体を引っぱったりまわしたりするはたらきである.時間をかけながら自転車を押し続けると,どんどん加速する.自転車を速く動かすには,力のはたらいている時間も関係ありそうである.こういう現象を説明するために,「力積」という概念が必要である.自転車が動いた距離が大きくなるにつれて,どんどん加速するという見方もできる.このため「仕事」という概念も導入する.天秤の左皿にビーカーを置くと,腕が左皿の側に傾く.バランスを取り戻すためには,右皿に分銅を置くとよい.両方の皿がそれぞれビーカーと分銅で引っぱられるからである.これらのまわすはたらきが互いに打ち消すと,何からもまわされていない状態と同じになる.力のまわすはたらきを説明するために,「トルク」という概念が必要である.

力のはたらきを表す三つの概念は,4章でそれぞれ運動量,運動エネルギー,角運動量と結びつく.これらは,物体の運動の勢いを表す量である.力は運動の勢いを変化させるはたらきと考えることができる.物体が動いていても勢いが変化しない場合は,力がはたらいていない状態と同じである.本章では,力のはたらきに関して,誤解しやすい問題を見直してみる.

力の効果の表し方を3.7節で取り上げる.「力積」「仕事」「トルク」は力の効果を表す.

同じ物理現象に対して,「時間の観点」と「空間の観点」の二つの見方ができる.

複数の力がはたらいていても,それらが打ち消し合っているとき,力がはたらいていない状態と同じである.

3.1 力のはたらき

> **疑問**：ばねは伸びたり縮んだりする。物体が変形するのはなぜだろうか。

ばねを台の上に置いただけでは，いつまでもばねの長さは変わらない。ばねの長さを変えるためには，ばねを引っぱったり，押し縮めたりしなければならない。ばねの長さを変える向きに力がはたらいていると考えると，ばねの伸び縮みの原因が説明できそうである。大きな力がはたらくほど，ばねの伸びまたは縮みは大きい。このように，

力には方向，向き，大きさがある。

> 2.1 節のベクトルの説明を復習すること。

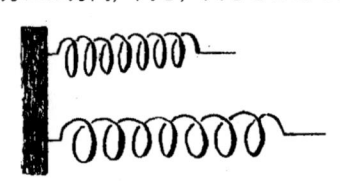

図 3.1　ばねの伸び縮み

> **疑問**：物体を鉛直上向きに投げ上げると，運動の勢いがだんだん小さくなる。これはなぜだろうか。

日常の経験から，物体の運動の勢いは速さと関係があると考えてよさそうである。止まっている物体は勢いがないし，速いほど勢いがあると感じるからである。それでは，速さが変化する原因は何だろうか。

台の上に止まっているボールは，押したり引いたりしない限り，ずっと止まったままである。こういう経験から考えると，ボールの速さを大きくするには力が必要らしい。

ボールを鉛直上向きに投げ上げてみる。ボールが上昇するにつれて，速さが小さくなる。最高点に達してからは，下降しながら速さが大きくなる。外部からボールを鉛直下向きに引っぱる力がはたらいているのではないだろうか。このように考えると，速度（運動の向きと速さ）が変化する理由が説明できそうである。物体が水平方向に動き出さないのは，その物体には水平方向に力がはたらいていないからである。

> 勢いのくわしい意味は 4.1 節で考える。
> 「静止」は速度 0 m/s の状態である。

> 「速度」と「速さ」のちがいについては 2.3.3 項参照

図 3.2　台の上に止まっているボール

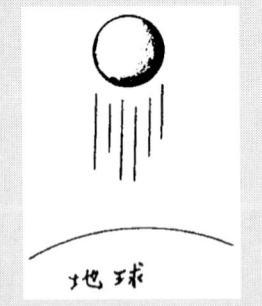

図 3.3　鉛直上向きに投げ上げたボールの運動

【例題 3.1】　速さと力の関係　ある速さで動いている物体には，必ず力がはたらいていると考えてよいだろうか。アリストテレ子さんとガリレ夫君の会話について，それぞれの考えを検討せよ。

アリストテレ子：一定の速さで向きを変えずに運動している物体を考えましょう。この物体には，外部から押す力がはたらいているわね。

ガリレ夫：いつまでも同じ速さで，まっすぐに運動している物体には，外

部から力ははたらいていないよ。

　アリストテレ子：物体が動いているのは，その物体に力がはたらいているからよ。物体に力がはたらいていないと，物体は止まっているはずよ。

　ガリレ夫：速度が変化する場合とそうでない場合では，物体にはたらく力の大きさはどうちがうと考えているのかい？

　アリストテレ子：速度が一定のときには，物体に一定の大きさの力がはたらいているわ。速度が変化するときには，力の大きさと向きも変化しているのよ。

　ガリレ夫：鉛直上向きに物体を投げ上げると，物体が上昇するにつれて勢いが小さくなるね。これは，力が小さくなるからだと考えることはできないよ。君の考えでは，最高点で速さが 0 m/s になるのは，力がはたらかなくなるからだということになるね。そうだとしたら，最高点で物体は止まったままになるはずだよ。どうして，物体が最高点から落ちてくるのかな？

【解説】　物体が運動しているときには，その物体に必ず力がはたらいていると思いがちである。この考えが正しいかどうかを，鉛直投げ上げ運動の場合について検討してみる。観測によると，物体は上昇するにつれて減速する。

　「速さに比例する上向きの力がはたらく」という考えは正しいだろうか。もしこういう力がはたらくならば，減速するにつれて力も小さくなり，最高点で静止したとき力がはたらかなくなる。物体は上向きに押し上げられないし，下向きに引っぱられないことになる。したがって，物体は最高点で止まったまま戻ってこないはずである。速さに比例する下向きの力がはたらくとすると，上昇中に減速する理由が説明できそうに思える。しかし，この考えでも物体は最高点で止まったまま戻ってこないことになる。どちらにしても，物体の運動の状態を変化させる力が，速度（運動の向きと速さ）に比例すると考えることはできない。

> ここの説明は，速度に比例する抵抗力 (5.3 節) とはまったく関係ないので混同しないこと。
> 2.3.4 項参照

　物体の速度が変化するときには，その物体に力がはたらいている。物体に力がはたらかないときには，

- 運動している物体は，いつまでも同じ速さで同じ向きにまっすぐ運動し続け，
- 静止している物体は，いつまでも静止し続ける。

　　　　　　力は速度を変化させるはたらきである。

　物体が運動していても速度が変化しなければ，力ははたらいていないと考える。

図3.4　なめらかな板の上ですべるドライアイス

同じ時間間隔に同じ距離だけ進む。

> ドライアイスは，洋菓子店でゼリーを買うと入手できる。

時間の観点:「時間が経つにつれて」
空間の観点:「上昇距離が増すにつれて」
2.1.1 項参照

> **? 疑問**：ボールを鉛直上向きに投げ上げても，突然速さを失うわけではない。時間が経つにつれて，または上昇距離が増すにつれて，物体の速さが時々刻々小さくなる。これは，なぜだろうか。

物体は，力がはたらいているかどうかによらず，
各瞬間でずっと同じ向きに同じ速さで運動を続けようとする性質
を持っていると考える。
この性質を「慣性」と呼ぶ。

慣は「習慣」「慣習」などの熟語からわかるように，「同じ状況を続ける」という意味を表す。

> **[注意1] 慣性と力**　慣性は，物体に力がはたらいていないときだけの性質ではない。力をはたらかせたときにわかる性質は，慣性そのものではなく，慣性を表す量の大小である。

4章で質量が慣性を表す量であることがわかる。

> **[注意2] 慣性を表す量の大きさ**　速度が変化しやすいかどうかは物体ごとに異なる。このちがいを知るためには，どの物体にも同じ大きさの力をはたらかせてみればよい。慣性を表す量として質量を導入する。質量が大きい物体ほど速度が変化しにくい。

　物体に慣性があるにもかかわらず，物体の速度が変化する。その原因は，物体には速度の変化する向きに力がはたらいていることである。物体を鉛直上向きに投げ上げた場合，物体に鉛直下向きに力がはたらいているので減速する。物体には慣性がある。このため，物体にその力がはたらいていても，ただちに鉛直下向きに落ちてくるわけではない。時間をかけてジワジワ減速し，最高点に達すると，向きを変えてジワジワ加速しながら落下する。

3.2　慣性系

　運動を観測するために，時計と物差を用意しなければならない。物差をどこに置くかによって，同じ運動でありながら，ちがった運動に見える場合がある。

> **【例題3.2】　慣性系と非慣性系**　電車が西向きに加速しながら走っている。A君は地面に座っているが，B君は電車の中で座っている。彼らは，地上の同じ電柱を見て，次のようにいった。
> 　A君：電柱は地面に止まったままだ。電柱は押されたり引っぱられたりしていないからだ。
> 　B君：電柱は東向きに加速しながら動いている。電柱が東向きに何らかの力を受けているからにちがいない。
> 　物体の慣性を調べるには，その物体がずっと同じ向きに同じ速さで運動しつづけるかどうかを確かめなければならない。この観点から，物差を置く基準の選び方を検討せよ。

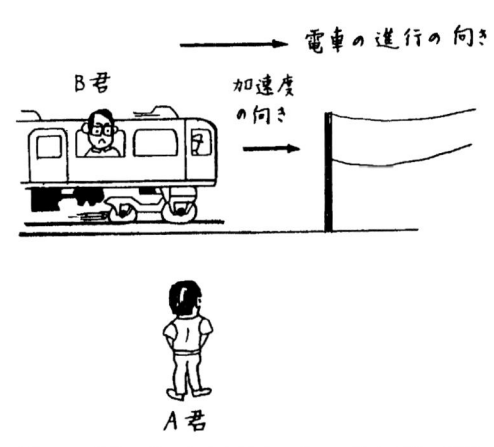

図 3.5 電車に乗った人と地上の人から見た電柱の運動

【解説】 原点と座標軸の全体を「座標系」という。外界から力がはたらかない場合が運動を調べるための基準となる。外界から力がはたらいていない物体であれば，重いか軽いかによらず，等速度運動していると観測される座標系を「慣性系」という。「非慣性系」では，外界から物体に力がはたらいていないにもかかわらず，等速度運動として観測されない。

運動を観測する立場によって，観測結果がちがう。だから，運動を観測する座標系を明確に約束しなければならない。

■ 座標系の選び方の要請（運動の第 1 法則）

たいていの運動に対して，地上に置いた物差は，慣性系とみなしてよい。すべての物体から十分離れている物体には，どの物体からも力がはたらかない。適当な座標系を選んで観測すれば，この物体は等速度運動している。そこで，「慣性系が必ずある」と仮定する。運動の法則は，慣性系を選んで記述する。

力は物体と物体の間ではたらく（3.3 節）。

非慣性系を使うと慣性力を考えなければならなくなる。7 章参照

【例題 3.3】 力がはたらいていない物体の運動　　地上でボールを斜方投射した。手を離れてから，ボールに何の力もはたらかないと考えると，そのボールはどういう軌道を描くはずか。

【解説】 もしボールに力がはたらかなければ，ボールを投げた方向に初速のまま飛び続ける。

放物運動について 5.2 節でくわしく考える。

「初速」は投げる瞬間の速さ（スカラー量）
「初速度」は投げる瞬間の速度（ベクトル量）
2.3.3 項参照

運動の第 1 法則を「慣性の法則」と呼んでいる教科書もある。しかし，これは慣性を表す量（質量）の大小には関係ない法則である。運動の第 1 法則は，慣性系の存在を主張する。

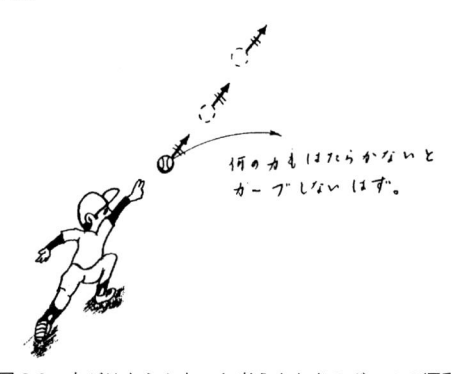

図 3.6　力がはたらかないと考えたときのボールの運動

> **疑問**：「物体の変形の原因としての力」と「運動の状態が変化する原因としての力」は，同じと見なしてよいのだろうか。

ばねにおもりを取り付ける。ばねを 3 cm 引っぱって手を放してみる。ばねはもとの長さに戻ろうとして，おもりを引き返す。おもりがばねから引っぱられているからである。しかし，手でおもりをおさえていれば，ばねが 3 cm 伸びたまま止まっている。

今度は，ばねを 5 cm 伸ばして手を放してみる。おもりはばねから力を受けて左向きに加速する。ばねが縮む間に，伸びが 3 cm の状態がある。ばねの伸び（または縮み）が同じときには，ばねがもとの長さに戻ろうとする力の大きさは，手でおもりをおさえているかどうかによらず同じと見なす。ばねの変形にともなって，ばねがおもりを引っぱる。この力が，おもりの加速度運動を引き起こす。

ばねによるおもりの運動は 5.6 節でくわしく扱う。

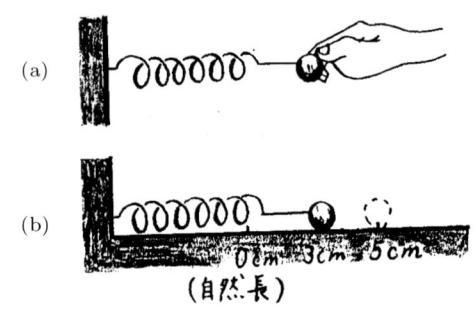

図 3.7 おもりが静止しているときと加速度運動しているときのばねの力

> **疑問**：力は運動の状態を変化させる。力がはたらいているのに，運動の状態が変わらない場合がある。これはなぜだろうか。

テーブルの上に，リンゴが置いてある。リンゴの置いてある場所に，突然穴があいたとする。このとき，リンゴは，床に向かって加速しながら落下する。リンゴを鉛直下向きに引っぱる力がはたらいているからである。しかし，テーブルに穴があいていなければ，リンゴはそのまま止まっている。テーブルの面がリンゴを鉛直上向きに同じ大きさの力で支えていると考える。実質的に，リンゴには力がはたらいていない場合と同じ状態になる。だから，リンゴの速度は 0 m/s のまま変わらない。

ばねがおもりを引っぱる力は，おもりを加速度運動させるはたらきをする。しかし，おもりを手でおさえていると，ばねからはたらく力を打ち消す。したがって，おもりの速度は 0 m/s のまま変わらず，止まっている。

力の合計の考え方は例題 3.6 でくわしく理解する。

鉛直下向きに引っぱる力については，3.3 節で取り上げる。

「手からおもりにはたらく力」と「ばねからおもりにはたらく力」は，向きが反対で大きさが等しい。

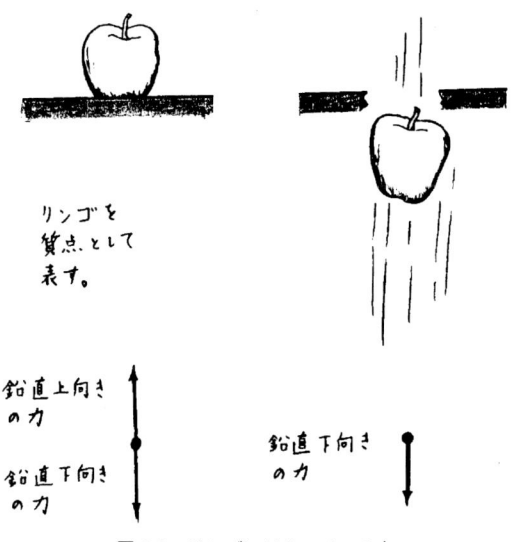

図 3.8　リンゴにはたらいている力

★まとめ
1. 物体が変形したり，物体の運動の方向，向き，速さが変化したりする場合がある。これらの原因を説明するために，「力」という概念を考える。つまり，物体を押したり引っぱったりするはたらきを「力」と呼ぶ。
2. 物体にはたらいている力は，物体の速度の変化分に比例するのであって，速度そのものに比例するのではない。

例題 3.1 参照

3.3　物体にはたらいている力の見つけ方

　物体には，どんな力がはたらいているか。力の見つけ方を考えよう。ばねを手で引っぱるときには，手がばねに触れていないと引っぱれない。箱を手で押すときには，手が箱に触れていないと押せない。このように，

　　　力をはたらかせるときには，いつも物体どうしが接触していて，
　　　　　　　力は物体と物体の間ではたらく。

　リンゴが落下する場合，リンゴを鉛直下向きに引っぱる力がはたらいていると考えた。リンゴと何が接触しているのだろうか。地球上の空間のどこでリンゴから手を放しても，リンゴは必ず鉛直下向きに落下する。

　　　地球上の空間（空気が存在しても真空でも）のゆがみを表す量を
　　　　　　　　　「重力場」と呼ぶ。

　空間のゆがみによって，物体は地球の中心に向かって引っぱられる。このように考えると，物体はつねに空間に接しているから，どこで手を放しても物体は鉛直下向きに落ちることが説明できる。このため，「物体は重力場から重力を受けている」という。似た例を思い出してみるとよい。磁石を置いた空間のゆがみ（「磁場」という）のために，磁石のない空間とちがって，鉄は磁石に引き寄せられる。正電荷のある空間の

「チカラは，物質が物質に対して作用するときにあらわれてきてその存在を示す」（ファラデー，稲沼瑞穂訳『力と物質』岩波文庫 p. 3)

四隅を強く引っぱった布の中央にサッカーボールを置いてみる。布がたわむので，サッカーボールの近くにピンポン玉を置くと，サッカーボールの方に動き出す。布を重力場，サッカーボールを地球，ピンポン玉をリンゴにたとえることができる。同様に，布を磁場，サッカーボールを磁石，ピンポン玉を鉄にたとえることができる。サッカーボールを置いた場合と置かない場合で布のたわみがちがう。このイメージで，地球の存在による空間のゆがみを考える。

場の考え方は電磁気学でくわしく学ぶ。

ゆがみ（「電場」という）によって，正電荷はしりぞけられ，負電荷は引き付けられる。

[注意1] 空間の意味　空間を空気と混同してはいけない。空間とは，「物体が運動する舞台」のような意味である。空気は物質である。空間に物体（例えば，リンゴ）と空気がある。空気にも，空間のゆがみによって重力がはたらいている。

【例題 3.4】　ボールを投げるときの力　ボールがピッチャーの手にあるときと手を離れたあとについて，ボールにはたらいている力を説明せよ。

図 3.9　ボールにはたらいている力

力は手とボールの間ではたらく。手がボールから離れたら，手はボールを押せない。5.2 節で，この考え方が重要になる。

【解説】　ボールがピッチャーの手にあるときは，ボールは手で押される（手から力がはたらいている）。しかし，ボールがピッチャーの手から離れたら，ボールには手から力がはたらかない。ピッチャーがボールを水平方向に投げた場合を考えてみる。ボールは，ピッチャーの手を離れた瞬間の水平速度を保ったまま飛び続ける。ボールが手にあるときも手を離れたあとも，鉛直下向きにはボールに重力がはたらいている。

★まとめ
　力は単独に発生するわけではない。接触している物体（手で押す，ひもで引っぱる，…）がないと力は物体にはたらかない。

3.4　力の図示

　物体にはたらいている力を目で見ることはできない。目に見えるのは，力そのものではなく，力がはたらいている物体の状態である。われわれは，物体が変形した状態（ばねが伸びたり縮んだりしている状態）または物体の速度が変化している状態（運動の向きが変わったり，次第に速くなったり遅くなったりしている状態）を見ている。なぜ，変形または速度の変化が起きるのか。この原因を説明するために，ばねから受ける筋肉の圧迫感，手にのせたリンゴから受ける重量感（重さ）などを思い出してみる。これらの感覚から，「力」という概念を考える。

7 章では剛体を扱う。

質点については 0.3 節参照
質量の意味は 4.2 節で考える。

力の大きさは単位を決めないと測れない。力の単位は 4.1.2 項で考える。

　物体を「質点（質量だけを考え，大きさを考えない）」として扱う。力には方向，向き，大きさがある。だから，変位，速度，加速度と同じように，力を矢印で表す。質点に力の矢印を書き込む。矢の長さは力の大きさに比例し，矢の向きは力の向きを表す。

　力はベクトル量なので，力ベクトル（力を表す矢印）で表せる。ベクトル記号（文字の上に矢印を付けて $\vec{f}$ のように書く）で力に名前を付ける。

【例題 3.5】 力の見つけ方，力の図示，力の合計の作図　　図 (a) と図 (b) で，おもりにはたらいている力を図示せよ。図 (b) では，ばねは伸びている状態であり，台はなめらかな面なので摩擦が無視できる。おもりにはたらいている力の合計を作図せよ。

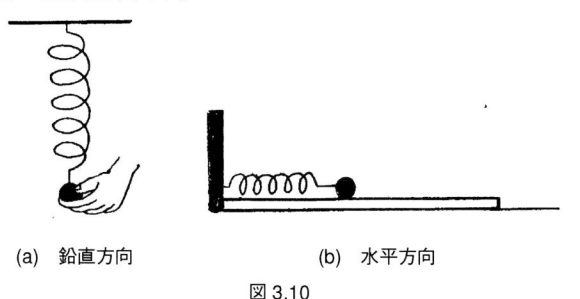

(a) 鉛直方向　　　　　(b) 水平方向
図 3.10

【解説】
- 着目した物体を質点で表す。
- 着目した物体には，どの物体が接触しているかを見つける。
- 力の矢印に「何から何に」はたらいているかを明記する。

(a) おもり
  (1) 重力場から鉛直下向きに重力がはたらいている。おもりがばねからはずれたら，おもりは落下することからわかる。
  (2) ばねの方向で鉛直上向きにばねから引っぱられている。
  (3) ばねの方向で鉛直上向きに手から支えられている。

力の大きさに注意して，力ベクトル（矢印）を描いてみる。力ベクトルの合計（和）がゼロベクトルになる。したがって，おもりは静止したまま動き出さない。

[注意1] 力の合計　　二つの力が反対向きで大きさが等しいとき，力の引き算（差）を考える学生が多い。その考え方はまちがいである。↑－↓=↑＋↑なので，力が打ち消すどころか2倍の大きさになる。

(b) おもり
  (1) 重力場から鉛直下向きに重力がはたらいている。
  (2) ばねの方向で水平左向きにばねから引っぱられている。ばねがもとの長さに戻ろうとすることからわかる。
  (3) 台から鉛直上向きに支えられている。

通常の教科書では，「力の合計」を「合力」と呼んでいる。しかし，「合力」という名称の一つの力があると誤解しやすい。

5.6 節参照

押したら押し返される。
筋肉の緊張にも注意する。

● ばね
(1) 重力場から鉛直下向きに重力がはたらいている。おもりが付いていなくても，ばねを吊るとわずかに伸びる。だから，ばねに重力がはたらいていることがわかる。
(2) ばねの方向で鉛直上向きに天井から支えられている。
(3) おもりから鉛直下向きに引っぱられている。おもりがばねに付いていると，おもりが付いていないときよりも，ばねの伸びが大きいことからわかる。

ばねには，重力場から重力がはたらいている。しかし，ばねがおもりに比べて無視できるほど軽いときには，ばねにはたらいている重力を無視する。

負号はベクトルの向きを反転するから，
$$-\downarrow = \uparrow$$
となる。

力の大きさに注意して，力ベクトル（矢印）を描いてみる。

●ばね
(1) 重力場から鉛直下向きに重力がはたらいている。
(2) ばねの方向で水平右向きにおもりから引っぱられている。
(3) 壁から水平左向きに引っぱられている。
(a) と同様に，ばねにはたらいている重力を無視する。

●台
(1) 重力場から鉛直下向きに重力がはたらいている。
(2) おもりから鉛直下向きに押されている。
(3) 台の置いてある机から鉛直上向きに支えられている。

図 3.11　おもりとばねにはたらいている力

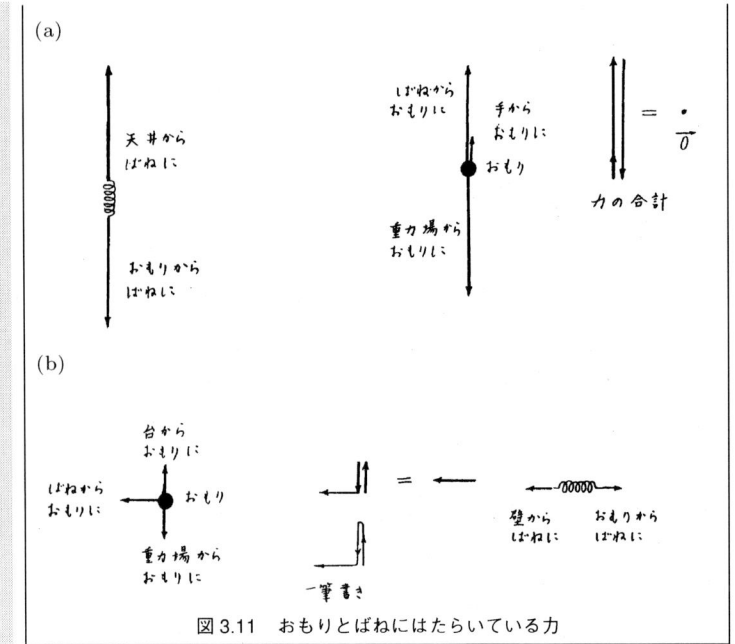

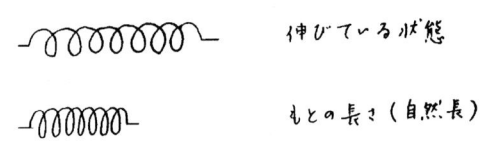

図 3.12　ばね

3.5 節参照

手で机を引っぱってみる。このとき，手は机から反対向きに引っぱられているような筋肉の感覚を受ける。これと同じように，ばねがおもりを水平左向きに引っぱると，ばねはおもりから水平右向きに引っぱられる。

【例題 3.6】　力の見つけ方，力の図示，力の合計の作図，つりあい　天井から糸でおもりを吊してある。おもりは静止したままである。おもりにはたらいている力を図示し，おもりにはたらいている力の合計を作図せよ。

図 3.13　天井から糸で吊したおもり

【解説】　おもりには三つの力 $\vec{S}$, $\vec{T}$, $\vec{W}$ がはたらいている。しかし，これらの力が互いに打ち消し合って，合計が $\vec{0}$ になっている。$\vec{S}$ と $\vec{T}$ の合計は鉛直上向きであり，この大きさが鉛直下向きの重力 $\vec{W}$ と同じである。

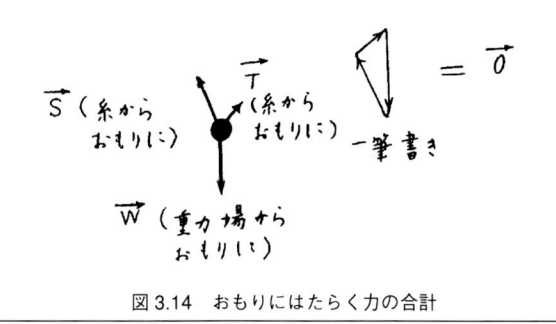

図3.14 おもりにはたらく力の合計

S, *T*, *W* の合計を作図するときには，*S*, *T*, *W* の順に一筆書きするとわかりやすい。

このように，物体に複数の力がはたらいているとき，これらの合計と同じ効果を物体におよぼす。これは論理的に説明できる内容ではなく，経験から理解している知見である。

　物体に複数の力がはたらいていても，それらの合計が $\vec{0}$ のときには，力がはたらいていない場合と同じ効果を物体におよぼす。

このとき，「これらの力はつりあっている」という。

力がつりあう場合，$\vec{S}$, $\vec{T}$, $\vec{W}$ のそれぞれが $\vec{0}$ になるのではなく，$\vec{S}+\vec{T}+\vec{W}$ が $\vec{0}$ になる。例えば，両腕を引っぱられてつりあっている場合を思い出してみる。それぞれの腕を引っぱられている感覚がなくなるわけではない。

[注意2] **つりあう力の個数**　つりあいは，2力とは限らず3力以上の場合もある。力の合計が $\vec{0}$ であれば，すべての力がつりあっている。

ベクトルの加法は，2.1.3項参照

[注意3] **力の独立性**　同時に複数の力がはたらいているとき，それぞれの力は独立である。$\vec{S}$ がはたらいても，$\vec{T}$ の方向，向き，大きさは変わらない（図 3.14）。

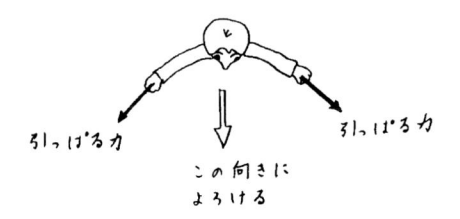

―休憩室◆力の合計の向き―
　中学1年のとき，理科の大谷幸二先生は力の合計をわかりやすく説明してくれた。両腕を同時に引っぱられた人は，前によろける。よろけた向きに一つの力がはたらいた効果と同じである。

図3.15　力の合計の向き

3.5　作用と反作用——物体を押す力と物体が押し返す力の関係

　壁を手で押すと，手も壁から押し返される。机をたたくと手が痛くなる。このように，力は一方の物体から他方の物体へ伝わるだけではない。

実際に試してみること。
「押すと押し返される」という表現は，高校物理の教科書にも見つかる。1対の力は同時にはたらき，時間の順序はない。「押すという原因で押し返すという結果が生じる」と誤解しないように注意する。「押し上げる」「押し下げる」と似た表現であり，「反対向きに押す」という意味で「押し返す」といい表している。

■作用反作用の法則（運動の第3法則）

　物体Aが物体Bに力をおよぼす。このとき，物体Bは物体Aに力をおよぼす。どちらか一方の力を「作用」といえば，他方の力は「反作用」という。作用と反作用は同時にはたらき，作用がなければ反作用も起きない。反作用は作用よりも遅れてはたらくのではない。物体が動いていても止まっていても，作用反作用の法則は成り立つ。力は必ず作用と反作用のペアで現れ，

　作用と反作用は，大きさが等しく，向きが反対で，同一直線上
ではたらく。これらの力は，互いに相手にはたらいている。これに対して，2力がつりあっているときには，それらの力は同じ物体にはたらい

つりあいの2力と作用反作用の2力のちがいは，例題3.7参照

図 3.16 同一直線上

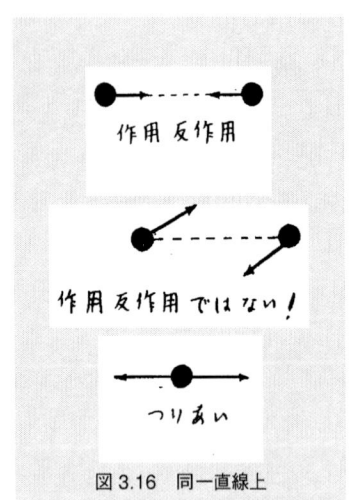

「綱が人を引く力」は，「綱から人にはたらいている力」である。

綱にはたらいている二つの力の向きが反対で大きさが等しいとき，これらの力はつりあっている。この場合は，綱に力がはたらいていない状態と同じだから，綱は止まったまま動き出さない。

簡単な場合として，2本の綱の結び目の部分で綱が水平になっている瞬間を考える。
y軸はxz面の表から裏へ向かう。

ている。

【例題 3.7】 **人と荷車**　作用と反作用の関係から，人が荷車の綱を引っぱると同時に，綱が人を引っぱっている。これらの力は打ち消し合うはずなのに，なぜ荷車は動き出すのか。

図 3.17　人と荷車

【解説】　着目する物体の運動は，その物体に（「その物体から」ではない）どんな力がはたらいているかによって決まる。「綱が人を引く力」は「綱にはたらいている力」ではない。だから，綱にはたらいている力のつりあいと考えてはいけない。

[注意1] **物体にはたらいている力**　例題 3.7 からわかるように，それぞれの力が「何から何に」はたらいているかを考えなければならない。力の矢印に「何から何に」と明記することが肝要である。

? 疑問：作用の力と反作用の力は，大きさが等しく，向きが反対である。この法則が成り立たないとすると，どんな事態が生じるだろうか。

【例題 3.8】 **作用の力と反作用の力の大きさ**　2本の綱が結んである。綱の端をそれぞれ$\vec{F_1}$と$\vec{F_2}$の力で引っぱったとき，つりあった。2本の綱の間には，作用の力と反作用の力がはたらく。このように考えるのはなぜか。

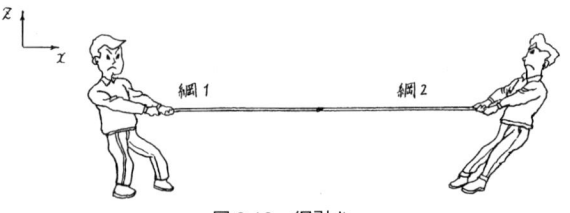

図 3.18　綱引き

【解説】

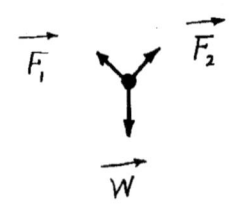

図 3.19　全体を1本と見たとき

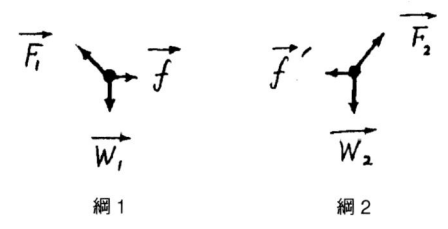

図3.20 綱1, 綱2

全体を1本の綱と見なして，つりあいの式を立てると，

$$\searrow + \nearrow + \downarrow = \bullet$$

となる。力を表す矢印に名前を付けて，

$$\vec{F}_1 + \vec{F}_2 + \vec{W} = \vec{0}$$

と表せる。または

$$\begin{pmatrix} F_{1x} \\ 0\,\text{N} \\ F_{1z} \end{pmatrix} + \begin{pmatrix} F_{2x} \\ 0\,\text{N} \\ F_{2z} \end{pmatrix} + \begin{pmatrix} 0\,\text{N} \\ 0\,\text{N} \\ -W \end{pmatrix} = \begin{pmatrix} 0\,\text{N} \\ 0\,\text{N} \\ 0\,\text{N} \end{pmatrix}$$

と書ける。$\vec{W}\,(W = |\vec{W}|)$ は綱にはたらく重力である。

綱1のつりあいの式は，

$$\searrow + \rightarrow + \downarrow = \bullet$$

となる。力を表す矢印に名前を付けて，

$$\vec{F}_1 + \vec{f} + \vec{W}_1 = \vec{0}$$

と表せる。または，

$$\begin{pmatrix} F_{1x} \\ 0\,\text{N} \\ F_{1z} \end{pmatrix} + \begin{pmatrix} f \\ 0\,\text{N} \\ 0\,\text{N} \end{pmatrix} + \begin{pmatrix} 0\,\text{N} \\ 0\,\text{N} \\ -W_1 \end{pmatrix} = \begin{pmatrix} 0\,\text{N} \\ 0\,\text{N} \\ 0\,\text{N} \end{pmatrix}$$

と書ける。$\vec{W}_1\,(W_1 = |\vec{W}_1|)$ は綱1にはたらく重力，$\vec{f}\,(f = |\vec{f}|)$ は綱2から綱1にはたらく力である。

綱2のつりあいの式は，

$$\nearrow + \leftarrow + \downarrow = \bullet$$

となる。力を表す矢印に名前を付けて，

$$\vec{F}_2 + \vec{f}' + \vec{W}_2 = \vec{0}$$

と表せる。または，

$$\begin{pmatrix} F_{2x} \\ 0\,\text{N} \\ F_{2z} \end{pmatrix} + \begin{pmatrix} -f' \\ 0\,\text{N} \\ 0\,\text{N} \end{pmatrix} + \begin{pmatrix} 0\,\text{N} \\ 0\,\text{N} \\ -W_2 \end{pmatrix} = \begin{pmatrix} 0\,\text{N} \\ 0\,\text{N} \\ 0\,\text{N} \end{pmatrix}$$

と書ける。$\vec{W}_2\,(W_2 = |\vec{W}_2|)$ は綱2にはたらく重力，$\vec{f}'\,(f' = |\vec{f}'|)$ は綱1から綱2にはたらく力である。

綱1のつりあいの式と綱2のつりあいの式の x 成分どうしを加え合わせると，

$\searrow$　左側の人から綱にはたらく力
$\nearrow$　右側の人から綱にはたらく力
$\downarrow$　重力場から綱にはたらく力

$W = |\vec{W}|$ は「$|\vec{W}|$ を W と書く」という意味である。

4.1.2項でN（ニュートン）という力の単位を導入する。
どの力も y 成分は $0\,\text{N}$ である。ここでは，数値が0なので，Nが力の単位だということだけ理解すればよい。

ベクトル記号とベクトルの成分のちがいに注意すること。
$\vec{W}_1$ が鉛直下向きだが，$-\vec{W}_1$ と書いてはいけない。$\downarrow$ を $\vec{W}_1$ と名付けたので，$-\vec{W}_1$ は $\uparrow$ になる。ただし，鉛直上向きを z 軸の正の向きとしたので，$\vec{W}_1$ の z 成分は負だから，$-W_1$ と書く。W_1 の値は正である。
$\vec{f}'$ は x 軸の負の向きだから，$\vec{f}'$ の x 成分の値は負である。だから，$|\vec{f}'|$ を f' と書いて $-f'$ と表す。

x 成分どうしの和を考えるとき，縦ベクトルの1行目を見ればよい。
横ベクトルの形で書くと，ベクトルどうしの加法を考えるとき不便である。

$f = f'$ は $\vec{f}$ と $\vec{f'}$ の大きさが等しいことを表している。

$$F_{1x} + F_{2x} + f + (-f') = 0\,\text{N}$$

となる。他方，綱全体を 1 本と見たときのつりあいの式の x 成分は

$$F_{1x} + F_{2x} = 0\,\text{N}$$

である。これらを比べると，$f + (-f') = 0\,\text{N}$ でなければならない。したがって，$\vec{f}$ と $\vec{f'}$ は，大きさが等しく向きが反対である。$f + (-f') = 0\,\text{N}$ でないと矛盾する。綱全体を 1 本と見なすとつりあっているのに，2 本の綱と見なすとつりあっていないことになるからである。

近接作用と遠隔作用

3.3 節参照

地球と地上の物体だけでなく，すべての物体は他の物体と引き合っている。この引き合う力を「万有引力」という（5.8 節）。通常の物体どうしの間にはたらく万有引力は，物体が地球から受ける万有引力に比べて，無視できるほど小さい。本問では，重力と万有引力は同じと考えていてよい。われわれの住んでいる空間のゆがみを表す量を「重力場」という。

[注意2] **地球と物体の間の力** 物体は，地球上の空間のゆがみによって，地球の中心に向かって引っぱられている。重力と作用反作用の関係にある力は何か。

われわれの住んでいる空間では，重力場によって物体は地球の中心に向かって引っぱられる。他方，物体と地球は互いに離れているが，これらの間に力がはたらいていると見なす立場もある。作用反作用の法則は，物体から物体にはたらく力どうしの間で成り立つ。したがって，「地球が物体を引っぱる力」と「物体が地球を引っぱる力」が作用反作用の関係にある。地球の慣性が通常の物体の慣性よりも非常に強いので，地球は動きにくい。実質的に，地球上の物体だけが地球の方へ動くように見える。

離れた物体から力がはたらくという考え方は，磁石に引き寄せられる鉄を思い出すとわかりやすい。地球が磁石，ボールが鉄に対応すると思えばよい。

慣性を表す量は質量である（4.2 節）。

図 3.21 地球と物体

■問 壁に向かって立っている人が，10 人掛かりで背中を押されている。この人は，腕を壁に当てたまま立っていることができる。これはなぜか。
■解 接触している物体どうしの間でしか力ははたらかない。したがって，何人に押されても，真後ろの人からはたらく力だけがかかる。それぞれの力が「何から何に」はたらいているかに注意すること。

図 3.22 壁に向かって立っている人
例題 4.6 参照
図 3.22 の 3 人には床から足の裏にも力がはたらくことも考慮する。

3.6 重力の表し方

? 疑問：ばねはかり，上皿てんびん，台はかりではそれぞれ何が測れるのだろうか。

【例題 3.9】 **ばねはかり** ばねに軽いおもり A か重いおもり B を付けて吊す。ばねが伸びた状態で，これらのおもりが静止している。ばねの伸びは，ばねを引っぱる力に比例すると考える。ばねを引っぱる力は，「おもりからば

ねにはたらいている力」である。重力は，「地球上の空間のゆがみ（重力場）によって，おもりにはたらいている力」である。「ばねの伸びが 2 倍になるとき，おもりにはたらいている重力は 2 倍である」と判断してよいか。

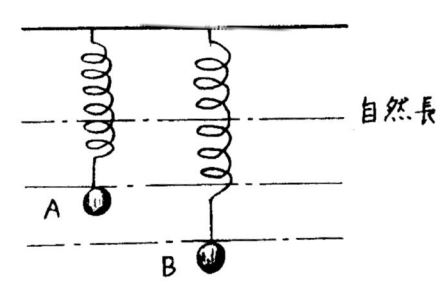

図 3.23　ばねの伸びと重力の大きさ

【解説】　重力によって，おもりが鉛直下向きに引っぱられる。このため，おもりがばねを引き伸ばす。作用反作用の関係から，

　　おもりがばねを引っぱる力の大きさ

　　　＝ばねがおもりを支えている力の大きさ

である。他方，おもりにはたらいている力のつりあいから，

　　ばねがおもりを支えている力の大きさ

　　　＝重力場からおもりにはたらいている重力の大きさ

である。したがって，

　　おもりがばねを引っぱる力の大きさ

　　　＝重力場からおもりにはたらいている重力の大きさ

である。このため，ばねを引っぱる力が大きいほど，おもりにはたらいている重力が大きいと判断してよい。ばねはかりでは，「おもりがばねを引っぱる力」の大きさを測っている。これは，おもりの重力の大きさに等しい。

図 3.24　手で感じる重さ

　例題 3.9 からわかるように，ばねの伸びは物体にはたらいている重力の大きさに比例する。物体ごとに重力の大きさが異なるので，

　　　　物体に固有の量を考え，それを「質量」と呼ぶ。

このように考えると，

　　　　物体にはたらいている重力の大きさは，

　　　　　その物体の質量に比例する。

　標準物体（キログラム原器）にはたらいている重力を $\bar{g}$ と書く。物体の質量を m とすると，

おもりがばねを引っぱる力がばねを伸ばす。
重力はおもりを鉛直下向きに引っぱる。おもりにはたらく重力が，ばねを伸ばすのではない。3.3 節で埋解したように，力は接触している物体どうしの間ではたらく。

3.3 節参照
5.6 節参照

「何から何に」はたらいている力かを考えること。
地球上の空間のゆがみを表す量を「重力場」という。

「ばねはかりで重力の大きさが測れる」という表現には注意しなければならない。

手で鞄を持つと重いと感じる。

重力が鞄を鉛直下向きに引っぱる
　→ 鞄が手を下向きに引っぱる
鞄にはたらく重力が大きいほど，鞄は手を強く引っぱるので，重く感じる。

手は「手にはたらいている力」を重いと感じるのであって，「物体にはたらいている重力」を感じるのではない（図 3.24）。

本節の質量は「重力質量」である（付録 B）。
m_G（G は「重力の (gravitational)」の意味）と表す場合がある。

【注意】　重さと質量のちがい　重力の大きさを「重さ」という場合がある。p. 73〔注意 1〕参照。重力の大きさは，物体が外部（地球上の空間のゆがみ）から受ける力の大きさである。これに対して，質量は，物体の内部に本来備わっている性質を表す量である。

物体にはたらく重力
　　＝質量×[キログラム原器（単位質量）にはたらく重力]
$$\vec{W} = m\vec{g}$$
である。

質量の単位は標準物体の質量であり，これを kg と表す。この質量と等しい物体の質量は，$1\,\text{kg}\,(= 1 \times \text{kg})$ である。この2倍の質量は $2\,\text{kg}\,(= 2 \times \text{kg})$ である。

【例題3.10】 **上皿てんびん**　上皿てんびんで物体と分銅をつりあわせると，物体のどんな量を測ることができるのか。物体と分銅の質量をそれぞれ m, M とする。

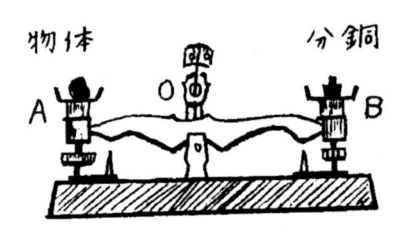

図3.25　上皿てんびん

【解説】 点Aと点Bは支点Oに関して対称である。だから，左右の皿にはたらいている力の大きさが等しければ，これらの皿はつりあう。

● 左右の皿がつりあっている状態で，物体，分銅，左右の皿にはたらいている力をすべて考えてみる。

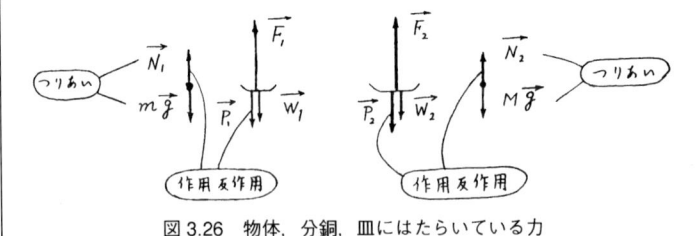

図3.26　物体，分銅，皿にはたらいている力

● 物体：
(1) $m\vec{g}$：重力場から鉛直下向きに重力がはたらいている。
(2) $\vec{N}_1$：左皿から鉛直上向きに支えられている。
(1)と(2)はつりあっているから，$|m\vec{g}| = |\vec{N}_1|$ である。

● 分銅：
(1) $M\vec{g}$：重力場から鉛直下向きに重力がはたらいている。
(2) $\vec{N}_2$：右皿から鉛直上向きに支えられている。
(1)と(2)はつりあっているから，$|M\vec{g}| = |\vec{N}_2|$ である。

● 左皿：
(1) $\vec{W}_1$：重力場から鉛直下向きに重力がはたらいている。
(2) $\vec{P}_1$：物体から鉛直下向きに押されている。
(3) $\vec{F}_1$：腕OAから鉛直上向きに支えられている。
(1), (2), (3)はつりあっている（三つの力は打ち消し合っている）。

サイド註

p. 115 参照

m：“mass”（質量）の頭文字

質量の単位 g（グラム）と重力 $\vec{g}$ の筆記に注意すること。

電磁気学では，
　電荷にはたらく電気力
　　＝電気量
　　×（単位電気量の電荷にはたらく電気力）
$$\vec{f} = q\vec{E}$$
を考える。
m と q, $\vec{g}$ と $\vec{E}$ がそれぞれ対応する。ここでは，高校物理とちがって，$\vec{g}$ を重力加速度と考えていないので注意すること。

4.1.2項でN（ニュートン）という力の単位を導入する。なお，標準物体にはたらく重力を力の単位として，kgw（キログラム重）と表す場合もある。本書では，キログラム重を使わない（p. 115参照）。
kg そのものが質量であり，2 kg の 2 に添えた接尾辞ではない（1.1節）。

図3.25では，右利きの人のために右皿に分銅を置いてある。

正しくはトルク（3.7.3項）を考えなければならない。

地球上の空間のゆがみを表す量を「重力場」という。

〈作用反作用の関係〉
$\vec{N}_1$：左皿から物体にはたらく力
$\vec{P}_1$：物体から左皿にはたらく力
$\vec{N}_1$ と $\vec{P}_1$ は「…から〜に」の関係が互いに入れかわっている。

● 右皿：
(1) $\vec{W}_2$：重力場から鉛直下向きに重力がはたらいている。
(2) $\vec{P}_2$：分銅から鉛直下向きに押されている。
(3) $\vec{F}_2$：腕 OB から鉛直上向きに支えられている。

(1), (2), (3) はつりあっている（三つの力は打ち消し合っている）。
$|m\vec{g}| = |\vec{N}_1|$（つりあい）と $|\vec{N}_1| = |\vec{P}_1|$（作用反作用の関係）から $|m\vec{g}| = |\vec{P}_1|$ である。同様に，$|M\vec{g}| = |\vec{N}_2|$（つりあい）と $|\vec{N}_2| = |\vec{P}_2|$（作用反作用の関係）から $|M\vec{g}| = |\vec{P}_2|$ である。

左皿と右皿は重力の大きさが等しいから $|\vec{W}_1| = |\vec{W}_2|$ である（ばねはかりで確かめることができる）。だから，竿が水平になっているとき，対称性から $|\vec{P}_1| = |\vec{P}_2|$，$|\vec{F}_1| = |\vec{F}_2|$ である。したがって，$|m\vec{g}| = |M\vec{g}|$ となるから，$m = M$ である。この結果から，上皿てんびんで質量を測ることができる。

$\vec{N}_2$：右皿から分銅にはたらく力
$\vec{P}_2$：分銅から右皿にはたらく力
$\vec{N}_2$ と $\vec{P}_2$ も「…から〜に」の関係が互いに入れかわっている。

$m\vec{g}$ と $\vec{N}_1$ はどちらも物体にはたらいているので，「つりあいの2力」である。

$\vec{N}_1$ は物体にはたらいているが，$\vec{P}_1$ は左皿にはたらいているので，「つりあいの2力」ではない。

【例題 3.11】 **上皿はかり** 上皿はかりの皿に物体を置くと指針が動くのはなぜか。物体の質量を m とする。

図 3.27 上皿はかり

【解説】 物体が皿を押すから指針が動く。物体が皿を押す力の大きさは，どのように表せるだろうか。

● 物体にはたらいている力をすべて考える。

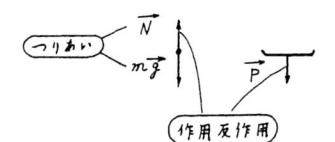

皿には $\vec{P}$（物体が皿を押す力）のほかに，重力場が皿を引く力と下部が皿を支える力もはたらいている。

図 3.28 物体にはたらいている力

(1) $m\vec{g}$：重力場から鉛直下向きに重力がはたらいている。
(2) $\vec{N}$：皿から鉛直上向きに支えられている。

(1) と (2) はつりあっているから，$|m\vec{g}| = |\vec{N}|$ である。$|m\vec{g}| = |\vec{N}|$（つりあい）と $|\vec{N}| = |\vec{P}|$（作用反作用の関係）から $|\vec{P}| = |m\vec{g}|$ である。

上皿はかりでは，「物体が皿を押す力」の大きさを測っている。上皿はかりが慣性系に対して静止しているときには，この力の大きさは物体の重力の大きさに等しい。

〈作用反作用の関係〉
$\vec{N}$：皿から物体にはたらく力
$\vec{P}$：物体から皿にはたらく力
$\vec{N}$ と $\vec{P}$ は「…から〜に」の関係が互いに入れかわっている。

地球上の空間のゆがみを表す量を「重力場」という。

p. 73 [注意 1] 参照

「慣性系」については 3.2 節参照。

質量 1 kg の物体にはたらく重力の大きさを 1 kgw と呼ぶ。kgw は「キログラム重」と読む。kgw を力の単位として使う場合がある。

■問 A君とB君がそれぞれ台はかりに乗っている。A君がB君を押すと，それぞれの台はかりの指示値はどのように変化するか。
■解
A君の乗っている台はかりの指示値：A君が台を押す力の大きさ
B君の乗っている台はかりの指示値：B君が台を押す力の大きさ

$\vec{W}$: "weight"（重さ）の頭文字

（A 君が B 君を押していないとき）

例題 3.11 と同様に，A 君の乗っている台はかりの指示値は，A 君にはたらいている重力の大きさと同じである。B 君の乗っている台はかりの指示値は，B 君にはたらいている重力の大きさと同じである。

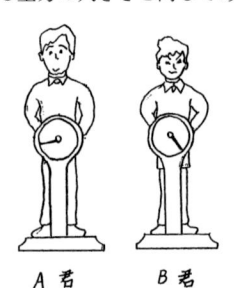

図 3.29　A 君が B 君を押していないとき

「つりあい」とは，同じ物体にはたらいている力の合計が $\vec{0}$ の状態である。だから，つりあいの式は，
$$\vec{N}_A + \vec{W}_A + \vec{F}_A = \vec{0}$$
となる。

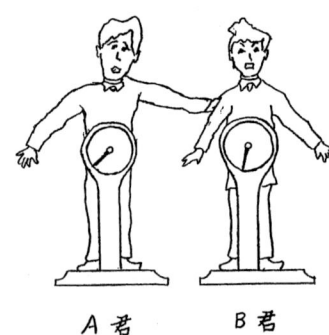

（A 君が B 君を押しているとき）

A 君には，重力場からはたらく重力 $\vec{W}_A$，台からはたらく力 $\vec{N}_A$ のほかに，B 君から押し返される力 $\vec{F}_A$ がはたらいている。これらのつりあいから，台から受ける力は $\vec{N}_A = -(\vec{W}_A + \vec{F}_A)$ である。この大きさは $|\vec{N}_A| = |\vec{W}_A + \vec{F}_A|(<|\vec{W}_A|)$ である。A 君が台を押す力は，台が A 君を押し返す力の反作用である。台はかりの指示値は $|\vec{N}_A|(<|\vec{W}_A|)$ と同じなので，B 君を押すと小さくなる。同じ考え方で，B 君の乗っている台はかりの指示値は $|\vec{N}_B|(>|\vec{W}_B|)$ と同じなので，A 君に押されると大きくなる。

A 君が B 君を押していないときに A 君の乗っている台はかりの指示値は $|\vec{W}_A|$ と同じである。
A 君が B 君を押していないときに B 君の乗っている台はかりの指示値は $|\vec{W}_B|$ と同じである。

図 3.30　A 君が B 君を押しているとき

物体：台，おもり，机など
物質：鉄，ニッケル，ゴムなど
3.3 節参照

【例題 3.12】　**地球と月における重力と質量**　月面上の空間のゆがみによって物体は月の中心に向かって引っぱられる。しかし，その力の大きさは地球上の約 1/6 である。アポロ 13 号のように月面へ行って，ばねはかりで物体の重さを測る場面を想定する。重さ（ばねはかりの指示値）は，地球上で測ったときと同じか。上皿てんびんで測ったら物体の質量は地球上で測ったときと同じか。

【解説】　例題 3.9 で考えたように，ばねはかりの指示値は，物体がばねを引っぱる力の大きさである。物体がばねを引っぱるのは，月面上の空間のゆがみによって，物体が引っぱられるからである。したがって，月面上ではばねはかりの指示値は小さくなる。

標準物体の質量は単位質量（kg と表す）である。

例題 3.10 で考えたように，上皿てんびんを使うと，重力を利用して質量を測ることができる。物体を作っている物質は，地球上と月面上のどちらでも

変わらないはずである。だから，月面上で測った質量は地球上で測ったときと変わらない。しかし，例題3.9の $|m\vec{g}| = |M\vec{g}|$ の関係式で，標準物体にはたらいている重力の大きさ $|\vec{q}|$ が月面上では小さい。

[注意1] 重さ　「重さ」という用語を「重力の大きさ」（「重さ」の「さ」は「大きさ」の「さ」）の意味に使うときがある。しかし，いつでもこの意味であると考えないこと。ばねはかりの場合，「重さ」は「物体がばねを引っぱる力の大きさ」の意味である。台はかりの場合，「重さ」は「物体が台を押す力の大きさ」の意味である。加速度運動しているエレベーターの中で，ばねはかりまたは台はかりを使ってみる。それぞれの場合に「物体がばねを引っぱる力の大きさ」「物体が台を押す力の大きさ」は，「重力の大きさ」と等しくない。

2.3.3 項参照

重力の大きさ
重さ

「速度の大きさ」を「速さ」というのと同じである。

3.7　力の効果の表し方
3.7.1　力積——時間の観点から力の効果を調べる

「時間の観点」について，2.1.1 項参照

> **?** 疑問：物体が落下している場合を考える。長い時間が経ったときと短い時間しか経っていないときを比べてみよう。時間が長いほど落下の速度は大きく変化する。物体にはたらいている力は，その物体の速度を変化させる。それでは，力のした作業は，力のはたらいた時間によってちがうと考えてよいだろうか。

　　時間をかけて物体に力をはたらかせたとき，
　　　　　　　　物体が力積を受けた
という。

■ 力積の定義

「時間をかけながら，物体の速度を変化させるはたらき」を「力積」といい，

　　物体が受けた力積 =（物体にはたらいている力）
　　　　　　　　　　　×（物体に力がはたらいている時間）

で表す。

■ 力積の単位

力積の単位は $\mathrm{N \cdot s}$ を使う。物体に $3\,\mathrm{N}$ の力が $4\,\mathrm{s}$ 間はたらいた場合の力積は，$3\,\mathrm{N} \times 4\,\mathrm{s} = 12\,\mathrm{N \cdot s}$ である。

同じ大きさの力積を与えるには，小さい力を長い時間はたらかせてもよいし，大きい力を短い時間はたらかせてもよい。

実際の測定ではないから，ここでは有効数字の桁数を考えていない。

4.1.2 項で N（ニュートン）という力の単位を導入する。

〈例1〉　**ガラスのコップの落下**　　ある高さからガラスのコップを落とした。コップが床に達したときの速度が同じであっても，床が石の場合はコップが割れるのに，布団の場合は割れない。床に達したときのコップの速度を $0\,\mathrm{m/s}$（静止）にするまでの速度変化は，石でも布団でも同じである。同じ速度変化をもたらすことから，床がコップに上向きに加える力積はどちらの場合も同じはずである。

石と布団では，何がちがうと考えればよいのだろうか。床がコップの動きを止めるまでの時間に注意してみる。石は硬いので，短い時間でコップの動きを止める。これに対して，布団はやわらかいので，コップが布団をへこませ，長い時間をかけて石を止める。力積が同じであっても，力のはたらいている時間が短いほど，力の大きさは大きい。コップが石から受ける大きな力を「撃力」という。

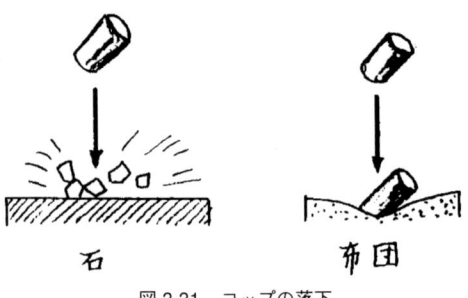

図 3.31 コップの落下

〈例 2〉 **キャッチボール** 硬いボールを受け取るとき，手を引きながら取ると，手に感じる痛みが弱い。この理由も，例 1 と同じように考えることができる。

重力の表し方は 3.6 節参照

〈例 3〉 **重力による力積** 物体が落下している間に，重力が物体にした力積を計算する。物体の質量を m，標準物体にはたらく重力を $\vec{g}$ と書く。時間 t の間に物体が受けた力積 $\vec{I}$ は，

I: "impluse"（力積）の頭文字

$$\vec{I} = m\vec{g}t$$

である。

力がベクトル量なので，力積もベクトル量である。したがって，力積には方向，向き，大きさがある。

「空間の観点」について，2.1.1 項参照

3.7.2　仕事——空間の観点から力の効果を調べる

? 疑問：床の上の物体には重力がはたらいているのに，この物体は落下しない。同じ重力でも，物体を実際に落下させるときとそうでないときがある。「物体に重力がはたらいている」といっただけでは，重力が物体を落下させるはたらきをいい表したことにならない。重力は，物体の速度を変化させる。物体が落下していても，変位が大きいほど落下速度は大きく変化する。投げ上げのときは速さが小さくなるのに，投げ下ろしのときは速さが大きくなる。重力のした作業（重力が物体の速度を変化させるはたらき）は，物体の変位（動く向きと動いた距離）によってちがうと考えてよいだろうか。

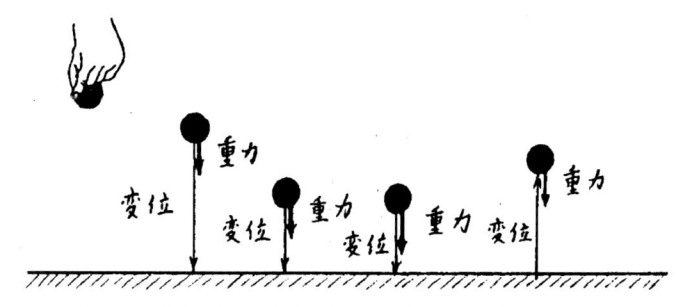

図 3.32 静止，大きい変位，小さい変位，大きな重力，投げ上げ

■準備：ベクトルの成分の正負

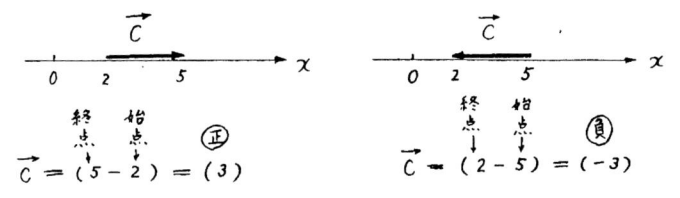

図 3.33 ベクトルの成分

ベクトル（矢印）の向きが x 軸の正の向きと一致しているとき成分の値は正，反対のとき負である．変位の成分と力の成分の正負を考えるときに参考にすること．

物体に力をはたらかせて，その力の向きに物体を動かしたとき，
この力は物体に仕事をした

という．

■仕事の定義

「物体を動かして，物体の速度を変化させるはたらき」を「仕事」といい，

力が物体にした仕事 = (物体にはたらいている力の大きさ)
× (物体が力の向きに動いた距離)

で表す．

■仕事の単位

仕事の単位は J を使う．物体に N(= 1 N) の力がはたらいて，その力の向きに m(= 1 m) 動かした場合の仕事は，N·m(= 1 N·m) である．これを J（「ジュール」と読む）と表す．3 N の力がはたらいて，その力の向きに 4 m 動かした場合の仕事は，3 N × 4 m = 12 N·m = 12 J である．

4.2 J の仕事は，1 cal の熱に相当する．これは，水 1 g の温度を 1℃ 変化させるのに必要な熱である．熱に換算すると，仕事の大きさの感覚がつかめる．それでは，12 J の仕事は，どのくらいの大きさと考えたらよいか．

[注意 1] 変位ベクトルと力ベクトルの図示　本書では，ベクトルとベクトル量を区別する（2.2.3 項）．変位 s と変位ベクトル $\vec{S}$ の間に，$\vec{s} = \vec{S}$ m（量 = 数値 × 単位）の関係がある．力と力ベクトルも同様である．m と N

図 3.32 の 5 通りの場合について，重力のした作業を比べてみる．

$1\,\text{N} = 1 \times \text{N} = \text{N}$
$1\,\text{m} = 1 \times \text{m} = \text{m}$
1.1 節参照

実際の測定でないから，ここでは有効数字の桁数を考えていない．

4.1.2 項で N（ニュートン）という力の単位を導入する．

仕事の単位は N·m としないで J とする．トルク（3.7.3 項）の単位を N·m とする．

簡単にいえば，変位と力は単位を含むが，変位ベクトルと力ベクトルは数値だけで表せる．座標軸は数直線だから，目盛は数値（= 量/単位）を表す．

という異なる単位で表す量を同じ平面に描けない。ベクトルどうしであれば，こういう難点はない。しかし，便宜上，矢印にはベクトル量 $\vec{s}$, $\vec{g}$ の記号を書くことにする。

〈例1〉 **重力のした仕事** 物体の質量を m，標準物体にはたらく重力を $\vec{g}$, 変位を $\vec{s}$, 重力が物体にした仕事を W とする。

1. 投げ下ろし：正の仕事

a. 力の大きさと変位の大きさに注目して測る方法

W:"work"（仕事）の頭文字

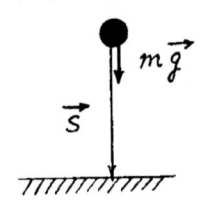

図 3.34 重力の大きさと変位の大きさ

$$W = |m\vec{g}||\vec{s}| = mgs > 0\,\mathrm{J}, \quad g = |\vec{g}|, \quad s = |\vec{s}|$$

$m = 0.5\,\mathrm{kg},\, s = 3\,\mathrm{m}$ のとき
$\quad mgs$
$= 0.5\,\mathrm{kg} \times 3\,\mathrm{m} \times 9.8\,\mathrm{N/kg}$
$= 14.7\,\mathrm{N\,m}$
$= 14.7\,\mathrm{J}.$

$g = 9.8\,\mathrm{N/kg}$ について p. 115 参照

b. 力の成分と変位の成分に注目して測る方法

(1)

両方とも負の向きで一致しているから 仕事の値は正。

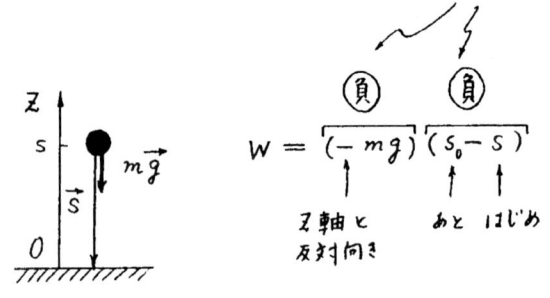

$$W = \underbrace{(-mg)}_{\substack{\text{z軸と}\\\text{反対向き}}} \underbrace{(s_0 - s)}_{\substack{\text{あと はじめ}}}$$
（負）（負）

図 3.35 重力の成分と変位の成分

$$W = (-mg)(s_0 - s) = mgs > 0\,\mathrm{J}$$

力と変位は負の向きで一致しているから仕事は正の値。

〈参考〉

$s_0 = 0\,\mathrm{m}$

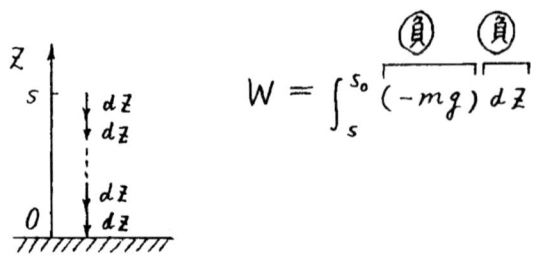

$$W = \int_s^{s_0} \underbrace{(-mg)}_{\text{（負）}} \underbrace{dz}_{\text{（負）}}$$

図 3.36 dz 軸の取り方

$$W = \int_s^{s_0} (-mg)\, dz = (-mg)(s_0 - s) = mgs$$

$\int_s^{s_0}$ は $(-mg)\, dz$ を $z = s$ から $z = s_0$ まで足し合わせる（つなぎ合わせる）ことを表す。

(2)

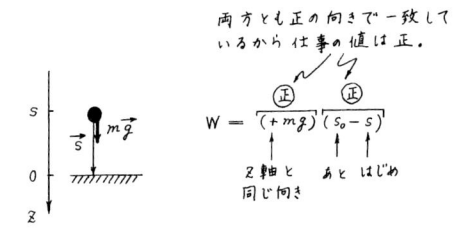

図 3.37 重力の成分と変位の成分

両方とも正の向きで一致しているから仕事は正の値。

$$W = (+mg)(s_0 - s)$$

$$W = -mgs > 0\,\mathrm{J} \quad (s < 0\,\mathrm{m} に注意)$$

〈参考〉

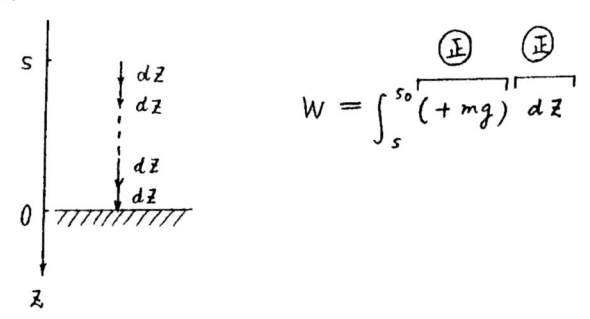

図 3.38 dz 軸の取り方

$$W = \int_s^{s_0} (+mg)\, dz = mg(s_0 - s) = -mgs$$

2. 投げ上げ：負の仕事

a. 力の大きさと変位の大きさに注目して測る方法

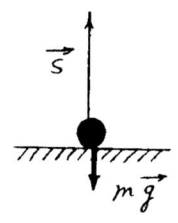

図 3.39 重力の大きさと変位の大きさ

$$W = |m\vec{g}|(-|\vec{s}|) = -mgs < 0\,\mathrm{J},\ g = |\vec{g}|,\ s = |\vec{s}|$$

$s_0 = 0\,\mathrm{m}$

$s_0 = 0\,\mathrm{m}$

$s_0 = 0\,\mathrm{m}$

「-10 円与える」は「$+10$ 円もらう」と同じ意味。「力と反対向きに $|\vec{s}|$ 進む」は「力の向きに $-|\vec{s}|$ 進む」と同じ意味

b. 力の成分と変位の成分に注目して測る方法

(1)

$s_0 = 0\,\mathrm{m}$

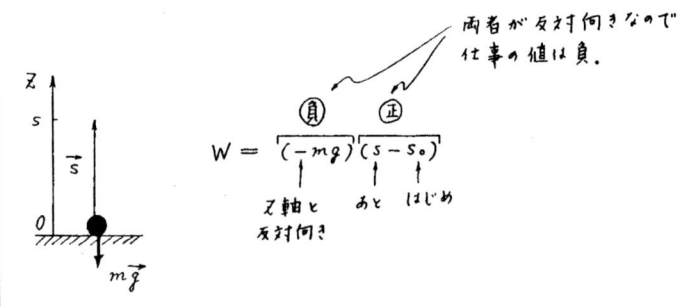

図 3.40　重力の成分と変位の成分

$$W = (-mg)(s - s_0) = -mgs < 0\,\mathrm{J}$$

力と変位が反対向きなので仕事は負の値。

(2)

$s_0 = 0\,\mathrm{m}$

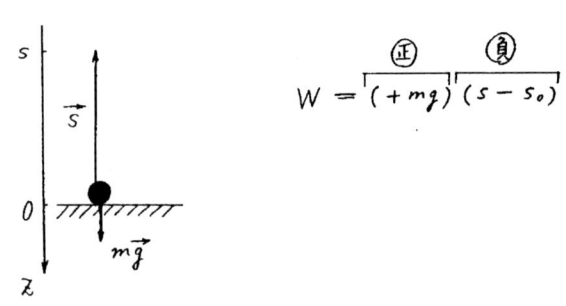

図 3.41　重力の成分と変位の成分

$$W = (+mg)(s - s_0) = mgs < 0\,\mathrm{J} \quad (s < 0\,\mathrm{m} に注意)$$

3. 斜面上で物体を降ろす場合：正の仕事

a. 力の大きさと変位の大きさに注目して測る方法

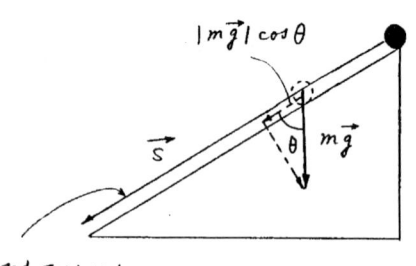

図 3.42　重力の大きさと変位の大きさ

$m\vec{g}$ と $\vec{s}$ のなす角を θ とする。

$$W = (|m\vec{g}|\cos\theta)|\vec{s}| = mgs\cos\theta > 0\,\mathrm{J}, \quad g = |\vec{g}|, \quad s = |\vec{s}|$$

重力の斜面方向の成分と同じ向きに動いているから仕事は正の値。

b. 力の成分と変位の成分に注目して測る方法

(1)

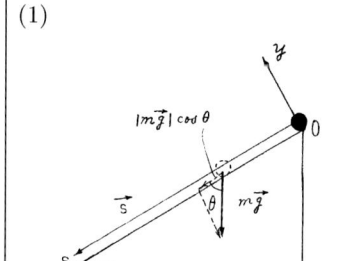

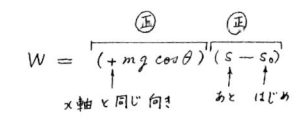

図 3.43 重力の成分と変位の成分

$$W = (+mg\cos\theta)(s - s_0) = mgs\cos\theta > 0\,\mathrm{J}$$

力と変位とも正の向きで一致しているから仕事は正の値。

〈参考〉

$$W = \int_{s_0}^{s} mg\cos\theta\,dx = mg\cos\theta \int_{s_0}^{s} dx$$

(2)

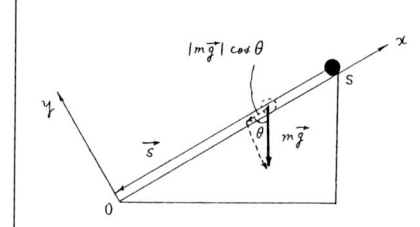

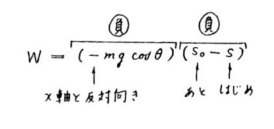

図 3.44 重力の成分と変位の成分

$$W = (-mg\cos\theta)(s_0 - s) = mgs\cos\theta > 0\,\mathrm{J}$$

〈参考〉

$$W = \int_{s}^{s_0} (-mg\cos\theta)\,dx = -mg\cos\theta \int_{s}^{s_0} dx$$

a′. 力の大きさと変位の大きさに注目して測る方法

$$W = |m\vec{g}|(|\vec{s}|\cos\theta) = mgs\cos\theta > 0\,\mathrm{J}$$

物体に重力がはたらいて，その向きに物体の高さが低くなったと考える。同じ高さだけ低くなる場合，仕事の大きさは傾角に関係ない。

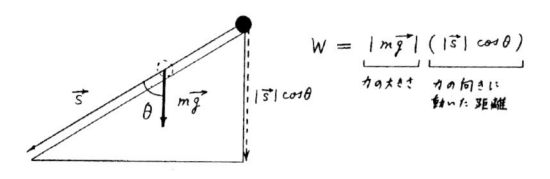

図 3.45 重力の大きさと変位の大きさ

$s_0 = 0\,\mathrm{m}$

$s_0 = 0\,\mathrm{m}$

$s_0 = 0\,\mathrm{m}$

$s_0 = 0\,\mathrm{m}$

b′. 力の成分と変位の成分に注目して測る方法

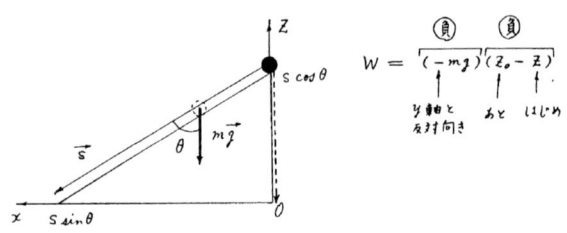

図 3.46 重力の成分と変位の成分

$$W = (-mg)(z_0 - z) = mgs\cos\theta > 0\,\mathrm{J}$$

物体に重力がはたらいて，その向きに $-s\cos\theta$ だけ高さが変化したと考える。

〈参考〉
$$W = \int_{s\cos\theta}^{z_0} (-mg)\,dz = -mg \int_{s\cos\theta}^{z_0} dz$$

$z_0 = 0\,\mathrm{m},\quad z = s\cos\theta$

$z_0 - z = -s\cos\theta$

$z_0 = 0\,\mathrm{m}$

■問 1　次の座標軸を設定しても同じ結果になることを確かめよ。

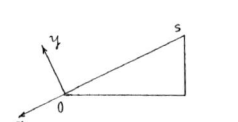

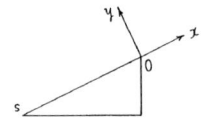

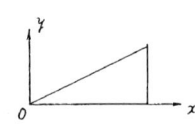

■問 2　物体を斜面上で持ち上げる場合，物体に重力のした仕事を求めよ。投げ上げのとき物体に重力のした仕事と比べよ（[注意 2] 参照）。

- 外部（他の物体）から物体にはたらく力が正の仕事をするとき
  → 物体の勢いが大きくなる。
- 外部（他の物体）から物体にはたらく力が負の仕事をするとき
  → 物体の勢いが小さくなる。

? 疑問：斜面を使うと楽に重い荷物を引き上げることができるのは，なぜだろうか。

[注意 2] 仕事の原理　　地面から同じ高さまで荷物を持ち上げるとき，直接手で持ち上げる場合と斜面を使う場合を比べてみる。どちらの場合も，仕事（作業量）は同じである (問 2)。しかし，斜面を使うと荷物を動かす距離は長くても，小さい力ですませることができる。

直接手で持ち上げるときは，重力とギリギリ同じ大きさで反対向きの力が必要である。他方，斜面を使うときは，重力の斜面方向の成分とギリギリ同じ大きさで反対向きの力が必要である。この力は重力そのものよりも小さい。

重力の斜面方向の成分については，5.4 節参照
斜面の傾角を θ とすると，$|\sin\theta| < 1$ だから $mg > mg\sin\theta$ となる。

$\vec{s}$ は変位ベクトルを表す。

〈例 2〉　**斜面から物体にはたらく力のした仕事**　斜面から物体にはたらく力を $\vec{N}$ とする。$\vec{N}$ は物体の動く向きに垂直 ($\vec{N} \perp \vec{s}$) だから，物体に仕事をしない。

a. 力の大きさと変位の大きさに注目して測る方法

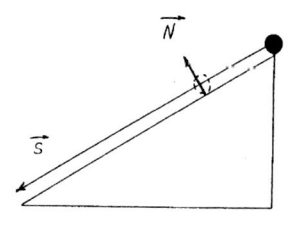

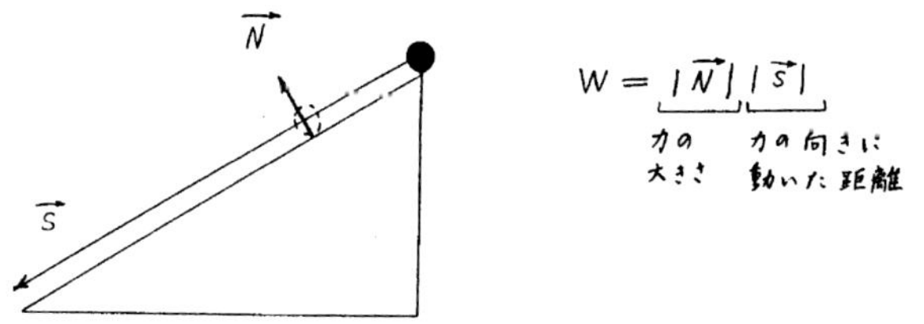

図 3.47 斜面から物体にはたらく力の大きさと変位の大きさ

物体は $\vec{N}$ の向きに動いていないから $\vec{N}$ は物体に仕事をしない。

$$W = |\vec{N}||\vec{s}| = 0\,\mathrm{J}, \quad |\vec{s}| = 0\,\mathrm{m}$$

b. 力の成分と変位の成分に注目して測る方法

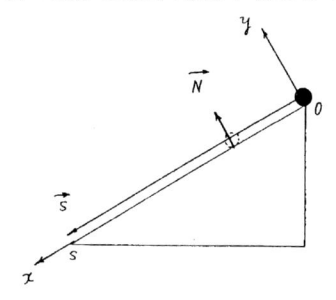

図 3.48 斜面から物体にはたらく力の成分と変位の成分

$$W = N(y - y_0) = 0\,\mathrm{J}, \quad N = |\vec{N}|, \quad y - y_0 = 0\,\mathrm{m} - 0\,\mathrm{m}$$

b′. 力の成分と変位の成分に注目して測る方法

y 座標は変化しない。

$x_0 = 0\,\mathrm{m}, \quad z_0 = 0\,\mathrm{m}$

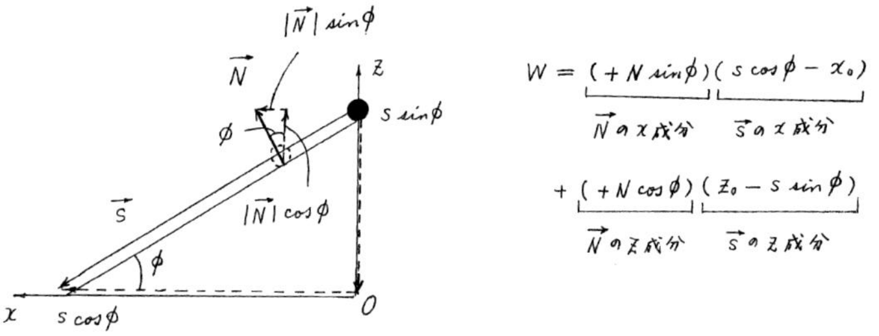

図 3.49 斜面から物体にはたらく力の成分と変位の成分

$$W = (+N\sin\phi)(s\cos\phi - x_0) + (+N\cos\phi)(z_0 - s\sin\phi) = 0\,\mathrm{J}$$

〈参考〉

$$W = \int_{\mathrm{A}}^{\mathrm{B}} \vec{N} \cdot d\vec{r} = \int_{x_0}^{s\cos\phi} N_x\,dx + \int_{s\sin\phi}^{z_0} N_z\,dz$$

$$= (+N\sin\phi)\int_{x_0}^{s\cos\phi} dx + (+N\cos\phi)\int_{s\sin\phi}^{z_0} dz$$

$$= \cdots,$$

$$\vec{N} = \begin{pmatrix} N_x \\ N_y \\ N_z \end{pmatrix}, \quad d\vec{r} = \begin{pmatrix} dx \\ dy \\ dz \end{pmatrix}$$

$x_0 = 0\,\mathrm{m}, \quad z_0 = 0\,\mathrm{m}$

> 「内積」と「スカラー積」の用語を混用する立場と区別する立場がある。

■ 仕事を内積で表す

仕事は，力と変位の内積で表すことができる。二つのベクトル

$$\vec{a} = \begin{pmatrix} a_x \\ a_y \\ a_z \end{pmatrix}, \quad \vec{b} = \begin{pmatrix} b_x \\ b_y \\ b_z \end{pmatrix}$$

に対して，

$$\vec{a} \cdot \vec{b} = a_x b_x + a_y b_y + a_z b_z$$

を「$\vec{a}$ と $\vec{b}$ の内積」という。

> 高校数学の学習範囲
>
> $\vec{a} \cdot \vec{b} = a_x b_x + a_y b_y + a_z b_z$ と定義する理由は，例1と例2で，力の変位と変位の成分に注目して仕事を測る方法を思い出すと納得できる。この式は，「$a_x b_x + a_y b_y + a_z b_z$ を $\vec{a} \cdot \vec{b}$ と表す」という意味である。
> 図 3.50 で，
> $a_x = |\vec{a}|$
> $b_x = |\vec{b}| \cos \theta$
> $a_y = 0$
> $b_y = |\vec{b}| \sin \theta$
> である。

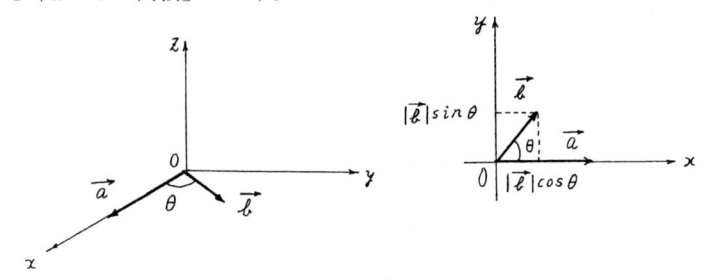

図 3.50 $\vec{a}$ と $\vec{b}$ との内積

$\vec{a}$ と $\vec{b}$ を含む平面を考える。$\vec{a}$ の方向に x 軸，これに垂直に y 軸を選ぶ。平面に垂直で $\vec{a}$ と $\vec{b}$ の z 成分の値が 0 となるような z 軸を選ぶ。このとき，

$$\begin{aligned}
\vec{a} \cdot \vec{b} &= a_x b_x + a_y b_y + a_z b_z \\
&= |\vec{a}||\vec{b}| \cos \theta + 0 \cdot |\vec{b}| \sin \theta + 0 \cdot 0 \\
&= |\vec{a}||\vec{b}| \cos \theta \\
&= (\vec{a} \text{ の大きさ}) \times (\vec{b} \text{ の大きさ}) \times (\vec{a} \text{ と } \vec{b} \text{ のなす角の余弦})
\end{aligned}$$

となる。

重力のした仕事（例1）は，

$$m\vec{g} \cdot \vec{s} = (-mg)(s - s_0) \quad \text{または} \quad m\vec{g} \cdot \vec{s} = |m\vec{g}||\vec{s}| \cos \theta$$

と表せる。

3.7.3 トルク——回転の効果

物体に力がはたらくと，その物体が回転する場合がある。3.7.2 項では，「物体に力をはたらかせて，力の向きに動かす作業」を仕事と呼んだ。仕事の大きさを測るためには，物体にはたらいている力のほかに，物体の変位も必要である。それでは，止まっていた物体を回転させる場合はどうだろうか。この場合の力のはたらきを測るためには，力のほかに，物体が回転した角度も必要である。回転の効果を考えるための準備として，角度の測り方を復習する。

■ 角度とは何か——弧度法

回転の大きさの表し方を考えよう。これは，円弧の大きさで表せそうに思える。しかし，同じだけ回転しても，半径が大きい場合と小さい場

合を比べると，円弧の大きさはちがう。これでは不都合である。円弧の大きさ $s(=S\,\mathrm{m})$ を 半径 $r(=R\,\mathrm{m})$ で割ると，半径に関係なくなる。これを「角度」と呼ぶ。この関係を式で表すと，

$$\varphi = \frac{s}{r}$$

となる。s/r は長さどうしの割算なので，分子と分母の m が約せる。このように，

円弧の大きさで角度を測る方法を「弧度法」という。

> $s,\ r$ は量，$S,\ R$ は数値を表す。
>
> $$\varphi = \frac{s}{r} = \frac{S\,\mathrm{m}}{R\,\mathrm{m}} = \frac{S}{R}$$
>
> 角度の単位を，rad（「ラジアン」と読む）と表す場合もある。
> ラジアンという単位については，さまざまな議論があるが，ここでは深入りしない。本書は，余分な単位 rad を使わない立場である。

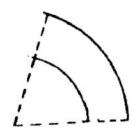

図 3.51 大きい半径，小さい半径

■ **問** 1 周の角を求めよ。
■ **解** 円周は半径の 2π 倍だから，$\varphi = (2\pi r)/r = 2\pi$ となる。

> はじめから円周の角度が 2π と決まっているのではない。
>
> $2\pi r \times \dfrac{\varphi}{2\pi} = r\varphi$ と考える学生がいる。これでは 1 周が 2π の理由がわからない。本来，$s = r\varphi$ が出発点である。

【**例題 3.13**】 **扉のノブを回転させるはたらき** 扉のノブを回転させるはたらきを考えよう。ノブを質点と見なす。ノブの位置は自由に変えることができる。扉と角 θ の向きに，ひもでノブを引っぱる。ノブの位置を変えたり，引っぱる力の大きさと方向を変えたりしてみる。(1), (2), (3) で，ノブを回転させるはたらきを比べよ。

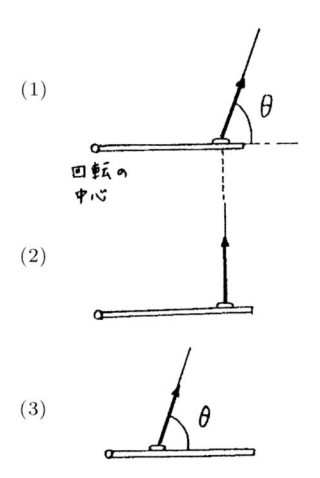

図 3.52 扉の回転

> (1) と (2) は，同じ位置でノブに同じ大きさの力をはたらかせている。
> (1) と (3) は，同じ方向に同じ大きさの力をノブにはたらかせている。

【**解説**】 回転の中心を通る軸のまわりにノブを回すとき，力の回転方向の成分（ノブの位置ベクトルに垂直方向の成分）だけが効く。

- 同じ位置で同じ大きさの力をはたらかせるとき：扉に垂直方向（$\theta = 90°$）に引っぱると回しやすい。力の大きさが同じでも，斜め方向に引っぱると，力の回転方向の成分が小さくなるからである。
- 同じ方向に引っぱって，同じ角度だけ回すとき：ノブを回転の中心から遠くするほど回しやすい。ノブが回転の中心に近いと，大きい力で引っぱら

なければ、同じ角度だけ回らないからである。

■回転のはたらき

回転させる作業量は，

- 回転角，回転の中心から物体までの距離が同じでも，力が大きいほど
- 力の大きさ，回転角が同じでも，回転の中心から物体までの距離が大きいほど，
- 力の大きさ，回転の中心から物体までの距離が同じでも，回転角が大きいほど，
- 力の大きさ，回転の中心から物体までの距離が同じでも，力をはたらかせる時間が長いほど

大きい。

ベクトルとベクトル量を区別する（2.2 節）。位置 $\vec{r}$ と力 $\vec{f}$ は，単位を含んでいるので，ベクトル量である。m と N という異なる単位で表すベクトル量を同じ平面に描けない。ベクトルどうしであれば，こういう難点はない。図の矢印は，$\vec{r}$ と $\vec{f}$ を表すためのベクトルである（3.7.2 項［注意 1］参照）。

簡単にいえば，位置と力は単位を含むが，位置ベクトルと力ベクトルは単なる数値である。

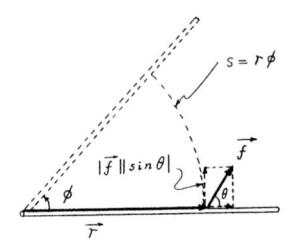

図 3.53　位置ベクトルと力ベクトル

物体が回転した変位を $\Delta s(=r\Delta\phi)$，回転の中心から物体までの位置ベクトル（$\vec{r}$ を表す矢印）と力ベクトル（$\vec{f}$ を表す矢印）のなす角を θ とする（図 3.53）。

図 3.53 で，角が 0 から ϕ まで変化したときの回転角を $\Delta\phi (= \phi - 0)$ と表す。$\vec{f}$ の大きさ f と θ とは一定とする。弧度法から，$\Delta s = r\Delta\phi$ である。
$\Delta\phi = \phi - 0$,
$r = |\vec{r}|, f = |\vec{f}|$
p. 241 参照

物体を回転させるときに力のした仕事
　　　　= （力の回転方向の成分）×（物体が回転した変位）
$$W = \Delta s(f\sin\theta) = (r\Delta\phi)(f\sin\theta) = (rf\sin\theta)\Delta\phi$$

と書ける。$rf\sin\theta$ を「勢いを変えながら角度 $\Delta\phi$ だけ回転させるはたらき」と見なして，「トルク」と名付けると便利である。

W: "work"（仕事）の頭文字

「トルク」の代わりに「力のモーメント」という教科書もある（4.4 節）。

解析力学では，$rf\sin\theta$ を「一般化した力」，ϕ を「一般化した座標」と考える。

物体を回転させるときに力のした仕事
　　　　= トルク ×（物体が回転した角度）

と考えることもできる。だから，トルクを「回転力」と見なせる。

■トルクの定義

「物体の回転の勢いを変えるはたらき」を「トルク」といい，

トルク =（回転の中心から物体までの距離）×（力の回転方向の成分）

で表す。力をはたらかせた時間の効果を含めて，

力積のモーメント
　　= （回転の中心から物体までの距離）×（力積の回転方向の成分）

力は，速度（運動の方向）を変化させるはたらきである。物体に力がはたらいていない場合，物体は等速度運動している。トルクは，物体の軌道を曲げるはたらきではなく，回転の勢いを変化させるはたらきである。5.5 節で円運動を扱うときに，この内容についてくわしく理解する。

を考えることもできる。

■トルクの単位

4.1.2 項で N（ニュートン）という力の単位を導入する。

仕事とトルクは，物理上の意味がちがうので，単位も区別する。仕事

の単位は J（ジュール），トルクの単位は N・m （ニュートン・メートル）で表す。

■ トルクをベクトル量として扱う

トルクは，

- 向き：位置ベクトル（$\vec{r}$ を表す矢印）と力ベクトル（$\vec{f}$ を表す矢印）の張る平面に垂直で $\vec{r} \Rightarrow \vec{f}$ の向きに右ねじを回したときにねじの進む向き
- 大きさ：$|\vec{r}|(|\vec{f}|\sin\theta)$ （θ は $\vec{r}$ と $\vec{f}$ のなす角）

のベクトル量である。このベクトル量を

$$\vec{M} = \vec{r} \times \vec{f}$$

と書き表す。トルクは，位置 $\vec{r}$ と力 $\vec{f}$ のベクトル積である。

■ ベクトル積と内積の記号

- ベクトル積：$\vec{a} \times \vec{b}$
- 内積：$\vec{a} \cdot \vec{b}$

［注意3］ベクトル積の成分表示　図 2.14 を見ながら，基本ベクトルどうしのベクトル積を考える。

$$\vec{i} \times \vec{i} = \vec{0}, \quad \vec{j} \times \vec{j} = \vec{0}, \quad \vec{k} \times \vec{k} = \vec{0},$$
$$\vec{i} \times \vec{j} = \vec{k}, \quad \vec{j} \times \vec{k} = \vec{i}, \quad \vec{k} \times \vec{i} = \vec{j}$$

基本ベクトル

矢印の向きに
$\vec{i} \times \vec{j} = \vec{k}$,
$\vec{j} \times \vec{k} = \vec{i}$,
$\vec{k} \times \vec{i} = \vec{j}$
と覚えるとよい。

矢印と反対向きのときは，負号を付けて
$\vec{j} \times \vec{i} = -\vec{k}$,
$\vec{k} \times \vec{j} = -\vec{i}$,
$\vec{i} \times \vec{k} = -\vec{j}$
とする。

ベクトル積 $\vec{c} = \vec{a} \times \vec{b}$ の成分表示

① $\quad c \quad a \quad b \quad a \quad b$
$\quad\quad c \quad a \quad b \quad a \quad b$
$\quad\quad c \quad a \quad b \quad a \quad b$

と書く。

② 添字，等号，負号を書く。

（添字）（折り返し）

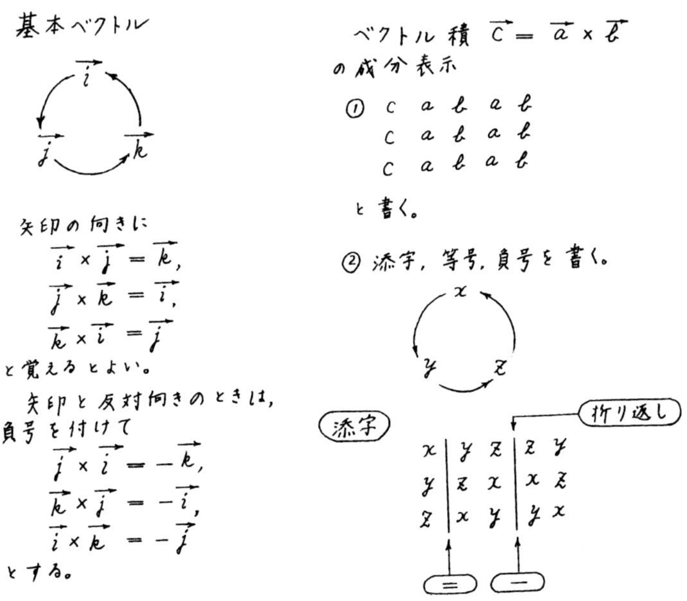

図 3.54　基本ベクトルのベクトル積

$\vec{a} = a_x\vec{i} + a_y\vec{j} + a_z\vec{k}$ と $\vec{b} = b_x\vec{i} + b_y\vec{j} + b_z\vec{k}$ のベクトル積：

$$\vec{c} = \vec{a} \times \vec{b} = (a_x\vec{i} + a_y\vec{j} + a_z\vec{k}) \times (b_x\vec{i} + b_y\vec{j} + b_z\vec{k})$$
$$= a_x b_x \vec{i} \times \vec{i} + a_x b_y \vec{i} \times \vec{j} + a_x b_z \vec{i} \times \vec{k}$$
$$+ a_y b_x \vec{j} \times \vec{i} + a_y b_y \vec{j} \times \vec{j} + a_y b_z \vec{j} \times \vec{k}$$
$$+ a_z b_x \vec{k} \times \vec{i} + a_z b_y \vec{k} \times \vec{j} + a_z b_z \vec{k} \times \vec{k}$$

回転には向きがある。したがって，トルクを回転軸の向きのベクトル量として扱うと便利である。

回転軸から着力点を見た位置ベクトルを $\vec{r}$ とする。

面積のくわしい説明は 4.4 節参照

$\vec{M} = \vec{r} \times \vec{f}$ は「$\vec{r} \times \vec{f}$ を記号 $\vec{M}$ で表す」という意味である。

通常の教科書では，トルクを $\vec{N}$ と表す。この記号は 5.4 節の垂直抗力（面が物体を支える力）と混同しやすい。本書では，トルクを $\vec{M}$ と書く。

$\vec{i} \times \vec{i}$ は，大きさが $|\vec{i}||\vec{i}|\sin 0$ だから $\vec{0}$ である。$|\vec{j}||\vec{j}|$，$|\vec{k}||\vec{k}|$ も同様

$\vec{i} \times \vec{j}$ は，$\vec{i} \Rightarrow \vec{j}$ の向きに右ねじを回したときにねじの進む向きで，大きさが $|\vec{i}||\vec{j}|\sin\frac{\pi}{2}$（$\frac{\pi}{2}$ は $\vec{i}$ と $\vec{j}$ のなす角）だから，$\vec{k}$ である。
$\vec{j} \times \vec{k}$，$\vec{k} \times \vec{i}$ も同様

c と ab の間に $=$，ab と ab の間に $-$ を書く。
添字は，①の cab のそれぞれに
$x \quad y \quad z$
$y \quad z \quad x$
$z \quad x \quad y$
と書いてから，右側の ab のそれぞれに
zy
xz
yx
を付け加えるとよい。

「外積」と「ベクトル積」の用語を混用する立場と区別する立場がある。

$$= (a_y b_z - a_z b_y)\vec{i} + (a_z b_x - a_x b_z)\vec{j} + (a_x b_y - a_y b_x)\vec{k}$$
$$c_x = a_y b_z - a_z b_y, \quad c_y = a_z b_x - a_x b_z, \quad c_z = a_x b_y - a_y b_x$$

〈例〉
$$\vec{a} = \begin{pmatrix} 2 \\ -3 \\ 5 \end{pmatrix}, \quad \vec{b} = \begin{pmatrix} 7 \\ 4 \\ -6 \end{pmatrix}$$
$$\vec{a} = 2\vec{i} + (-3)\vec{j} + 5\vec{k}, \quad \vec{b} = 7\vec{i} + 4\vec{j} + (-6)\vec{k}$$
$$\vec{c} = \vec{a} \times \vec{b} = [2\vec{i} + (-3)\vec{j} + 5\vec{k}] \times [7\vec{i} + 4\vec{j} + (-6)\vec{k}]$$
$$= -2\vec{i} + 47\vec{j} + 29\vec{k}$$

として求まる。
$$c_x = a_y b_z - a_z b_y, \quad c_y = a_z b_x - a_x b_z, \quad c_z = a_x b_y - a_y b_x$$
に数値を代入してもよい。

$\vec{f} = \vec{F}$ N, $\quad \vec{r} = \vec{R}$ m
3.7.2 項 [注意 1] 参照

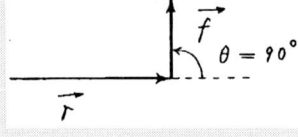

図 3.55 位置 $\vec{r}$ と力 $\vec{f}$

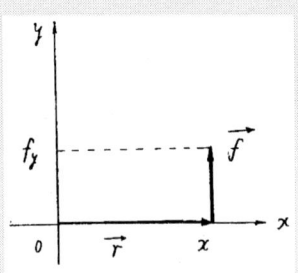

図 3.56 位置の成分と力の成分
z 軸の正の向きは，xy 平面の裏から表に向かう向きである。

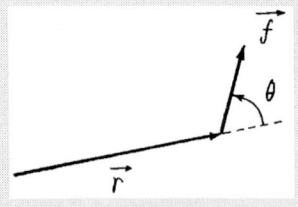

図 3.57 位置 $\vec{r}$ と力 $\vec{f}$

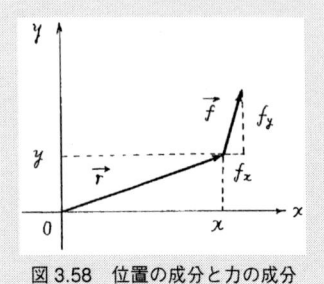

図 3.58 位置の成分と力の成分

■ベクトル積でトルクを求める方法

1. 位置 $\vec{r}$ と力 $\vec{f}$ のなす角 $\theta = 90°$ の場合（図 3.55）
a. 回転の中心から物体までの距離と力の大きさに注目して測る方法
● トルクの向き：位置 $\vec{r}$ と力 $\vec{f}$ の張る平面に垂直で，$\vec{r} \Rightarrow \vec{f}$ の向きに右ねじを回したときにねじの進む向き（z 軸の正の向き）
● トルクの大きさ：$|\vec{M}| = |\vec{r}||\vec{f}| = rf$

b. 位置の成分と力の成分に注目して測る方法（図 3.56）
$\vec{r} = x\vec{i}$, $\vec{f} = f_y \vec{j}$ から，$\vec{M} = x\vec{i} \times f_y \vec{j} = x f_y \vec{k}$ なので，トルクの向きは z 軸の正の向き（$x > 0$ m, $f_y > 0$ N）である。$x = r$, $r = |x|$, $f_y = f$, $f = |f_y|$ に注意して，
$$M_z = x f_y = rf$$
である。

2. 位置 $\vec{r}$ と力 $\vec{f}$ のなす角 $\neq 90°$ の場合（図 3.57）
a. 回転の中心から物体までの距離と力の大きさに注目して測る方法
● トルクの向き：位置 $\vec{r}$ と力 $\vec{f}$ の張る平面に垂直で，$\vec{r} \Rightarrow \vec{f}$ の向きに右ねじを回したときにねじの進む向き（z 軸の正の向き）
● トルクの大きさ：$|\vec{M}| = |\vec{r}|(|\vec{f}|\sin\theta) = rf\sin\theta$

b. 位置の成分と力の成分に注目して測る方法（図 3.58）
$\vec{r} = x\vec{i} + y\vec{j}$, $\vec{f} = f_x \vec{i} + f_y \vec{j}$ から，
$$\vec{M} = (x\vec{i} + y\vec{j}) \times (f_x \vec{i} + f_y \vec{j})$$
$$= xf_x \vec{i} \times \vec{i} + xf_y \vec{i} \times \vec{j} + yf_x \vec{j} \times \vec{i} + yf_y \vec{j} \times \vec{j}$$
$$= xf_y \vec{k} + yf_x(-\vec{k})$$
$$= (xf_y - yf_x)\vec{k}$$
なので，トルクの向きは z 軸の正の向きである。

[注意 4] 図を使ってトルクを求める方法 「$\vec{f_y}$（$f_y\vec{j}$ を $\vec{f_y}$ と書く）が $\vec{i}$ に垂直な向きに回すトルク（$x\vec{i}$ と $f_y\vec{j}$ のベクトル積）」と「$\vec{f_x}$（$f_x\vec{i}$ を $\vec{f_x}$ と書く）が $\vec{j}$ に垂直な向きに回すトルク（$y\vec{j}$ と $f_x\vec{i}$ のベクトル積）」の合計（和）と考えて，図 3.59 から求めてもよい。

- $x\vec{i} \Rightarrow f_y\vec{j}$ の向きに右ねじを回したときにねじの進む向き（z 軸の正の向き）から，$xf_y\vec{k}$ である。
- $y\vec{j} \Rightarrow f_x\vec{i}$ の向きに右ねじを回したときにねじの進む向き（z 軸の負の向き）から，$-yf_x\vec{k}$ である。

図 3.59 は $x > 0\,\mathrm{m}$，$y > 0\,\mathrm{m}$，$f_x > 0\,\mathrm{N}$，$f_y > 0\,\mathrm{N}$ の場合だが，それ以外の場合でも結果は同じである。

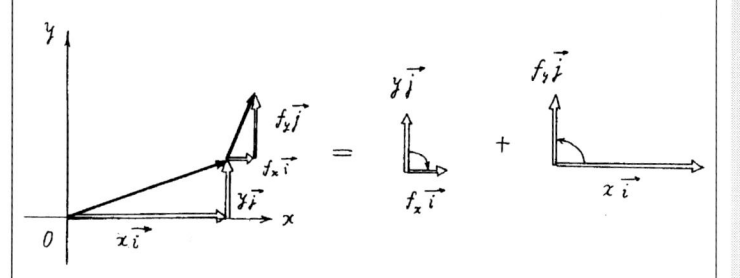

図 3.59　トルクを求める方法

図 3.58 で，面積 xf_y の長方形と面積 yf_x の長方形を比べると，$xf_y - yf_x > 0\,\mathrm{N\cdot m}$ がわかる。
$$x = X\,\mathrm{m}, \quad y = Y\,\mathrm{m}$$
$$f_x = F_x\,\mathrm{N}, \quad f_y = F_y\,\mathrm{N}$$
3.7.2 項 [注意 1] 参照

$\vec{r} = x\vec{i} + y\vec{j}$,
$\vec{f} = f_x\vec{i} + f_y\vec{j}$,
$\vec{r} \times \vec{f} = (x\vec{i} + y\vec{j}) \times (f_x\vec{i} + f_y\vec{j})$
$= x\vec{i} \times f_x\vec{i} + x\vec{i} \times f_y\vec{j}$
$\quad + y\vec{j} \times f_x\vec{i} + y\vec{j} \times f_y\vec{j}$
$= x\vec{i} \times f_y\vec{j} + y\vec{j} \times f_x\vec{i}$
（$\vec{i} \times \vec{i} = \vec{0}$, $\vec{j} \times \vec{j} = \vec{0}$ に注意）

図 3.59 の右辺は $y\vec{j} \times f_x\vec{i} + x\vec{i} \times f_y\vec{j}$ を表している。

[注意 5] 仕事とトルクのちがい　仕事とトルクのどちらも単に力 × 距離と覚え込む学生が多い。これでは，仕事とトルクの区別がわからなくなる。

表 3.1　仕事とトルクのちがい

仕事	トルク
物体の変位	回転の中心から物体（着力点）までの距離
力の変位方向の成分を考えるので $\cos\theta$ が現れる。	力の回転方向の成分を考えるので $\sin\theta$ が現れる。
$\theta = \pi/2$ のとき $0\,\mathrm{J}$	$\theta = 0$ のとき $0\,\mathrm{N\cdot m}$
スカラー量（スカラーは一つの数値）	回転力としてベクトル量（大きさのほかに方向，向きもある）

- 力ベクトルと位置ベクトルのなす角を θ とする。
- 回転の中心から物体（着力点）までの距離は，物体が動いた距離ではない。
- 仕事は運動エネルギー（4.1 節）と結び付いている。運動エネルギーはスカラー量だから，直線運動と曲線運動のどちらかということに関係ない。
- トルクは角運動量（4.4 節）と結び付いている。角運動量はベクトル量だから，回転の向きに関係がある。

─★3 章の自己診断─
1. 力とは，物体の変形の原因または運動の状態（速さと向き）の変化の原因であることを理解したか。
2. 物体にはたらいている力を見つけることができるようになったか。
3. 物体に力がはたらいた効果は，力積，仕事，トルクで表せることを理解したか。

4 運動の基本的な量
——運動量，運動エネルギー，角運動量

◆ **4章の問題点**
① そもそも何を「運動の勢い」とみなすのかという考え方の発想を理解すること。
② 運動の勢いを表すとき，「時間の観点」と「空間の観点」の両方の見方を理解すること。

キーワード◆運動の勢い，運動量，運動エネルギー，角運動量，質量，角速度，面積ベクトル

2章で位置，速度，加速度を学んだ。これらの量がそのまま運動の勢いを表していると考えてよいだろうか。「勢い」といっても漠然としている。このため，勢いをどのような量で表したらよいのか考えにくい。2.1.1項で物体の運動が速いかどうかを判断したときの考え方を思い出してみよう。この考え方にならって，勢いについても「時間の観点」と「空間の観点」の両方から判断する。

ボールを投げ上げたときのボールの勢いを考えよう。まず，時間に注目してみる。短い時間で戻ってくる場合よりも，長い時間にわたって上昇し続ける場合の方が，勢いが大きいと感じる。それでは，空間に注目したらどうか。短い距離しか上昇しない場合よりも，長い距離を上昇する場合の方が，勢いが大きいと感じる。ボールを投げ下ろしたときの勢いについても同じである。時間が経つほど勢いが大きくなるが，落下距離が増すほど勢いが増すと見ることもできる。もう一歩考えを進めると，上昇中でも下降中でも，経過時間と変位のどちらも速度を使って表せることがわかる。勢いは，速度と密接な関係がありそうである。

もともと物体は，いつまでも同じ速さでまっすぐに運動し続けようとする性質（慣性）を持っている。それでは，物体が運動している間に勢いが変化するのは，なぜだろうか。勢いが増加または減少する原因を説明するために，「力」を考える。他方，同じ大きさの力がはたらいているのに，物体の質量が異なると勢いの変化の仕方が異なる。この理由を説明するために，質量の大小には慣性を表すという意味があることを理解する。勢いは，質量の大小とも関係がありそうである。

時間と空間のどちらに注目しても，物体の勢いを速度と質量で表すことができる。時間の立場から，「運動量」を定義する。空間の立場から，「運動エネルギー」を定義する。これらと同じレベルの量として，回転の勢いを表す量を考え，これを「角運動量」と呼ぶ。運動エネルギーは，直線運動と曲線運動のどちらの場合にも考えることができる。

デカルト（Descartes）は，運動している物体の勢いが運動量（質量と速度の積）で表せると考えた。他方，ライプニッツ（Leibniz）は，運動している物体の勢いが運動エネルギーで表せると考えた。ただし，ライプニッツは，運動エネルギーの2倍［質量と(速度)^{2}の積］を考えていた。
現在では，これらは「時間の観点」と「空間の観点」のちがいであって，どちらも正しいことがわかっている。

4.1 運動の勢いの表し方——時間の観点と空間の観点

速度は，もともと 変位 ÷ 時間 という運動学の量（物体の運動が速いか遅いかを表す量）にすぎなかった．速度に 運動量 ÷ 質量 という力学の量（単位質量あたりの運動の勢いまたは激しさを表す量）としての意味を持たせたことから力学が始まった．

4.1.1 運動量と運動エネルギー

? 疑問：運動の勢いと力の間には，どのような関係があるだろうか．

【例題 4.1】 鉛直投げ上げ運動（速度と運動の勢いの関係）　ボールを初速度 v_0 で原点 ($z = 0 \,\mathrm{m}$) から鉛直上向きに投げた．投げ上げた時刻を $t_0 = 0\,\mathrm{s}$ とする．この運動を解析した結果，

$$\begin{cases} 速度: v = v_0 + at \\ 位置: z = v_0 t + \frac{1}{2}at^2 \end{cases}$$

と表せることがわかった．$a = -9.8\,\mathrm{m/s^2}$ である．

(1) 投げ上げてから最高点に達するまでの時間を求めよ．
(2) 投げ上げた位置から最高点までの距離を求めよ．
(3) 投げ上げてから速度が v_1 になるまでの時間 Δt を求めよ．
(4) (3) の時間に進む距離 Δz を求めよ．

【解説】

(1) 最高点で静止するので，$0\,\mathrm{m/s} = v_0 + at$ である．最高点に達する時刻は $t = \dfrac{v_0}{-a}$ となる．「大きな初速度で投げ上げた」というのは，物体に大きな勢いを与えたことを意味する．勢いが大きいほど，止まるまで上昇し続ける時間は長い．

(2) 最高点は (1) の時刻の位置だから，

$$z = v_0 \left(\frac{v_0}{-a}\right) + \frac{1}{2} a \left(\frac{v_0}{-a}\right)^2 = \frac{v_0^2}{-2a}$$

である．(1) と同じ考え方で，勢いが大きいほど，止まるまで上昇し続ける距離は大きい．

(3) 速度が v_1 になる時刻は，$v_1 = v_0 + at$ から $t = \left(\dfrac{v_0}{-a}\right) - \left(\dfrac{v_1}{-a}\right)$ なので，

$$\Delta t = (原点から最高点までの時間)$$
$$- (速度 v_1 の位置から最高点までの時間)$$

である．右辺の二つの項はどちらも静止するまでに進む時間なので，「勢いがなくなるまでの時間」と考えてよい．

これは，次のように考えればわかる．v_1/a は，(1) の結果で v_0 の代わりに v_1 になったと思えばよい．だから，初速度 v_1 で投げ上げて最高点に達するまでの時間（速度が v_1 となる時刻から測った時間）である．

(4) 速度が v_1 になる位置は，

$$z = v_0 \left(\frac{v_1}{a} - \frac{v_0}{a}\right) + \frac{1}{2} a \left(\frac{v_1}{a} - \frac{v_0}{a}\right)^2$$

初速度の値を変えて投げ上げても，速度と位置の表式は変わらない．
v は $\vec{v}$ の z 成分を表す．
2.3.4 項の $z = v_{0z}t + at^2$ と同じ形
例題 2.13 (2) の結果と同じ形
例題 2.11 の結果から a は加速度を表している．

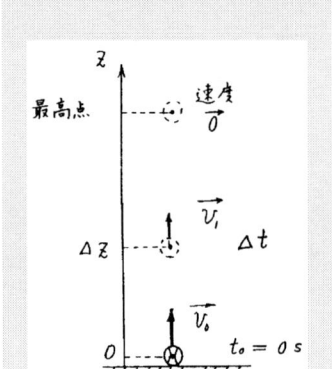

図 4.1 ボールの投げ上げ

(1) $v = v_0 + at$ の左辺に $0\,\mathrm{m/s}$ を代入する．
$t = \dfrac{v_0}{-a}$ と書くと $\dfrac{正の量}{正の量}$ の形なので便利である．

(2) $z = v_0 t + \dfrac{1}{2} a t^2$ の t に $\dfrac{v_0}{-a}$ を代入する．

(3) $v_1 = v_0 + at$ から $t = \dfrac{v_1 - v_0}{a}$ を得るが，これを $\left(\dfrac{v_0}{-a}\right) - \left(\dfrac{v_1}{-a}\right)$ と書き直した．
$\dfrac{v_0}{-a} = $ 原点から最高点までの時間
だから，v_0 を v_1 におきかえると，
$\dfrac{v_1}{-a} = $ 速度 v_1 の位置から最高点までの時間
と考えることができる．

$$= \left(\frac{v_1}{a} - \frac{v_0}{a}\right)\left\{v_0 + \frac{1}{2}a\left(\frac{v_1}{a} - \frac{v_0}{a}\right)\right\}$$
$$= \frac{(v_1 - v_0)(v_1 + v_0)}{2a}$$
$$= \left(\frac{v_0^2}{-2a}\right) - \left(\frac{v_1^2}{-2a}\right)$$

だから,

$$\Delta z = (原点から最高点までの距離)$$
$$\quad - (速度\,v_1\,の位置から最高点までの距離)$$

である。右辺の二つの項は,どちらも静止するまでに進む距離なので,「勢いがなくなるまでの距離」と考えてよい。

これは,次のように考えればわかる。$v_1^2/(-2a)$ は,(2) の結果で v_0 の代わりに v_1 になったと思えばよい。だから,初速度 v_1 で投げ上げて最高点に達するまでの距離(速度が v_1 となる位置から測った距離)である。

(4) 共通因子 $\left(\frac{v_1}{a} - \frac{v_0}{a}\right)$ に注目してから式変形すると,

$$\left(\frac{v_1 - v_0}{a}\right)\left(v_0 + \frac{v_1 - v_0}{2}\right)$$
$$= \left(\frac{v_1 - v_0}{a}\right)\left(\frac{v_1 + v_0}{2}\right)$$
$$= \frac{v_1^2 - v_0^2}{2a}$$

となる。(1) と同じ考え方で,これを

$$\left(\frac{v_0^2}{-2a}\right) - \left(\frac{v_1^2}{-2a}\right)$$

と書き直した。

$\frac{v_0^2}{-2a}$ = 原点から最高点までの距離

だから,v_0 を v_1 におきかえると,

$\frac{v_1^2}{-2a}$

= 速度 v_1 の位置から最高点までの距離

と考えることができる。

例題4.1の (1) と (2) で「勢いとは何か」を理解した。(3) と (4) の結果を整理すると,

$$\Delta t = \frac{v_1 - v_0}{a}$$
$$\Delta z = \frac{(v_1^2/2) - (v_0^2/2)}{a}$$

加速度 a が分母になる形に書いた。$v_1 - v_0$,$(v_1^2/2) - (v_0^2/2)$ は,(あとの量) − (はじめの量) の形なので変化分を表す。

となる。これらの式で,加速度 a は一定である。だから,Δt は速度の変化で異なり,Δz は (速度)^2 の変化で異なる。時間とともに追跡すると,運動の勢いの変化は,$[(v_1\,を含む量) - (v_0\,を含む量)]/a$ の形で表すことができる。空間で位置とともに追跡すると,運動の勢いの変化は,$[(v_1^2/2\,を含む量) - (v_0^2/2\,を含む量)]/a$ の形で表すことができる。時間の観点で見ると,運動の勢いは速度に関係ありそうである。他方,空間の観点で見ると,運動の勢いは (速度)$^2/2$ に関係ありそうである。

われわれの日常の経験を思い出してみよう。物体が上昇するにつれて,速さ(速度の大きさ)が小さくなる(減速する)。最高点に達してから,運動の向き(速度の向き)が変わる。下降するにつれて,速さが大きくなる(加速する)。3.3節で,物体を鉛直下向きに引っぱるはたらきがあると考えて,そのはたらきを「力」と呼ぶことにした。

【例題4.2】 鉛直投げ上げと鉛直投げ下ろし(慣性と運動の勢いの関係)

重いボールと軽いボールを,同時に初速 v_0 で鉛直上向きに投げ上げた。空気抵抗が無視できるほど小さい場合を考える。観測によると,投げ上げてから同じ時間が経過したときの両者の上昇速度は同じである。同時に初速 v_0 で鉛直下向きに投げ下ろした場合も同様である。重力は,物体の速度を変える。

例題3.9によると,重いボールの方が大きな重力で地球上の空間から引っぱられている。重いボールほど,投げ上げの場合は減速しやすく,投げ下ろしの場合は加速しやすいような気がする。ところが,実際の観測結果は,この予想と合っていない。これはなぜか。

鉛直上向きを座標軸の正の向きとする。初速度の向きが座標軸の正の向きと一致するとき,初速度の値は正,反対向きのとき負。

$$\begin{cases} 投げ上げの場合:v_0, \\ 投げ下ろしの場合:-v_0 \end{cases}$$

【解説】 投げ上げの場合 この実験から,速度の変わり方は,重くても軽くても同じである。軽いボールは,鉛直下向きに小さい重力で引っぱられてい

「初速」は「初速度の大きさ(速さ)」なので正の値を取る($v_0 > 0\,\mathrm{m/s}$)。

4. 運動の基本的な量

るのに，勢いを変えやすい（減速しやすい）。重いボールは大きい重力で引っぱられているが，速度を変えにくい（減速しにくい）。したがって，重くても軽くても同じ速度で上昇する。

投げ下ろしの場合 この実験から，速度の変わり方は，重くても軽くても同じである。軽いボールは，鉛直下向きに小さい重力で引っぱられているのに，勢いを変えやすい（加速しやすい）。重いボールは大きい重力で引っぱられているが，速度を変えにくい（加速しにくい）。したがって，重くても軽くても同じ速度で落下する。

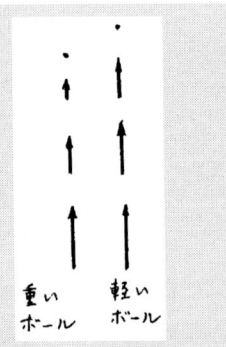

図4.2 速度の変化
重いボールと軽いボールを比べると，こうなるように思えるが，実際はどちらも同じになる。

付録 B 参照

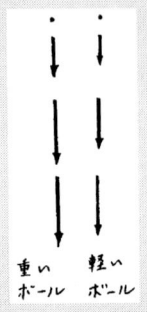

図4.3 速度の変化
重いボールと軽いボールを比べると，こうなるように思えるが，実際はどちらも同じになる。

4.2 節参照
慣性を表す量は質量である。

重いボールと軽いボールを同じ初速で運動させる。この観測結果から，運動の勢いを考えてみよう。

- 投げ上げの場合：飛び上がる勢いの大きいボールは，鉛直下向きに大きい重力で引っぱられても，それに打ち勝ちやすい。つまり，重いボールの方が勢いが大きいと考えることができる。
- 投げ下ろしの場合：落下する勢いの小さいボールは，小さい重力で引っぱっただけで勢いが大きくなる。この理由は，ふつうの数で考えるとわかりやすい。例えば，2 を 3 倍するには 4 だけ足せばよいが，20 を 3 倍するには 40 も足さなければならない。軽いボールの方が勢いが小さいと考えることができる。

これらの判断から，慣性（同じ向きに同じ速さで運動を続けようとする性質）を表す量が大きいほど運動の勢いが大きい。重いボールは，軽いボールよりも勢いを変えにくいから慣性を表す量が大きい。

慣性に関係なく速度だけで運動の勢いが表せると考えてみよう。大きい重力がはたらくと，勢いが大きく変化する。したがって，慣性を表す量の大小で速度の変化が決まることになる。これでは，例題 4.2 の実験を説明することができない。

同じ速度であれば，慣性が強いほど運動の勢いが大きいと考えてみよう。速度を同じだけ変化させるにしても，慣性が強いほど勢いが大きく変化することになる。重力は勢いを変化させるはたらきである。つまり，「勢いが大きく変化する物体には，大きい重力がはたらいたからだ」と考えることができる。

〈参考〉**ガリレイの明らかにした実験事実**
ガリレイは，地上の物体の運動を明らかにし，三つの実験事実を見出した。
1. 物体に力がはたらかなければ，その物体は等速度運動（等速直線運動）する。
2. 加速度（速度の変化）は力によって生じる。
3. 落下運動は重力の大きさによらない。

質量は 3.6 節で導入した。
質量の大きさの決め方は 4.2 節で考える。ここでは，質量の単位が kg であることだけを覚えればよい。なお，質量には，重力質量と慣性質量がある（付録 B）。

■**運動量と運動エネルギーの導入**

例題 4.1 と例題 4.2 を合わせ考えてみる。運動の勢いは，慣性を表す量の大きさと速度で表せることがわかる。質量の大きさには，慣性を表すという意味もあると考える。

運動の勢いを時間とともに追跡するときには，

$$運動量 = 質量 \times 速度$$

で表す。他方，運動の勢いを空間で位置とともに追跡するときには，

$$運動エネルギー = \frac{1}{2} \times 質量 \times (速度)^2$$

で表す。

■運動量と運動エネルギーの単位

- 運動量の単位：$\underbrace{\text{kg}}_{\text{質量}} \cdot \underbrace{\text{m/s}}_{\text{速度}}$（キログラムメートル毎秒）

- 運動エネルギーの単位：J（ジュール）（運動エネルギーの単位が仕事の単位と同じ理由は，4.1.3 項でわかる）

$$\underbrace{\text{kg}}_{\text{質量}} \times \underbrace{(\text{m/s})^2}_{(\text{速度})^2} = \underbrace{\text{kg}}_{\text{質量}} \times \underbrace{\text{m/s}^2}_{\text{加速度}} \times \underbrace{\text{m}}_{\text{変位}} = \underbrace{\text{N}}_{\text{力}} \cdot \underbrace{\text{m}}_{\text{変位}} = \underbrace{\text{J}}_{\text{仕事}}$$

質量を m とする。運動量 $m\vec{v}$ は，質量が大きいほど大きく，速度が大きいほど大きい。運動エネルギー $\frac{1}{2}m|\vec{v}|^2$ も同様である。

【例題 4.3】 運動量の大きさ（勢い）
(1) 質量 50 kg の物体が静止している場合
(2) 質量 50 kg の物体が速度 4 m/s で動いている場合
(3) 質量 50 kg の物体が速度 8 m/s で動いている場合
(4) 質量 25 kg の物体が速度 4 m/s で動いている場合
の運動量を求めて勢いを比べよ。

【解説】 運動の勢いは，速度だけでなく質量にも関係する。
(1) 50 kg × 0 m/s = 0 kg·m/s, (2) 50 kg × 4 m/s = 200 kg·m/s,
(3) 50 kg × 8 m/s = 400 kg·m/s, (4) 25 kg × 4 m/s = 100 kg·m/s

(1) から，静止している物体の勢いはない。(2) と (3) から，質量が同じときは，速度が大きいほど勢いが大きい。(2) と (4) から，速度が同じときは，質量が大きいほど勢いが大きい。速度 = 運動量 ÷ 質量 だから，同じ運動量であれば，バス（質量大）よりもスポーツカー（質量小）の方が速く走っている。

【例題 4.4】 運動エネルギーの大きさ（勢い） 例題 4.3 のそれぞれの場合に，運動エネルギーを求めて勢いを比べよ。

【解説】 (1) $\frac{1}{2} \times 50 \text{ kg} \times (0 \text{ m/s})^2 = 0$ J, (2) $\frac{1}{2} \times 50 \text{ kg} \times (4 \text{ m/s})^2 = 400$ J, (3) $\frac{1}{2} \times 50 \text{ kg} \times (8 \text{ m/s})^2 = 1600$ J, (4) $\frac{1}{2} \times 25 \text{ kg} \times (4 \text{ m/s})^2 = 200$ J

4.1.2 時間の観点から勢いを調べる

運動の勢いの変化を考えてみよう。時間とともに追跡するときには，運動量の変化 $d(m\vec{v})$ で表す。例題 4.1 からわかるように，これは勢いが変化する時間に比例する（$dv = a\,dt$）。

他方，運動の勢いが変化する原因は，物体に力がはたらくことである。一つの物体に力をはたらかせる時間が同じであれば，力が大きいほど速度の変化が大きい。同じ力がはたらいても，動き出しやすい物体と動きにくい物体がある。物体に力がはたらくと，慣性（物体が力に打ち勝って速度を保とうとする性質）を表す量が大きいかどうかがわかる。同じ時間に速度を同じだけ変化させるには，質量が大きいほど大きな力

3.7.2 項から，仕事 = 力 × 変位．4.1.2 項で 質量 × 加速度 = 力 の関係がわかる。

m：``mass''（質量）の頭文字

例題 4.3 で，具体的な数値で運動量の大きさを実感する。

変位が速度と時間に比例し，面積がたての長さとよこの長さに比例することを思い出そう。運動量と運動エネルギーも，量と量の積で表す複比例の考え方と合っている。

例題 4.1 の結果から，$\Delta t = \dfrac{\Delta v}{a}$ である。2.3.4 項の微分の概念を思い出して，各瞬間ごとに $dt = \dfrac{dv}{a}$ と表す。加速度 a が一定でないときでも，ある時刻から測った時間 dt が微小であれば，この式が使えるからである。

$dt = dv/a$ を変形すると $dv = a\,dt$ となる。ベクトル記号を使うと $d\vec{v} = \vec{a}\,dt$ と書ける。

例題 4.2 から，慣性を表す量は質量である。

をはたらかせなければならない。

**力とは「慣性に打ち勝って
物体を加速または減速させるはたらき」である。**

運動量は質量と速度で表すので，運動量の変化は力のはたらきで決まる。それでは，時間 dt の間に運動量を $d(m\vec{v})$ だけ変化させるには，どの向きにどれだけの大きさの力が必要か。$d(m\vec{v}) = m\vec{a}\,dt$ の右辺で質量×加速度 を力とみなすことにする。$\dfrac{d(m\vec{v})}{dt}$（または $m\vec{a}$）と大きさが同じで $d(m\vec{v})$ と同じ向きの力をはたらかせなければならないことになる。このように考えると，

運動量の変化 ＝ (物体にはたらいている力) × (力がはたらいている時間)
　　　　結果　　　　　　　　　　　原因

と表すことができる。この関係式は，

**ジワジワ時間をかけながら力がはたらくと，
運動の勢いが増す場合と減る場合がある**

ことを意味する。日常生活で，時間をかけながらベビーカーを押し続けると勢いが増すことを経験している。3.7.1 項で理解したように，時間をかけながら物体に力をはたらかせる作業を「力積」と呼ぶ。力積 ＝ (物体にはたらいている力) × (力がはたらいている時間) と表す。

例題 4.1 と例題 4.2 にあてはめてみる。重力の表し方を思い出すと，$d(m\vec{v}) = m\vec{g}\,dt$ である。経験から，「質量は時間によらず一定（動いている間に変化しない）である」と仮定する。

● 一つの物体を考える場合
1. 速度の変化 $d\vec{v}$ が大きいほど，勢いの変化 $d(m\vec{v})$ は大きい。
2. 同じ力を受けていても，力がはたらいている時間 dt が長いほど，速度の変化は大きい。
3. 運動量は，物体が受けている力積の向きに変化する。

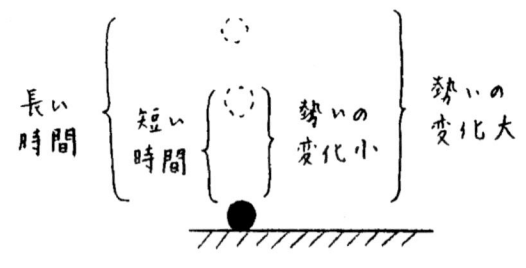

図 4.4 投げ上げの場合

● 異なる物体を比べる場合
1. 速度の変化 $d\vec{v}$ が同じでも，質量が大きいほど勢いの変化 $d(m\vec{v})$ は大きい。
2. 力がはたらいている時間 dt が同じでも，大きい力を受けている物体ほど，勢いの変化 $d(m\vec{v})$ は大きい。

物体が受けている力は，重力とは限らない。ほかの力を考える場合も

3.1 節参照

$d\vec{v} = \vec{a}\,dt$ だから，時間 dt の間に勢いの変化 $d(m\vec{v})$ は $m\vec{a}\,dt$ と表せる。

「物体に力がはたらいたという原因によって，加速度が生じる（速度が変化する）という結果をもたらした」という意味を表している。

運動方程式を導いたわけではない。3章では，N という単位を使っていたものの力の大きさについてあいまいだった。4.1.2 項で力を定量的に表す手掛かりがつかめた。

力がはたらくかどうかに関係なく，物体にはもともと慣性が備わっている。しかし，力がはたらかないと，慣性を表す量（質量）が大きいかどうかはわからない。

重力の表し方について 3.6 節参照。重力は $m\vec{g}$ と表せる。力×時間 の力を $m\vec{g}$ とする。

m が一定なので，m を $d(\ )$ の外に出せる。

$d(m\vec{v})$ を $m\,d\vec{v}$ と書き直すことができる。

質量の大きい物体は，大きい重力を受けている。

$$\underbrace{運動量の変化分}_{結果} = \underbrace{物体が受けた力積}_{原因}$$

と考えることにする。

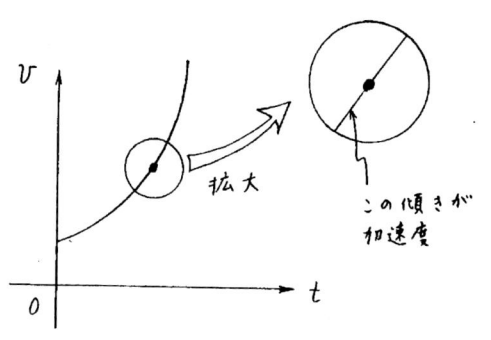

図 4.5 速度－時間グラフ

2.4 節参照

速度－時間グラフで，各時刻の傾きは加速度を表す。dt が限りなく短い時間のとき，dv も微小なので，グラフを直線とみなせる。だから，傾き a（加速度）は一定と考えてよい。小刻みに見れば，$dv = a\,dt$（a は一定）が成り立つ。重力でなくても，瞬間ごとに $d(mv) = ma\,dt$ と考えてよい。

■運動の変化と力を結ぶ因果律（運動の第 2 法則）

物体の勢いを時間とともに追跡すると，

　　物体の運動量は，その物体が受けている力積の向きに変化し，

　　運動量の変化の大きさは，その力積の大きさに等しい。

- 物体の勢い（運動量）を小さくするためには，運動を妨げる向きに，ほかの物体から力積を加えなければならない。
- 物体の勢い（運動量）を大きくするためには，運動をたすける向きに，ほかの物体から力積を加えなければならない。

速度の変化には，速さだけが変化する場合，物体の進む向きだけが変化する場合，速さと向きが変化する場合がある。

物体に力がはたらいたから，速さが変化したり，運動の方向または向きが変化したりする。

　　　　速度の変化：結果　　　力：原因

3.7.1 項で考えたように，力積はベクトル量だから，大きさだけでなく方向と向きもある。

物体に複数の力が同時にはたらいているときには，力の合計の向きに運動量が変化する。

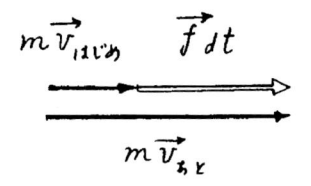

図 4.6　$\vec{f}dt$，$m\vec{v}_{はじめ}$，$m\vec{v}_{あと}$ を表す矢印の関係

ベクトル量どうしの関係

〈参考〉吹き矢　3 cm くらいの棒を筒に入れて吹いてみよう。
- 強く吹くとき（大きい力）：大きい速さで飛び出す（大きな運動量を得る）。
- 長い筒を使うとき（力のはたらく時間が長い）：大きい速さで飛び出す（大きな運動量を得る）。
- 速度は，「1 s でどの向きにどれだけの距離を進もうとしているか」を表す。だから，速度の向きは運動の向きに一致する。

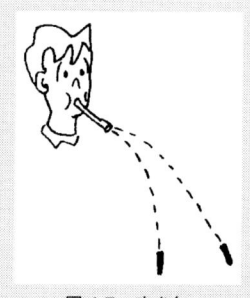

図 4.7　吹き矢

2.3 節参照

[注意1] **力が速度に変化するわけではない**　力が速度に変わると誤解する学生がいる。落下運動を思い出すと，一定の大きさの力がはたらきながら，物体が加速する。速度は増しても，力は減らない。

[注意2] **力と速度の向き**　速度の向きは，物体が動いている向きである。力の向きは，速度が変化する向きである。物体が動いている向きに力がはたらいているとは限らない。ただし，直線運動では，力の向きと速度の向きが一致している場合がある。

1. 投げ下ろし：重力の向きと速度の向きは同じ。

   投げ上げ：重力と速度は反対向き。

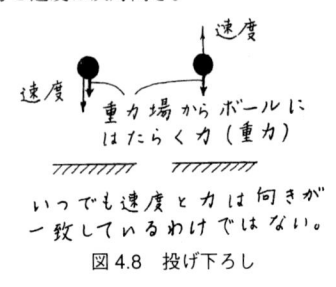

図 4.8　投げ下ろし

2. ばねの振動（おもりが振動の中心に向かっているとき）：おもりがばねから受ける力の向きとおもりの速度の向きは同じ。

   （おもりが振動の中心からはなれていくとき）：ばねの力とおもりの速度の向きは反対。

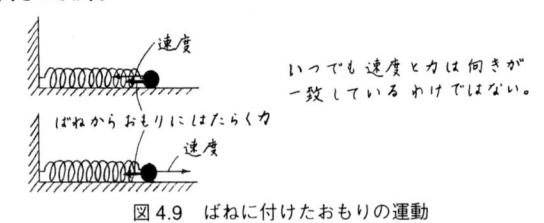

図 4.9　ばねに付けたおもりの運動

[注意3] 「**速度の変化分の正負**」と「**速度の変化分の大小**」　「速度の変化分の正負」と「速度の変化分の大小」は，意味がまったくちがう。簡単のために，速度が一様に変化する直線運動を考える。運動を観測するために，時計と物差（座標軸）を用意する。速度の変化分 ＝ (あとの速度) − (はじめの速度) を $d\vec{v} = \vec{v}_{あと} - \vec{v}_{はじめ}$ と表す。

● 速度の変化分の正負

　力がはたらいた向きに，速度が変化する。力の正負と速度の変化分（速度そのものではない）の正負は一致する。

図 4.10　dv_x の値の正負

「速度が一様に変化する」とは，「加速度が一定」という意味である。

座標軸を用意しなければ，速度，速度の変化，力の値の正負は決まらない。

dv_x は $d\vec{v}$ の x 成分を表す。

図 4.11 力積と運動量変化

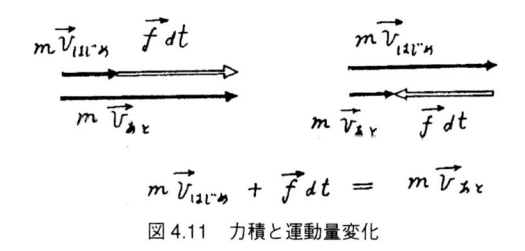

- 速度の変化分の大小

はたらいた力積が同じでも，質量が大きいほど速度が変化しにくい。

$$m：大 \to |d\vec{v}|：小 \quad m：小 \to |d\vec{v}|：大$$

図 4.12 $|d\vec{v}|$ の大小

> 同じ力を同じ時間だけはたらかせると，同じ力積がはたらいたことになる。

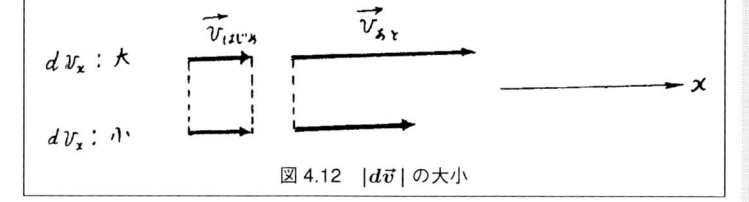

【例題 4.5】 速度の変化と力の関係　時間 dt の間に物体の速度が変化した。この時間に物体にはたらいていた力の向きを考えよ。複数の力が同時にはたらいたときには，それらの力の合計の向きと考えればよい。

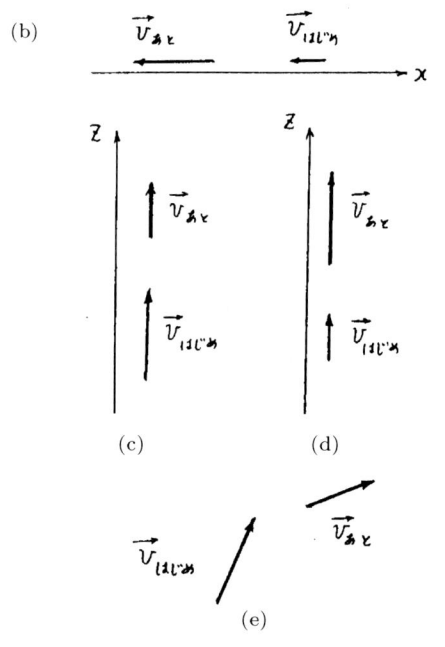

図 4.13 速度の変化

【解説】 物体にはたらいている力の合計の向きに，物体の速度が変化する。

力によって，物体の速さが変化したり，速度の向き（運動の向き）が変化したりする。

(a) x 軸の正の向きに力がはたらいたので，負の向きに進む速さが小さくなった。力は負の向きへの運動を妨げるはたらきをした。または，運動量の変化と力積の関係 ($\leftarrow + \Rightarrow = \leftarrow$) から考えてもよい。

(b) x 軸の負の向きに力がはたらいたので，負の向きに進む速さが大きくなった。力は負の向きへの運動を助けるはたらきをした。

(c) z 軸の負の向きに力がはたらいたので，正の向きに進む速さが小さくなった。力は正の向きへの運動を妨げるはたらきをした。

(d) z 軸の正の向きに力がはたらいたので，正の向きに進む速さが大きくなった。力は正の向きへの運動を助けるはたらきをした。

(e) 速度の変化した向きに力がはたらいた。力は，速度の向き（運動の向き）と速さを変えるようにはたらいた。

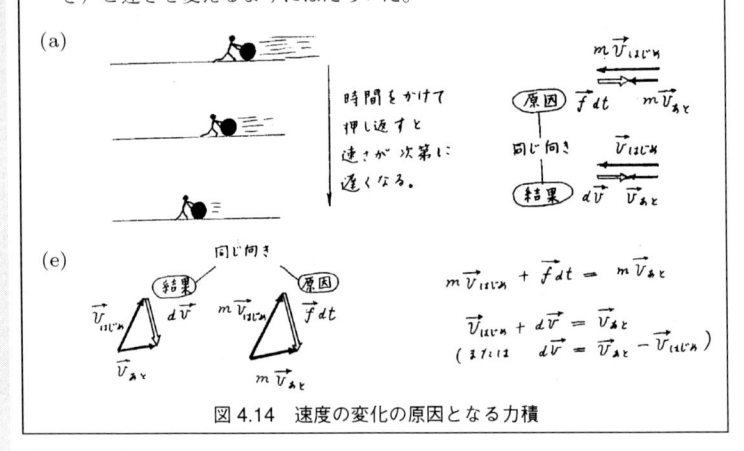

> 物体の速度が変化したときには，速度の変化の原因となった力がはたらいていた。

図 4.14 速度の変化の原因となる力積

■**運動方程式**

$$\text{質量} \times \text{加速度} = \text{力}$$

を運動方程式と呼ぶ。

質量 m の物体が加速度 $\vec{a}$ で運動するためには，大きさ，方向，向きが $m\vec{a}$ と同じだけの力 $\vec{F}$ を物体にはたらかせなければならない。記号 $\vec{F}$ は，重力，ばねの弾性力，糸が引っぱる力などの実際にはたらく力の代表を表しているにすぎない。いつでも $\vec{F}$ と表すわけではない。

$d(m\vec{v}) = \vec{F}dt$ から，運動量の単位時間あたりの変化分は $d(m\vec{v})/dt = \vec{F}$ または $m\dfrac{d\vec{v}}{dt} = \vec{F}$ である。これは，運動方程式（質量×加速度＝力）である。ここで，加速度の定義 $\vec{a}(t) = d\vec{v}(t)/dt = d^2\vec{r}(t)/dt^2$ を思い出すと，運動方程式は

$$m\frac{d^2\vec{r}}{dt^2} = \vec{F}$$

と書ける。左辺は，時間 t （いつ），空間 $\vec{r}$ （どこで），物体 m （何が）から構成した量になっている。そこで，時間，長さ，質量を物理量の基本量とする。

> p. 94 参照
>
> 「力がはたらいたという原因によって，加速度が生じるという結果をもたらした」という意味を表している。
>
> 加速度が一定のときには，物体に一定の力がはたらいているからだと考える。
>
> 運動量の単位時間あたりの変化分
> $= \dfrac{\text{運動量の変化分}}{\text{時間}}$ を $\dfrac{d(m\vec{v})}{dt}$ と表す。
>
> 力を記号 $\vec{F}$ で表した。
> F: "force"（力）の頭文字
>
> 質量 m が一定のとき，$d(m\vec{v})$ は $m\,d\vec{v}$ と書ける。
>
> 4.3 節参照

[注意 4] **因果律を表す方程式の書き方**　因果律を表す方程式は，左辺に結果，右辺に原因を書く習慣がある。単なる方程式でも，ことばとしての役割

を担っている。

〈例〉 $m\vec{a} = \vec{F}$, $y = f(x)$ (y は出力, x は入力) 関数を $f(x) = y$ と書かないのと同じように, 因果律を表すときは $\vec{F} = m\vec{a}$ と書かない。

$m\dfrac{d^2\vec{r}}{dt^2} = \vec{F}$ を $m\vec{a} = \vec{F}$ と書いた。本書では，この式を「力の定義（mと$\vec{a}$の積を記号$\vec{F}$で表す）」と見なすのかどうかという問題には深入りしない。

■力の単位

運動方程式に基づいて力の単位を決める。単位質量 kg の物体に力がはたらいて, 単位加速度 m/s^2 が生じるとき, その力の大きさを N（ニュートン）とする。例題 4.7 (3) の方法で質量の値がわかる。時計と物差を使って加速度が測定できる。質量 3 kg の物体が加速度 2 m/s^2 で運動するためには, 3 kg × 2 m/s^2 = 6 N から 6 N の大きさの力をはたらかせなければならない。

質量の単位は 4.2 節で考える。

「加速度が生じる」のであって,「加速度がはたらく」のではない。

力の単位を kgw（キログラム重）としたときには, N に換算しないと運動方程式を適用できない。本書では, kgw という単位を使わない。

■加速度と力の間の関係

質量 × 加速度 = 力 と表した関係式を, どのように実感したらよいか。

速度の変化分 = 加速度 × 時間 だから, 加速度が一定のとき速度は同じ時間に同じだけ変化する。

- 物体の速度が一様に変化するとき, その物体には一定の大きさの力がはたらいていると考える。

加速度が 9.8 m/s^2 のとき, どの 1 s 間にも (0 s → 1 s, 0.3 s → 1.3 s, ··· など) 9.8 m/s だけ速度が変化する。質量 3 kg の物体がこの運動を実現しているとき, 29.4 N の大きさの力がはたらいている。質量 6 kg の物体であれば, 58.8 N の大きさの力がはたらいている。速度を同じだけ変化させるには, 質量が大きいほど大きな力をはたらかせなければならない。

速度の変化分 = 加速度 × 時間 だから
9.8 m/s^2 × (1 s − 0 s) = 9.8 m/s,
9.8 m/s^2 × (1.3 s − 0.3 s) = 9.8 m/s

「速度が一様に変化するとき」とは,「加速度が一定のとき」を意味する。

3 kg × 9.8 m/s^2 = 29.4 N
6 kg × 9.8 m/s^2 = 58.8 N
加速度の単位は m/s^2, 速度の変化の単位は m/s であることに注意

〈例 1〉 重力による落下：等加速度運動   物体には, 一定の大きさの重力がはたらいている。たしかに, 落下している物体の加速度は一定である。

加速度 = $\dfrac{\text{速度の変化分}}{\text{時間}}$ だから,
$\dfrac{9.8 \text{ m/s}}{1 \text{ s}}$

- 速度の変化が一様でないとき, 力も一定でないと考える。

「速度の変化が一様でないとき」とは「加速度が一定でないとき」を意味する。

〈例 2〉 ばねの力による振動：加速度運動   ばねからおもりにはたらく力の大きさと向きは, ばねの伸び（または縮み）で決まるので, 時々刻々変化する。たしかに, おもりの加速度は一定ではない。ばねからはたらく力が大きい位置では速度が大きく変化する。この力が小さい位置では速度の変化は小さい。

【例題 4.6】 2 個の接触した物体にはたらく力   質量 3 kg の箱 A と箱 B がある。箱 A を左から水平方向に 5 N の力で押したとき, 箱 B も箱 A から 5 N の力で押されるか。

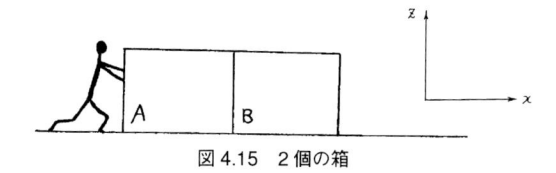

図 4.15 2 個の箱

床は水平でなめらかである。

【解説】

1. 時計と物差の用意：地上に座標軸を設定する。

3.2 節参照
水平右向きを正の向きとする x 軸, 鉛直上向きを正の向きとする z 軸を選ぶ。

2. 現象の把握

箱Aと箱Bは，接触したまま動く。両者の速度は同じであり，速度の変わり方も同じである。Aの方がBよりも速いということはない。Aがどんどん速くなるのに，Bは少ししか速くならないということもない。

3. 物体にはたらいている力を見つける

箱を質点として扱う。AとBのそれぞれにはたらいている力を見つける。

> 力を図示するとき，「何から何に」を記入する。

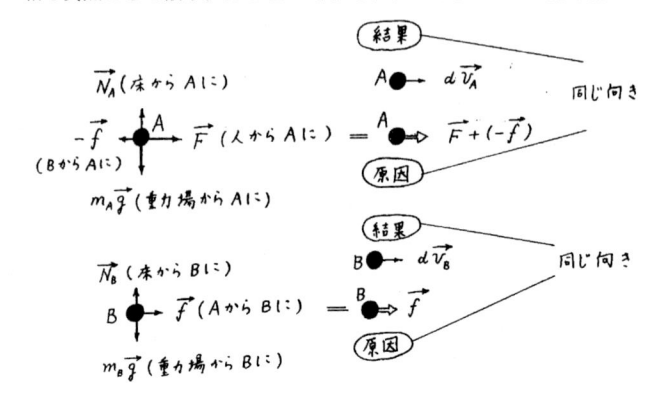

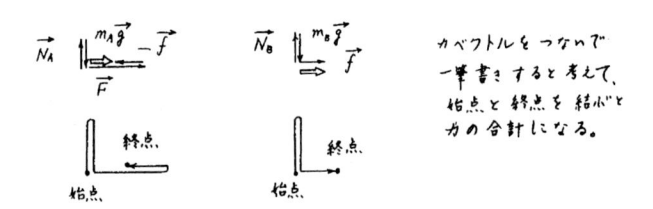

図4.16　AとBにはたらいている力

3. 運動の法則による説明（因果律）

$|\vec{F}|$ と $|\vec{f}|$ が等しいとすると，Aにはたらいている力の合計は

$$\downarrow + \uparrow + \rightarrow + \leftarrow = \bullet$$
$$m_A\vec{g} + \vec{N}_A + \vec{F} + (-\vec{f}) = \vec{0}$$

となる。左から $\vec{F}$ の力でAを押しても，AはBから同じ大きさの力 $-\vec{f}$ で押し返される。このため，Aにはたらく力の合計は $\vec{0}$ になる。手でAを押してもAは加速も減速もしないで静止したままということになる。しかし，BはAから力 $\vec{f}$ を受けて加速する。これは現実に合っていない。

AとBは，質量が同じであり，速度の変化も同じである。したがって，AとBは同じ向きに同じ大きさの力を受けていると考える。Aの受けている力 $\vec{F}+(-\vec{f})$ とBの受けている力 $\vec{f}$ が等しい。$\vec{F}+(-\vec{f}) = \vec{f}$ から $\vec{f} = (1/2)\vec{F}$ となるので，$\vec{f}$ の大きさは 2.5 N である。Aにも $5N + (-2.5N) = 2.5N$，Bにも 2.5 N の力が水平方向にはたらいている。

> $\vec{f}$ は ⟶ の名称である。
> ⟶ を $\vec{f}$ と表すと，⟵ は $-\vec{f}$ となる。
>
> ↓と↑のつりあいを表す式
> ↓ + ↑ = ● を $m_A\vec{g} + \vec{N}_A = \vec{0}$，
> $m_B\vec{g} + \vec{N}_B = \vec{0}$ と書く。
>
> $|\vec{F}|$ は $\vec{F}$ の大きさ，$|\vec{f}|$ は $\vec{f}$ の大きさ
>
> ↓ + ↑ = ● だから
> ↓ + ↑ + ⟶ + ⟵ = ●
> は ⟶ + ⟵ = ● となる。⟶と⟵は向きが反対で大きさが等しいことがわかる。
>
> Bも手から $\vec{F}$ の力を受けていると考えてはいけない。Bと手は接触していないからである。
>
> 水平右向きを x 軸の正の向きとしたから，$\vec{F}$ が 5 N，$-\vec{f}$ が -2.5 N，$\vec{f}$ が 2.5 N である。

[注意 5] **作用反作用の法則と運動の形態**　物体が加速度運動していても，作用反作用の法則は成り立つ。3.5 節の綱引きの場合だけではない。

■問　例題 4.6 で作用反作用の関係が成り立たないとすると，現実に合わない事情を説明せよ。

■解

(1) 仮に B から A に $-2\,\mathrm{N}$ の力がはたらき,A から B に $1\,\mathrm{N}$ の力がはたらくとする。A にはたらいている力 $= 5\,\mathrm{N} + (-2\,\mathrm{N}) = 3\,\mathrm{N}$,B にはたらいている力 $= 1\,\mathrm{N}$ となる。A と B は質量が等しいから,大きい力がはたらいた A の方が B よりも加速しやすい。A は B を貫通して追い抜くことになるので,現実に合わない。

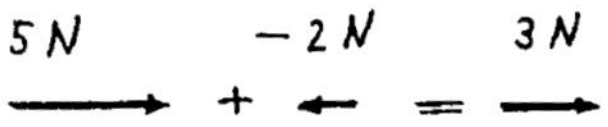

$$5\,\mathrm{N} \;\; + \;\; -2\,\mathrm{N} \;\; = \;\; 3\,\mathrm{N}$$

図 4.17 力の合計

(2) 仮に B から A に $-3\,\mathrm{N}$ の力がはたらき,A から B に $2\,\mathrm{N}$ の力がはたらくとする。A にはたらいている力 $= 5\,\mathrm{N} + (-3\,\mathrm{N}) = 2\,\mathrm{N}$,B にはたらいている力 $= 2\,\mathrm{N}$ となる。同じ大きさの力なので,速度の変化も同じである。しかし,A + B を一体とみなすと,A + B には手から受ける $5\,\mathrm{N}$ の力しかはたらかない。A + B(質量が A,B の 2 倍)と見ても,個々の物体(A,B)と見ても,速度の変化は同じである。したがって,A + B には A と B にはたらく力の 2 倍をはたらかせなければならない。しかし,$5\,\mathrm{N}$ は $2\,\mathrm{N}$ の 2 倍ではない。同じ現象なのに,一体と見るか,別々の物体と見るかによって,速度の変化がちがうのはおかしい。

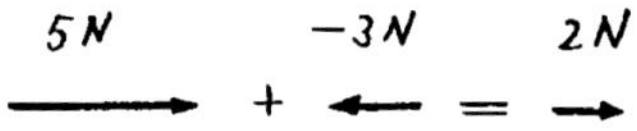

$$5\,\mathrm{N} \;\; + \;\; -3\,\mathrm{N} \;\; = \;\; 2\,\mathrm{N}$$

図 4.18 力の合計

$5\,\mathrm{N} > 2\,\mathrm{N} \times 2$ だから一体と見ると個々の物体よりも大きい力がはたらくことになる。

[注意 6] 力の足し算　頭の中で $5\,\mathrm{N} + (-2\,\mathrm{N})$ を $5\,\mathrm{N} - 2\,\mathrm{N}$ と計算してよい。しかし,意味は引き算ではなく,負の成分の足し算である。力の足し算の結果が,物体の運動を変化させる。運動の法則に力の引き算はない。

[注意 7] 2 個の物体を一体として扱う場合　空間を外界と内界に分ける。物体の運動の変化(速くなるか,遅くなるか)は,その物体が外界からどんな力がはたらくかによって決まる。A+B を扱う場合,A と B の間にはたらく作用の力と反作用の力は,A+B の内界の力なので考慮しなくてよい。

外界からはたらく力を「外力」,内界ではたらく力を「内力」という。しかし,こういう名称の力があると考えてはいけない。

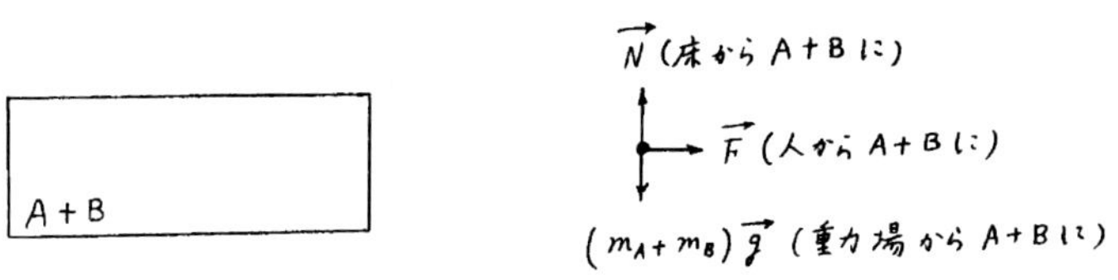

図 4.19　A+B にはたらく力

4.1.3　空間の観点から勢いを調べる

運動の勢いの変化を考えてみよう。空間で追跡するときには,運動エネルギーの変化 $d\left(\frac{1}{2}m|\vec{v}|^2\right)$ で表す。例題 4.1 からわかるように,これは勢いが変化する間の変位に比例する $[d(v^2) = 2a\,dz]$。

他方,運動の勢いが変化する原因は,物体に力がはたらくことである。物体に力がはたらくと,慣性(力に打ち勝って速度を保とうとする

例題 4.1 から $\Delta z = \Delta\left(\dfrac{v^2}{2}\right)/a$ である。2.3.4 項の微分の概念を思い出して,各位置ごとに $dz = d\left(\dfrac{v^2}{2}\right)/a$ と表す (pp. 44–45)。加速度 a が一定でないときも,ある位置から測った変位 dz が微小であれば,この式が使えるからである。分母を払って整理すると $d(v^2) = 2a\,dz$ となる。

性質）を表す量が大きいかどうかがわかる。速度を同じだけ変化させるためには，質量が大きいほど大きな力をはたらかせなければならない。同じ物体を同じ距離だけ動かすとき，大きい力をはたらかせるほど速度が大きく変化する。

運動エネルギーは質量と速度とを使って表すので，運動エネルギーの変化は力のはたらきで決まる。$d\left(\frac{1}{2}m|\vec{v}|^2\right) = ma\,dz$ と書ける。運動量の変化を考えたときに，質量×加速度 を力と見なしたので，

$$\underbrace{運動エネルギーの変化}_{結果} = \underbrace{(物体にはたらいている力)\times(力を受けて力の向きに進んだ距離)}_{原因}$$

と表すことができる。この関係式は，

力がはたらきながらジワジワ動くと，
運動の勢いが増す場合と減る場合がある

ことを意味する。日常生活で，ベビーカーを押し続けて動かすと勢いが増すことを経験している。3.7.2 項で理解したように，物体に力をはたらかせて力の向きに動かす作業を「仕事」と呼ぶ。

仕事 ＝ (物体にはたらいている力)×(力を受けて力の向きに進んだ距離)

と表す。

例題 4.1 と例題 4.2 にあてはめてみる。鉛直投げ上げの場合は，重力と反対向きに $|dz|$ 進む。「重力の向きに $-|dz|$ 進む」と考えて，

$$d\left(\frac{1}{2}m|\vec{v}|^2\right) = -|m\vec{g}||dz|$$

である。鉛直投げ下ろしの場合は，重力の向きに $|dz|$ 進むので，

$$d\left(\frac{1}{2}m|\vec{v}|^2\right) = |m\vec{g}||dz|$$

である。経験から，質量は位置によらず一定（動いている間に変化しない）であると仮定する。

物体が受ける力は重力とは限らない。ほかの力を考える場合も

$$\underbrace{運動エネルギーの変化分}_{結果} = \underbrace{力が物体にした仕事}_{原因}$$

と考えることにする。

- 物体の勢い（運動エネルギー）を小さくするためには，ほかの物体（重力の場合は重力場）からはたらく力が，動きを妨げる仕事（負の仕事）をしなければならない。重力が物体に負の仕事をしたとき，物体が仕事の形で重力場に勢い（運動エネルギー）を預けたと考える。
- 物体の勢い（運動エネルギー）を大きくするためには，ほかの物体からはたらく力が，動きをたすける仕事（正の仕事）をしなければならない。重力が物体に正の仕事をしたとき，重力場が仕事をして物体に勢い（運動エネルギー）を与えたと考える。

運動エネルギーは，「仕事によって増やしたり，減らしたりするこ

4.1.2 項参照

$|\vec{v}|$ を v と書く。$d(v^2) = 2a\,dz$ の両辺に $\frac{1}{2}m$ を掛けると $d\left(\frac{1}{2}mv^2\right) = ma\,dz$ と表せる。

4.1.2 項参照

「質量の半分」の意味はないから，$\frac{m}{2}v^2$ と書かない。

仕事の表し方は，3.7.2 項参照

$|m\vec{g}|\times(-|dz|) = -|m\vec{g}||dz|$

鉛直上向きを正の向きとする。
投げ上げ $dz > 0\,\mathrm{m}$ だから $|dz| = dz$ である。
投げ下ろし $dz < 0\,\mathrm{m}$ だから $|dz| = -dz$ である。
どちらの場合も，重力がボールにした仕事は $-m|\vec{g}|\,dz$ である。

地球上の空間のゆがみを表す量を「重力場」という。

例題 5.1 参照

正の仕事：力の向きと変位の向きが同じとき
負の仕事：力の向きと変位の向きが反対のとき

- 外部から物体にはたらく力が物体に正の仕事をすると，物体は運動エネルギーをたくわえる。
- 外部から物体にはたらく力が物体に負の仕事をすると，物体は運動エネルギーを失う。

■エネルギー原理

物体の勢いを空間で位置とともに追跡すると，

物体の運動エネルギーの変化分は，
その物体にはたらいている力がした仕事に等しい。

> 物体に複数の力が同時にはたらいているときには，力の合計のした仕事で運動エネルギーが変化する。

運動量と運動エネルギーは，運動の勢いを表すために決めた量である。他方，力積と仕事は，勢いが変化する原因を表すために決めた量である。人が勝手に量を作り（定義し），運動量と力積の間，運動エネルギーと仕事の間に成り立つ関係を考えた。どんな力学現象も，これらの関係で合理的に説明できれば，その仮説を自然界の法則として信じてよい。これは物理学の前提である。なぜこの仮説通りになるのかという理由はだれにもわからない。

[注意 8] ベクトル量とスカラー量
- ベクトル量（向きと大きさを持っている量）：変位，速度，加速度，運動量，力積
- スカラー量（大きさだけで表す量）：距離，速さ，加速，運動エネルギー，仕事

　大きさだけとはいっても，仕事には正負のちがいがある。空間では，力積は 3 方向の成分で表すが，仕事は一つの数値で表せる。ここが，ベクトル量とスカラー量のちがいである。

> 仕事の正負は空間内の向きではなく，運動エネルギーの増減を表す。

[注意 9] 微分を使って勢いの変化分を表す　　時刻 t で物体にはたらいている力を $\vec{F}(t)[F(t)=|\vec{F}(t)|]$，時刻 t から測った時間を dt とする。dt が力が変化する余裕がないほど短い時間のとき，

$$d(m\vec{v}) = \vec{F}(t)\,dt$$

と表せる。この式は，どの時刻でも成り立つ。時刻 3 s のとき，力は $\vec{F}(3\,\mathrm{s})$ である。

　位置 z で物体にはたらいている力を $\vec{F}(z)[F(z)=|\vec{F}(z)|]$，その位置から測った変位を dz とする。dz が力が変化する余裕がないほど小さい変位のとき

$$d\left(\frac{1}{2}m|\vec{v}|^2\right) = F(z)\,dz$$

と表せる。

　この式は，どの位置でも成り立つ。位置 4 m のとき，力は $\vec{F}(4\,\mathrm{m})$ である。

> 微分の意味は 2.3.4 項を参照
> dt, dz は局所座標という。
> $F(t)=|\vec{F}(t)|$ は「$|\vec{F}(t)|$ を $F(t)$ と表す」という意味である。
> $F(z)=|\vec{F}(z)|$ も同様
>
> 煩雑さを避けるために，(t)，(z) を省略する場合がある。

| 座標軸は，数直線なので，$t/\mathrm{s}, dt/\mathrm{s}, z/\mathrm{m}$, dz/m のような数値（＝量/単位）を表している。
1.1 節参照

図4.20 dt, dz

4.2 質量の測定

物理量の測定とは，ある単位を決めて対象がその何倍にあたるかを求める操作である。質量を測定する場合，異なる物体の質量を比較しなければならない。質量は，物体の動きにくさ（慣性）を表す量であることを思い出そう。同じ大きさの力積がはたらくと，質量の大小で速度が変化しやすいかどうかが決まる。二つの物体の質量を比較するためには，これらの物体を衝突させればよい（例題4.7）。

【例題4.7】 **2物体の衝突** なめらかな面に，二つの台車がある。一直線上で，それぞれ速度 $\vec{v}_1, \vec{v}_2$ で向かい合って進んだ。これらが衝突して互いに力をおよぼし合った。その直後，それぞれ速度 $\vec{v}_1', \vec{v}_2'$ で離れた。

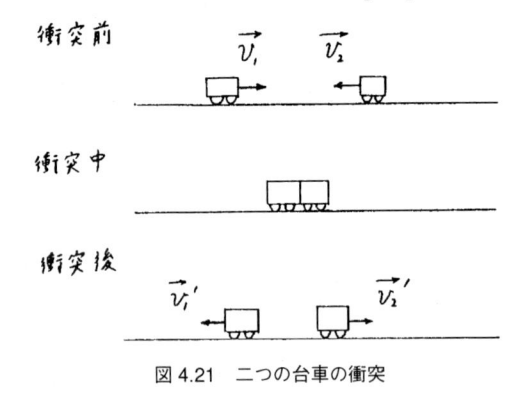

図4.21 二つの台車の衝突

(1) 二つの台車が衝突して力がはたらいている時間を Δt とする。物体ごとに運動量の変化と力積の関係を表せ。
(2) 作用反作用の関係に注意して，二つの台車の運動量の間に成り立つ法則を見つけよ。
(3) 質量の大きさの決め方を考えよ。
(4) 質量が大きいほど速度の変化が小さいことを確かめよ。

【解説】
(1) 二つの台車の質量を m_1, m_2，標準物体にはたらく重力を $\vec{g}$ とする。左側の台車にはたらいている力の合計は ← ＋ ↓ ＋ ↑ である。「衝突前後で物体の運動量が変化する原因は，衝突時間に物体が力積を受けることである」という原理は，

$$m_1\vec{v}_1' - m_1\vec{v}_1 = (\vec{F}_{2\to 1} + \underbrace{m_1\vec{g} + \vec{N}_1}_{\vec{0}})\Delta t$$

1章参照

4.1.1 項参照

力積＝力×時間
3.7.1 項参照

「なめらか」とは「摩擦が無視できる」という意味

速度を表す文字：本問で v_x は「速さ」ではなく「速度」を表す。$v_x = -3\,\mathrm{m/s}$ の v_x は，符号（正負）を含んでいる。

重力の表し方については3.6節参照

〈左側の台車にはたらく力〉
← 右側の台車から左側の台車にはたらく力
↓ 重力場から左側の台車にはたらく力
↑ 面から左側の台車にはたらく力

と表せる。鉛直方向に台車の速度は変化せず止まったままなので，鉛直方向の力はつりあっている（↓ + ↑ = ●）。

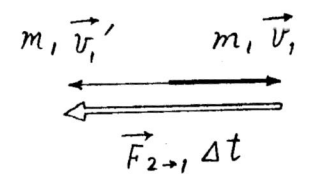

図 4.22 はじめの運動量 + 力積 = あとの運動量

同様に，右側の台車についても

$$m_2 \vec{v}_2' - m_2 \vec{v}_2 = (\vec{F}_{1 \to 2} + \underbrace{m_2 \vec{g} + \vec{N}_2}_{\vec{0}}) \Delta t$$

と表せる。

(2) 作用反作用の関係から，← + → = ● である。(1) の 2 式を辺々加え合わせると

$$\begin{aligned} m_1 \vec{v}_1' - m_1 \vec{v}_1 &= \vec{F}_{2 \to 1} \Delta t \\ +) \quad m_2 \vec{v}_2' - m_2 \vec{v}_2 &= \vec{F}_{1 \to 2} \Delta t \\ \hline m_1 \vec{v}_1' - m_1 \vec{v}_1 + m_2 \vec{v}_2' - m_2 \vec{v}_2 &= \vec{0} \end{aligned}$$

となるので，

$$m_1 \vec{v}_1' + m_2 \vec{v}_2' = m_1 \vec{v}_1 + m_2 \vec{v}_2$$

$$\begin{pmatrix} 左側の台車の \\ あとの運動量 \end{pmatrix} + \begin{pmatrix} 右側の台車の \\ あとの運動量 \end{pmatrix}$$
$$= \begin{pmatrix} 左側の台車の \\ はじめの運動量 \end{pmatrix} + \begin{pmatrix} 右側の台車の \\ はじめの運動量 \end{pmatrix}$$

を得る。この関係式は，

「衝突前後で二つの物体の運動量の合計が保存する」という

運動量保存則を表している。

(3) (2) の関係式を変形すると，

$$m_2 (\vec{v}_2' - \vec{v}_2) = m_1 (\vec{v}_1 - \vec{v}_1')$$

となる。速度の変化は時計と物差で測定できる。一方の質量を単位に選ぶと，他方の質量の値が決まる。例えば，

$$\frac{m_2}{m_1} = \frac{4\,\text{m/s} - (-2\,\text{m/s})}{5\,\text{m/s} - (-3\,\text{m/s})}$$

である。$m_1 = \text{kg}$ とすると $m_2 = 0.75\,m_1 = 0.75\,\text{kg}$ となる。

(4) 作用反作用の関係から，二つの台車には水平方向に同じ大きさの力がはたらいている。質量 1 kg の台車の速度の変化分は $|v_{1x}' - v_{1x}| = |(-2\,\text{m/s}) - 4\,\text{m/s}| = 6\,\text{m/s}$ である。これに対して，質量 0.75 kg の台車の速度の変化分は $|v_{2x}' - v_{2x}| = |5\,\text{m/s} - (-3\,\text{m/s})| = 8\,\text{m/s}$ である。

[注意 1] 衝突前と衝突後の速度　衝突前にどちらの台車も水平方向に力を受けないので水平方向の速度は変わらない。衝突後も同様である。

〈右側の台車にはたらく力〉
→ 　左側の台車から右側の台車にはたらく力
↓ 　重力場から右側の台車にはたらく力
↑ 　面から右側の台車にはたらく力

はじめの運動量を基準にして，どれだけ変化したかを考える。
(あとの運動量) − (はじめの運動量)

〈参考〉 運動量の変化と力積の関係を成分で表すこともできる。

$$\begin{pmatrix} m_1 v_{1x}' \\ m_1 v_{1y}' \end{pmatrix} - \begin{pmatrix} m_1 v_{1x} \\ m_1 v_{1y} \end{pmatrix}$$
$$= \begin{pmatrix} F_{2 \to 1} \Delta t \\ F_{2 \to 1} \Delta t \end{pmatrix} + \begin{pmatrix} 0\,\text{N} \cdot \text{s} \\ -m_1 g \Delta t \end{pmatrix}$$
$$+ \begin{pmatrix} 0\,\text{N} \cdot \text{s} \\ N_1 \Delta t \end{pmatrix}$$

$$\begin{pmatrix} m_2 v_{2x}' \\ m_2 v_{2y}' \end{pmatrix} - \begin{pmatrix} m_2 v_{2x} \\ m_2 v_{2y} \end{pmatrix}$$
$$= \begin{pmatrix} F_{1 \to 2} \Delta t \\ F_{1 \to 2} \Delta t \end{pmatrix} + \begin{pmatrix} 0\,\text{N} \cdot \text{s} \\ -m_2 g \Delta t \end{pmatrix}$$
$$+ \begin{pmatrix} 0\,\text{N} \cdot \text{s} \\ N_2 \Delta t \end{pmatrix}$$

第 1 行が x 成分，第 2 行が y 成分を表す。

一方の物体が他方の物体に追突する場合も考えることができる。

水平右向きを x 軸の正の向きとする。

$$\frac{m_2}{m_1} = \frac{v_{1x} - v_{1x}'}{v_{2x}' - v_{2x}}$$

$v_{1x} = 4\,\text{m/s}$（正の向きに運動）
$v_{1x}' = -2\,\text{m/s}$（負の向きに運動）
$v_{2x} = -3\,\text{m/s}$（負の向きに運動）
$v_{2x}' = 5\,\text{m/s}$（正の向きに運動）

速度の変化分
　= (あとの速度) − (はじめの速度)

4. 運動の基本的な量

1章参照

例題 4.7 で, $\frac{m_2}{m_1} = 1$ のとき $m_2 = 1 \times m_1 = 1 \times \mathrm{kg} = 1\,\mathrm{kg}$ となる。

[注意2] 単位も量を表す　$m_1 = \mathrm{kg}$ という書き方に慣れるとよい。kg は単なる接尾辞ではなく, 質量そのものを表す。1 kg は「kg の 1 倍 $(1 \times \mathrm{kg})$」である。

■運動量保存則

運動している複数の物体の運動量の合計は,
外界から力がはたらかない限り一定である。

例題 4.7 を振り返ってみよう。2 個の台車の間で互いに力ははたらき合っている。これらの力は, 作用反作用の関係にある。両者を一体と見なすと, これらの力は打ち消し合う。例題 4.6 [注意7] からわかるように, 作用反作用の関係の力は内力になる。

(2) の計算参照

重力場については 3.3 節参照
$2\,\mathrm{kg} \times 9.8\,\mathrm{N/kg} = 19.6\,\mathrm{N}$
$0.1\,\mathrm{kg} \times 9.8\,\mathrm{N/kg} = 0.98\,\mathrm{N}$

[注意3] 1N の力とはどのくらいの大きさか　170 cm, 60 kg といえば, 身長, 体重からどのくらいの大きさか見当がつく。これらとちがって, 力の大きさの感覚をつかむのは, 意外にむずかしい。力を N (ニュートン) という単位で測ると, 重力場の大きさは $|\vec{g}| = 9.8\,\mathrm{N/kg}$ である。9.8 N/kg は単位質量 (kg) あたり 9.8 N の大きさの力がはたらくことを表している。質量が 2 kg の物体にはたらく重力は, 19.6 N である。同様に, 100 g (0.1 kg) のリンゴにはたらく重力は, 0.98 N である。1 N は, 100 g のリンゴにはたらいている重力の大きさくらいと思えばよい。

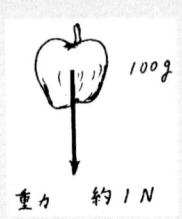

図 4.23　リンゴにはたらく重力

リンゴであることをいうために, リンゴを質点でモデル化した図を描いていない。

時間	空間	物体
↓	↓	↓
いつ	どこで	何が

速度 = $\dfrac{変位}{時間}$

4.3　基本単位と組立単位

力学は, 物体が時間と空間という舞台でくりひろげる現象を研究する分野である。通常, 物体を質点 (質量だけ考えて, 形と大きさを考えない) として扱う。4.1 節で考えたように, 運動の勢いは, 時間の観点では運動量 (質量 × 速度) で表し, 空間の観点では運動エネルギー $\left[\frac{1}{2} \times 質量 \times (速度)^2\right]$ で表す。そこで, 長さ, 質量, 時間の三つの基本単位があれば, 運動の法則を記述することができる。

基本単位を決めると, 速度, 運動量, 運動エネルギーの単位を組み立てることができる。

MKS 単位系 (m, kg, s)：　速度 m/s, 運動量 kg m s^{-1}
　　　　　　　　　　　　　運動エネルギー kg m^2 s^{-2}

CGS 単位系 (cm, g, s)：　速度 cm/s, 運動量 g cm s^{-1}
　　　　　　　　　　　　　運動エネルギー g cm^2 s^{-2}

これら以外の基本単位を使ってもよいが, 物理学では通常, MKS 単位系と CGS 単位系のどちらかを使う。

4.4　角運動量——回転の勢いの表し方

4.1.1 項の投げ上げと同じ考え方である。

CD プレーヤーに CD を取り付けて, 手で CD を回してみよう。時間の観点から調べると, 運動の勢いが大きいほど, 止まるまでの時間は長い。空間の観点から調べると, 運動の勢いが大きいほど, 止まるまでに回る角度は大きい。

> **?** 疑問：回転の勢いは，時間と回転角だけで判断できるのだろうか．

【例題 4.8】 回転運動（角速度と運動の勢いの関係） 摩擦が無視できる水平面上に質量 m のおもりがある。このおもりに軽いひもが付いている。ひもは，水平面の中心の小孔を通っている。おもりが 1 s 間に回転した角度を「角速度」と呼ぶ。おもりと小孔の間の距離を一定に保ちながら，おもりを回転させた。回し始めた時刻を $t_0 = 0\,\mathrm{s}$，初角速度を ω_0 とする。この運動を解析した結果，

$$\begin{cases} 角速度： & \omega = \omega_0 + \alpha t \\ 回転角： & \phi = \omega_0 t + \dfrac{1}{2}\alpha t^2 \end{cases}$$

と表せることがわかった。α は角加速度（角速度が単位時間にどれだけ変化したかを表す量）であり，この実験では一定だった。

(1) 回転させてから止まるまでの時間を求めよ．
(2) 回転させてから止まるまでの回転角を求めよ．

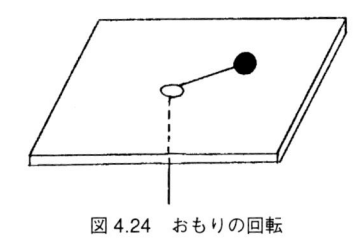

図 4.24 おもりの回転

【解説】
(1) $0\,\mathrm{s}^{-1} = \omega_0 + \alpha t$ から，おもりが止まる時刻は，$t = \dfrac{\omega_0}{-\alpha}$ である。「大きな角速度で回転させた」というのは，おもりに大きな勢いを与えたことを意味する。勢いが大きいほど，止まるまで回転し続ける時間は長い。

(2) 止まる角度は，(1) の時刻の位置だから，

$$\phi = \omega_0\left(\frac{\omega_0}{-\alpha}\right) + \frac{1}{2}\alpha\left(\frac{v_0}{-\alpha}\right)^2 = \frac{\omega_0^2}{-2\alpha}$$

である。(1) と同じ考え方で，勢いが大きいほど，止まるまで回転する角度は大きい。

> 角速度の単位を rad/s と表す場合がある。3.7.3 項参照

例題 4.1 の結果と比べると，速度 v が角速度 ω に，位置 x が回転角 ϕ にあたる。これらの式で，角加速度 α は一定である。だから，止まるまでの時間は角速度の変化で決まり，止まるまでの回転角は（角速度）^{2} の変化で決まる。時間とともに追跡すると，回転の勢いの変化は，（ω_0 を含む量/α）の形で表すことができる。空間で位置とともに追跡すると，回転の勢いの変化は，[($\omega_0^2/2$ を含む量)/α] の形で表すことができる。時間の観点で見ると，回転の勢いは角速度と関係ありそうである。他方，空間の観点で見ると，回転の勢いは（角速度）$^2/2$ と関係ありそうである。

図4.25 角速度と速度の関係

同じ角速度で回転していても，回転の中心から遠いほど速さ（1s間の変位の大きさ）は大きい。回転に特有の勢いを表すためには，この効果を考慮した量を考えると都合がよい。直線運動の場合には，速度（正確には，運動量＝質量×速度）の大小で運動の勢いを比較することができる。回転運動の場合は，どうだろうか。回転角と回転の中心からの距離を合わせ持つ量として，おもりが回転している間に掃く面積に着目しよう。円周に沿ったリレー競技を思い出してみる。インコース（半径は小さい）で速く走っている人とアウトコース（半径は大きい）で遅く走っている人を比べる。「同じ時間に掃いた面積が同じとき，回転の勢いは同じ」と見なすと合理的である。そこで，回転運動をくわしく考える準備として，面積の概念を見直そう。

■面積とは何か——長さから面積へ

物体の長さは，単位の長さの何倍かを測定すると数値で表せる。例えば，メートルの5倍は5mである。長さの考え方を面積に拡張する。長さの単位をメートルとして，1辺が単位長さ（メートル）の正方形の面積を「平方メートル」と約束し，面積の単位とする。「メートルのメートル倍」という演算があるわけではないが，m×mと表してm^{2}と書く。6m^{2}は，単位面積m^{2}の正方形の6倍の面積である。

■面積ベクトルの導入——面にも向きがある

長さが「伸び」であるのに対して，面積は「広がり」である。線分に左右があるのと同じように，面には裏表がある。

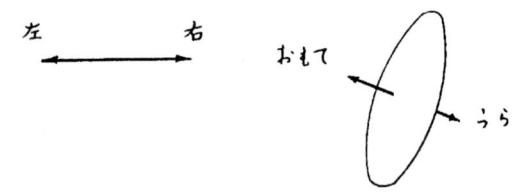

図4.27 線分の左右と面の裏表

一つの平面について，その裏表を考えたとき，「有向平面」という。変位ベクトルは移動の向きを表す。変位ベクトルにならって，面積ベクトルが回転の向きを表すように工夫する。任意の閉曲線に囲まれた面を考える（図4.27）。面積ベクトルは，面の形によらず，

● 向き：閉曲線に沿って，ある向きに右ねじを回したときにねじの進む向き（面に垂直な方向）
● 大きさ：閉曲線に囲まれた面の面積の大きさ

のベクトルと定義する。

図3.51参照

掃く面積については図4.28参照

m × 5 = 5m

1章参照

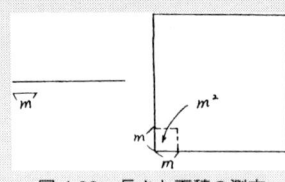

図4.26 長さと面積の測定

2.2.2項で「有向距離」を導入した。

適当に面の表裏を決める。

右ねじについては図4.30参照

ベクトルは，方向，向き，大きさがある。

■回転している間に掃く面積

例題 4.8 で，回転の中心からおもりまでの距離を r（一定）とする。dt だけ時間をかけながら，ある位置から $d\phi$ だけ回転する。このとき，おもりが掃いた面積 dS は，

$$dS = \pi r^2 \times \frac{d\phi}{2\pi} = \frac{1}{2} r^2 \, d\phi$$

と書ける（図 4.28）。速度の回転方向の成分 v_ϕ と角速度 ω の間には，$v_\phi = r\omega$（円弧の長さ＝半径×角度）の関係がある。面積の単位時間あたりの変化分（面積速度）は，

$$\frac{dS}{dt} = \frac{1}{2} r^2 \frac{d\phi}{dt} = \frac{1}{2} r^2 \omega = \frac{1}{2} r v_\phi, \quad \omega = \frac{d\phi}{dt}$$

となる。これは，回転の中心からの距離と角速度を合わせ持つ量になっている。だから，時間の観点では，面積速度で回転の勢いを表すことができそうである。

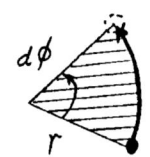

図 4.28　回転している間に掃く面積

回転の中心からおもりまでの距離 r が時間とともに変化する場合は，どうだろうか。おもりに付けたひもを鉛直下向きに引っぱる。時刻 t で，中心からの距離 r における速度を $\vec{v}$ とする。この時刻から測った時間を dt と書く。dt に長さの制約はないが，限りなく短くする。微小時間では，r と $v\sin\theta$ はほぼ一定とみなすことができる。$\vec{r}$ と $\vec{v}$ のなす角を θ とする。時刻 t の面積 S からの変化分 dS は，図 4.29 の斜線部分だから

$$dS = \frac{1}{2} r(v\sin\theta)\, dt = \frac{1}{2} r^2 \, d\phi = \frac{1}{2} r^2 \omega \, dt$$

となる。この式は，どの時刻から時間 dt 経ったとしても成り立つ。面積変化は，

$$\underbrace{r}_{(回転の中心から物体までの距離)} \cdot \underbrace{v\sin\theta}_{(速度の回転方向の成分)}$$

に比例する。

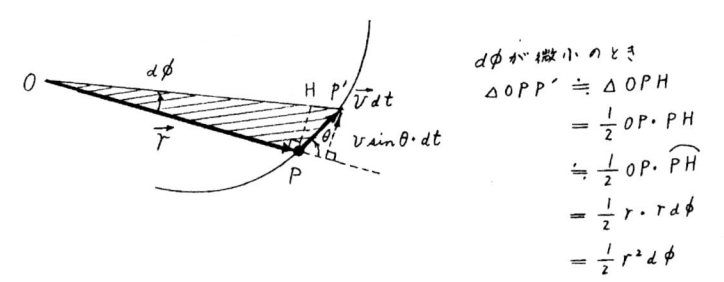

図 4.29　時間 dt の間に掃く面積

扇形の面積 ＝ (半径 r の円の面積) × $\dfrac{回転角}{1周の角}$

$dS = dA\,\mathrm{m}^2$（量 ＝ 数値 × 単位）

$d\phi$ は $d \times \phi$ でないことに注意する。

5.5 節参照

面積の単位時間あたりの変化分
　＝ $\dfrac{面積の変化分}{時間}$

の右辺を $\dfrac{dS}{dt}$ と表す。

$r^2\omega = r \cdot r\omega = rv_\phi$

量 ＝ 数値 × 単位 から，$\vec{r} = \vec{R}\,\mathrm{m}$，$\vec{v} = \vec{V}\,\mathrm{m/s}$ である。$\vec{r}$, $\vec{v}$ はベクトル量（量の組），$\vec{R}$, $\vec{V}$ はベクトル（数の組）である。

dt の意味は 2.3.4 項参照

$|\vec{v}|$ を v と書く。

角度 ＝ 角速度 × 時間
$d\phi = \omega \, dt$

$f(x)$ は「f は x の関数」を表す。同様に，$r(t)$ は「r は t の関数」を表す。「距離 r は時刻 t によって決まる」という意味である。煩わしいので，ここでは $r(t)$, $v(t)$, $S(t)$, $\theta(t)$ の (t) を省く。

上式を dt で割ると，面積速度は

$$\frac{dS}{dt} = \frac{1}{2}rv\sin\theta = \frac{1}{2}r^2\omega$$

となる。

■**角運動量の導入**

例題 4.2 にならって，回転の勢いを表す量を決めよう。回転の中心から物体までの距離，物体の速度のほかに物体の質量が必要である。運動量，運動エネルギーと同じ考え方で，回転の勢いを表す量として

角運動量 =（回転の中心から物体までの距離）× 質量
　　　　　× (速度の回転方向の成分)
　　　　 =（回転の中心から物体までの距離）
　　　　　×（運動量の回転方向の成分）

を定義する。

〈参考〉モーメント　モーメント：「軸からの距離に応じて重みを付ける」という意味。この用語を使うと，トルクは「力のモーメント」，角運動量は「運動量のモーメント」といい表せる。

面積速度に比例する量として，角運動量を導入した。面積はベクトル量で表すことができる。したがって，角運動量をベクトル量として扱うと便利である。角運動量は，

- 向き：位置ベクトル（$\vec{r}$ を表す矢印）と速度ベクトル（$\vec{v}$ を表す矢印）の張る平面に垂直で

  $\vec{r} \Rightarrow \vec{v}$ の向きに右ねじを回したときにねじの進む向き

- 大きさ：$|\vec{r}|\cdot m|\vec{v}|\sin\theta$　（θ は $\vec{r}$ と $\vec{v}$ のなす角）

のベクトル量である。これを

$$\vec{L} = \vec{r} \times m\vec{v}$$

と書き表す。角運動量は，位置 $\vec{r}$ と運動量 $m\vec{v}$ のベクトル積である。

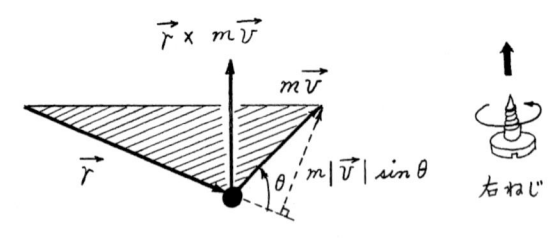

図 4.30　角運動量の定義

回転の勢いは，

　　時間の観点からは角運動量で表し，
　　空間の観点からは運動エネルギーで表す。

■**回転の勢いの変化**

単位時間あたりに回転の勢いがどれだけ変化するかを考えてみる。

微分の意味は例題 2.8 参照

mv_ϕ
質量 ×（速度の回転方向の成分）
= 運動量の回転方向の成分

トルク
=（回転の中心から物体までの距離）
×（力の回転方向の成分）

3.7.3 項参照

$\vec{L} = \vec{r} \times m\vec{v}$ は「$\vec{r} \times m\vec{v}$ を記号 $\vec{L}$ で表す」という意味である。
ベクトル積については 3.7.3 項参照

量 = 数値 × 単位 の拡張として，
ベクトル量 = ベクトル × 単位 と考える。
$\vec{r} = \vec{R}$ m, $\vec{v} = \vec{V}$ m/s

速度の定義：$\vec{v} = \dfrac{d\vec{r}}{dt}$

$$\frac{d\vec{L}}{dt} = \frac{d\vec{r}}{dt} \times m\vec{v} + \vec{r} \times \frac{d(m\vec{v})}{dt} = \vec{v} \times m\vec{v} + \vec{r} \times \vec{f} = \vec{r} \times \vec{f}$$

に dt を掛けると,

$$d\vec{L} = \vec{r} \times \vec{f} dt$$

$$|d\vec{L}| = |\vec{r}|(|\vec{f}|\sin\psi)\,dt \quad (\psi は \vec{r} と \vec{f} のなす角)$$

となる。これらから,

　　角運動量の単位時間あたりの変化分

　　　＝ (回転の中心から物体までの距離) × (力の回転方向の成分)

と表せる。(回転の中心から物体までの距離) × (力の回転方向の成分) を「トルク」という。

　　角運動量の変化分
　　　　結果
　　＝ (回転の中心から物体までの距離) × (力積の回転方向の成分)
　　　　　　　　　　　　　　　　　　　　原因

と表すことができる。この関係式は,

　　　ジワジワ時間をかけながらトルクを受けると,
　　　　回転の勢いが増す場合と減る場合がある

ことを意味する。物体のまわる勢いが変化する原因を

　　「力積のモーメント（まわる向きにはたらく力積）」

と呼び,

　　（回転の中心から物体までの距離）×（力積の回転方向の成分）

で表す。

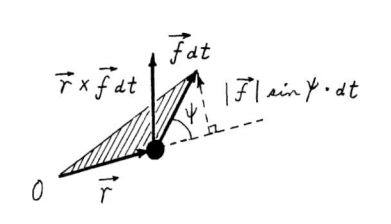

図 4.31　力積のモーメント

■角運動量原理

物体の回転の勢いを時間とともに追跡すると,

　　　物体の角運動量の変化分は, その物体にはたらいている
　　　　　　　力積のモーメントに等しい。

● 物体の回転の勢い（角運動量）を小さくするためには, 回転を妨げる力積のモーメントをほかの物体から加えなければならない。

● 物体の回転の勢い（角運動量）を大きくするためには, 回転をたすける力積のモーメントをほかの物体から加えなければならない。

例題 4.8 で, ひもを引っぱって, 円運動の半径を縮めると, おもりの回転は速くなる。

(1)　時間の観点　　$\vec{S}$ はひもからおもりにはたらく力, $\vec{N}$ は面からお

運動方程式：$\dfrac{d(m\vec{v})}{dt} = \vec{f}$

3.7.3 項参照

積の微分法をあてはめる：

$$\frac{d(fg)}{dt} = \frac{df}{dt}g + f\frac{dg}{dt}$$

$$\vec{L} = \vec{r} \times m\vec{v}$$

だから

$$\frac{d\vec{L}}{dt} = \frac{d(\vec{r} \times m\vec{v})}{dt}$$

となる。
f が $\vec{r}$, g が $m\vec{v}$ に対応すると思えばよい。
同一のベクトル量どうしのベクトル積は

$$\vec{v} \times \vec{v} = \vec{0}$$

である。

角運動量の変化分 ＝ トルク × 時間, トルクは $\vec{r} \times \vec{f}$ だから $d\vec{L} = \vec{r} \times \vec{f} dt$ である。$\vec{f}dt$ は力×時間 ＝ 力積である。

円運動は向心力によって実現する。円運動の勢い（速度, もっと正確には角運動量）は運動の向き（円の接線方向）に受ける力積で変化する。

5.5 節参照

物体に複数の力がはたらいているときには, 力積のモーメントの合計の向きに角運動量が変化する。

$\vec{S}$ を張力, $\vec{N}$ を垂直抗力と呼ぶ。しかし, これらの名称よりも「何から何に」はたらく力かということの方が重要である。

もりにはたらく力とする。

$$d\vec{L} = \vec{r} \times (\vec{S} + \underbrace{\vec{N} + m\vec{g}}_{\vec{0}}) dt$$

$\vec{S}$ は中心力だから，$\vec{r} \times \vec{S} = \vec{0}$ となる。結局，$d\vec{L} = \vec{0}$（角運動量の変化分は $0\,\mathrm{kg \cdot m^2/s}$）になるので，角運動量が保存する。回転の中心からの距離が $|\vec{r}_1|$ から $|\vec{r}_2|$ に変化したとする。$|\vec{r}_1 \times m\vec{v}_1| = |\vec{r}_2 \times m\vec{v}_2|$ だから，$|\vec{r}_1| > |\vec{r}_2|$ のとき，$|\vec{v}_1| < |\vec{v}_2|$ である。半径が小さくなると回転が速くなる。

■角運動量保存則

決まった点と物体を結ぶ直線に沿ってはたらく力を「中心力」という。物体が中心力を受けて運動しているとき角運動量が保存する。

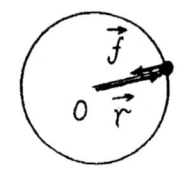

図 4.32　中心力 $\vec{f}$ と位置ベクトル $\vec{r}$ のなす角が π

(2)　空間の観点

$$d\left(\frac{1}{2}m|\vec{v}|^2\right) = (\vec{S} + \underbrace{\vec{N} + m\vec{g}}_{\vec{0}}) \cdot d\vec{r}$$

ここで，$(\vec{N} + m\vec{g}) \cdot d\vec{r} = \vec{0} \cdot d\vec{r} = 0\,\mathrm{J}$ である。ひもがおもりを引っぱる力だけがおもりに仕事をする。

半径が小さくなると回転が速くなる。ひもからおもりにはたらいている力が正の仕事をして，おもりの運動エネルギーが増すからである。

★まとめ
因果律

表 4.1　原因 → 結果

原因	結果
力積	運動量の変化
仕事	運動エネルギーの変化
トルク	角運動量の変化

- ジワジワ時間をかけながら力を受けると，運動の勢いが増す場合と減る場合がある。
- 力を受けながらジワジワ動くと，運動の勢いが増す場合と減る場合がある。
- ジワジワ時間をかけながらまわすと，回転の勢いが増す場合と減る場合がある。

★4 章の自己診断

1. 「運動の勢いとは何か」を時間の観点と空間の観点の両面から理解したか。
2. 落下運動をもとにして，質量の表す二つの意味（はたらいている重力が大きいかどうか，速度が変化しやすいかどうか）を理解したか。

↑と↓はつりあうから，↑＋↓＝●である。

$\vec{r}$ と $\vec{S}$ が反平行なので，これらのなす角は π だから，$|\vec{r} \times \vec{S}| = |\vec{r}||\vec{S}|\sin\pi = 0\,\mathrm{N \cdot m}$ となる。なお，平行な二つのベクトルのなす角は 0 である。

$d(\cdots)$ は「$\cdots$ の変化分」と考えるとよい。

$d\vec{L} = \vec{0}$ は $\vec{L}$ が変化しないことを意味する。

$|\vec{r}_1 \times m\vec{v}_1| = |\vec{r}_1| \cdot m|\vec{v}_1|\sin(\pi/2)$
$\vec{r}_1$ と $\vec{v}_1$ のなす角は $\pi/2$ である。

5.5 節参照

$|\vec{r}_1|m|\vec{v}_1| = |\vec{r}_2|m|\vec{v}_2|$

物体に複数の力がはたらいているときには，力の合計のした仕事で運動エネルギーが変化する。

仕事を力と変位の内積で表してある。
3.7.2 項参照

結果：物体の勢いの変化
原因：外界からのはたらき

運動量：力積によって変化する勢い

運動エネルギー：仕事によって変化する勢い
角運動量：トルクによって変化する勢い

速度を保とうとする性質を「慣性」という。

5 いろいろな力学現象
——ニュートンの遺言に基づいた説明

◆ 5章の問題点
① 「時間の観点」と「空間の観点」の両方の見方で，力学現象を説明できるようにすること．
② 運動の勢いの変化とその原因を結ぶ因果律の概念を理解すること．

キーワード◆ 力，位置エネルギー，運動量保存則，力学的エネルギー保存則，角運動量保存則，反発係数，単振動，減衰振動，質量中心，ケプラーの法則，万有引力

　運動の法則は，ニュートン（Newton）の遺言とみなせる．われわれは，この遺言にしたがって，いろいろな力学現象のカラクリを理解することができる．このため，21世紀を迎えた現在でも，運動の法則が正しいと信じている．

■力学現象を考える手順
① **現象を把握する**：物体がどのように運動しているかを把握する．
② **座標軸を設定する**：運動を観測するためには時計と物差が必要である．
③ **物体を図示する**：物体の大きさと形を考慮しないときには，質点として扱う．そうでないときには，剛体として扱う．
④ **物体にはたらいている力を見つける**：物体の運動の速度が変化する原因は，物体に力がはたらいているからである．
⑤ **着目する物体について，運動の勢いの変化とその原因（因果律）を結びつける**：時間の観点（運動量の変化と力積の関係，角運動量の変化と力積のモーメントの関係）と空間の観点（運動エネルギーと仕事の関係）がある．
⑥ **物体の速度と位置を求める**：運動の勢いの変化とその原因の間の関係から，未来の運動を予言する．
⑦ 図またはグラフで運動の軌跡を描く
⑧ **結果を吟味する**：適当な数値をあてはめて，いろいろな場合を具体的に調べてみる．

　現象によっては，保存量に注目すると見通しがよくなる場合がある．

運動量は力積によって変化する
↓
運動量保存則

運動エネルギーは仕事によって変化する
↓
力学的エネルギー保存則

角運動量は力積のモーメントによって変化する
↓
角運動量保存則

いきなり式と計算に気を奪われてはいけない．まず，実験する場面を思い浮かべて，どのような測定器械が必要かを考えよう．

● 物体の状態は，「位置（どこで）」と「速度（どの向きにどんな速さで）」を指定すれば決まる．

「着目する物体から他の物体にはたらいている力」ではない．
● 接触した物体に注目する．
● 重力場を考える．
● どの力も「何から何に」はたらいているかを考える．
● 力を矢印で図示する．

5. いろいろな力学現象

■準備：ベクトルの成分

力，速度などのベクトル量は，一つの矢印で表すことができる。矢印のイメージを意識するために，本書ではベクトル記号をaと書かず$\vec{a}$と表すことにした。図5.1のように，矢印の形の棒に平行光線をあてると，壁に影ができる。棒の形はあくまでも ╱ であり，→ ではない。

> 2.2.3 項参照
>
> ベクトル記号とベクトルの成分を混同してはいけない。
>
> ベクトル記号の使い方は，付録 E にまとめてある。

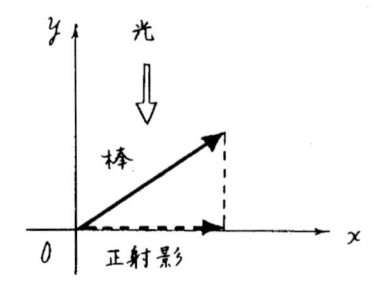

図5.1 矢印の形の棒に平行光線をあてる

■**問** 水平右向きで大きさ3のベクトル$\vec{c}$を成分で表せ。

■**解説** 同じベクトルでも座標軸（物差）の正の向きがちがうと，成分の正負が変わる。成分はベクトルの大きさ（$|\vec{c}| = 3$）のほかに符号を含んだ値で表す。

(1) ベクトルの大きさに注目して考える方法

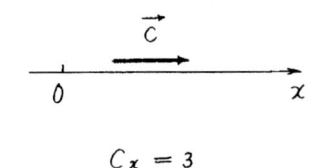

$$C_x = 3$$

図5.2 水平右向きを正の向きとした座標軸

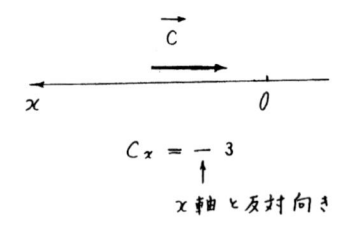

$$C_x = -3 \quad (x軸と反対向き)$$

図5.3 水平左向きを正の向きとした座標軸

(2) 座標に注目して考える方法

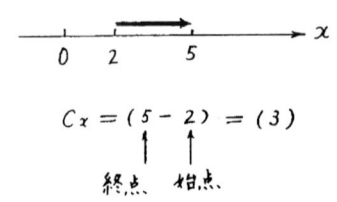

$$C_x = (5-2) = (3)$$
（終点 － 始点）

図5.4 水平右向きを正の向きとした座標軸

> 5 − 2 と 2 − 5 は有向距離である。有向距離については 2.2.2 項参照
>
> 等号は，単なる「等しい」という意味ではない。矢印の名称$\vec{c}$と数c_x（3 または −3）という異なる概念の 1 対 1 対応を表している。

```
     ←————
x   5   2   0
```

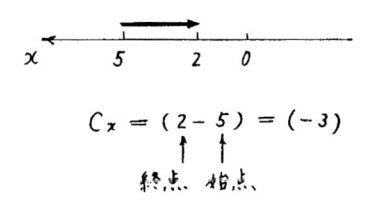

$C_x = (2 - 5) = (-3)$
         ↑   ↑
        終点   始点

図 5.5 水平左向きを正の向きとした座標軸

1. 変位

橋の上を A から B まで歩いた。水平方向に A から C まで歩き，鉛直方向に C から B まで歩いたとしても，結果は同じである。しかし，橋の上の経路は，あくまでも 1 本であり，この経路が 2 本に分かれるわけではない。$\overrightarrow{AB} = \overrightarrow{AC} + \overrightarrow{CB} = x\vec{i} + y\vec{j}$ と書ける。しかし，「変位の成分をとる」という意味は，変位を実際に分解することではない。

$x = $ (C の x 座標) $-$ (A の x 座標)
$y = $ (B の y 座標) $-$ (C の y 座標)
$\vec{i} = \begin{pmatrix} 1 \\ 0 \end{pmatrix}$ と $\vec{j} = \begin{pmatrix} 0 \\ 1 \end{pmatrix}$ は，それぞれ x 方向と y 方向の基本ベクトル

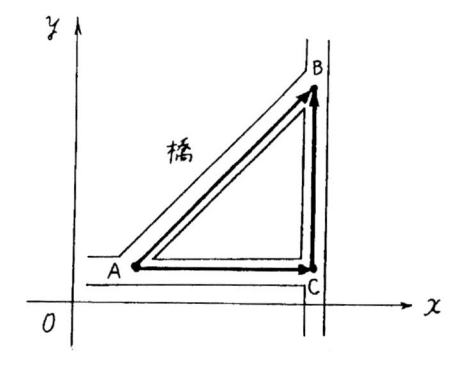

図 5.6 変位の成分

2. 重力

単位質量の物体にはたらく重力 $\vec{g}$ を成分で表せ。

- $|\vec{g}|$ を g（細文字）と書くと，$g = |\vec{g}| = 9.8\,\mathrm{N/kg}$ である。
- $\vec{g}$ はベクトルの名称であり，g は量（= 数値 × 単位）を表す。
- $\vec{g}$ は鉛直下向きの矢印で表せる。$-\vec{g}$ と書くと，鉛直上向きの矢印になるので，まちがいである。
- 座標軸（物差）の正の向きがちがうと，$\vec{g}$ の成分が変わる。

ほとんどの学生は，力がベクトル量（矢印で表せる量）であることを知っている。しかし，実際の問題に取り組むと，力が矢印で表せることを意識しなくなる。このため，「ベクトル」と「ベクトルの成分」を混同しがちである。

鉛直下向きを z 軸の正の向きとする。質量 m の物体について，$d(m\vec{v}) = m\vec{g}\,dt$ の z 成分は $m\,dv_z = mg\,dt$ と書ける。観測によると，物体によらず 1 s 間に速度が 9.8 m/s だけ変化する。z 成分の式に $dv_z = 9.8$ m/s, $dt = 1$ s. 標準物体の質量 $m = $ kg を使う。$g = F$ N/kg と書くと，kg × 9.8 m/s = kg × F N/kg × 1 s となる。この両辺を比べると，$F = 9.8$, N = kg·m/s^2 であることがわかる。

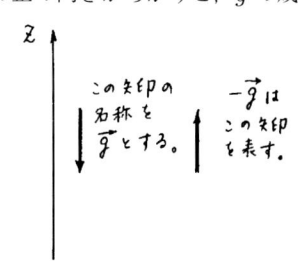

図 5.7 鉛直上向きを正の向きとした座標軸で表すと，$\vec{g}$ の成分は $-|\vec{g}|$ または $-g$ となる。

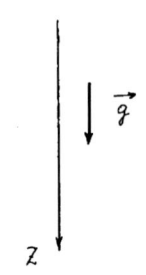

図5.8 鉛直下向きを正の向きとした座標軸で表すと，$\vec{g}$ の成分は $|\vec{g}|$ または g となる。

3. ロープを引っぱる力

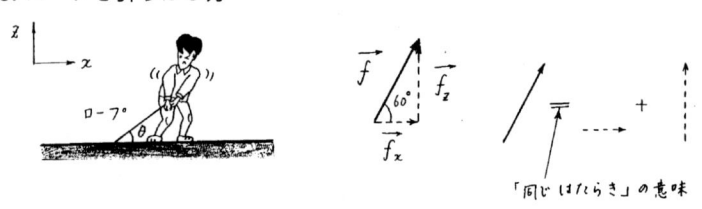

図5.9 ロープを引っぱる力の成分

人がロープを引っぱる力は，一つである。この力が二つに分解するわけではない。ロープは，あくまでも1本であり，2本に分かれないことから明らかである。図5.9のロープの向き ($\theta = 60°$) に 10N の力を加えた場合を考えてみよう。この力は，「x 方向に 5N の力，z 方向に 8.7N の力で引っぱっているのと同じはたらきをする」ということにすぎない。

> [注意1] 「力の成分」とは力の分解ではない 一つの力の x 成分, z 成分を考えるとき，「この力が二つに分解する」と誤解してはいけない。図5.9のロープにはたらいている力はあくまでも一つの力 $\vec{f}$ である。$\vec{f_x}$ (x 成分) と $\vec{f_z}$ (z 成分) の二つの力が実際にはたらいているのではない。成分を使うと計算に便利である。このため力ベクトルに光をあてたかのように見なして，成分を考えているにすぎない。あくまでも影を見ているのであって，ベクトルを分解したのではない。

4. 斜面上の物体にはたらく重力

重力の斜面に沿った方向の成分と斜面に垂直な方向の成分

● $\vec{g}$ は座標軸に関係ないが，$\vec{g}$ の成分は座標軸の選び方で決まる。

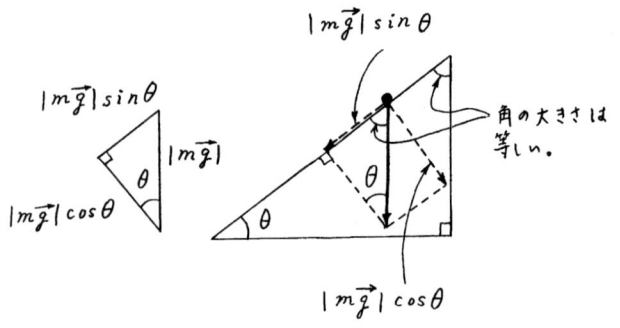

図5.10 斜面上の物体にはたらく重力の成分

サイドノート：

$$\vec{f} = \vec{f_x} + \vec{f_y}$$
$$= f_x \vec{i} + f_y \vec{j}$$
$$= f_x \begin{pmatrix} 1 \\ 0 \end{pmatrix} + f_y \begin{pmatrix} 0 \\ 1 \end{pmatrix}$$
$$= \begin{pmatrix} f_x \\ f_y \end{pmatrix}$$

$f_x = 10\,\text{N} \times \cos 60° = 5\,\text{N}$
$f_y = 10\,\text{N} \times \sin 60° \fallingdotseq 8.7\,\text{N}$

f_x, f_y は $\vec{f}$ のスカラー成分である。2.2.3節参照

$m\vec{g}\sin\theta, m\vec{g}\cos\theta$ と書いてはいけない。これらは，$\vec{g}$ に $m\sin\theta, m\cos\theta$ が掛かった形なので，$\vec{g}$ と同じ向き（鉛直下向き）になる。正しくは，図5.50の基本ベクトルを使って $-|m\vec{g}|\sin\theta\vec{j}, -|m\vec{g}|\cos\theta\vec{k}$ と書く。

摩擦の無視できる斜面（傾角 θ）を考える。物体を斜面上に置いた途端に，重力が 2 方向に分解して二つの力になるわけではない。物体は，重力によって，あくまでも鉛直下向きに引っぱられている。しかし，斜面があるので，物体は鉛直下向きに落下することができず，斜面に沿って滑り落ちる。斜面に垂直な方向には，物体は静止したままである。斜面に沿った方向には，時間 dt に速度が $(g\sin\theta)\,dt$ だけ変化する。このとき，物体は，重力が二つのはたらきをしているように感じる。

(1) $mg\cos\theta$ の力で，物体を斜面に向けて引き寄せて，斜面が支える力を打ち消している。

(2) $mg\sin\theta$ の力で，物体を斜面に沿った方向に滑らせている。

斜面が支える力が，斜面に対して垂直でなければ，斜面方向の速度の変化は $(g\sin\theta)\,dt$ にならない。これは，観測結果と合わない。

5.4 節参照
速度の斜面に沿った方向の成分を v とすると，$dv=(g\sin\theta)dt$ と書ける。

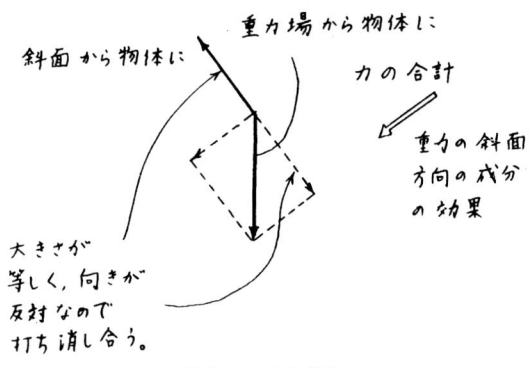

図 5.11　力の合計

4. 机の面から物体にはたらく力

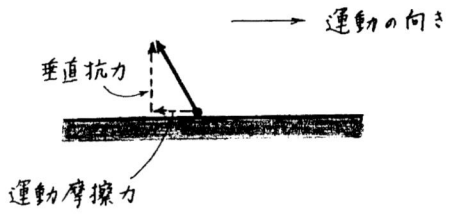

図 5.12　机の面から物体にはたらく力の成分

物体は，机の面から，あくまでも一つの力しか受けない。この力が二つに分解するわけではない。物体は，一つの力が二つのはたらきをしているように感じるということにすぎない。

(1) 物体が机の面に食い込まないように，物体を鉛直上向きに支えている。

(2) 物体の運動を妨げる向きに，物体を引っぱっている。

(1) と (2) のそれぞれのはたらきに，「垂直抗力」と「運動摩擦力」という名称を付けている。しかし，物体に二つの力がはたらいているわけではない。机の面には 2 本の腕がないから，物体に 2 方向の力をおよぼさない。

5.1 位置エネルギー——落下運動再論

> **疑問**：ボールを鉛直上向きに投げ上げ，そのボールを見上げてみよう。最高点が高い場合と低い場合を比べてみる。どちらの場合も，最高点では速度 0 m/s なので，そこでの勢いは同じである。しかし，ボールが落ちてくる場面を想像すると，最高点が高いほど恐怖感が増す。これはなぜだろうか。

ボールの投げ上げを思い出してみる。ボールがはじめの位置に戻ってくるときの速さは，初速と同じである。したがって，はじめの勢いと戻ったときの勢いは同じである。最高点に達するまでに，重力がボールに上昇を妨げる仕事をする。このため，ボールの勢いが小さくなる。はじめの勢いが大きいほど，重力が大きな仕事をしないと勢いが小さくならない。重力は一定だから，上昇する距離が長いほど，重力はボールに大きな仕事をする。つまり，初速が大きいほど最高点は高い。最高点が高いほど，落下するときに重力はボールに大きな仕事をして勢いを増す。このため，戻ったときのボールの速さが大きい。

ボールは上昇するにつれて勢いが減るが，落下するにつれて勢いを取り戻す。減った勢い（運動エネルギー）はどうなっていたのだろうか。同じ位置で比べると，投げ上げたときの勢いと戻ったときの勢いは同じである。ボールが上昇している間に，運動エネルギーを何かの形でどこかに預ける。落下している間に，ボールは運動エネルギーを少しずつ返してもらっている。こういうメカニズムを考えることができそうである。預けた勢いと実際の運動の勢いを合わせると，つねに一定になっているような気がする。

> **【例題 5.1】 投げ上げ**　地面を高さの基準点として，鉛直上向きに z 軸を設定する。高さ 1.2 m の位置から，質量 0.1 kg のボールを投げ上げた。
> (1) 高さ $z_1 (= 1.8\,\text{m})$ から高さ $z_2 (= 2.3\,\text{m})$ までの間に，ボールが失った運動エネルギーを求めよ。
> (2) 高さ z_2 から高さ z_1 まで戻る間に，ボールが得た運動エネルギーを求めよ。
> (3) 重力がボールにした仕事の観点から，(1) と (2) を比べよ。ボールが失った運動エネルギーはどうなっていたと考えたらよいか。
>
> 図 5.13　ボールの投げ上げ
>
> **【解説】** 4.1.3 項で考えたように，物体の運動エネルギーは，ほかの物体からその物体にはたらく力がした仕事の分だけ変化する。ボールの質量を m，単

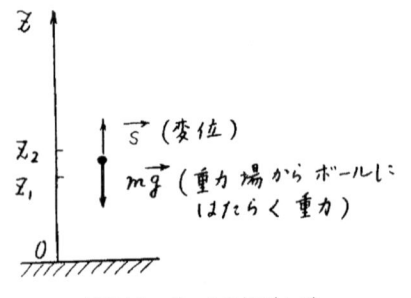

位質量 kg の物体にはたらく重力の大きさを g とする。

(1) 重力がボールにした仕事を W とする。

$$W = (-mg)(z_2 - z_1)$$
$$= (-0.1\,\text{kg} \times 9.8\,\text{N/kg})(2.3\,\text{m} - 1.8\,\text{m})$$
$$= -0.49\,\text{J} < 0\,\text{J}$$

だから，ボールは 0.49 J の運動エネルギー（勢い）を失った。重力の向きとボールの進む向きが反対なので，この仕事は負である。

(2) (1) と同様にして，ボールは 0.49 J の運動エネルギー（勢い）を得た。重力の向きとボールの進む向きが同じなので，この仕事は正である。

(3) z_1 から z_2 までの間に，重力がボールに $(-mg)(z_2 - z_1)$ だけ負の仕事をした。

ボールは，
- 上昇中に勢いを失いながら，運動エネルギーを正の仕事の形で $+mg(z_2 - z_1)$ だけ重力場に預けた。
- 落下中に重力場から正の仕事の形で運動エネルギーを受け取りながら，勢いを増した。

ボールは，上昇中に失った勢いを落下中に取り戻す。したがって，同じ高さでは，上昇中と落下中のどちらの場合もボールの速さは同じである。

例題 5.1 から，

ある高さで，物体が重力場から取り戻せる勢いを
「重力による物体の位置エネルギー」

と呼ぶ。ボールが上昇中でも落下中でも，同じ高さであれば位置エネルギーは同じである。上昇中，ボールは勢いを重力場から取り戻すのではなく，重力場に預けている。実際の運動とちがって，上昇中にも勢いを取り戻せるとしたら，それは重力場に預けてある分である。だから，上昇中でも位置エネルギーを考えることができる。

■力学的エネルギー保存則

力学的エネルギー = 位置エネルギー + 運動エネルギー

と表す。重力による運動の場合には，力学的エネルギーが保存する。つまり，ある高さで

（物体が重力場から取り戻せる勢いを表す量）
+（物体の運動中の勢いを表す量）= 一定量

が成り立っていると考える。

■位置エネルギーの値の決め方

z_1 から z_2 までの間に，物体が重力場に預けた勢いがいくらかはわかる [例題 5.1(1)]。それでは，ある高さで，物体は重力場からどれだけの位置エネルギーを受け取ることができるか。基準点を選ばないと，位置エネルギーの値そのものは決まらない。その高さから基準点までに，重力が物体にどれだけの仕事をすることができるかを考える。物体は，その仕事の分だけ重力場から位置エネルギーを受け取ることができる。

『岩波理化学辞典』によると，Bernoulli がはじめて g という文字を使ったらしい。

W: "work"（仕事）の頭文字

（あとの位置）−（はじめの位置）

$z_2 - z_1$
例題 1.7 参照

仕事の表し方は，3.7.2 項の例 1 を参照

$\text{kg} \cdot \dfrac{\text{N}}{\text{kg}} \cdot \text{m} = \text{N} \cdot \text{m} = \text{J}$

重力がボールにした仕事：
$$W = (-mg)(z_2 - z_1)$$

ボールが重力場に預けた勢い：
$$-W = -[(-mg)(z_2 - z_1)]$$
$$= +mg(z_2 - z_1)$$

「勢いを預かる」の意味は，p. 121 参照

同じ高さでは，ボールの勢いが同じなので，速さが同じになる。

基準点 z_* の選び方によって，位置エネルギーの値はちがう．基準点を地面に選んだときには，$z_* = 0\,\mathrm{m}$ だから高さ $2\,\mathrm{m}$ で位置エネルギーは $1.96\,\mathrm{J}$ である．高さ $1.2\,\mathrm{m}$ を基準点に選んだときには，$z_* = 1.2\,\mathrm{m}$ だから高さ $2\,\mathrm{m}$ で位置エネルギーは $0.784\,\mathrm{J}$ である．

通常，「z_2 から z_1 までの間に，物体はどれだけの位置エネルギーを勢いとして取り戻したか」を考える．位置エネルギーは差だけが問題になる．どの高さを位置エネルギーの基準点に選んでも，位置エネルギーの差は同じだからである．ボールが高さ $100\,\mathrm{m}$ から $80\,\mathrm{m}$ まで落下しても，$50\,\mathrm{m}$ から $30\,\mathrm{m}$ まで落下しても，同じ恐怖感を経験する．

$(-mg)(z_* - z)$ に $m = 0.1\,\mathrm{kg}$, $g = 9.8\,\mathrm{N/kg}$, $z_* = 0\,\mathrm{m}$ または $1.2\,\mathrm{m}$, $z = 2\,\mathrm{m}$ を代入する．

銀行に 100 万円の貯金があるとしよう．「残額を 20 万円にすること」という制約を設けると，80 万円引き出せる．しかし，「残額を 70 万円にすること」という制約を設けたら 30 万円しか引き出せない．100 万円の貯金に変わりはないが，制約の決め方によって引き出せる額はちがう．重力場の預かっている勢いが貯金．基準点の選び方が残額の制約の決め方にあたる．

高さ z_1 における位置エネルギー
　　$= (-mg)(z_* - z_1)$
高さ z_2 における位置エネルギー
　　$= (-mg)(z_* - z_2)$

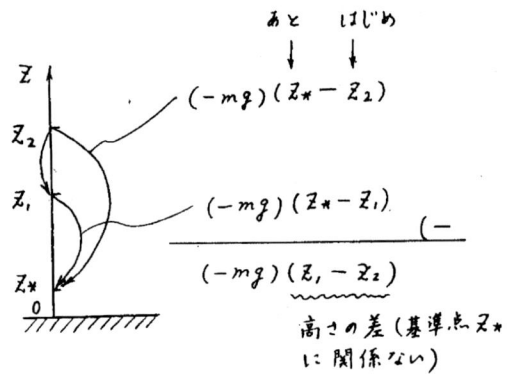

図 5.14　位置エネルギーの差

【例題 5.2】　**準静的過程**　　地面を高さの基準点として，鉛直上向きに z 軸を設定する．高さ $z_1 (= 1.8\,\mathrm{m})$ から高さ $z_2 (= 2.3\,\mathrm{m})$ まで，質量 $0.1\,\mathrm{kg}$ のボールを手で静かに持ち上げた．

(1) 高さ z_1 から高さ z_2 までの間に，ボールの運動エネルギーは，どれだけ変化したか．

(2) 高さ z_1 から高さ z_2 までの間に，手からボールにはたらく力がボールにした仕事と重力がボールにした仕事を求めよ．

(3) 高さ z_2 で手を放したら，ボールは落下する．落下中に重力がボールにする仕事は，(2) の仕事とどんな関係にあるか．

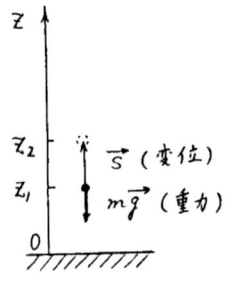

図 5.15　ボールを手で静かに持ち上げるとき

【解説】　手で持ち上げる力と重力がつりあっていたら，ボールを動かせない．限りなくつりあいに近く，持ち上げる力を重力よりもわずかに大きくする．こういう運び方を「準静的過程」という．

準静的過程は，熱力学でも学習する．

ボールの質量を m，単位質量 kg の物体にはたらく重力を $\vec{g}$ と表す．手からボールにはたらいている力を $\vec{F}$，重力場からボールにはたらいている重力

を $m\vec{g}$ とする。これらの力がつりあっているので，$\vec{F} + m\vec{g} = \vec{0}\,(\uparrow + \downarrow = \bullet)$ である。つまり，大きさ（0.98 N）が等しく，向きが反対になっている。

(1) ボールの速度は 0 m/s のままなので，運動エネルギーは 0 J のまま変わらない。

(2) 手からボールにはたらいている力がした仕事
$$= （手からボールにはたらいている力の大きさ）$$
$$\times （この力の向きにボールが動いた距離）$$
$$= |\vec{F}||z_2 - z_1| = 0.98\,\text{N} \times |2.3\,\text{m} - 1.8\,\text{m}|$$
$$= 0.49\,\text{J}$$

重力がボールにした仕事
$$= （重力の大きさ）\times （重力の向きにボールが動いた距離）$$
$$= |m\vec{g}|(-|z_2 - z_1|)$$
$$= 0.98\,\text{N} \times (-|2.3\,\text{m} - 1.8\,\text{m}|)$$
$$= -0.49\,\text{J}$$

これらの仕事の値は，正負が反対だが大きさは等しい。手からボールにはたらく力がした仕事によってボールの勢いが増えるのではない。ボールは，この仕事で増すはずの勢いをそのまま重力場に預けているからである。このため，ボールの勢いは増えも減りもしない。

(3) (2) で，重力場がボールから勢いを預かった。ボールは落下しながら，この勢いを重力場から取り戻している。

［注意1］例題 5.1 と例題 5.2 のちがい　ボールは上昇しながら，
例題 5.1：はじめの勢い（運動エネルギー）を少しずつ重力場に預けている。
例題 5.2：手から仕事をされて得た勢いを直ちに重力場に預けている。

■ポテンシャルの概念

ビル建設の工事現場付近を歩くときは，気分が悪い。鉄骨の一部が頭の上に落ちてくるような気がするからである。同じ鉄骨でも，地面に置いてあれば，少しもこわくない。鉄骨が実際に落ちてこなくても，もし落ちるとしたら，どのくらいの勢いがつくのかを想像する。

　　　ある高さで，重力場は物体に仕事をして勢いを与える
　　　　潜在能力（ポテンシャル）を持っていると見なす。

クレーンで静かに鉄骨を持ち上げる。このとき，クレーンから鉄骨にはたらく力は，鉄骨に仕事をする。重力場は，この仕事で増すはずの勢いを鉄骨から預かる（例題 5.2）。ある高さで鉄骨が固定してあっても，何らかの原因で鉄骨が落ちるかもしれない。仮に，その高さから基準の高さ（例えば地面）まで鉄骨が落ちるとしよう。

このとき，重力場は鉄骨にどれだけの勢いを与えることができるか。重力による鉄骨の位置エネルギーが，この勢いを与える仕事である。実際に鉄骨が落ちるとしたら，鉄骨は重力場から位置エネルギーを受け取り，それを勢い（運動エネルギー）に変える。われわれは，こういう場面を想像するから，鉄骨が高い位置にあるほどおそろしく感じる。重力場が物体に勢いを与える潜在能力（ポテンシャル）が，恐怖感の度合になる。鉄骨は，このポテンシャルの分だけ，重力場から位置エネルギー

$|m\vec{g}| = 0.1\,\text{kg} \times 9.8\,\text{N/kg} = 0.98\,\text{N}$

$\frac{1}{2}m(0\,\text{m/s})^2 = 0\,\text{J}$

3.7.2 項参照

「重力と反対向きに
$+|z_2 - z_1|$ だけ動いた」
＝「重力の向きに
$-|z_2 - z_1|$ だけ動いた」

重力がボールにした仕事の値が負なので，ボールが重力場に仕事の形で勢いを預けた。

「勢いを預かる」とは？
紙袋に空気を入れて膨ませる。手で紙袋をたたかなければ紙袋は破れない。しかし，手で紙袋をたたくと大きな勢いで紙袋は破れる。紙袋の中の空気は勢いを預かっていたことになる。「紙袋は，たたかれると大きな勢いで破れる潜在能力を持っていた」と思えばよい。紙袋に入れた空気が多いほど破れるときの勢いは大きい。

「重力場が物体に仕事をして勢いを与える」とは？
簡単にいえば，「重力が物体を落下させるはたらきをして，物体が加速する」という意味である。

物体は，力によって正の仕事をされると勢いが大きくなる。

恐怖感	勢い
大	小
小	大

ボールの位置が高いと，勢い（運動エネルギー）は小さいが，恐怖感（位置エネルギー）は大きい。ボールが上昇中であっても，通過した位置から突然落ちてくる場面を想像すると，恐怖感を感じる。

を受け取ることができる。

図5.16 位置エネルギーを実感する

> [注意2] **物体の位置エネルギー** 重力場がポテンシャルを持っている。しかし，「重力場の位置エネルギー」といわないで「物体の位置エネルギー」という。これは「物体が重力場から取り戻すことのできるエネルギー（勢い）」という意味である。
>
> 位置エネルギーをお金に例えると，重力場は銀行にあたる。銀行がお金を預かっていても，そのお金の名義人は本人である。物体を位置エネルギーの名義人と考えればよい。実際にお金を引き出さなくても，引き出すとしたら最大でどれだけ引き出せるかは決まっている。
>
> 物体が止まったままであれば，物体は重力場から実際には位置エネルギーを受け取らない。しかし，高さごとに，物体が重力場からどれだけの位置エネルギーを受け取ることができるかは決まっている。物体が位置エネルギーを実際に受け取ったら，これが運動中の勢い（運動エネルギー）になる。物体が落下するとき，重力は物体に正の仕事をするので，重力場のポテンシャルは減少する。銀行の貯金が減るのと同じである。

■ポテンシャルと運動の経路

3.7.2 項参照

「ポテンシャル関数」と呼ぶ教科書もある。

ポテンシャルは経路によらず，基準点から見た位置だけで決まる。物体を鉛直下向きに落下させても，斜面に沿って運んでも，重力が物体にする仕事は同じである。重力場が物体に勢いを与える潜在能力は，空間内の位置（高さ）ごとに決まっている。

■ポテンシャルの定義

物体が実際に上昇中か下降中かということは関係ない。

ある高さ z から基準点 $z_\star$ までに，重力が物体に仕事をするとしたら，どれだけの仕事ができるかを考える。この仕事で「重力場のポテンシャル」を表す。ポテンシャル U は，位置 z だけで決まるから，$U(z)$ と表す。重力の z 成分を F_z と書くと，

$U(z)$ は「U は z の関数」という意味である。

$$U(z) = \int_z^{z_\star} F_z \, dz$$

図5.17で鉛直上向きを z 軸の正の向きとしたので，$\vec{F}$ が重力 $m\vec{g}$ の場合，F_z は $-mg$ と表せる。3.7.2 項例1b(1)を使えば，あえて

と表せる。重力は一定だから，この積分の形で表さなくても

$$U(z) = (-mg)(z_\star - z)$$

$$U(z) = \int_z^{z_\star} (-mg) dz$$
$$= (-mg) \int_z^{z_\star} dz$$

と考えなくてもよい。

2.3.4 項 [注意4] 参照

と同じである。力が位置によって変化する場合（例えば，ばねの弾性力）の方が圧倒的に多いので，一般には積分で表す。「微分」という用語から微小量を連想しがちである。しかし，dz は「ある高さから測っ

た変位」という意味しかないので，大きさに制約はない。ばねの弾性力 $(-kz)$ は，位置ごとに変化する。長い変位の間に同じ z で弾性力を表すことはできない。このため，変位を小刻みにして dz を限りなく小さい変位と考える。

$U(z)$ の定義は，「dz 進むごとに仕事 $F_z\,dz$ を求めて，それらを位置 z から位置 $z_\star$（基準点）まで集めた（合計した）形」である。重力場は，物体に位置エネルギーを与える。物体は，これを運動エネルギーに変える。つまり，

重力場は，たくわえていたポテンシャルを減らす向きに
重力を物体におよぼす。

鉛直上向きを z 軸の正の向きとすると，重力は負の向きにはたらく。重力の向きはポテンシャルが減る向きである。重力が $F_z\,dz$ だけ仕事をするとしたら，この分だけポテンシャルは減るので，$dU(z) = -F_z\,dz$ である。したがって，

$$F_z = -\frac{dU(z)}{dz}$$

と表せる。

$$U(z) = (-mg)(z_\star - z),$$
$$F_z = -\frac{dU(z)}{dz} = -\frac{d[(-mg)(z_\star - z)]}{dz} = -mg$$

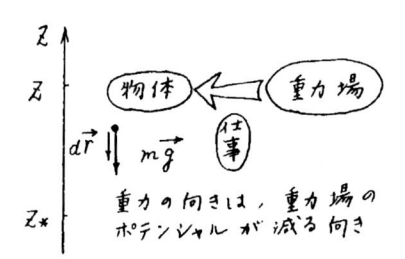

図 5.17　重力の向き

[注意3]　**力積と運動量の間で成り立つ法則，仕事と運動エネルギーの間で成り立つ法則，トルクと角運動量の間で成り立つ法則**　力積，仕事，トルクは，人が勝手に定義した物理量である。しかし，質量，速度の単位と整合するように力の単位を決めたので，「運動量の変化は力積に等しい」「運動エネルギーの変化は仕事に等しい」「角運動量の変化は力積のモーメントに等しい」という命題が成り立つ。

〈参考〉　**エネルギー積分**　数学のことばでいい表すと，速度は「時間を入力したとき変位を出力する関数」である。同じ時間を入力しても，大きな変位を出力するほど物体の速度は大きい。変位 = 速度 × 時間 の関係は，「時間から変位への翻訳」と見ることができる。

ばねの弾性力の表し方については，5.6 節参照

2.5 節参照

$$U(z) = \int_z^{z_\star} F_z\,dz$$

仕事の値の正負については，3.7.2 項参照

図 5.17 で $F_z < 0\,\mathrm{N}$，$dz < 0\,\mathrm{m}$ から $F_z\,dz > 0\,\mathrm{J}$ なので，$dU(z) = -F_z\,dz(<0\,\mathrm{J})$ は，$U(z)$ が減ることを表す。

$-mg$ が一定量であることに注意すると，
$$\frac{d[(-mg)(z_\star - z)]}{dz}$$
$$= (-mg)\frac{d(z_\star - z)}{dz}$$
$$= (-mg)\left(\frac{dz_\star}{dz} - \frac{dz}{dz}\right)$$
となる。

$z_\star$ は一定量だから $\frac{dz_\star}{dz} = 0$ である。

落下中だけでなく，上昇中であっても，通過した位置から物体が突然落ちてくる場面を想定する。重力は物体を落下させるはたらきである。ポテンシャルの減る向きに重力がはたらく。

4.1.2 項参照

時間 ———————→ 変位
速度(関数)

運動方程式に速度を掛けて時間について積分する（エネルギー積分）と，運動エネルギーと仕事の間の関係式を導くことができる。

エネルギー積分は，「運動量と力積の方程式（時間の観点）から運動エネルギーと仕事の方程式（空間の観点）への翻訳」と思えばよい。運動量と力積の方程式に速度を掛けるという点で，変位＝速度×時間 と考え方は同じである。

〈例〉投げ上げ　鉛直上向きを z 軸の正の向きとする。

運動量と力積の方程式：$d(mv_z) = F_z\, dt\, [= (-mg)\, dt]$

辺々 v_z を掛ける：$v_z d(mv_z) = F_z v_z\, dt$

運動エネルギーと仕事の方程式：$d\left(\frac{1}{2}mv_z^2\right) = W$
$$[= F_z\, dz = (-mg)\, dz = -dU(z)]$$

（物理のことばによる説明）

$d\left(\frac{1}{2}mv_z^2\right)$：運動エネルギーの変化（結果）

$W = F_z\, dz\, [= (-mg)\, dz]$：重力が物体にした仕事（原因）

- 上昇中：重力が物体に負の仕事 $[dz > 0\,\mathrm{m},\ W = (-mg)\, dz < 0\,\mathrm{J}]$ をするので，物体の勢い（運動エネルギー）は小さくなる。
- 落下中：重力が物体に正の仕事 $[dz < 0\,\mathrm{m},\ W = (-mg)\, dz > 0\,\mathrm{J}]$ をするので，物体の勢い（運動エネルギー）は大きくなる。

$W = -dU(z)$

（物理のことばによる説明）

「重力が物体に仕事 W をした」

＝「物体が重力場に $-W$ の分だけ勢いを預けた」

＝「重力場のポテンシャル $U(z)$ は $-W$ だけ変化した」

から，$dU(z) = -W\,[= mg\, dz]$ である。

- 上昇中：重力場のポテンシャルが増える $[dz > 0\,\mathrm{m},\ dU(z) > 0\,\mathrm{J}]$。
- 落下中：重力場のポテンシャルが減る $[dz < 0\,\mathrm{m},\ dU(z) < 0\,\mathrm{J}]$。

運動エネルギーと仕事の方程式を変形すると，力学的エネルギー保存則を得る。

$$d\left(\frac{1}{2}mv_z^2\right) = -dU(z) \quad \text{または} \quad d\left(\frac{1}{2}mv_z^2 + U(z)\right) = 0\,\mathrm{J}$$

運動エネルギーと位置エネルギーの合計は変わらない。

$$\frac{1}{2}mv_z^2 + U(z) = 一定量$$

（物理のことばによる説明）

重力場のたくわえているポテンシャルを，物体の位置エネルギーとみなす。

- 上昇中：運動エネルギーが減った分だけ位置エネルギーが増える。

$$d\left(\frac{1}{2}mv_z^2\right) < 0\,\mathrm{J}, \quad dU(z) > 0\,\mathrm{J}$$

関数 $y = f(x)$

入力　　出力
$x \xrightarrow{\ f\ } y$

運動方程式に速度を掛けると，運動方程式の右辺の力が仕事率（単位時間あたりの仕事）になる。仕事率の形を作るためにこういう掛算を施したという説明は，機械的でわかりにくい。本書では「時間の観点」と「空間の観点」から考える。

$\dfrac{a}{b} = c$ は $cb = a$ と書き直せる。これと同じように考える。$\dfrac{d(v_z^2)}{dv_z} = 2v_z$ を $2v_z\, dv_z = d(v_z^2)$ と書き直す。両辺を 2 で割ると，$v_z\, dv_z = d\left(\dfrac{1}{2}v_z^2\right)$ となる。

$v_z\, dt = dz$

$-\dfrac{dU(z)}{dz} = -mg$ だから

$(-mg)\, dz = -dU(z)$

である。

「重力が物体に +10 J の仕事をした」
＝「重力場が物体に +10 J の勢いを与えた」
＝「物体が重力場に $-10\,\mathrm{J}$ の勢いを預けた」

$W = (-mg)dz$

$-W = -[(-mg)\, dz] = mg\, dz$

$d\left(\dfrac{1}{2}mv_z^2\right) = W$ と $W = -dU(z)$ から

$d\left(\dfrac{1}{2}mv_z^2\right) = -dU(z)$

$d(\cdots)$ は「$\cdots$ の変化分」と考えるとよい。

$d(\ldots) = 0\,\mathrm{J}$ だから $\ldots$ は変化しない。

- 落下中：運動エネルギーが増えた分だけ位置エネルギーが減る。

$$d\left(\frac{1}{2}mv_z^2\right) > 0\,\mathrm{J}, \quad dU(z) < 0\,\mathrm{J}$$

（物体が実際に運動しているときの勢いを表す量）

　　　＋（重力場から取り出すことのできる勢いを表す量）

　　　＝全エネルギー，

（実際に使ったお金）＋（自分名義の貯金）＝全財産

の対応を考えるとよい。

[注意2] 参照

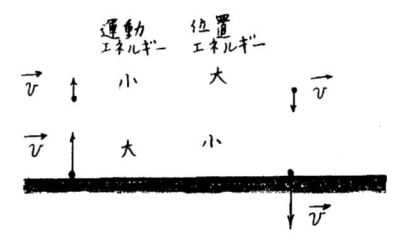

図 5.18　運動エネルギーと位置エネルギーの移り変わり

5.2　斜方投射——なぜ放物運動するのか

　物理学では，自然現象が繰り返すことを大前提にして，その現象を説明する。ボールを斜め方向に投げ上げると，必ず放物線を描いて飛ぶ。あるときは円運動になり，別のときは直線運動になるということはない。ボールを水平から角 θ だけ上方に，初速度 $\vec{v}_0$ で投げた。この運動をニュートンの運動の法則で説明しよう。

1. 時計と物差の用意

　地上に座標軸を設定する。加速している乗り物とちがって，この座標軸では，力のはたらいていない物体の速度は同じままである。

3.2 節参照。座標軸は位置を観測するための物差である。

0.2 節にしたがって，状況を理想化するために真空で考える。

物体が運動しているときに，速度を表す矢印が，どのように変化しているのか。この変化が追跡できるようにすることが肝要である。運動の軌跡が曲がる場合，「なぜ軌跡が曲がるのか」という肝心の理由が説明できなければ意味がない。

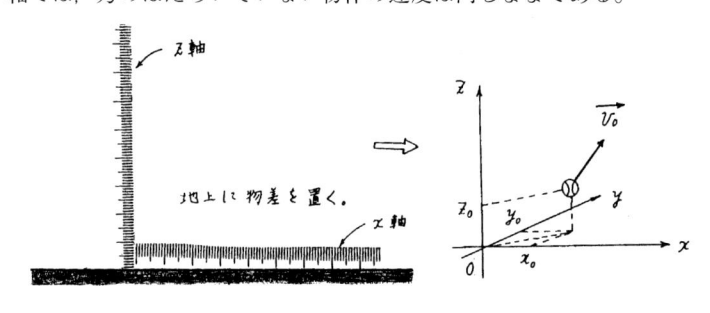

図 5.19　座標軸

2. 現象の把握

　ボールが手を離れたあと，ボールの速度は xz 平面内で時々刻々変化する。速度の x 成分，y 成分は変化しないが，z 成分は変化する。

例題 3.4 参照

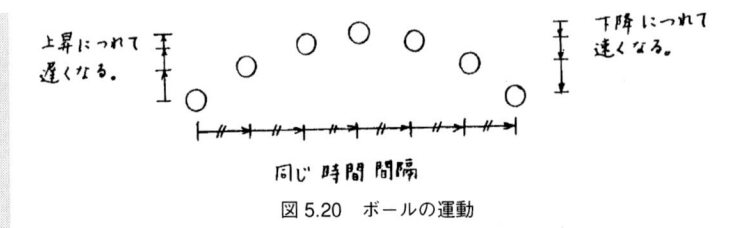

図 5.20 ボールの運動

上昇につれて遅くなる。　下降につれて速くなる。
同じ時間間隔

3. ボールにはたらいている力を見つける

ボールには，どの向きにどんな力がはたらいているのだろうか。手を離れたあと，ボールは手から力を受けない。しかし，ボールに何の力もはたらいていないとしたら，投げたときの初速度のまま飛びつづけるはずである。それでは，初速度の向きに力がはたらいていると考えたらどうだろうか。その力の向きに加速するので，ボールは落下してこないはずである。ボールの速度（進む方向と速さ）を変える力は，何だろうか。

図 5.21　力がはたらいていないと考えたときの運動の予想

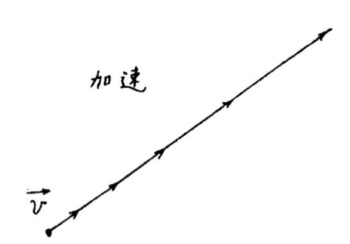

図 5.22　初速度の向きに力がはたらいていると考えたときの運動の予想

4. 運動の法則による説明（因果律）

(1) 時間の観点

速度が時々刻々変化する。そこで，各時刻ごとに，わずかな時間 dt だけ経過したときの運動を追跡する。0sから $dt, \ldots, 0.03\,\mathrm{s}$ から $dt, \ldots$ というように小刻みに考えていく。ボールの位置がどこになっても，鉛直下向きに重力 $m\vec{g}$ がはたらいている。時間 dt をかけながら重力がはたらくと，重力の向きに勢い（運動量）が $d(m\vec{v})$ だけ変化する。

どの時刻から時間 dt 経っても，運動量の変化と力積の関係：

$$d(m\vec{v}) = m\vec{g}\,dt$$
$$\underbrace{\phantom{d(m\vec{v})}}_{結果} \quad \underbrace{\phantom{m\vec{g}\,dt}}_{原因}$$

が成り立つ。

(a) 速度を求める

両辺を m で割って，ベクトル方程式：$d\vec{v} = \vec{g}\,dt$ を考える。両辺を積

例題 3.3 参照

3.2 節参照

dt については，2.3.4 項参照

$d(m\vec{v}) = m\vec{g}\,dt$ の両辺を dt で割って，$d(m\vec{v})/dt = m\vec{g}$ としてもよい。左辺は単位時間あたりの運動量の変化である。質量を一定と考えると，$d(m\vec{v}) = md\vec{v}$ と書ける。$m\dfrac{d\vec{v}}{dt} = m\vec{g}$ は，高校物理でも学ぶ運動方程式（質量×加速度＝力）である。

運動量の変化：結果
力積：原因

「時間 dt をかけながら重力 $m\vec{g}$ がはたらく」という効果を力積 $m\vec{g}\,dt$ で表す。

分すると，
$$\int_{\vec{v}(t_0)}^{\vec{v}(t)} d\vec{v} = \int_{t_0}^{t} \vec{g}\, dt, \quad t_0 = 0\,\text{s}$$
となるから，

時刻 t で速度は $\vec{v}(t) = \vec{v}(t_0) + \vec{g}t$ である。

ボールに力がはたらかないと仮定したときには，ボールは $\vec{v}(t_0)$ の速度で飛びつづける。時々刻々，重力がボールを鉛直下向きに引っぱっているので，速度の方向と大きさ（速さ）がジワジワ変化する（図 5.23）。このため，時刻 t では，$\vec{v}(t_0)$ から $\vec{g}t$ だけ変化した速度になる。$\vec{v}$ と $\vec{g}$ が矢印の名称であることに注意して，速度の変化のようすを図で表してみよう。

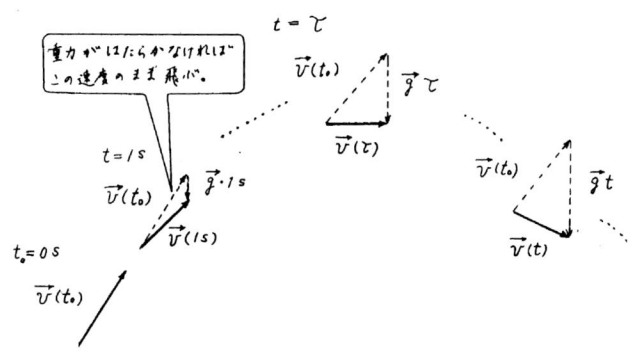

図 5.23　速度の変化

水平方向には等速度運動，鉛直方向には等加速度運動している。
- 「等速度」：速度が一定の運動（毎秒，同じ距離だけ進む）
- 「等加速度」：加速度が一定の運動（毎秒，速度が同じだけ変化する）

(b) 位置を求める

時刻 t で，速度は
$$\vec{v}(t) = \frac{d\vec{r}(t)}{dt}$$
である。時刻 t は何秒でもよい。時刻ごとに速度は変わる。

時刻 t から dt だけ時間が経つと，位置は $d\vec{r}(t) = \vec{v}(0\,\text{s})\, dt$ だけ移動する。時刻 $0\,\text{s}$ から位置が $\vec{v}(0\,\text{s})\, dt$ だけ移動し，…，時刻 $0.03\,\text{s}$ から $\vec{v}(0.03\,\text{s})\, dt$ だけ移動する。初期位置 $\vec{r}(t_0)$ から，わずかな移動をつなぎ合わせていくと，時刻 t のボールの位置がわかる。このつなぎ合わせを「積分」といい，
$$\int_{\vec{r}(t_0)}^{\vec{r}(t)} d\vec{r}(t) = \int_{t_0}^{t} \vec{v}(t)\, dt$$
と表す。
$$\vec{r}(t) - \vec{r}(t_0) = \int_{t_0}^{t} (\vec{v}(t_0) + \vec{g}t)\, dt$$
となるから，

時刻 t で位置は $\vec{r}(t) = \vec{r}(t_0) + \vec{v}(t)t + \dfrac{1}{2}\vec{g}t^2$ である。

積分については 2.5 節参照

2.5 節 (1) 式と同じ形なので，
$$\int_{\vec{v}(t_0)}^{\vec{v}(t)} d\vec{v} = \vec{v}(t) - \vec{v}(t_0)$$
となる。$\vec{g}$ は t に関係ないので，
$$\int_{t_0}^{t} \vec{g}\, dt = \vec{g} \int_{t_0}^{t} dt$$
と書き直せる。

$\vec{v}(t) - \vec{v}(t_0) = \vec{g}(t - t_0)$ から $\vec{v}(t) = \vec{v}(t_0) + \vec{g}t$ となる。

4.1.1 項参照

慣性（速度を持続しようとする性質）は，物体に力がはたらいていないときだけの性質ではない。

図 5.23 は速度の変化を描いた図である。この図には力はどこにもない。$\vec{v}(t_0)$ を「投げ上げた瞬間にボールにはたらく力」と誤解してはいけない。$\vec{g}t$ は力ではなく「速度の変化分」である。

鉛直方向には，1 s ごとに $\vec{g}$（一定）だけ速度が変化する。「1 s あたりの速度の変化分」を「加速度」という。鉛直方向の運動は，等加速度運動である。

2.3.4 項参照

0.03 は例としてあげた数値にすぎないので，特別な意味はない。

2.5 節参照

$a = \dfrac{b}{c}$ は $b = ac$ と書き直せる。同様に，$\vec{v}(t) = \dfrac{d\vec{r}(t)}{dt}$ は $d\vec{r}(t) = \vec{v}(t)dt$ と書き直せる。

$$\int_{t_0}^{t} \vec{v}(t_0) dt = \vec{v}(t_0) \int_{t_0}^{t} dt$$
$$= \vec{v}(t_0)(t - t_0)$$
$$\int_{t_0}^{t} \vec{g}t\, dt = \vec{g} \int_{t_0}^{t} t\, dt$$
$$= \frac{1}{2}\vec{g}(t^2 - t_0^2)$$
$t_0 = 0\,\text{s}$

位置を成分で表すと，

$$\begin{pmatrix} x(t) \\ y(t) \\ z(t) \end{pmatrix} = \begin{pmatrix} x(t_0) \\ y(t_0) \\ z(t_0) \end{pmatrix} + \begin{pmatrix} v_x(t_0)t \\ v_y(t_0)t \\ v_z(t_0)t \end{pmatrix} + \frac{1}{2}\begin{pmatrix} 0\,\text{m} \\ 0\,\text{m} \\ -gt^2 \end{pmatrix}$$

となる。第1行（x 成分）が水平方向の位置，第3行（z 成分）が鉛直方向の位置である。これらの関係にしたがって，時間とともに位置が変化する。

物体にはたらいている力がわかれば，
速度がどのように変化するかがわかる。

未来の位置と速度は，初期位置と初速度を指定すれば予言できる。

「原因によって結果が決まる」という論理を「因果律」という。

$$\text{力} \to \text{速度の変化分} \xrightarrow{\text{積分}} \text{速度} \to \text{位置の変化分} \xrightarrow{\text{積分}} \text{位置}$$

力は速度を変えるはたらきである。運動の法則は，「どんな大きさの力がどの向きにはたらくと，どれだけ速度が変わるか」を教えてくれる。

(c) 結果の吟味

$x(t)$ と $z(t)$ から時間 t を消去すると，運動の軌跡は放物線の方程式

$$z(t) = z(t_0) - \frac{g}{2|\vec{v}(t_0)|^2 \cos^2\theta}\left(x(t) - x(t_0) - \frac{|\vec{v}(t_0)|^2 \sin\theta\cos\theta}{g}\right)^2$$
$$+ \frac{|\vec{v}(t_0)|^2 \sin^2\theta}{2g}$$

で表せることがわかる。

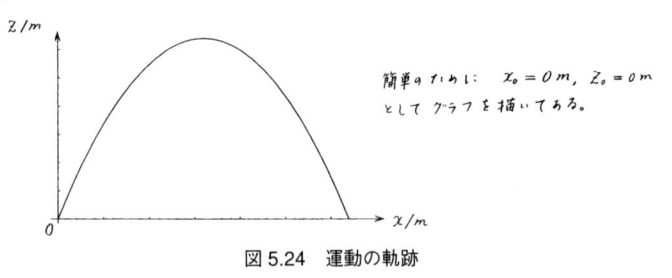

図 5.24 運動の軌跡

[注意1] 軌跡の導き方　$x(t)$ の表式から $t = (x(t) - x(t_0))/v_x(t_0)$ を得る。これを z の表式に代入して平方完成すると，軸と頂点が求まる。平方完成とは，$z = ax^2 + bx + c$ から

$$z = a\left(x + \frac{b}{2a}\right)^2 + \frac{4ac - b^2}{4a}$$

への変形である。軸は $x = -b/(2a)$，頂点の高さは $z = (4ac - b^2)/(4a)$ となる。軸と頂点は，初期位置と初速度によって決まることがわかる。遠くへ飛ばしたいとき，または，高く飛ばしたいとき，初期位置と初速度の選び方を考えなければならない。

■もっとも遠くへ飛ばすには

軸の位置は $x(t_0) + (|\vec{v}(t_0)|^2 \sin\theta\cos\theta)/g$ だから，ボールの落下位置はこの2倍の距離の地点である。$\sin\theta\cos\theta = (1/2)\sin 2\theta$ に注意する

鉛直上向きを z 軸の正の向きとしたので，$\vec{g}$ の z 成分は $-g$（または $-|\vec{g}|$）となる。

$$\underbrace{d\vec{r}}_{\text{位置の変化分}} = \underbrace{\vec{v}}_{\text{速度}} dt$$

軌道面は xz 平面のまま不変性を保つ。

「放物線」は「物体を放ったときに生じる線」という意味である。

$v_x(t_0) = |\vec{v}(t_0)|\cos\theta$
$v_z(t_0) = |\vec{v}(t_0)|\sin\theta$
に注意

軌跡は左右対称になっている。

加法定理から，
$\sin 2\theta = \sin(\theta + \theta)$
$= \sin\theta\cos\theta + \cos\theta\sin\theta$
$= 2\sin\theta\cos\theta$

と，$\sin 2\theta = 1$ のときもっとも遠くに落下する。これは，$\theta = 45°$ の方向に投げたときである。

[注意2] **慣性と斜方投射の関係**　もし物体に何の力もはたらいていなければ，投げた方向にまっすぐ同じ速さのまま飛びつづけるはずである。物体に力がはたらいていると，速度が時々刻々変化する。現実とちがって，各時刻で急ブレーキがかかって力がはたらかなくなると想定してみよう。この場合は，慣性があるために，同じ速度を保って運動しようとする。このように，各時刻で等速度運動すると仮定して，瞬間速度を定義する。

等速度運動のときは，位置−時間グラフが直線になるので，その傾きが速度を表す。速度が変化するときは，位置−時間グラフが直線にならない。等速度運動の場合と同じ考え方を適用するために，ある時刻の接線の傾きを瞬間速度と考える。接点を原点とする座標が (dt, dz) である。このように表すと，各時刻で 変位 = 瞬間速度 × 時間 [$dz = v_z(t)\,dt$，$v_z(t)$ は時刻 t における瞬間速度] の比例関係が成り立つ。(dt, dz) は，ある時刻から等速度運動すると仮定して接線の傾き（瞬間速度）を測るための座標である。

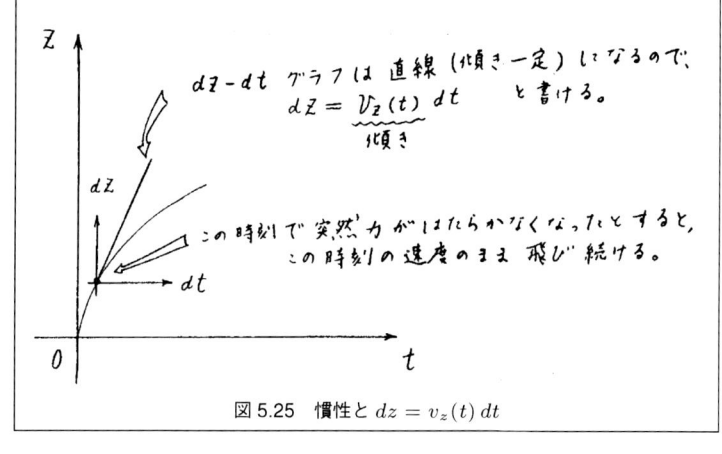

2.3.4 項参照

図 5.25　慣性と $dz = v_z(t)\,dt$

(2) 空間の観点

速度が位置とともに変化する。そこで，各位置ごとに，わずかな変位 $d\vec{r}$ を追跡する。初期位置から $d\vec{r}$ だけ移動し，$\cdots$，高さ 0.02 m の位置から，また $d\vec{r}$ だけ移動する。鉛直下向きに重力 $m\vec{g}$ がはたらいて $d\vec{r}$ 動くと，$d\left(\frac{1}{2}m|\vec{v}|^2\right)$ だけ勢い（運動エネルギー）が変化する。

0.02 は例としてあげた数値にすぎないので，特別な意味はない。

運動エネルギーの変化：結果
仕事：原因

どの位置から $d\vec{r}$ 動いても，運動エネルギーの変化と仕事の関係

$$\underbrace{d\left(\frac{1}{2}m|\vec{v}|^2\right)}_{結果} = \underbrace{(-mg)\,dz}_{原因}$$

「重力 $m\vec{g}$ がはたらいて $d\vec{r}$ 動く」という効果を仕事 $m\vec{g} \cdot d\vec{r}$ で表す。これは $(-mg)\,dz$ と書ける。

が成り立つ。

重力 $m\vec{g}$ の z 成分は $-mg\,[m(-g) = -mg < 0\,\text{N}]$ である。変位 $d\vec{r}$ の z 成分を dz と書く。上昇中は $dz > 0\,\text{m}$ なので仕事の値は負であり，下降中は $dz < 0\,\text{m}$ なので仕事の値は正である。ボールは重力の向きに動いていない。こういう場合には，重力に逆らって動いた有向距離 dz が仕事に効く。初期位置から dz ごとに仕事を少しずつ足し合わせて

力の向きと変位の向きが一致するとき，仕事の値は正
力の向きと変位の向きが反対のとき，仕事の値は負

$$d\vec{r} = \begin{pmatrix} dx \\ dy \\ dz \end{pmatrix}, \quad \vec{r}_0 = \begin{pmatrix} x_0 \\ y_0 \\ z_0 \end{pmatrix},$$

$$m\vec{g} = \begin{pmatrix} 0\,\text{N} \\ 0\,\text{N} \\ -mg \end{pmatrix}$$

有向距離については 2.2.2 項参照

$d\left(\frac{1}{2}m|\vec{v}|^2\right)$ を dK と書く。

K: "kenetic energy" 運動エネルギーの頭文字

$\vec{r}(t_0)$ を $\vec{r}_0$, $\vec{v}(t_0)$ を $\vec{v}_0$ と書く。$\vec{r}(t_0)$ は $\vec{r}(t)$ の $t = t_0$ の場合を表す。$\vec{v}(t_0)$ も同様

将来,力学系を学習するときに位相軌道 (「位」は位置 x, 「相」は運動状態の意味で運動量 p) を描く場合があるので,図 5.26 のグラフに慣れておくとよい。

$|\vec{v}|^2 = v_x^2 + v_y^2 + v_z^2$ ($v_y = 0\,\text{m/s}$).
$|\vec{v}_0|^2$ も同様。v_x は一定なので,
$|\vec{v}|^2 - |\vec{v}_0|^2 = v_z^2 - v_{0z}^2$ となる。
$\frac{1}{2}(v_z^2 - v_{0z}^2) = -g(z - z_0)$ を変形すると
$v_z = \pm\sqrt{v_{0z}^2 - 2g(z - z_0)}$ を得る。

重力による位置エネルギーは,「基準点までに重力が物体にどれだけの仕事ができるか」によって表す。単に mgz と暗記しても意味ない。5.1 節参照

$$\underset{\underset{\text{はじめ}}{\uparrow}}{\text{「…から}} \underset{\underset{\text{あと}}{\uparrow}}{\text{…まで」}}$$

変化分は

(あとの量) $-$ (はじめの量)
$z_\star - z$

と表す。

いくと,ボールの勢いがどれだけ変化したかがわかる。簡単のために,$K = \frac{1}{2}m|\vec{v}|^2$, $K_0 = \frac{1}{2}m|\vec{v}_0|^2$ と書く。z_0 は初期位置 $\vec{r}_0$ の z 成分,$\vec{v}_0$ は初速度である。$dK = (-mg)\,dz$ を積分すると,

$$\int_{K_0}^{K} dK = \int_{z_0}^{z} (-mg)\,dz$$

だから,

$$K - K_0 = (-mg)(z - z_0)$$

または

$$\frac{1}{2}m|\vec{v}|^2 - \frac{1}{2}m|\vec{v}_0|^2 = (-mg)(z - z_0)$$

となる。

■速さを求める

上式から,高さ z で速さは

$$|\vec{v}| = \sqrt{|\vec{v}_0|^2 - 2g(z - z_0)}$$

となる。これは初期位置と初速度で決まることがわかる。

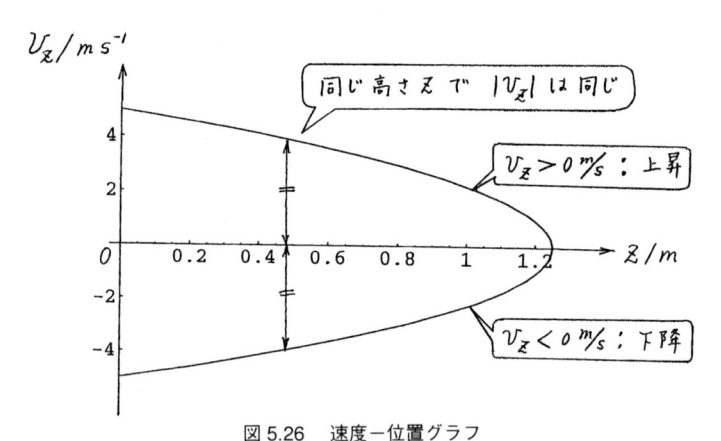

図 5.26 速度−位置グラフ

■力学的エネルギー保存則

高さ z でボールの位置エネルギー $U(z)$ は,基準点を $z_\star = 0\,\text{m}$ として,$U(z) = (-mg)(z_\star - z) = mgz$ である。高さ z_0 から z までの間に,ボールの位置エネルギーは $U(z) - U(z_0) = (-mg)(z_\star - z) - (-mg)(z_\star - z_0) = mgz - mgz_0$ だけ変化する。したがって,重力がボールにした仕事 $(-mg)(z - z_0)$ は,$-[U(z) - U(z_0)]$ と表せることがわかる。$K - K_0 = (-mg)(z - z_0)$ は $K - K_0 = -[U(z) - U(z_0)]$ と書き直せる。

(ボールが下降するとき)

重力がボールに正の仕事をする

$\longrightarrow \begin{cases} \text{重力場のポテンシャルの減少 (= ボールの位置エネルギーの減少)} \\ \text{ボールの運動エネルギーの増加} \end{cases}$

（ボールが上昇するとき）

重力がボールに負の仕事をする

$\longrightarrow \begin{cases} 重力場のポテンシャルの増加（＝ ボールの位置エネルギーの増加）\\ ボールの運動エネルギーの減少 \end{cases}$

これらの関係は，

$$K + U(z) = K_0 + U(z_0)$$

の保存則の形で美しく表せる。この保存則からボールの速さを求めてもよい。

5.1 節で考えたように，ボールの力学的エネルギーとは，「重力場から取り戻せる勢いを表す量（位置エネルギー）」と「運動中の勢いを表す量（運動エネルギー）」の合計である。

■問 1　最高点の高さ

■解

(1) 時間の観点：鉛直方向の速度－時間グラフを使う。

$\vec{v}(t) = \vec{v}(t_0) + \vec{g}t$ の z 成分は $v_z(t) = v_z(t_0) - gt$ である。最高点で $v_z = 0\,\mathrm{m/s}$ なので，最高点に達する時刻 τ は $\tau = v_z(t_0)/g$ になる。各時刻ごとに微小時間に進む有向距離（＝ 速度×時間）は $v_z(t)\,dt$ と表せる。時刻 $t_0(= 0\,\mathrm{s})$ から時刻 τ まで $\int_{t_0}^{\tau} v_z(t)\,dt$ のように寄せ集めると，最高点までに進んだ有向距離がわかる。

速度－時間グラフで考えると，$v_z(t)\,dt$ は，線分と見なせるくらい細い短冊の面積である。したがって，短冊の面積を積分すると，斜線部分の面積で表せる。これは $\triangle \mathrm{OAB} = \frac{1}{2} v_z(t_0)\tau = \frac{(v_z(t_0))^2}{2g}$ である。最高点の高さは，$h = z(t_0) + \frac{(v_z(t_0))^2}{2g}$ となる。

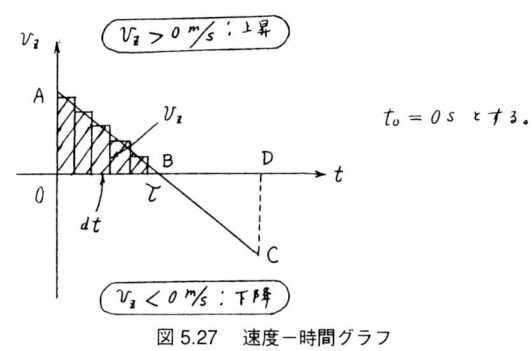

図 5.27　速度－時間グラフ

(2) 空間の観点：力学的エネルギー保存則を使う。

水平方向には力がはたらいていないので，速度の x 成分と y 成分は変化しない（$v_x = v_{0x}, v_y = v_{0y}$）。最高点で $v_z = 0\,\mathrm{m/s}$ である。

$$\underbrace{\frac{1}{2}m(v_{0x}^2 + v_{0y}^2 + v_{0z}^2) + mgz_0}_{はじめの力学的エネルギー} = \underbrace{\frac{1}{2}m(v_x^2 + v_y^2 + v_z^2) + mgh}_{あとの力学的エネルギー}$$

から，最高点の高さは，$h = z_0 + v_{0z}^2/(2g)$ となる。

下降中：
変位と重力が同じ向きなので，重力はボールに正の仕事をする。重力場はボールに運動エネルギーを正の仕事の形で与えるので，ポテンシャルは減る。

上昇中：
変位と重力が反対向きなので，重力はボールに負の仕事をする。重力場はボールから運動エネルギーを正の仕事の形で預かるので，ポテンシャルは増える。

$\vec{0} = \vec{v}(t_0) + \vec{g}t$ を「力のつりあいの式」と誤解してはいけない。$\vec{v}(t_0)$ は速度，$\vec{g}t$ は速度の変化分を表している。これらは力ではない。

鉛直上向きを正としたので，$\vec{g}$ の z 成分には負号が付く。

ギリシア文字 τ は「タウ」と読む。

$0\,\mathrm{m/s} = v_z(t_0) - g\tau$ から
$\tau = v_z(t_0)/g$

問 1 を 2.5 節と関連付けて理解すること。

$v_z\,dt$ は短冊の面積であり，これらを寄せ集めると斜線部分の面積になる。寄せ集めの操作が「積分」である。

（はじめの位置）＋変位 ＝（あとの位置）だから，$z(t_0) + (\triangle \mathrm{OAB}\,の表す変位) = h$ である。

v_{0z} は $\vec{v}_0$ の z 成分であり，$v_z(t_0)$（$t = t_0$ のときの速度の z 成分）の簡単な書き方である。

$$|\vec{v}|^2 = v_x^2 + y_y^2 + v_z^2,$$
$$\frac{1}{2}v_{0z}^2 + gz_0 = gh$$

から h が求まる。
有向距離については，2.2.2 項参照

実験・観察では，記録が大切である。新聞記者・刑事は手帳に克明にメモする習慣が身についている。

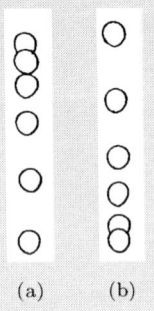

(a)　　(b)

図 5.28　ストロボ撮影

発光間隔は 0.05 s であるが，図を見やすくするために 0.5 s ごとに軌跡を記入した。

投げ下ろしとちがって，初速度 0 m/s で落下する運動を「自由落下」という。

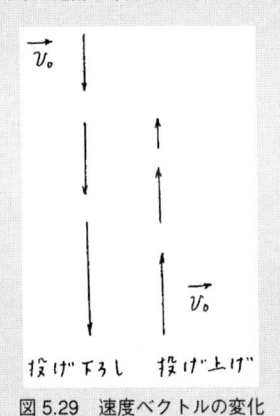

図 5.29　速度ベクトルの変化

3.2 節参照

5.2 節参照

■**問 2**　はじめの位置に戻ったときの速度
■**解**

(1) 時間の観点：鉛直方向の速度−時間グラフを使う。△OAB と面積の等しい △DCB は，最高点からはじめの位置までの有向距離を表している。OA = DC だから，はじめの位置に戻ったときの速度は，初速度と同じ大きさで向きが反対である。

(2) 空間の観点

力学的エネルギー保存則（運動エネルギー ＋ 位置エネルギー ＝ 一定量）を使う。$v_x = v_{0x}$, $v_y = v_{0y}$, $z = z_0$ とすると，

$$\underbrace{\frac{1}{2}m(v_{0x}^2 + v_{0y}^2 + v_{0z}^2) + mgz_0}_{\text{はじめの力学的エネルギー}} = \underbrace{\frac{1}{2}m(v_x^2 + v_y^2 + v_z^2) + mgz}_{\text{あとの力学的エネルギー}}$$

から，$v_z = \pm v_{0z}$ となる。鉛直下向きに落下するので負号が適する。

■**問 3**　ストロボ撮影の記録ミス

初速度 $\vec{v}_0$ でボールを鉛直上向きに投げ上げ，その運動をストロボ撮影した。時刻を記入しなかったので，ストロボ写真の上下がわからなくなった。図 5.28 の (a) と (b) のどちらが正しいか。

■**解**　上昇するにつれて勢いがなくなるので，(a) が正しい。同じ時間間隔でも上昇距離がだんだん小さくなる。

■**問 4**　投げ上げと投げ下ろしのちがい

ボールを鉛直上向きに投げ上げても，鉛直下向きに投げ下ろしても，ボールには重力しかはたらいていない。それでは，これらの運動のちがいは何によって決まるのか。

■**解**　図 5.29 のように，ボールの初速度の向きで未来の運動が決まる。

5.3　空気抵抗を受ける運動

疑問：10 円玉と紙切れを同じ高さから同時に落としてみる。10 円玉は，どんどん加速して，紙切れよりも先に床に着く。紙切れは，ほとんど同じ速度のまま落ちているように見える。

雨を思い出してみる。雨滴がどんどん加速したら，すさまじい速度で降ってくるはずなのに，実際はそうでない。重力による落下運動は質量によらない。それでは，紙切れの速度と雨滴の速度が 10 円玉の速度とちがうのは，どのような理由によるのだろうか。

1. 時計と物差の用意

地上に座標軸を設定する。鉛直上向きを z 軸の正の向きとする。

2. 現象の把握

「雨滴が自由落下する」と仮定してみよう。高さ 2 km の雨滴は，どのくらいの速度で地上に降ってくるだろうか。落下時間ではなく，落下距離がわかっているので，雨滴の質量を m として，空間の観点から力学的エネルギー保存則を使う。$\frac{1}{2}mv_0^2 + mgz_0 = \frac{1}{2}mv^2 + mgz$ に，

$v_0 = 0$ m/s, $z_0 = 2 \times 10^3$ m, $z = 0$ m を代入する。$v = \sqrt{2gz_0} = \sqrt{2 \times 9.8\,\text{N/kg} \times 2 \times 10^3\,\text{m}} \cong 200$ m/s となる。自分の 50 m 走の速度と比べると，これは驚くほど大きな速度である。雨滴の実際の速度は，数 m/s 程度だから，自由落下と考えることはできない。

3. 雨滴にはたらいている力を見つける

雨滴を質点として扱う。

- 雨滴に力をおよぼす物体：地球上の空間（重力場），空気

雨滴に重力しかはたらいていなければ，ずっと加速しつづけるはずである。重力が雨滴に勢いを与えるが，これを妨げる力も空気から雨滴にはたらいていると考える。実験によると，空気抵抗は雨滴の速度に比例する。速度が 2 倍になれば，空気抵抗も 2 倍になる。この力は運動を妨げる向きにはたらくので，速度と反対向きである。だから，負号を付けて $-k\vec{v}$ (k の値は正で一定）と表す。

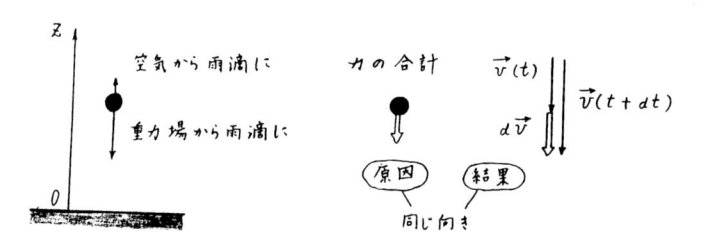

図 5.30 雨滴の速度の変化と雨滴にはたらく力

4. 運動の法則による説明（因果律）

(1) 時間の観点

時間 dt をかけながら複数の力がはたらくと，力の合計の向きに勢い（運動量）が $d(m\vec{v})$ だけ変化する。

(a) 終端速度を求める

どの時刻から時間 dt 経っても，運動量の変化と力積の関係

$$d(m\vec{v}) = [m\vec{g} + (-k\vec{v})]\,dt$$

（結果）（原因）

が成り立つ。

両辺を m で割って，ベクトル方程式：$d\vec{v} = \left[\vec{g} + \left(-\dfrac{k}{m}\vec{v}\right)\right]dt$ を考える。この z 成分は，$dv_z = \left[(-g) + \left(-\dfrac{k}{m}v_z\right)\right]dt$ である。

時刻 $t_0(=0\,\text{s})$ のとき $v_z(t_0) = 0$ m/s とする。空気抵抗が 0 N なので最も大きく加速し，$dv_z(t_0) = (-g)\,dt$ である。時刻 t では

$$v_z(t) = v_z(t_0) + dv_z(t_0) = v_z(t_0) + (-g)(t - t_0)$$

となる。時刻 t から速度は，$dv_z(t) = \left[-g - \dfrac{k}{m}v_z(t)\right]dt$ だけ変化する。

質量 × 加速度 = 力から
　kg m/s² = N
なので，
(N m/kg)$^{1/2}$
　= [(kg m²)/(s² kg)]$^{1/2}$
　= (m²/s²)$^{1/2}$ = m/s
となる。

$\cong$ は「近似的に等しい」

雨滴は何と接触しているかを考える。
3.3 節参照

この考え方は，机上に置いたリンゴが静止したままである理由と似ている。机の面からリンゴに鉛直上向きの力がはたらいて，重力による落下を阻止している。

k の単位は，$-k\vec{v}$ の単位が N，$\vec{v}$ の単位が m/s だから，$\dfrac{\text{N}}{\text{m/s}}$ または $\dfrac{\text{N}\cdot\text{s}}{\text{m}}$ である。

$m\vec{g} + (-k\vec{v})$ は，本来は ↓ + ↑ の意味を表す。$\vec{g}, \vec{v}$ は矢印の名称にすぎない。

dt は，ある時刻から測った時間
2.3.4 項参照

単位時間あたりの運動量の変化を考えて，$m\dfrac{d\vec{v}}{dt} = m\vec{g} + (-k\vec{v})$ としてもよい。これは，運動方程式（質量 × 加速度 = 力の合計）である。

時刻 t の速度
　=（時刻 t_0 の速度）
　　+（時刻 t_0 からの速度変化）

$dv_z(t_0)$ は「時刻 t_0 のときの dv_z」を意味する。「$v_z(t_0)$ の変化分」ではないことに注意

運動量の変化：結果
力積：原因

力は時間をかけながら速度（または運動量＝質量×速度）を変えるはたらきである。

$$\boxed{t=0\,s}$$
$$d\vec{v} = \vec{g}\,dt \quad \downarrow \quad \bullet \quad \vec{v}=\vec{0}$$
$$m\vec{g}$$

$$\boxed{t>0\,s}$$
$$d\vec{v} = \left(\vec{g} - \frac{k}{m}\vec{v}\right)dt \quad -k\vec{v}\uparrow \quad \bullet \quad \downarrow \vec{v}$$
$$m\vec{g}$$

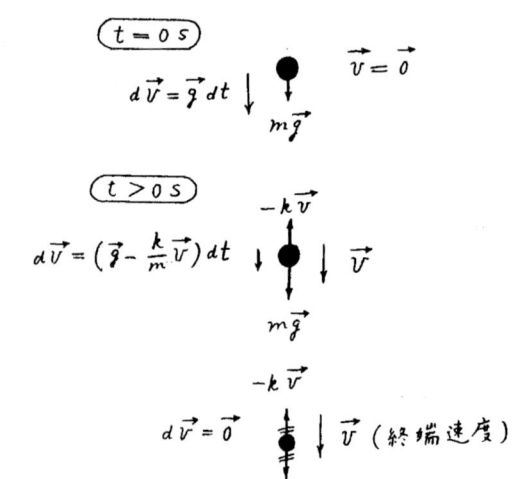

$$d\vec{v} = \vec{0} \quad -k\vec{v}\uparrow \quad \bullet \quad \downarrow \vec{v}\;(終端速度)$$
$$m\vec{g}$$

図 5.31　速度の変化

速度が大きくなるにつれて，空気抵抗が大きくなって重力の大きさに追いつく。空気抵抗と重力が同じ大きさになってつりあうと，雨滴にはたらく力が0Nになるから，速度は変化しなくなる。

雨滴にはたらく力が0Nになると，速度が変化しなくなるのであって，速度が0m/sになるのではない。

(b) 結果の吟味

雨滴が一定の速度で降ってくるのは，地上よりもはるかに上空で終端速度に達しているからである。

■速度の表式の求め方

雨滴の速度が時間とともにどのように変化するかを知るには，指数関数と対数関数が必要である。

〈参考〉 指数関数と対数関数
● 指数関数：$x(t) = a^t\,(a>0)$

t とともに $x(t)$ がどのように変化するかを考えよう。$(t_0, x(t_0))$ を原点とする座標軸 dt, dx を設定する。この点で接線の傾きを $\left.\dfrac{dx}{dt}\right|_{t=t_0}$ と書く。傾きの値は，

2.3.4 項参照

$$\lim_{t\to t_0} \frac{a^t - a^{t_0}}{t - t_0} = \lim_{\Delta t \to 0} \frac{a^{t_0 + \Delta t} - a^{t_0}}{\Delta t} = a^{t_0} \lim_{\Delta t \to 0} \frac{a^{\Delta t} - 1}{\Delta t}$$

から求める。ここで，$t - t_0 = \Delta t$ である。

傾きの値がもとの関数の値 a^{t_0} と等しいときの a を e（値は $2.71\cdots$）と名付ける。$\lim_{\Delta t \to 0}(e^{\Delta t}-1)/\Delta t = 1$ なので，

無理数の代表例を三つあげよ。
　　答．$\sqrt{2}$, π, e

$$\frac{de^t}{dt} = e^t$$

である。$da^t/dt = a^t$ と書けるときの a を e と書いたにすぎない。

● 対数関数：$x(t) = \log_e t$

$t = e^x$ に注意すると，

$$\frac{d\log_e t}{dt} = \frac{dx}{dt} = \frac{1}{dt/dx} = \frac{1}{de^x/dx} = \frac{1}{e^x} = \frac{1}{t}$$

となる。

$(d\log_e t)/dt = 1/t$ を変形すると $dt/t = d\log_e t$ なので,

$$\int_{t_1}^{t_2} \frac{dt}{t} = \int_{\log_e t_1}^{\log_e t_2} d\log_e t = \log_e t_2 - \log_e t_1$$

と積分できる。

速度の表式

$dv_z(t) = [(-g) + (-(k/m)v_z)]\, dt$ を変形して $\dfrac{dv_z}{(-g) + (-(k/m)v_z)} = dt$ とする。さらに $\dfrac{dv_z}{-(k/m)[v_z + (m/k)g]} = dt$ と書き直す。$v' = v_z + (m/k)g$ とおくと, $(m/k)g$ が一定量なので, $dv' = dv_z$ である。したがって, $dv'/v' = -(k/m)\, dt$ と書ける。

$$\int_{v'_0}^{v'} \frac{dv'}{v'} = -\frac{k}{m}\int_{t_0}^{t} dt$$

から

$$\log_e v' - \log_e v'_0 = -\frac{k}{m}(t - t_0), \quad \log_e \frac{v'}{v'_0} = -\frac{k}{m}t$$

である。

$$\frac{v'}{v'_0} = e^{-\frac{k}{m}t}, \quad v' = v'_0 e^{-\frac{k}{m}t},$$

$$v_z + \frac{m}{k}g = \left[v_z(t_0) + \frac{m}{k}g\right] e^{-\frac{k}{m}t},$$

$$v_z(t) = -\frac{m}{k}g + \left[v_z(t_0) + \frac{m}{k}g\right] e^{-\frac{k}{m}t}$$

となる。$t \to \infty$ とすると,

$$\left[v_z(t_0) + \frac{m}{k}g\right] e^{-\frac{k}{m}t} \to 0\,\mathrm{m/s}$$

だから, $v_z(t) \to -\dfrac{m}{k}g$ (一定) に近づく。

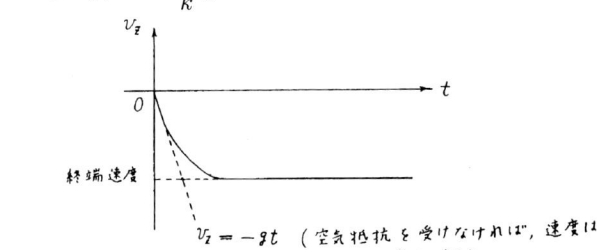

図 5.32 速度-時間グラフ

(2) 空間の観点

どの位置からでも, 複数の力がはたらいて $d\vec{r}$ 動くと, $d\left(\dfrac{1}{2}m|\vec{v}|^2\right)$ だけ勢い(運動エネルギー)が変化する。

どの位置から $d\vec{r}$ 動いても, 運動エネルギーの変化と仕事の関係

$$\underbrace{d\left(\frac{1}{2}m|\vec{v}|^2\right)}_{結果} = \underbrace{[(-mg) + (-kv_z)]\, dz}_{原因}$$

が成り立つ。

右辺第 1 項:雨滴は落下するにつれて, 重力場から勢いを取り戻すこ

$\dfrac{a}{b} = \dfrac{1}{c}$ は $a = \dfrac{b}{c}$ と書き直せる。
同様に, $\dfrac{d\log_e t}{dt} = \dfrac{1}{t}$ は $d\log_e t = \dfrac{dt}{t}$ と書き直せる。

$s = \log_e t$ とおくと $\displaystyle\int_{\log_e t_1}^{\log_e t_2} d\log_e t$ は $\displaystyle\int_{s_1}^{s_2} ds = s_1 - s_2$ となる。
2.5 節参照

$v'_0 = v_z(t_0) + \dfrac{m}{k}g$

運動エネルギーの変化:結果
仕事:原因

dz は, ある位置から測った変位
2.3.4 項参照
仕事の表し方については 3.7.2 項参照雨滴が $d\vec{r}$ 動いたときに, 空気抵抗 $(-k\vec{v})$ が雨滴にした仕事は, $(-kv_z)\, dz$ である。

$-mg < 0\,\mathrm{N}$, $dz < 0\,\mathrm{m}$ だから, $(-mg)\, dz > 0\,\mathrm{J}$ となる。雨滴は重力から正の仕事をされて勢いが増す。

とを表している。

右辺第2項：重力場から取り戻した勢いは空気抵抗によって弱まることを表している。

■力学的エネルギー保存則は成り立たない

雨滴の力学的エネルギーは保存しない。高さ z で雨滴の位置エネルギー $U(z)$ は，基準点 $z_\star$ を $0\,\mathrm{m}$ とすると，$U(z) = (-mg)(z_\star - z) = mgz$ と表せる。簡単のために，$K = \frac{1}{2}m|\vec{v}|^2$ と書く。エネルギー原理は，$d(K+U) = (-kv_z)\,dz$ と書き直せる。力学的エネルギー（運動エネルギー＋位置エネルギー）は，雨滴が dz 落下するごとに $(-kv_z)\,dz$ だけ減る。

> ［注意1］「速度に比例する力」の意味　　運動の法則によると，物体にはたらいている力は速度に比例するのではなく，速度の変化分に比例する。つまり，同じ物体であれば，大きな力がはたらくほど速度が大きく変化する。他方，実際にはたらいている力がどのような性質を持っているかは，運動の法則とは別の内容である。物体にはたらく重力は，その物体の質量に比例する。ばねから物体にはたらく力はばねの伸びに比例する。
>
> 「空気抵抗が物体の速度に比例する」という仮定は，「物体が速く運動しているほど空気から大きな抵抗を受ける」という意味である。速く走っているときの方がゆっくり走っているときよりも，空気から受ける抵抗は大きいという経験を思い出せばよい。空気抵抗の場合は，運動の法則にしたがって，速度に比例する力が速度の変化分に比例する。

> ［注意2］重力による運動　　投げ上げ，投げ下ろしは，物体の質量によらない。この法則は，真空中で成り立つ。空気抵抗が無視できないと，10円玉と紙切れを同じ高さから同時に落としても，床には同時に達しない。

5.4　摩擦を受ける運動

机の上で食卓塩のビンをすべらせると，すぐに止まる。机の面からビンに力がはたらくからである。どんな物体にも，すべっているとき，動きを妨げる力が面からはたらいている。しかし，慣性の意味を復習するために，この力が無視できるくらい小さい場合を考えてみよう。

> 【例題5.3】　だるま落とし
> (1) だるまと木片が静止している（図5.33）。だるまにはたらいている力と木片にはたらいている力を示せ。
> (2) 木づちで木片をすばやくたたいた（図5.34）。木片がだるまの動きを妨げる力は無視できるほど小さい。
>   (a) 木片が水平に飛び出したあと，だるまにはたらいている力を示せ。
>   (b) 「だるまが真下に落下する理由」と「だるまが水平方向に移動しない理由」を説明せよ。

$k > 0\,\mathrm{N\cdot s/m},\ v_z < 0\,\mathrm{m/s},\ dz < 0\,\mathrm{m}$ なので，$(-kv_z)\,dz < 0\,\mathrm{J}$ である。

くわしくは5.1節参照

$$-\frac{dU(z)}{dz} = -mg$$

エネルギー原理については，p. 103 参照
$$dK = (-mg)dz + (-kv_z)dz$$
$$= -dU + (-kv_z)dz$$

例題3.1参照

図 5.33　だるまと木片が静止しているとき

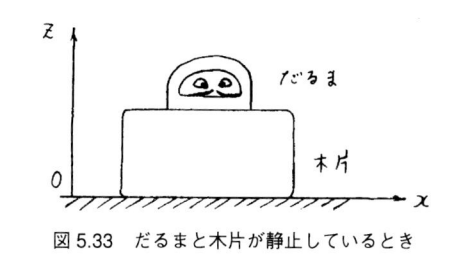

図 5.34　木づちで木片をすばやくたたいているとき

【解説】
1. 時計と物差の用意

　地上で静止している机に座標軸を設定する。

2. 現象の把握

　木づちをすばやくたたくと，だるまは鉛直下向きに落ちる。木片は水平左向きに移動する。

3. 物体にはたらいている力を見つける

　だるまと木片を質点として扱う。

- だるまに力をおよぼす物体：地球上の空間（重力場），木片
- 木片に力をおよぼす物体：地球上の空間（重力場），机，だるま，木づち

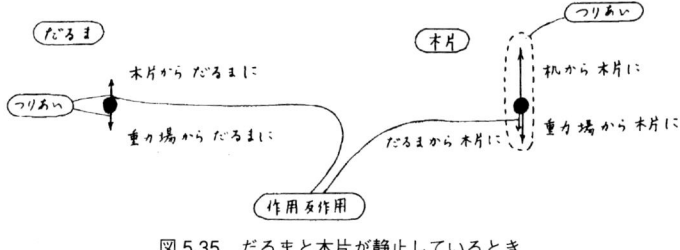

図 5.35　だるまと木片が静止しているとき

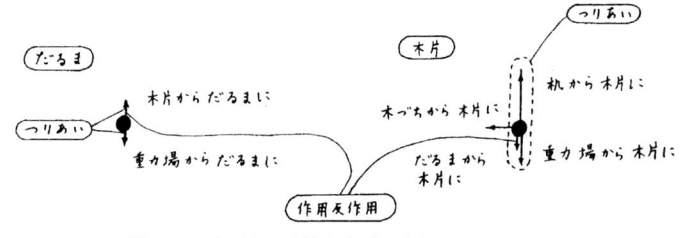

図 5.36　木づちで木片をすばやくたたいているとき

図 5.37　木片が水平に飛び出したあと

3.2 節参照

だるまが木片上にあるときに比べて，机が木片を押し返す力は小さくなる。

4. 運動の法則による説明（因果律）

- 「だるまが真下に落下する理由」：木片から離れたあとのだるまには，地球上の重力場から受ける重力だけがはたらいている。だるまは，重力の向きに加速する。
- 「だるまが水平方向に移動しない理由」：下の木片を棒でたたいたときには，棒はだるまに触れていない。このため，だるまには棒から水平左向きに力がはたらかない。だるまはこの向きに動き出さない。

> **? 疑問**：地面に置いてある自動車を引っぱっても，なかなか動き出さないのはなぜだろうか。

■静止摩擦力，最大摩擦力，運動摩擦力

机上に置いた木片をばねはかりで水平方向に引っぱる。この力を次第に大きくする。机から木片にはたらく力の特徴を考えよう。

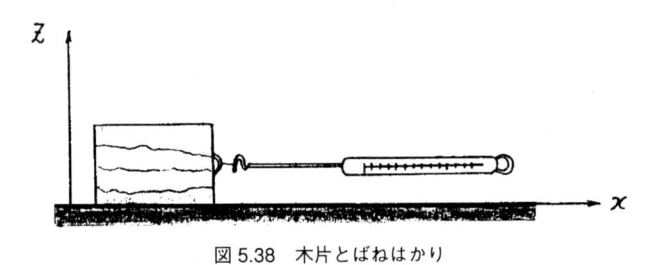

図 5.38 木片とばねはかり

1. **時計と物差の用意**
   地上で静止している机に座標軸を設定する。
2. **現象の把握**
   木片を引っぱる力が限界を超えるまでは，木片は動き始めない。
3. **木片にはたらいている力を見つける**
   木片を質点として扱う。

3.2 節参照

- 木片に力をおよぼす物体：地球上の空間（重力場），ばねはかり，机
  木片が動き出さないのは，木片にはたらく力の合計が 0 N のため，もとの速度 0 m/s を保っているからである。単位質量 kg の物体にはたらく重力は 9.8 N/kg とわかっている。ばねはかりが木片を引っぱる力は，ばねはかりの目盛を読めばわかる。これらの力とちがって，机からはたらく力は直接わからない。この力は，わかっている力（重力とばねはかりからはたらく力）から求めるしかない。重力場からはたらく重力↓とばねはかりからはたらく力→の合計を作図する。机からはたらく力は，これらの合計（↓＋→）を打ち消しているはずである。このように考えると，机からはたらく力の向きは ↖ になることがわかる（図 5.39）。

「木片にはたらく力」の合計に，「木片からはたらく力」を含めてはいけない。力の矢印に「何から何に」はたらく力であるかを明記すること。木片の運動の状態は，「木片からはたらく力」ではなく「木片にはたらく力」で決まる。

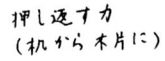

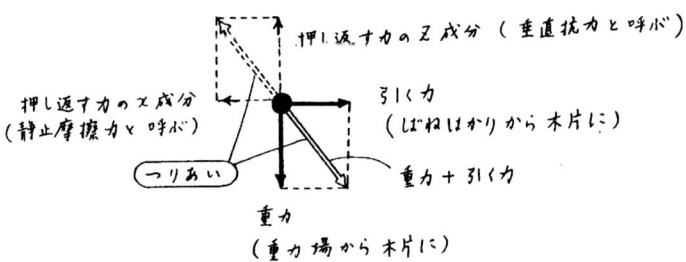

図 5.39　重力場からの重力とばねはかりからの力の合計と机からはたらく力

[注意1] 机からはたらく力の成分　　通常の教科書では，机からはたらく力の水平成分 R を「静止摩擦力」，鉛直成分 N を「垂直抗力」と呼んでいる。成分に名称を付けると，机から二つの力がはたらくと誤解するおそれがある。静止摩擦力と垂直抗力の二つの力があるのではない。あくまでも机からはたらく力は＼だけである。一つの力＼の二つの成分を考えたにすぎない。水平成分が 0 N でないから，木片の動きを妨げる。鉛直成分が 0 N でないから，落下を阻止する。

pp. 116–117 参照

机から木片にはたらく力が＼(図 5.39) なので，水平方向と鉛直方向のどちらにも影響をおよぼす。

　木片を引っぱる力を大きくすると，静止摩擦力も大きくなって，つりあいを保つ。このとき，θ（図 5.40）が大きくなる。垂直抗力は重力とつりあっているから変わらない。引っぱる力が限界を越えると，静止摩擦力はそれ以上大きくなることはできず，木片は動き始める。動き出す直前の角 $\theta_{\max}$ を「摩擦角」という。しかし，摩擦角の代わりに，習慣上 $\tan\theta_{\max}(=|R_{\max}|/|N|)$ に着目する。

　最大摩擦力 $R_{\max}$ と垂直抗力 N の間の関係を $|R_{\max}| = \mu|N|$ と表す。ここで，$\mu(=\tan\theta_{\max})$ を「静止摩擦係数」と呼ぶ。

「静止摩擦力」「垂直抗力」などの名称は単なるニックネームにすぎない。力の名称を覚えるよりも「何から何に」はたらくかということの方が重要だ。人名よりもどういう人かということの方が重要なのと同じである。

ギリシア文字 μ は「ミュー」と読む。

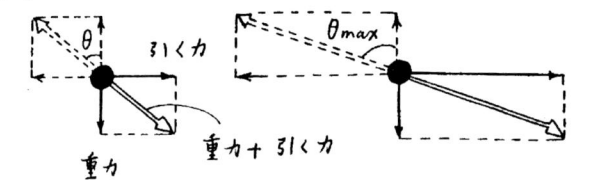

図 5.40　摩擦角 $\theta_{\max}$

[注意2] 木片が重いほど引っぱっても動き出しにくい理由　　静止摩擦係数 $\mu(=\tan\theta_{\max})$ は，面の種類にだけ関係し，接触する面の大きさには関係ない。したがって，物体が重くても軽くても，動き出す直前の摩擦角 $\theta_{\max}$ は同じである。垂直抗力が大きいと，最大摩擦力（$|R_{\max}| = \mu|N|$）も大きいから，大きな力で引っぱらないと動き出さない。垂直抗力と重力（質量に比例）は大きさが同じなので，垂直抗力は重い物体ほど大きい。重力が大きいと物体が面を押す力が大きいので，面が物体を押し返す垂直抗力も大きい。

$\mu = \tan\theta_{\max}$

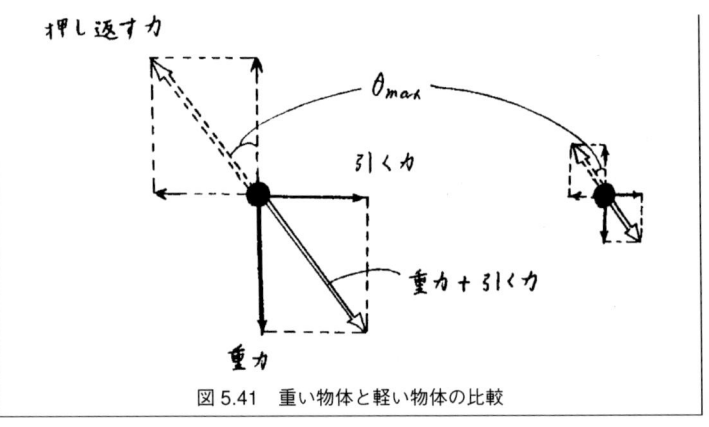

図 5.41　重い物体と軽い物体の比較

机の上を木片が動いているとき，運動摩擦力 R' と垂直抗力 N の間の関係を $|R'| = \mu'|N|$ と表す。μ' を「運動摩擦係数」と呼ぶ。これは静止摩擦係数よりも小さい。

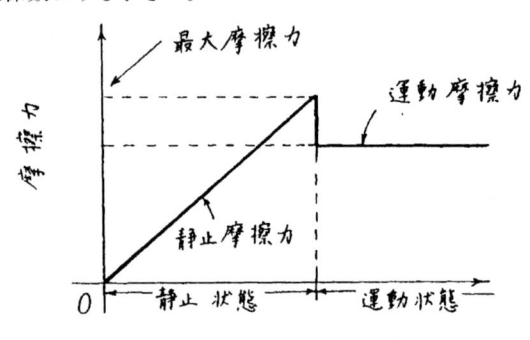

図 5.42　水平に引く力と摩擦力

【例題 5.4】　摩擦のある面上で運動する物体　　摩擦のある水平な路面を自動車が速度 $\vec{v}_0$ で走っている。ある時刻で，ブレーキをかけた。
(1) ブレーキをかけてから止まるまでの時間を求めよ。
(2) この間に進んだ距離を求めよ。

【解説】
1. 時計と物差の用意
   地上で静止している机に座標軸を設定する。

図 5.43　自動車の運動を観測する座標軸

2. 現象の把握
   自動車が摩擦のある面の上を走っているとき，急に止まることはできない。
3. 自動車にはたらいている力を見つける
   自動車を質量 m の質点として扱う。
 ● 自動車に力をおよぼす物体：地球上の空間（重力場），地面

例題 4.1，4.2 参照
勢いを失うまでの時間と距離

3.2 節参照

$\vec{i}$ と $\vec{k}$ は基本ベクトル

0.3 節参照

重力 $m\vec{g}$ と地面から受ける力 $\vec{K}$ の合計が，自動車の速度を変化させる。わかっている内容は，「重力 $m\vec{g}$ の向き」と「速度（または 運動量＝質量×速度）が変化する向き $[d(m\vec{v})$ の向き$]$」だけである。これらから判断して，$\vec{K}$ の向きがわかる。

4. 運動の法則による説明（因果律）

$d(m\vec{v})$ の向きが力の合計の向き（⇐）だから，地面から自動車にはたらく力の向きは ↖ の向きであることがわかる。

↓ ＋ ↖ ＝ ⇐
重力 ↓ にどの向きの力を加えると合計が ⇐ になるかを考える。

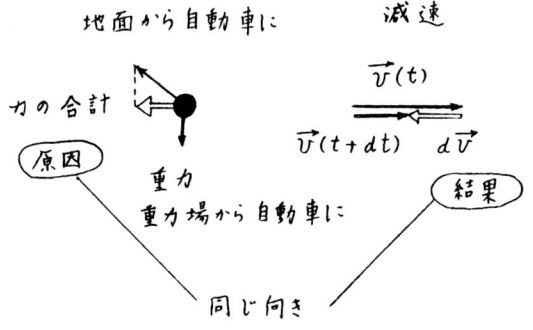

図 5.44 自動車の速度の変化と自動車にはたらく力

(1) 時間の観点

時間 dt をかけながら，複数の力がはたらくと，力の合計の向きに勢い（運動量）が $d(m\vec{v})$ だけ変わる。

どの時刻から時間 dt だけ経っても，運動量の変化と力積の関係

$$d(m\vec{v}) = (m\vec{g} + \vec{K})\,dt$$

（結果）（原因）

が成り立つ。

力は $m\vec{g}(=-mg\vec{k})$ と $\vec{K}(=R'\vec{i}+N\vec{k})$ である。これらを成分で表すと，

$$\begin{pmatrix} d(mv_x) \\ 0\,\mathrm{kg\cdot m/s} \\ 0\,\mathrm{kg\cdot m/s} \end{pmatrix} = \begin{pmatrix} 0\,\mathrm{N\cdot s} \\ 0\,\mathrm{N\cdot s} \\ (-mg)\,dt \end{pmatrix} + \begin{pmatrix} R'\,dt \\ 0\,\mathrm{N\cdot s} \\ N\,dt \end{pmatrix}$$

となる。わかっている力（既知の力）から，わからない力（未知の力）を求める。

- 垂直抗力 N：上式の z 成分を使うと，垂直抗力が求まり $N=mg$ となる。垂直抗力は，重力と同じ大きさで向きが反対であることがわかる。
- 運動摩擦力 R'：摩擦の実験法則から $|R'| = \mu'|N|$ が成り立つ。力の向きに注意すると，$R'<0\,\mathrm{N}$, $N>0\,\mathrm{N}$ である。したがって，$-R' = \mu'N = \mu'mg$ となる。運動摩擦力は，$R' = -\mu' mg$（負の向き）と書ける。

x 成分は，$d(mv_x) = -\mu' mg\,dt$ と表せる。両辺を m で割ると，$dv_x = -\mu' g\,dt < 0\,\mathrm{m/s}$ となる。運動摩擦力が自動車の運動を妨げる向きにはたらくので，勢いが小さくなる。$t_0 = 0\,\mathrm{s}$ とする。$\int_{v(t_0)}^{v(t)} dv_x = \int_{t_0}^{t}(-\mu'g)\,dt$ から，$v(t) - v(t_0) = -\mu' g(t - t_0)$ となる。時刻 t で速度は $v(t) = v(t_0) - \mu' gt$ と表せる。自動車が止まる時刻 τ は，$v(\tau) = 0\,\mathrm{m/s}$ から $\tau = v(t_0)/\mu'g$ である。

- はじめの速度 $v(t_0)$ が大きいほど勢いが大きいので，止まるまでに時間がかかる。

↓ ＋ ↖ をベクトル記号で表すと，$m\vec{g}+\vec{K}$ となる。これらは矢印の名称である。

運動量の変化：結果
力積：原因

dt は，ある時刻から測った時間
2.3.4 項参照

$d(m\vec{v})=(m\vec{g}+\vec{K})\,dt$ の両辺を dt で割ると，左辺は単位時間あたりの運動量の変化分になる。質量を一定と考えると，$d(m\vec{v})$ は $m\,d\vec{v}$ と書ける。

単位時間あたりの運動量の変化を考えて，$m\dfrac{d\vec{v}}{dt}=m\vec{g}+\vec{K}$ としてもよい。これは，運動方程式である。

[注意 1] 参照

$|R'|=-R'\,(R'<0\,\mathrm{N})$ だから，$-R'>0\,\mathrm{N}$ である。

$d(mv_x)=R'\,dt$ に $R'=-\mu'mg$ を代入する。

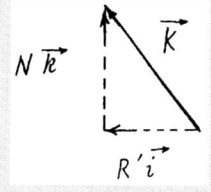

図 5.45 運動摩擦力と垂直抗力

$0\,\mathrm{m/s}=v(t_0)-\mu'g\tau$ から，$\tau=v(t_0)/\mu'g$ となる。
$v(t_0)$ の値が大きいと τ の値も大きい。

(2) 空間の観点

自動車にはたらいているすべての力が自動車にした仕事を考える。

- 重力：自動車の動く向きにはたらいていないので，重力は自動車に仕事をしない。重力が自動車にした仕事 =（重力の x 成分）×（変位の x 成分）+（重力の y 成分）×（変位の y 成分）+（重力の z 成分）×（変位の z 成分）= $0\,\mathrm{N}\cdot dx + 0\,\mathrm{N}\cdot dy + (-mg)\cdot 0\,\mathrm{m} = 0\,\mathrm{J}$ と考えてもよい。重力はどの方向にも自動車を動かすはたらきをしない。

- 地面からはたらく力：$\vec{K}$ は，重力を打ち消すはたらきと運動を妨げるはたらきをする（図5.44の作図を思い出せ）。自動車が $d\vec{r}$ だけ動く間に水平成分 $R'\vec{i}$ が $R'\,dx$ [または $|R'|(-|d\vec{r}|)$] の仕事をして，自動車の勢いを小さくする。

どの位置からでも，複数の力がはたらいて $d\vec{r}$ 動くと，$d\left(\frac{1}{2}m|\vec{v}|^2\right)$ だけ勢い（運動エネルギー）が変化する。

どの位置から $d\vec{r}$ 動いても，運動エネルギーの変化と仕事の関係

$$\underbrace{d\left(\frac{1}{2}m|\vec{v}|^2\right)}_{\text{結果}} = \underbrace{R'\,dx}_{\text{原因}}$$

が成り立つ。

初期位置 $\vec{r}_0$ から $d\vec{r}$ ごとに仕事を少しずつ足し合わせていくと，ボールの勢いがどれだけ変化したかがわかる。簡単のために，$K = \frac{1}{2}m|\vec{v}|^2$，$K_0 = \frac{1}{2}m|\vec{v}_0|^2$ と書く。

$$\int_{K_0}^{K} dK = \int_{x_0}^{x} R'\,dx$$

だから，

$$K - K_0 = (-\mu' mg)(x - x_0)$$

または

$$\frac{1}{2}m|\vec{v}|^2 - \frac{1}{2}m|\vec{v}_0|^2 = (-\mu' mg)(x - x_0)$$

となる。止まるまでに進む有向距離は，$|\vec{v}| = 0\,\mathrm{m/s}$ を代入して求まり，

$$x - x_0 = \frac{v_0^2}{2\mu' g}$$

となる。

- 初速 $|\vec{v}_0|$ が大きいほど勢いが大きいので，止まるまでに進む距離が大きい。
- 止まるまでに進む有向距離は，質量に関係ない。

物体にはたらく重力が大きいほど，運動摩擦力（$R' = -\mu' mg$）は大きい。つまり，質量が大きいほど動きを妨げやすい。他方，質量が大きいほど慣性（速度を維持する性質）が強い。結局，$d\left(\frac{1}{2}|\vec{v}|^2\right) = -\mu' g\,dx$ となって，速さの変化は質量に関係なくなる。

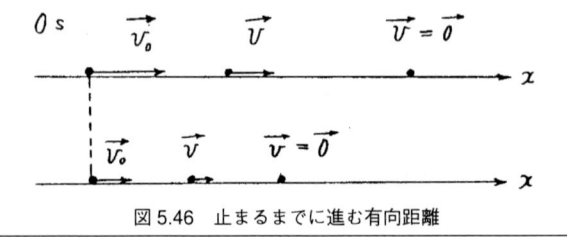

図5.46　止まるまでに進む有向距離

仕事を力と変位の成分で表す方法については，3.7.2項参照
$R' < 0\,\mathrm{N}$，$dx > 0\,\mathrm{m}$ だから $R'\,dx < 0\,\mathrm{J}$（負の仕事）となる。
「摩擦力 $R'\vec{i}$ と反対向きに $|d\vec{r}|$ 動いた」=「摩擦力 $R'\vec{i}$ の向きに $-|d\vec{r}|$ 動いた」

$dx > 0\,\mathrm{m}$ だから $|d\vec{r}| = dx$ である。$|R'| = -R'$（$R' < 0\,\mathrm{N}$）だから，$|R'|(-|d\vec{r}|) = (-R')\cdot(-dx) = R'\,dx$ となる。

運動エネルギーの変化：結果
仕事：原因

dx は，ある位置から測った変位
2.3.4項参照

$\vec{v}(t_0)$ を $\vec{v}_0$ と書いた。
運動エネルギー K を地面から受ける力 $\vec{K}$ と混同しないこと。

$|\vec{v}_0|^2$ を v_0^2 と表す。

$x - x_0$ は
　　（あとの量）−（はじめの量）
の形である。

■摩擦のある斜面上の運動

あらい机の上に木片を置く。机をどのくらい傾けると，木片がすべり出すか。

1. 時計と物差の用意

   地上で静止している机に座標軸を設定する。

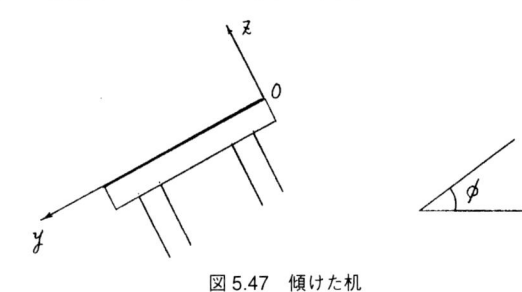

図 5.47　傾けた机

2. 現象の把握

   机を傾ける角が限界を越えるまでは，木片は動き始めない。

3. 木片にはたらいている力を見つける

   木片を質点として扱う。

- 木片に力をおよぼす物体：地球上の空間（重力場），机

木片が動き出さない理由は，力の合計が 0 N のため，もとの速度（0 m/s）を保っているからである。机からはたらく力は，重力を打ち消しているはずである。この考え方で，机からはたらく力の大きさと向きが求まる。

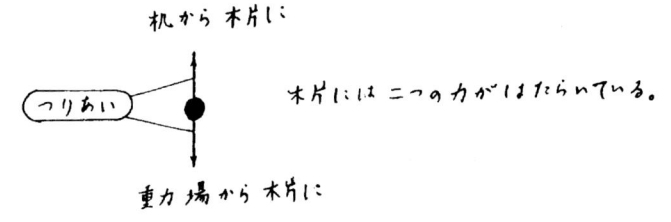

図 5.48　机から受ける力と重力

表 5.1　水平面と斜面の対応

	水平面	斜面
既知の力	重力とばねはかりからの力の合計	重力
未知の力	机からの抗力	机からの抗力

静止摩擦係数は，接触する両物体の面の状態で決まるので，水平面（図 5.38）でも斜面（図 5.47）でも同じである。したがって，斜面の傾き $\tan\phi$ が $\tan\theta$（θ は $R\vec{i}$ と $N\vec{j}$ で決まる摩擦角）に一致したときに，木片がすべり出す。

3.2 節参照

表 5.1，図 5.39，図 5.49 参照

斜面の場合も，机から受ける力は一つであるが，この力の成分を考えると便利である。机面に平行な成分 R を「静止摩擦力」，机面に鉛直な成分 N を「垂直抗力」と呼ぶ。成分に名称を付けても，二つの力があると誤解してはいけない。[注意 1] 参照

摩擦角については，p. 139 参照

5. いろいろな力学現象

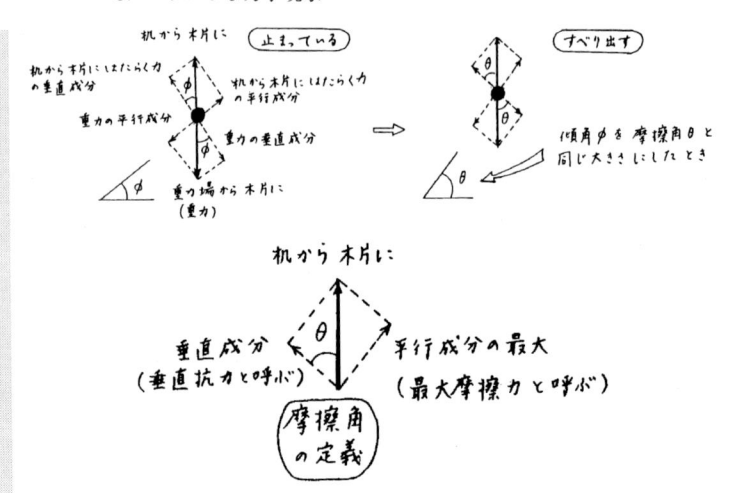

図 5.49 摩擦角 θ と傾角 ϕ

【例題 5.5】 **摩擦のある斜面上をすべる物体** 傾き θ の斜面上の位置 P から，斜面に沿って上方に初速度 $\vec{v}_0$ で木片を打ち出した。
(1) 木片が止まるまでの時間を求めよ。
(2) 木片が止まるまでにすべり上がる有向距離を求めよ。

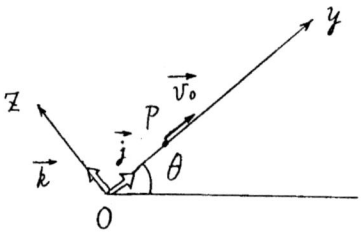

図 5.50 摩擦のある斜面上をすべる物体

【解説】
1. 時計と物差の用意
   地上で静止している机に座標軸を設定する。紙の裏から表に向かって x 軸，斜面に沿って y 軸，斜面に垂直に z 軸を選ぶ。
2. 現象の把握
   物体が摩擦のある面の上をすべり上がるとき，次第に減速する。
3. 木片にはたらいている力を見つける
   木片を質量 m の質点として扱う。
   - 木片に力をおよぼす物体：地球上の空間（重力場），斜面
     重力 $m\vec{g}$ と斜面からはたらく力 $\vec{F}$ の合計が，速度を変化させる。わかっている内容は，「重力 $m\vec{g}$ の向き」と「速度（または 運動量＝質量×速度）が変化する向き（$d\vec{v}$ の向き）」だけである。$\vec{F}$ が斜面に垂直な向きにはたらくと，物体の加速は重力の斜面方向の成分だけで決まる。摩擦のある面では，それよりも加速しにくい。この実験結果から，$\vec{F}$ の向きが斜面に垂直でないことがわかる。

$\vec{j}$ と $\vec{k}$ は基本ベクトル

3.2 節, 3.7.3 項参照

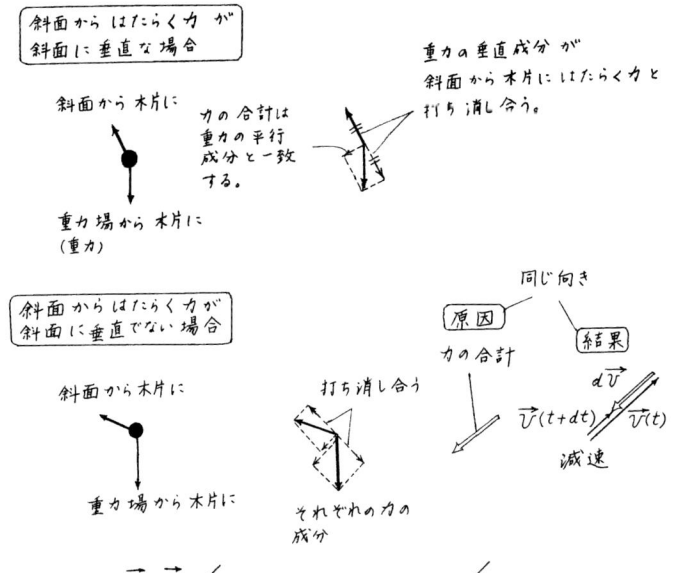

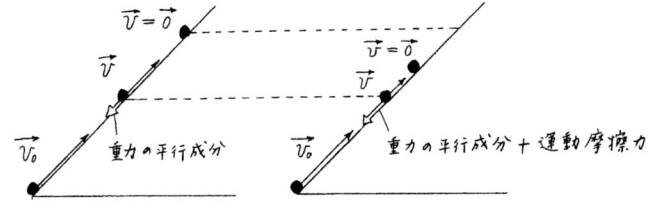

図 5.51 木片の速度の変化と木片にはたらく力

図 5.51 で，斜面から木片にはたらく力が斜面に垂直な場合とそうでない場合を比べる。

（斜面から木片にはたらく力）
　＋（重力場から木片にはたらく力）
　＝↘ ＋ ↓ ＝ ↙

力の合計の作図は，力学の基本なので重要である。

4. 運動の法則による説明（因果律）

(1) 時間の観点

時間 dt をかけながら物体に複数の力がはたらくと，力の合計の向きに勢い（運動量）が $d(m\vec{v})$ だけ変化する。

どの時刻から時間 dt 経っても，運動量の変化と力積の関係

$$d(m\vec{v}) = (m\vec{g} + \vec{F})\,dt$$

（結果）　　（原因）

が成り立つ。上の関係式を成分で表すと，

$$\begin{pmatrix} 0\,\mathrm{kg\cdot m/s} \\ d(mv_y) \\ 0\,\mathrm{kg\cdot m/s} \end{pmatrix} = \begin{pmatrix} 0\,\mathrm{N\cdot s} \\ (-mg\sin\theta)\,dt \\ (-mg\cos\theta)\,dt \end{pmatrix} + \begin{pmatrix} 0\,\mathrm{N\cdot s} \\ R'\,dt \\ N\,dt \end{pmatrix}$$

となる。

運動量の変化：結果
力積：原因

↓ ＋ ↘ をベクトル記号で表すと，$m\vec{g} + \vec{F}$ となる。これらは矢印の名称である。
dt は，ある時刻から測った時間
2.3.4 項参照

わかっている力（既知の力）から，わからない力（未知の力）を求める。

- 垂直抗力 N：上式の z 成分を使うと，垂直抗力が求まり $N = mg\cos\theta$ となる。これは，重力の z 成分と同じ大きさで向きが反対である。

$m\vec{g} = (-mg\sin\theta)\vec{j} + (-mg\cos\theta)\vec{k}$
$\vec{F} = R'\vec{j} + N'\vec{k}$

- 運動摩擦力 R'：摩擦の実験法則から $|R'| = \mu'|N|$ が成り立つ。運動摩擦力は運動を妨げる向き（y 軸の負の向き）にはたらくから，$R' < 0\,\mathrm{N}$ である。$N > 0\,\mathrm{N}$（z 軸の正の向き）に注意すると，$-R' = \mu' N = \mu' mg\cos\theta$ となる。運動摩擦力は，$R' = -\mu' mg\cos\theta$ と書ける。

[注意1] 参照

y 成分は，$d(mv_y) = [(-mg\sin\theta) + (-\mu' mg\cos\theta)]\,dt$ と表せる．両辺を m で割ると，$dv_y = [(-g\sin\theta) + (-\mu' g\cos\theta)]\,dt < 0\,\mathrm{m/s}$ となる．運動摩擦力が木片の運動を妨げる向きにはたらくので，勢いが小さくなる．

$$\int_{v(t_0)}^{v(t)} dv_y = \int_{t_0}^{t} [(-g\sin\theta) + (-\mu' g\cos\theta)]\,dt \quad \text{から,}$$

$$v(t) - v(t_0) = [(-g\sin\theta) + (-\mu' g\cos\theta)](t - t_0)$$

となる．時刻 t で速度は $v(t) = v(t_0) - (\sin\theta + \mu'\cos\theta)gt$ と表せる．木片が止まる時刻 τ は，$v(\tau) = 0\,\mathrm{m/s}$ から $\tau = \dfrac{v(t_0)}{g(\sin\theta + \mu'\cos\theta)}$ である．

- はじめの速度 $v(t_0)$ が大きいほど，勢いが大きいので，止まるまでに時間がかかる．
- 斜面がすべすべしていて，運動摩擦力が無視できるくらい小さいとき $\left[\tau = \dfrac{v(t_0)}{g\sin\theta}\right]$ の方が，止まるまでに時間がかかる．

> [注意 3] ベクトルの成分の書き方　　$\vec{g}\sin\theta$ は，$\vec{g}$ の向きのベクトル量を表す記号なのでまちがい．正しい書き方は $-g\sin\theta$，$-g\sin\theta\vec{j}$，$-|\vec{g}|\sin\theta$，$-|\vec{g}|\sin\theta\vec{j}$ である．

(2) 空間の観点

木片が $d\vec{r}$ だけ動く間に，木片にはたらいているすべての力が木片にした仕事を考える．

- 重力：重力は，斜面に沿って木片をすべらせるはたらきと木片を斜面に押し付けるはたらきをする．このため，重力の y 成分と z 成分を考えると便利である．

重力が木片にした仕事 $=$ (重力の x 成分) $\times$ (変位の x 成分)
$\qquad +$ (重力の y 成分) $\times$ (変位の y 成分) $+$ (重力の z 成分) $\times$ (変位の z 成分)
$\qquad = 0\,\mathrm{N} \times 0\,\mathrm{m} + (-mg\sin\theta)\,dy + (-mg\cos\theta) \times 0\,\mathrm{m}$
$\qquad = (-mg\sin\theta)\,dy$

となる．たしかに，木片をすべらせるはたらきの成分 (y 成分) が仕事に効く．

- 斜面からはたらく力

この力が木片にした仕事 $=$ (抗力の x 成分) $\times$ (変位の x 成分)
$\qquad +$ (抗力の y 成分) $\times$ (変位の y 成分) $+$ (抗力の z 成分) $\times$ (変位の z 成分)
$\qquad = 0\,\mathrm{N} \times 0\,\mathrm{m} + R'\,dy + N \times 0\,\mathrm{m}$
$\qquad = R'\,dy$

となる．

$R'\,dy$ [または $|R'|(-|d\vec{r}|)$] の仕事をして，木片の勢いを小さくする．

どの位置からでも，複数の力がはたらいて $d\vec{r}$ 動くと，$d\left(\frac{1}{2}m|\vec{v}|^2\right)$ だけ勢い (運動エネルギー) が変化する．

どの位置から $d\vec{r}$ 動いても，運動エネルギーの変化と仕事の関係

$dv_y < 0\,\mathrm{m/s}$ は，y 方向 (斜面方向) に減速することを表している．つまり，

$$\underbrace{v_y + dv_y}_{\text{あとの速度}} < \underbrace{v_y}_{\text{はじめの速度}}$$

である．

$t_0 = 0\,\mathrm{s}$
ギリシア文字 τ は「タウ」と読む．

運動摩擦力が無視できるとき τ の表式は $\mu'\cos\theta$ を含まない．

$$\underbrace{\dfrac{v(t_0)}{g(\sin\theta + \mu'\cos\theta)}}_{\text{運動摩擦力がはたらくとき}} < \underbrace{\dfrac{v(t_0)}{g\sin\theta}}_{\substack{\text{運動摩擦力が}\\\text{無視できるとき}}}$$

分子が同じだから，分母の大きい方が分数の値は小さい．

仕事を力と変位の成分で表す方法については，3.7.2 項参照
$R' < 0\,\mathrm{N}$，$dy > 0\,\mathrm{m}$ だから $R'\,dy < 0\,\mathrm{J}$ (負の仕事) となる．

$R' < 0\,\mathrm{N}$ だから $|R'| = -R' > 0\,\mathrm{N}$ である．$dy > 0\,\mathrm{m}$ だから $|d\vec{r}| = dy$ である．

運動エネルギーの変化：結果
仕事：原因

$$\underbrace{d\left(\frac{1}{2}m|\vec{v}|^2\right)}_{\text{結果}} = \underbrace{[(-mg\sin\theta) + R']\,dy}_{\text{原因}}$$

が成り立つ。したがって，

　　木片の勢い（運動エネルギー）の減り高

　　　$=$（重力が木片にした負の仕事）$+$（運動摩擦力が木片にした負の仕事）

となる。初期位置 $\vec{r}_0$ から $d\vec{r}$ ごとに仕事を少しずつ足し合わせていくと，ボールの勢いがどれだけ変化したかがわかる。簡単のために，$K = \frac{1}{2}m|\vec{v}|^2$，$K_0 = \frac{1}{2}m|\vec{v}_0|^2$ と書く。

$$\int_{K_0}^{K} dK = \int_{y_0}^{y} [(-mg\sin\theta) + R']\,dy$$

だから，

$$K - K_0 = [(-mg\sin\theta) + (-\mu' mg\cos\theta)](y - y_0)$$

または

$$\frac{1}{2}m|\vec{v}|^2 - \frac{1}{2}m|\vec{v}_0|^2 = [(-mg\sin\theta) + (-\mu' mg\cos\theta)](y - y_0)$$

となる。止まるまでに進む有向距離は，$|\vec{v}| = 0\,\text{m/s}$ を代入して求まり，

$$y - y_0 = \frac{v_0^2}{2(\sin\theta + \mu'\cos\theta)g}$$

となる。

- はじめの速度 v_0 が大きいほど，勢いが大きいので，止まるまでに進む有向距離が大きい。
- 斜面がすべすべしていて，運動摩擦力が無視できるくらい小さいとき $\left[y - y_0 = \dfrac{v_0^2}{2g\sin\theta} \right]$ の方が，止まるまでに長く進む。

■運動摩擦力がはたらいているとき力学的エネルギー保存則は成り立たない

木片が斜面上を dy だけ上がったとき，

　　「重力が木片に仕事 $W_{\text{重力}}$ をした」

　　　$=$「木片が重力場に $(-W_{\text{重力}})$ の分だけ勢いを預けた」

の関係がある。重力は，木片の勢いを減らす（$W_{\text{重力}} < 0\,\text{J}$）ようにはたらいた。重力場のポテンシャル（木片が重力場から取り戻せる位置エネルギー）は，$dU(= -W_{\text{重力}} > 0\,\text{J})$ だけ増えた。

負の仕事 $W_{\text{重力}}$ のほかに，運動摩擦力も木片に負の仕事 $W_{\text{摩擦}}$ をした。だから，これらの分だけ木片の勢いは減った。木片の運動エネルギー（勢い）の変化分を dK と書く。エネルギー原理 $dK = W_{\text{重力}} + W_{\text{摩擦}}$ は $dK = -dU + W_{\text{摩擦}}$ と書き直せる。この関係式を $dK + dU = d(K+U) = W_{\text{摩擦}}$ と変形する。これは，

　　（あとの力学的エネルギー）$-$（はじめの力学的エネルギー）

　　　$=$ 摩擦力が木片にした仕事

を表す。木片が斜面に沿って上がる間に，運動摩擦力のした仕事によっ

---

dy は，ある位置から測った変位
2.3.4 項参照

$y - y_0$ は
　　（あとの量）$-$（はじめの量）
の形である。

「重力場が木片に $W_{\text{重力}}$ の分だけ勢いを与えた」
　$=$「木片が重力場に $(-W_{\text{重力}})$ の分だけ勢いを預けた」

$W_{\text{重力}}$ は負の仕事だから，木片の勢いは小さくなる。

位置エネルギーとポテンシャルについては 5.1 節参照

エネルギー原理については，p. 103 参照

$dU = -W_{\text{重力}}$ だから $W_{\text{重力}} = -dU$ となる。

$d(\cdots)$ は「$\cdots$ の変化分」と考えるとよい。

$dK = W_{\text{重力}} + W_{\text{摩擦}} < 0\,\text{J}$

て力学的エネルギー（運動エネルギー＋位置エネルギー）を熱の形で逃がした。

■**重力，ばねの弾性力，運動摩擦力の比較**

準静的過程のもとで，ポテンシャルの観点から，重力，ばねの弾性力，摩擦力を比べてみる。

- 重力（重力場からボールにはたらく力）：重力にさからって，床に置いてあったボールを手で持ち上げる。ある高さで手を放すと，ボールは床に向かって落下する。
- 弾性力（ばねから木片にはたらく力）：弾性力にさからって，木片を結び付けたばねを手で自然長から引き伸ばす。ある位置で手を放すと，木片はもとの位置に向かって動く。
- 運動摩擦力（地面から自動車にはたらく力の水平成分）：運動摩擦力にさからって，自動車を押す。ある位置で手を放しても，自動車はもとの位置に向かって動き出さない。

> ばねの弾性力については，5.6.1 項参照
> ポテンシャルと準静的過程については 5.1 節参照

> p. 117 注釈欄，p. 139 [注意 1] 参照
> 実際に地面から自動車にはたらく力は↖だけであり，この力の成分が←と↑である。

図 5.52 重力（鉛直下向きにはたらく），弾性力（もとの長さに戻ろうとする向きにはたらく），運動摩擦力（動いている向きと反対向きにはたらく）

> ? 疑問：重力，ばねの弾性力，運動摩擦力のちがいを，どのように理解したらよいだろうか。

- ボールを手で持ち上げたとき：手からボールにはたらく力がボールに仕事をしても，ボールの勢いは大きくならず，勢いを重力場に預ける。重力場が預かった勢いを「ポテンシャル」という。ボールは重力場から勢いを取り戻して，もとの位置に落下する。

> 5.1 節参照

- 木片を手で引っぱったとき：手から木片にはたらく力が木片に仕事をしても，木片の勢いは大きくならず，勢いをばねに預ける。伸びたばねが預かった勢いも「ポテンシャル」である。木片はばねから勢いを取り戻して，もとの位置に戻る。ばねを縮めたときも同じ考え方である。ばねが伸びたり縮んだりしているときは，ばねの状態が自然長のときと異なる。ばねの状態のちがいは，ばねがたくわえているポテンシャルのちがいを示している。

> 「力場（地球上の空間のゆがみ，ばねの伸び縮み）が勢いを預かる」とはいっても，物体が取り戻したときにはじめて運動の勢いになる。力場が運動しているわけではない。
>
> 両手のひらをこすり合わせていると，手のひらが熱くなってくる。

- 自動車を手で押したとき：手から自動車にはたらく力が自動車に仕事をしても，自動車はこの勢いをどこにも預けない。この仕事は，運動摩擦力が自動車にした仕事と同じ大きさで正負が反対である。手から自動車に仕事をして自動車の勢いが大きくなった。しかし，運動摩擦力が仕事をして，勢いを熱の形で逃がした。だから，手を放しても，自動車はどこからも勢いを取り戻さない。

■保存力と非保存力

力学的エネルギー保存則の観点から，力を「保存力」と「非保存力」に分類することができる。

- 保存力：力学的エネルギー保存則を成り立たせる力
- 非保存力：力学的エネルギー保存則を成り立たせない力

ボールを鉛直上向きに投げ上げたとき，力学的エネルギーが保存する理由を思い出してみよう。ボールは，上昇しながら，勢いを仕事の形で少しずつ重力場に預ける。上昇の勢いを表す量（運動エネルギー）と重力場に預けた勢いを表す量（位置エネルギー）の合計は一定になっている。

それでは，摩擦が無視できるくらい小さい斜面ではどうか。この斜面に沿ってボールを打ち上げたときも，同じように考えてよい。どちらの場合も，ボールが上昇した高さが同じであれば，重力場から取り戻せる仕事の大きさ（位置エネルギー）も同じである。ボールは，重力のはたらきで，重力場との間で勢いを預けたり取り戻したりして，運動の勢いが変化する。つまり，重力が力学的エネルギー保存則を成り立たせている。

> **？ 疑問**：運動摩擦力がはたらいていると，力学的エネルギーが保存しないのは，なぜだろうか。

- 重力による位置エネルギーは，空間内の位置（高さ）ごとに決まっている。つまり，ボールが重力場との間で預けたり取り戻したりする勢いは，運動の経路（鉛直上向きの投げ上げ，斜面に沿った打ち上げなど）に関係ない。
- 始点と終点が決まっていても，経路がちがえば，運動摩擦力がボールにする仕事の大きさもちがう。ボールは運動摩擦力を通じて，どこかに勢いを預けたり，どこかから勢いを取り戻したりしない。だから，力学的エネルギーは保存しない。

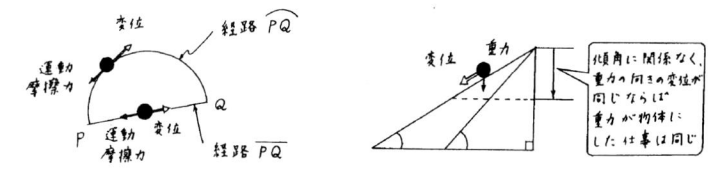

図 5.53 運動摩擦力・重力と経路

[注意 4] 力とポテンシャルの関係

- 重力 $-mg$

    ポテンシャル $U_{重力}(z)\ [=(-mg)(z_\star - z)]$ と $-mg = -\dfrac{dU_{重力}(z)}{dz}$ の関係がある。

- 運動摩擦力 R'

    ポテンシャル（勢いをたくわえる場）を考えることができないので，

5.1 節 [注意 2] 参照

5.1 節参照

重力は「力は物体の勢いを変えるはたらきである」という力の定義に合っている。

摩擦が無視できる斜面では，斜面から受ける力は，斜面に垂直な方向にはたらいている。

3.7.2 項参照

z 軸の正の向きを鉛直上向きとすると，$-mg$ は $m\vec{g}$ の z 成分である。

$F_z = -\dfrac{dU(z)}{dz}$ の形で力の成分が表せるとき，この力を「保存力」という。
p. 123 参照

運動エネルギーと仕事の方程式 $dK = F_z\,dz$ が $dK = -dU$ と書き直せる。$d(K+U) = 0\,\mathrm{J}$ となるから，$K+U = $ 一定量 である。

$$R' = -\frac{dU_{摩擦力}(x)}{dx}$$

と表せない。

5.5 円運動

? 疑問：ひもの一端におもりを付ける。ひもの他端を手で持って回転させる。ひもの長さが一定なので，おもりは円運動をする。日常生活の中で，「円運動をしている物体には，遠心力（中心から遠ざける向きにはたらく力）がはたらいている」という人がいる。これは正しい考え方だろうか。

2章で考えたように，速度ベクトルは，運動の経路の接線の方向を向いている。経路が円を描いているとき，その接線の方向は時々刻々変わる。速さが一定であっても，速度の方向が変わるから，速度が変化する運動（加速度運動）である。したがって，円運動している物体に力がはたらいている。物体に力がはたらいていなければ，速度（速さ，方向，向き）を保ったまま直線運動をするからである。それでは，円運動をしている物体には，どんな力がはたらいているのだろうか。

「等速円運動」は，物体の速さが変化しないで，運動の方向だけが変化する。この場合，速度に垂直に力が加わっていると考える。手がひもを使って，おもりを手の向きに引っぱっている。

等速円運動している物体には，
中心向きの力（向心力）がはたらいている。

［注意1］ 「等速」と「等速度」のちがい
- 等速：「速さが一定」の意味。運動の方向，向きが変化する場合と変化しない場合がある。
- 等速度：「速度が一定」の意味。速度は方向，向き，大きさ（速さ）を持つ量だから，運動の方向，向き，速さのどれも変化しない場合に「等速度」という。
- 等速直線運動：一定の速さで（運動の方向）直線に沿った運動。これは「等速度運動」ということもできる。「等速度直線運動」とはいわない。「速度」が方向を含んでいるので「直線」と意味が重複するからである。
- 等速円運動：一定の速さで円に沿った運動。

［注意2］ 「向心力」という用語　　「向心力」という名称の力があるわけではない。実際の力は，ひもがおもりを引っぱる力，太陽が地球を引っぱる力などである。これらが，回転の中心に向いているので，「向心力」と呼んでいるにすぎない。「ひもからおもりにはたらく力」と「向心力」が別々の力なのではない。

■円運動の運動学

　平面内で円運動する物体の位置，速度，加速度（速度の単位時間あたりの変化分）を考える。

図 5.54　おもりの円運動

力は運動の速度を変えるはたらきである。3.1 節参照

「等速度直線運動」は，「馬から落馬する」と同じく適切な表現ではない。

太陽が地球を引っぱる力については 5.8 節参照

力を扱うときには，「何から何にはたらく力か」ということを考えればよい。「向心力」という名称が重要なのではない。

(1) 位置

物体の位置は，平面内の番地（●番●号）で表せる。通常は，平面内に x 軸，y 軸を取り，平面に垂直に z 軸を設定する。円運動の場合は，2本の物差（x 軸，y 軸）の代わりに，1本の物差と1個の分度器を用意すると都合がよい。物差は，固定点（極という）からの距離（動径という）r を測るために使う。分度器は，始線（基準の固定直線）からの角度（方位角という）θ を測るために使う。(x, y) を直交座標（またはデカルト座標）というのに対して，(r, θ) を極座標という。

[欄外: 2.2.2 項 [注意 2] 参照]

[欄外: 通常，反時計回りを正として角度 θ を測る。]

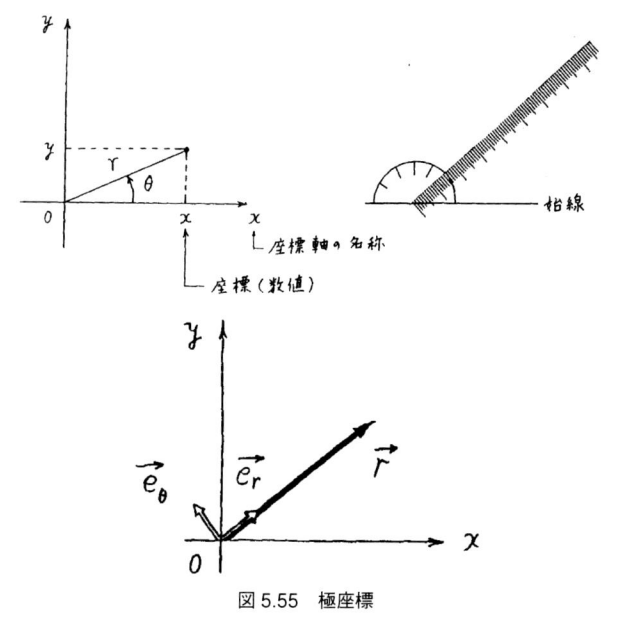

図 5.55 極座標

動径方向の基本ベクトルを $\vec{e}_r$，方位角方向の基本ベクトルを $\vec{e}_\theta$ とする。位置ベクトルは，$\vec{r} = r\vec{e}_r$ と書ける。

[欄外: 直交座標を使うと，$\vec{r} = x\vec{i} + y\vec{j} + z\vec{k}$ と書ける。]

[欄外: 角度の表し方は 3.7.3 項参照]

(2) 角速度

単位時間(s)に回転する角度 ω を角速度という。角速度＝（進んだ角度）÷時間 は，角度－時間グラフの傾きを求める式と同じである。角度が一様に変化するときには，このグラフは直線になるから，傾きは一定である。時刻 0 s のとき角度を 0 とすると，時刻 t で角度 θ は ωt となる。

[欄外: ギリシア文字 ω は「オメガ」と読む。アルファベットの W（ダブリュー）と混同しないこと。]

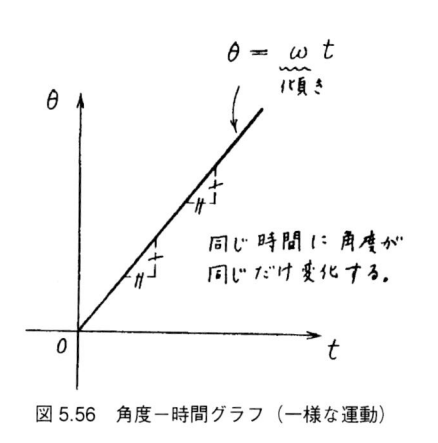

図 5.56 角度－時間グラフ（一様な運動）

角度が一様に変化しない場合は，各時刻で角度－時間グラフの接線の傾きを角速度と決める。つまり，

　　ある時刻の角度から測った変化分
　　　＝（その時刻における傾き）×（その時刻からの時間）

と考える。点 (t, θ) を原点とする座標を $(dt, d\theta)$ とする。時刻 t で角速度を $\omega(t)$ とすると，

$$d\theta = \omega(t)\, dt, \qquad \omega(t) = \frac{d\theta}{dt}$$

と書ける。角速度は，$\omega(t) = \lim_{t' \to t} \dfrac{\theta' - \theta}{t' - t}$ から求まる。角速度の単位は 1/s または s^{-1} である。

角度の単位を rad とすると rad/s または $\mathrm{rad \cdot s^{-1}}$ となる。
3.7.3 項参照

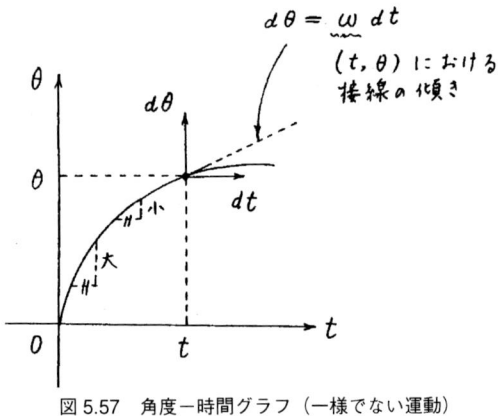

p. 44 参照

図 5.57　角度－時間グラフ（一様でない運動）

(3) 速度

円運動の速度を測るために，「各時刻ごとに，方位角の方向に同じ速度のまま飛びつづける」と仮定する。つまり，各瞬間で突然，物体に力がはたらかなくなった場面を想定する。

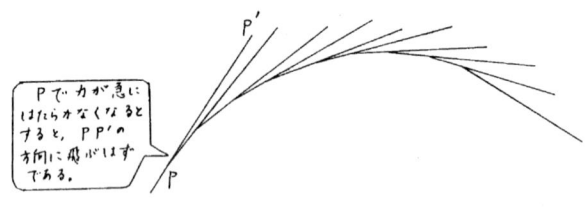

図 5.58　接線の集まってできた図形が円であると見なす

3.7.3 項参照

$d\theta$ は θ から測った角度
2.3.4 項参照

角度 θ の位置で $d\theta = 0$ である。

θ を原点とする分度器（図 5.59）で測ると，弧の長さは ds，角度は $d\theta$ と表せる。半径を r とすると，$ds = r\, d\theta$ である。速度は方位角方向のベクトルで表す。したがって，速度の動径成分は $v_r = 0\,\mathrm{m/s}$，方位角成分は $v_\theta = \dfrac{ds}{dt} = \dfrac{r\, d\theta}{dt} = r\dfrac{d\theta}{dt}$ である。これらから，速度 $\vec{v}$ は

$$\vec{v} = v_r \vec{e}_r + v_\theta \vec{e}_\theta = r\frac{d\theta}{dt}\vec{e}_\theta$$

と表せる。$\vec{e}_r$ と $\vec{e}_\theta$ は，それぞれ動径方向と方位角方向の基本ベクトルである。

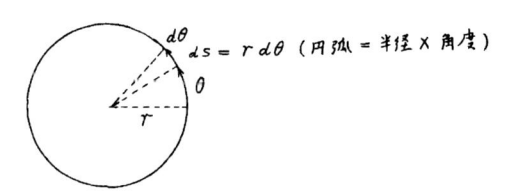

図 5.59 円運動の速度

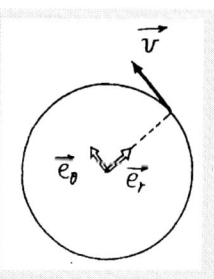

図 5.60 基本ベクトル $\vec{e}_r$ と $\vec{e}_\theta$

方向・向きを表すために接線方向（方位角の方向）の矢印で速度を表す。この矢印の長さは速さ（円軌道に沿って単位時間に進む円弧の長さ）である。等速円運動では，円軌道のどの位置でも矢印の長さは同じである。

[注意3] 基本ベクトルの変化　x 軸，y 軸方向の基本ベクトル $\vec{i}$ と $\vec{j}$ は固定している。これに対して，基本ベクトル $\vec{e}_r$ と $\vec{e}_\theta$ は，位置ベクトルとともに変化する。

(4) 加速度

加速度は，速度の単位時間あたりの変化分である。時刻 t のときの速度 $\vec{v}$ と時刻 t' のときの速度 $\vec{v}'$ を考える（図 5.61）。見やすくするために，これらの速度ベクトルの始点を原点に移す。$\vec{v}$ からの速度の変化分を $d\vec{v}(=\vec{v}'-\vec{v})$ と表す。$d\vec{v}$ の位置 $\vec{r}$ に平行な成分（動径成分）$(d\vec{v})_r$ と垂直な成分（方位角成分）$(d\vec{v})_\theta$ を考える。各時刻で速度の変化を知るために，$d\theta$ を微小とする。$(d\vec{v})_r$ は $\vec{v}$ を半径，$d\theta$ を中心角とする扇形の弧の長さと見なせる。$(d\vec{v})_\theta$ は $\vec{v}$ から $\vec{v}'$ への大きさの変化分と見なせる。$\vec{v}$ は，動径方向に

$$(d\vec{v})_r = -v\,d\theta = -r\frac{d\theta}{dt}\,d\theta$$

だけ変化し，方位角方向に

$$(d\vec{v})_\theta = dv = d\left(r\frac{d\theta}{dt}\right) \underset{r\text{ は一定}}{=} r\,d\left(\frac{d\theta}{dt}\right)$$

だけ変化する。

$(d\vec{v})_r$ と $(d\vec{v})_\theta$ は，$d\vec{v}$ のスカラー成分である。ベクトルのスカラー成分については 2.2.3 項参照

$\vec{r}$ と $\vec{r}'$ のなす角が $d\theta$ のとき，$\vec{v}$ と $\vec{v}'$ のなす角も $d\theta$ である。

$\vec{v}$ と $d\vec{v}$ をもとの位置に戻すと，大きさ $(d\vec{v})_r$ の矢印が中心 O に向いている。このため，$v\,d\theta$ に負号が付く。

円運動している物体の速度は，円の接線方向である。

$\vec{v}$ の方位角成分を v と書く。$|\vec{v}|=|v|$ に注意して，図 5.61 を見ると，$(d\vec{v})_\theta = dv,\;(d\vec{v})_r = -v\,d\theta$ となることがわかる。

$\vec{v} = r\dfrac{d\theta}{dt}\vec{e}_\theta$ なので $v = r\dfrac{d\theta}{dt}$ である。したがって，$v\,d\theta = r\dfrac{d\theta}{dt}\,d\theta$，$dv = d\left(r\dfrac{d\theta}{dt}\right)$ と書ける。

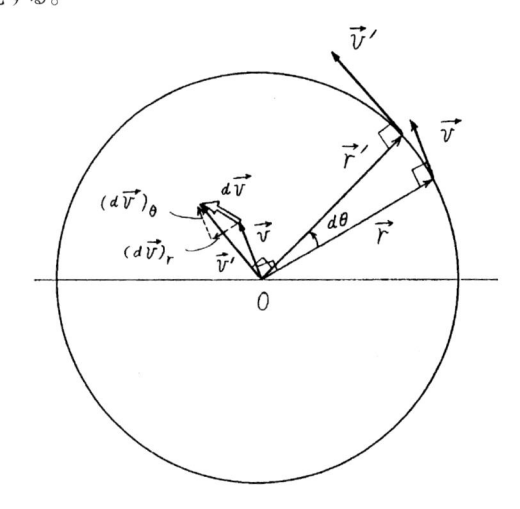

図 5.61 速度の変化分　$\vec{v}' = \vec{v} + d\vec{v}$

$d\vec{v} = (d\vec{v})_r \vec{e}_r + (d\vec{v})_\theta \vec{e}_\theta$ から,加速度 $\vec{a}$ は,

$$\frac{d\vec{v}}{dt} = -r\frac{d\theta}{dt}\frac{d\theta}{dt}\vec{e}_r + r\frac{d}{dt}\left(\frac{d\theta}{dt}\right)\vec{e}_\theta = -r\left(\frac{d\theta}{dt}\right)^2 \vec{e}_r + r\frac{d^2\theta}{dt^2}\vec{e}_\theta$$

となる。

- 加速度の方位角成分 a_θ のいろいろな表し方

  $\omega = d\theta/dt$, $v = r\omega$ だから,

  $$a_\theta = r\frac{d^2\theta}{dt^2} = r\frac{d\omega}{dt} \underset{r\text{は一定}}{=} \frac{d(r\omega)}{dt} = \frac{dv}{dt}$$

  のように,いろいろな形で表せる。

- 加速度の動径成分 a_r のいろいろな表し方

  $$a_r = -r\omega^2 = -\frac{v^2}{r}$$

  のように,いろいろな形で表せる。

- 力の方位角成分:加速度の成分 dv/dt からわかるように,速さ $|\vec{v}|$ を変えるはたらき

- 力の動径成分:そのまま接線方向に飛びつづけないように,運動の方向を変えるはたらき

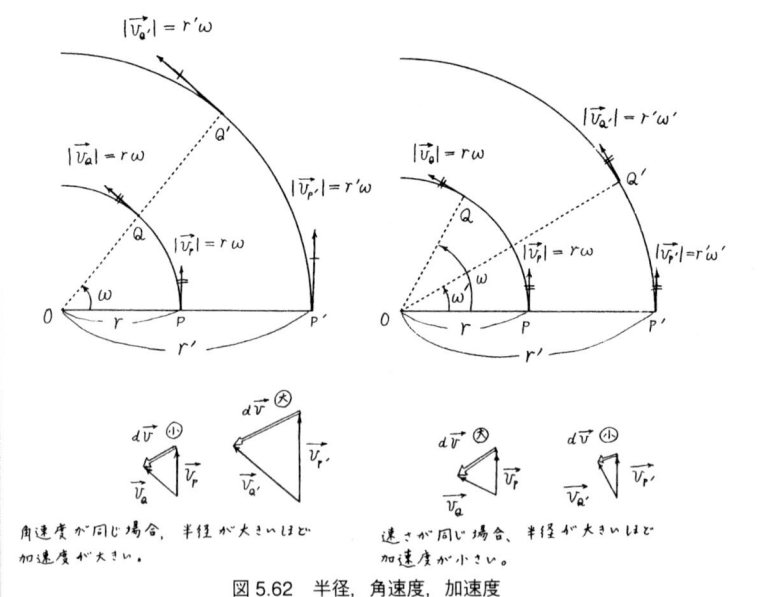

傍注

$d\vec{v} = (d\vec{v})_r \vec{e}_r + (d\vec{v})_\theta \vec{e}_\theta$
$= -r\frac{d\theta}{dt}d\theta\vec{e}_r + rd\left(\frac{d\theta}{dt}\right)\vec{e}_\theta$

$\dfrac{d}{dt}\left(\dfrac{d\theta}{dt}\right) \; \dfrac{d^2\theta}{(dt)^2}$

簡単のために,分母の ( ) を省いて $\dfrac{d^2\theta}{dt^2}$ と書く。

$a_\theta = r\dfrac{d^2\theta}{dt^2}$ は「$r\dfrac{d^2\theta}{dt^2}$ を記号 a_θ で表す」という意味である。

$$\frac{d^2\theta}{dt^2} = \frac{d}{dt}\left(\frac{d\theta}{dt}\right) = \frac{d\omega}{dt}$$

$a_r = -r\omega^2$ は「$-r\omega^2$ を記号 a_r で表す」という意味である。

p. 98 $m\dfrac{d^2\vec{r}}{dt^2} = \vec{F}$ から

$m(a_r \vec{e}_r + a_\theta \vec{e}_\theta) = F_r \vec{e}_r + F_\theta \vec{e}_\theta$

と書ける。成分で表すと

$ma_r = F_r, \quad ma_\theta = F_\theta$

となる。

図5.62 半径,角速度,加速度

角速度が同じ場合,半径が大きいほど加速度が大きい。

速さが同じ場合,半径が大きいほど加速度が小さい。

■等速円運動

等速円運動の場合,ω は一定なので,$d^2\theta/dt^2 = d\omega/dt = 0\,\text{s}^{-2}$ となり,加速度の方位角成分は $0\,\text{m/s}^2$ である。したがって,加速度は

$$\frac{d\vec{v}}{dt} = -r\left(\frac{d\theta}{dt}\right)^2 \vec{e}_r$$

となる。負号は $d\vec{v}$ が円の中心に向いていることを表している。だから,等速円運動では,物体を円の中心に向かって引っぱる力しかはたらいていない。質量が大きい場合,運動の方向を変えるためには大きな力が必

傍注

$d\omega$ の単位 s^{-1},dt の単位 s から $d\omega/dt$ の単位は $\text{s}^{-1}/\text{s} = \text{s}^{-2}$ となる。

$d\omega$ の単位を rad/s とすると,$d\omega/dt$ の単位は rad/s^2 となる。
3.7.3 項参照

v が一定なので,$a_\theta = \dfrac{dv}{dt} = 0\,\text{m/s}^2$ と考えてもよい。

要である。この力は質量に比例する。

加速度の動径成分の形 $-r\omega^2$ と $-v^2/r$ は記憶しておくと便利である。

(1) 角速度 ω を決めて円運動させると，半径 r が大きいほど，中心に向かって速度が大きく変化する。

(2) 速さ $|\vec{v}|$ を決めて円運動させると，半径 r が大きいほど，速度の中心向きの変化は小さい。

(3) $v = r\omega$ だから，v の値が決まっているときには，半径 r が大きいと角速度 ω（1 s 間に進む角）は小さい。

(4) 加速度の動径成分の負号は，円の中心に向いていることを表す。

(1) $-r\omega^2$ の形からわかる。

(2) $-\dfrac{v^2}{r}$ の形からわかる。

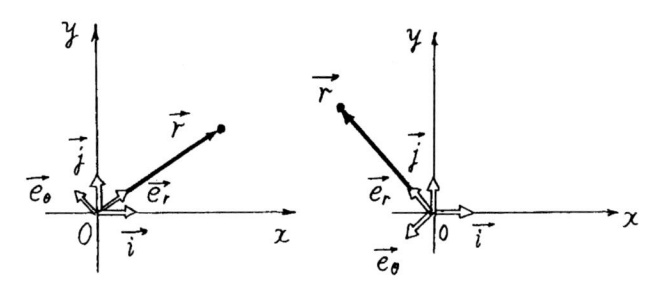

図 5.63 速度の中心向きの変化と半径 r の関係

- 「周期」：もとの位置に戻るまでの時間

$$\text{等速円運動の周期} = \frac{\text{円周}}{\text{速さ}} = \frac{2\pi r}{v} = \frac{2\pi}{\omega} \text{ と書ける。}$$

5.6 振動
5.6.1 単振動

〈例 1〉ばね振り子　摩擦の無視できる机上で，水平に置いたばねにおもりを取り付ける。ばねを伸ばしてから手を離すと，おもりは往復運動する。ばねからおもりにはたらく力は，どのように表せるのだろうか。

■フック (Hooke) の法則

ばねは，伸びたり縮んだりすると，もとの長さに戻ろうとする性質がある。ばねに付けたおもりは，ばねの伸び（または縮み）に比例する弾性力を受ける。ばねの自然長の位置を原点（$x = 0$ m）とする。

ばねが伸びているとき：$-k|x|\vec{i} = -kx\vec{i}$（$x > 0$ m）

ばねが縮んでいるとき：$k|x|\vec{i} = -kx\vec{i}$（$x < 0$ m）

k をばね定数（単位は N/m）という。これは，ばねを単位長さだけ伸ばす（または縮める）のに必要な力の大きさを表す。ばねを鉛直に吊しても，ばねからおもりにはたらく力は，ばねの伸び（または縮み）に比例すると考える。

ばねの力をベクトル記号で表すとき，基本ベクトル $\vec{i}$ が必要である。
p. 29 図 2.14 参照

〈絶対値記号の注意〉
$x \geq 0$ のとき $|x| = x$
（例．$x = 3$ のとき $|x| = 3$）
$x < 0$ のとき $|x| = -x$
（例．$x = -3$ のとき $|x| = 3 = -x$）

ばね定数を数と誤解してはいけない。単位 N/m まで含めた一定量である。k は量 = 数値 × 単位 の形で表す。

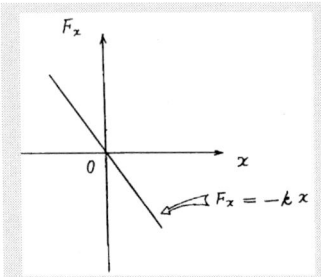

図 5.65 ばねの伸び（または縮み）とばねからおもりにはたらく力の間の関係

3.2 節参照

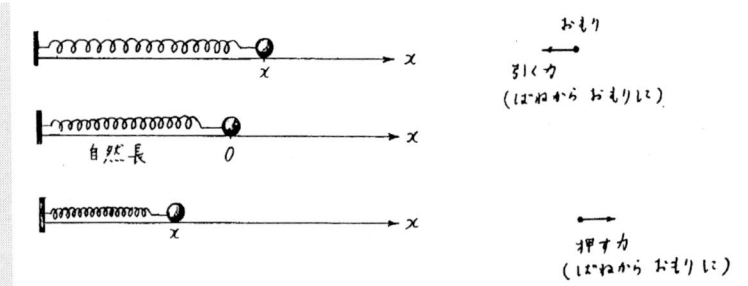

図 5.64 水平に置いたばねとおもり

■水平方向の単振動

1. 時計と物差の用意

地面に静止した机上に座標軸を設定する。机面を xy 平面とし，机面に垂直に z 軸を選ぶ。ばねの自然長の位置を原点 $(x = 0\,\text{m})$ とする。

2. 現象の把握

a. ばねを自然長から x_0 だけ伸ばして，静かに手を放す。
b. おもりは加速し，ばねは自然長に戻ろうとする。
c. 自然長の位置では，ばねからはたらく力が 0 N になる。このため，おもりはばねから引っぱられない。おもりには慣性があるので，自然長に達する直前の速度のまま通過する。
d. その後，減速しながら，x_0 だけ縮んだ位置で静止する。
e. そこから，加速しながら自然長の位置に向かう。
f. 自然長の位置を通過すると，減速しながら，x_0 だけ伸びた位置で静止する。

おもりは，こういう運動を繰り返す。

黒い矢印：速度ベクトル
白い矢印：力ベクトル

力と速度の向きは必ずしも一致しないが，力の向きに速度が変化する。

原因：$-kx\vec{i}$
結果：$d\vec{v}$

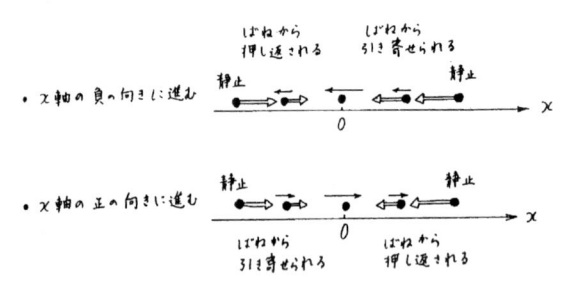

図 5.66 ばねの伸び縮みとおもりの運動

3. おもりにはたらいている力を見つける

おもりを質点として扱う。

- おもりに力をおよぼす物体：地球上の空間（重力場），ばね，机

単位質量 kg の物体にはたらく重力は $9.8\,\text{N/kg}$ とわかっている。ばねからおもりにはたらく力は，ばねの伸び（または縮み）を測ればわかる。重力，ばねからはたらく力とちがって，机からはたらく力は直接わからない。この力は，わかっている力（重力）から求めるしかない。おもりは鉛直方向に静止しているので，机からはたらく力は重力を打ち消している。したがって，この力は重

通常の教科書では，机からはたらく力は鉛直上向きにはたらいているので，「垂直抗力」という。しかし，力の名称よりも，「何から何にはたらく力か」ということの方が重要である。

力と反対向きで大きさが等しい.

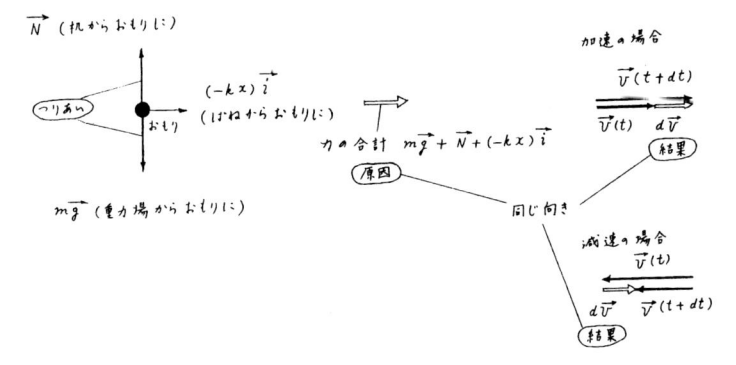

図 5.67 おもりの速度の変化とおもりにはたらく力

「おもりがばねを引っぱる力」と「ばねがおもりを引っぱる力」は，互いに作用反作用の関係にあり，大きさが等しく，向きが反対である.

- おもりがばねを引っぱる力：ばねの変形の原因
- ばねがおもりを引っぱる力：おもりの速度が変化する原因

4. 運動の法則による説明（因果律）

(1) 時間の観点

時間 dt をかけながらおもりに複数の力がはたらくと，力の合計の向きに勢い（運動量）が $d(m\vec{v})$ だけ変化する.

どの時刻から時間 dt 経っても，運動量の変化と力積の関係

$$d(m\vec{v}) = [(-kx)\vec{i} + m\vec{g} + \vec{N}]\,dt$$

（結果）　（原因）

が成り立つ.

この x 成分は，

$$d(mv_x) = (-kx)\,dt$$

と書ける.

「微分」という用語から微小量を連想しがちである．しかし，dt は「ある時刻から測った時間」という意味しかないので，長さに制約はない．ばねからはたらく弾性力 $(-kx)$ は，時々刻々変化する．長い時間に同じ x でこの力を表すことはできない．このため，時間を小刻みにして dt を限りなく短い時間にする.

上の方程式は簡単には解けない．そこで，等速円運動しているおもりを参考にする．このおもりに光を当てて，x 軸または y 軸に平行なスクリーンにおもりの影を写す．5.5 節で考えたように，ω を角速度とすると，位置は

$$\vec{r} = \begin{pmatrix} x \\ y \\ z \end{pmatrix} = \begin{pmatrix} A\cos(\omega t) \\ A\sin(\omega t) \\ 0\,\mathrm{m} \end{pmatrix}$$

速度は

$d(m\vec{v})$ の向きが力の合計の向きと一致する.

おもりからばねにはたらく力

ばねからおもりにはたらく力

本来は $\rightarrow + \downarrow + \uparrow$ の意味. $\vec{i}$, $\vec{g}$, $\vec{N}$ は矢印の名称にすぎない.

単位時間あたりの運動量の変化を考えて，$m\dfrac{d\vec{v}}{dt} = (-kx)\vec{i} + m\vec{g} + \vec{N}$ としてもよい．これは，運動方程式である.

2.3.4 項参照

付録 A 参照

図 5.68 で半径を A とする.

$$\vec{v} = \begin{pmatrix} v_x \\ v_y \\ v_z \end{pmatrix} = \begin{pmatrix} -A\omega \sin(\omega t) \\ A\omega \cos(\omega t) \\ 0\,\text{m/s} \end{pmatrix}$$

速度の変化分は

$$d\vec{v} = \begin{pmatrix} dv_x \\ dv_y \\ dv_z \end{pmatrix} = \begin{pmatrix} (-\omega^2 x)\,dt \\ (-\omega^2 y)\,dt \\ 0\,\text{m/s} \end{pmatrix}$$

である。

p. 154 $d\vec{v} = -r\omega^2 \vec{e}_r\,dt$ で $\vec{r} = r\vec{e}_r$ に注意すると, $d\vec{v} = -\omega^2 \vec{r}\,dt$ となる。ここで,

$$\vec{r} = \begin{pmatrix} x \\ y \\ z \end{pmatrix}$$

である。

p. 152 $\vec{v} = r\omega \vec{e}_\theta$ を図 5.68 で成分表示する。

$d(mv_x) = (-kx)\,dt$ の両辺を m で割ると, $dv_x = -(k/m)x\,dt$ となる。

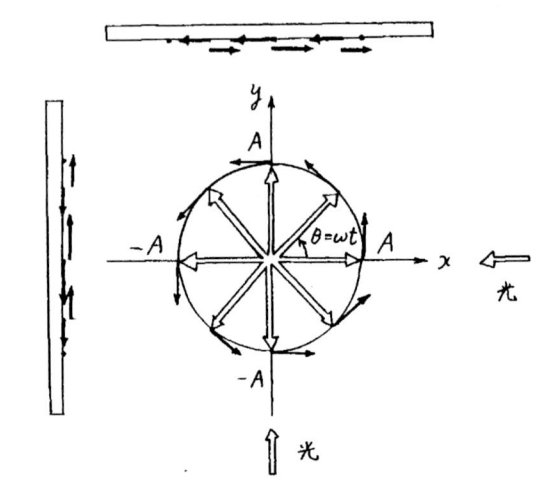

図 5.68　等速円運動しているおもりの位置ベクトル（白い矢印），速度ベクトル（黒い矢印）のようす

　ばね振り子の場合の $dv_x = -(k/m)x\,dt$ は, 等速円運動の場合の $dv_x = -\omega^2 x\,dt$ と同じ形である。$\omega^2 = k/m$ （または $\omega = \sqrt{k/m}$）とすると互いに対応する。ばね振り子と等速円運動の影は, おもりの初期位置, 初速度, 速度変化が同じだから, 運動の形態は同じである。したがって, ばね振り子のおもりの運動は,

$$\begin{cases} 位置 : x(t) = x_0 \cos(\omega t) \\ 速度 : v_x(t) = -x_0 \omega \sin(\omega t) \end{cases}$$

と表せる。おもりの運動は, 一つの三角関数で表せるので,「単振動」という。単振動の場合には, ω を角速度といわずに「角振動数」という。周期 T は, $T = 2\pi/\omega = 2\pi\sqrt{m/k}$ と表せる。

- おもりの質量が大きいほど動きにくいから, 周期は長い。
- ばねが弱いほど伸ばしたり縮めたりしにくいので, 周期は長い。

　おもりは直線上を動いているのに, なぜ三角関数で記述できるのか。単振動が等速円運動と対応しているから, 角 θ が現れる。三角関数といわず,「円関数」という方がわかりやすい（付録 C）。

$\dfrac{k}{m}$ の値は正

ファインマン (Feynman) の有名なことば:「方程式が同じときは, 現象も同じ」

半径 A が x_0 に対応する。

周期は 1 周に要する時間だから, $x(t) = x_0 \cos(\omega t)$ の表式に注意して $\omega T = 2\pi$ から $T = 2\pi/\omega$ となる。2π だけ回転すると, もとの位置に戻る。

「単」は「一つの」の意味である。

例題 2.10 と関連付けて理解すること。

等速円運動では, 速さ $v\left(= \sqrt{v_x^2 + v_y^2}\right)$ は変わらないが, 速度の成分 v_x, v_y は時々刻々変化する。数学の問題として, 微分方程式
$$dv_x/dt = -(k/m)x\;[または$$
$$d^2x/dt^2 = -(k/m)x]$$
を解くとき, 解の形を $x = A\sin(\omega t + \delta)$ （ただし, $\omega^2 = k/m$. A と δ は定数）と仮定する。

■問　初期条件（初期位置, 初速度）のちがい　　等速円運動しているおもりを y 軸に平行なスクリーンへ射影する。この射影は, ばね振り子をどうい

う初期条件で振動させたときに対応するか。

■解説　自然長の位置から，ある速度でおもりを押したときの単振動に対応する。つまり，初期条件は「$t=0\,\mathrm{s}$ のとき，$y=0\,\mathrm{m}$, $v_y=v_0$」である。

〈参考〉　2階微分方程式：単振動の標準形　　$v_x=dx/dt$ だから，

$$\frac{dv_x}{dt}=\frac{d}{dt}\left(\frac{dx}{dt}\right)=\frac{d^2x}{dt^2}$$

と書ける。

$$\frac{d^2x}{dt^2}=-\omega^2 x$$

x の時間について2階微分 $=-$(正の一定量)$\times x$

の形を「単振動の標準形」という。

この形の微分方程式の解は，$x(t)=A\sin(\omega t+\delta)$ (A と δ は一定量) と表せる。A と δ は，初期条件(初期位置と初速度)から決まる。このような扱い方も理解しておくと便利である。

〈例〉　$t=0\,\mathrm{s}$ のとき $x=x_0$, $v=0\,\mathrm{m/s}$ とする。

$$v(t)=\frac{dx}{dt}=\omega A\cos(\omega t+\delta)$$

$t=0\,\mathrm{s}$ で $A\sin\delta=x_0$, $\omega A\cos\delta=0\,\mathrm{m/s}$ だから，$\delta=\pi/2$, $A=x_0$ となる。

$x(t)=x_0\sin(\omega t+\pi/2)=x_0\cos(\omega t)$ を得る。

(2) 空間の観点

速度が位置とともに変化する。そこで，各位置ごとに，わずかな変位 $d\vec{r}$ を追跡する。初期位置から $d\vec{r}$ だけ移動し，$\cdots$，位置 $0.02\,\mathrm{m}$ の位置から，また $d\vec{r}$ だけ移動する。どの位置からでも，複数の力がはたらいて $d\vec{r}$ 動くと，$d\left(\frac{1}{2}m|\vec{v}|^2\right)$ だけ勢い(運動エネルギー)が変化する。

どの位置から $d\vec{r}$ 動いても，運動エネルギーの変化と仕事の関係

$$\underbrace{d\left(\frac{1}{2}m|\vec{v}|^2\right)}_{\text{結果}}=\underbrace{(-kx)\,dx+[(-mg)+N]\,dz}_{\text{原因}}$$

が成り立つ。おもりは，机から受ける力と重力の方向には動いていない ($dz=0\,\mathrm{m}$)。したがって，これらの力はおもりに仕事をしない。

■速さを求める

- おもりが x 軸の正の向きに動いている ($dx>0\,\mathrm{m}$) とき
  $x<0\,\mathrm{m}$ では $-kx>0\,\mathrm{N}$ だから仕事は正 $\longrightarrow$ おもりの勢いが増す
  $x>0\,\mathrm{m}$ では $-kx<0\,\mathrm{N}$ だから仕事は負 $\longrightarrow$ おもりの勢いが減る
- おもりが x 軸の負の向きに動いている ($dx<0\,\mathrm{m}$) とき
  $x<0\,\mathrm{m}$ では $-kx>0\,\mathrm{N}$ だから仕事は負 $\longrightarrow$ おもりの勢いが減る
  $x>0\,\mathrm{m}$ では $-kx<0\,\mathrm{N}$ だから仕事は正 $\longrightarrow$ おもりの勢いが増す

初期位置から dx ごとに仕事を少しずつ足し合わせていくと，おもりの勢いがどれだけ変化したかがわかる。簡単のために，$K=\frac{1}{2}m|\vec{v}|^2$,

---

なぜこのように仮定すると解けるのか。この理由を知るために，等速円運動と対応させた。三角関数のように，普通使う関数で解が表せるのは幸運である。よく知っている関数で表せない方が圧倒的に多い。p. 167 参照

図 5.68 から
$$\begin{cases} y(t)=A\sin(\omega t) \\ v_y(t)=-A\omega\cos(\omega t) \end{cases}$$
と表せる。

分子は $d(dx)=d^2x$, 分母は $dt\,dt=(dt)^2$ だが，簡単のために分母の ( ) を省いて dt^2 と書いた。

ギリシア文字 δ は「デルタ」と読む。

三角関数の時間微分の方法については，付録C参照。$\theta=\omega t+\delta$ とおくと
$$\frac{d\sin(\omega t+\delta)}{dt}=\frac{d\sin\theta}{d\theta}\frac{d\theta}{dt}$$
$$=\cos\theta\cdot\frac{d\theta}{dt}=\omega\cos(\omega t+\delta)$$
$\sin(\ )$ の ( ) 内と分母 dt がちがう形なので，$\sin\theta$ と $d\theta$ のように同じ θ で表す。もとの形と一致させるために，$d\theta/dt$ を掛ける。分母 $d\theta$ と分子 $d\theta$ が約せるからもとの形と同じことがわかる。

0.02 は例としてあげた数値にすぎないので，特別な意味はない。

運動エネルギーの変化：結果
仕事：原因

dx, dz は，ある位置から測った変位
2.3.4 項参照

z 軸の正の向きを鉛直上向きとすると，$m\vec{g}$ の z 成分は $-mg$ である。

仕事の表し方については，3.7.2 項参照

減衰振動 (p. 173) と比較すること。

$K_0 = \frac{1}{2}m|\vec{v}_0|^2$ と書く。x_0 は初期位置 $\vec{r}_0$ の x 成分，$\vec{v}_0$ は初速度である。

$$\int_{K_0}^{K} dK = \int_{x_0}^{x} (-kx)\,dx$$

だから

$$K - K_0 = -\left(\frac{1}{2}kx^2 - \frac{1}{2}kx_0^2\right)$$

または

$$\frac{1}{2}m|\vec{v}|^2 - \frac{1}{2}m|\vec{v}_0|^2 = -\left(\frac{1}{2}kx^2 - \frac{1}{2}kx_0^2\right)$$

となる。位置 x で速さは

$$|\vec{v}| = \sqrt{|\vec{v}_0|^2 - \frac{k}{m}(x^2 - x_0^2)}$$

となる。この表式から初期位置と初速度で決まることがわかる。

(1) 自然長の位置（$x = 0\,\mathrm{m}$）を通過するとき，おもりの速さは最大である。

(2) $x = \pm x_0$ で，はじめと同じ速さになる。

■ばねのポテンシャル

ばねは，伸びている（または縮んでいる）とき，仕事によって物体に勢いを与えたり，物体から勢いを預かったりすることができる。ばねがこのような状態にあるとき，「ばねは潜在的に運動の勢いを蓄えている」と考える。この潜在能力（ポテンシャル）は，伸び（または縮み）x で決まる。もし，ある伸びから基準の伸びまでに，ばねからはたらく力が物体に仕事をするとしたら，どれだけの仕事ができるかを考える。この仕事で「ばねのポテンシャル」を表す。ポテンシャル U は，伸び x だけで決まるから，$U(x)$ と表す。基準の伸びを $x_\star$ として

$$U(x) = \int_x^{x_\star} (-kx)\,dx = \frac{1}{2}kx^2 - \frac{1}{2}kx_\star^2$$

と表せる。基準はどのように選んでもよいが，ばねが自然長のときを基準にする（$x_\star = 0\,\mathrm{m}$）と便利である。このように決めると，

$$U(x) = \frac{1}{2}kx^2$$

の簡単な形になる。

■力学的エネルギー保存則

「おもりの位置エネルギー」は，「おもりが，ばねからどれだけの勢いを取り戻せるか」を表している。位置 x でおもりの位置エネルギー $U(x)$ は，ばねのたくわえているポテンシャルの分だから，$U(x) = \int_x^{x_\star}(-kx)\,dx = \frac{1}{2}kx^2$（ここでは，$x_\star = 0\,\mathrm{m}$）である。位置 x_0 から位置 x までの間に，おもりの位置エネルギーの変化 $= U(x) - U(x_0) = \frac{1}{2}kx^2 - \frac{1}{2}kx_0^2$ である。一方，ばねの力がおもりにした仕事 $W = \int_{x_0}^{x}(-kx)dx = -\left(\frac{1}{2}kx^2 - \frac{1}{2}kx_0^2\right)$ と表せる。これらから $W = -[U(x) - U(x_0)]$ となる。エネルギー原理 $K - K_0 = W$ は $K - K_0 = -[U(x) - U(x_0)]$ と書き直せる。

(左欄注釈)

p. 53 (2) と同じ考え方で，位置 x_0 から位置 x まで $-kx\,dx$ を積分する。

$\frac{a}{b} = c$ は $a = bc$ と書き直せる。これと同じように，$\frac{d(x^2)}{dx} = 2x$ を $2x\,dx = d(x^2)$ と書き直す。両辺を 2 で割ると，$x\,dx = d\left(\frac{1}{2}x^2\right)$ となる。
$U(x) = \frac{1}{2}kx^2$ とおく。
$\int_{x_0}^{x} kx\,dx = \int_{U(x_0)}^{U(x)} dU = U(x) - U(x_0) = \frac{1}{2}kx^2 - \frac{1}{2}kx_0^2$ である。
$(x^2)' = 2x$ と書くと，こういう式変形ができないので注意すること。

5.1 節参照

$U(x)$ は「U は x の関数」という意味である。

〜から … まで
↓   ↓
はじめ あと
（あとの量）− （はじめの量）

$W = -dU$

5.1 節参照

ばねからおもりにはたらく力が正の仕事をする
→ $\begin{cases} \text{ばねのポテンシャルの減少（＝おもりの位置エネルギーの減少）}\\ \text{おもりの運動エネルギーの増加} \end{cases}$

ばねからおもりにはたらく力が負の仕事をする
→ $\begin{cases} \text{ばねのポテンシャルの増加（＝おもりの位置エネルギーの増加）}\\ \text{おもりの運動エネルギーの減少} \end{cases}$

これらの関係は，

$$K + U(x) = K_0 + U(x_0)$$

運動エネルギー＋位置エネルギー＝一定量

の保存則の形で美しく表せる。おもりは，運動エネルギーと位置エネルギーを交換し合いながら振動している。力学的エネルギー保存則からおもりの速さを求めてもよい。おもりの力学的エネルギーとは，「ばねから取り戻せる勢い（位置エネルギー）」と「運動中の勢い（運動エネルギー）」の合計である。5.1 節の重力場の代りに，ばねの伸び縮み（力場の一種）を考えればよい。

■位相軌道

位置と速度の関係をプロットすると，閉じた楕円になる。

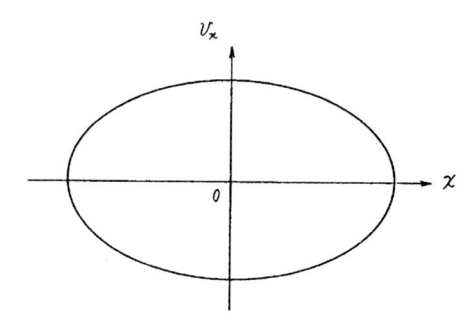

図 5.69　速度－位置グラフ

【例題 5.6】　鉛直方向の単振動　　おもりの付いたばねをスタンドから吊す。つりあいの位置から鉛直下向きに z_0 だけ伸ばして手を放す。おもりはどのように運動するか。ばねの質量は無視する。

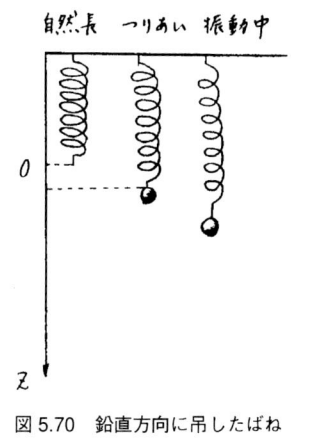

図 5.70　鉛直方向に吊したばね

エネルギー原理については p. 103 参照

おもりは，弾性力のはたらきで，ばねの伸び縮みとの間で勢いを預けたり取り戻したりして，運動の勢いが変化する。つまり，弾性力が力学的エネルギー保存則を成り立たせている。

重力場は，地球上の空間のゆがみを表す量である。ばねの伸び縮みに対応する。
重力＝質量×（単位質量の物体にはたらく重力）
弾性力＝－（ばねの伸びまたは縮み）×（単位長さだけ伸ばしたり縮めたりするのに必要な力）
は負号を除いて似た形である。

$x = x_0 \cos(\omega t), v_x = -x_0 \omega \sin(\omega t)$ だから $\cos^2(\omega t) + \sin^2(\omega t) = 1$ に代入すると $x^2 + \left(\dfrac{v_x}{\omega}\right)^2 = x_0^2$ となる．この式を整理すると $\left(\dfrac{x}{x_0}\right)^2 + \left(\dfrac{v_x}{x_0 \omega}\right)^2 = 1$ （楕円の方程式）を得る．

減衰振動の場合のらせん（図 5.83）と比べること．

5. いろいろな力学現象

3.2 節参照

【解説】
1. 時計と物差の用意

　地面に静止したスタンドに座標軸を設定する。鉛直下向きを正の向きとする。
2. 現象の把握
   a. おもりは、どんどん加速しながら、つりあいの位置に戻ろうとする。
   b. つりあいの位置では、おもりにはたらく力が打ち消す。おもりには慣性があるので、この位置に達する直前の速度のまま通過する。
   c. その後、どんどん減速しながら、つりあいの位置から z_0 だけ上方で静止する。
   d. そこから再び加速しながらつりあいの位置に向かう。
   e. つりあいの位置を通過すると、どんどん減速しながら、z_0 だけ下方で静止する。

　おもりは、こういう運動を繰り返す。

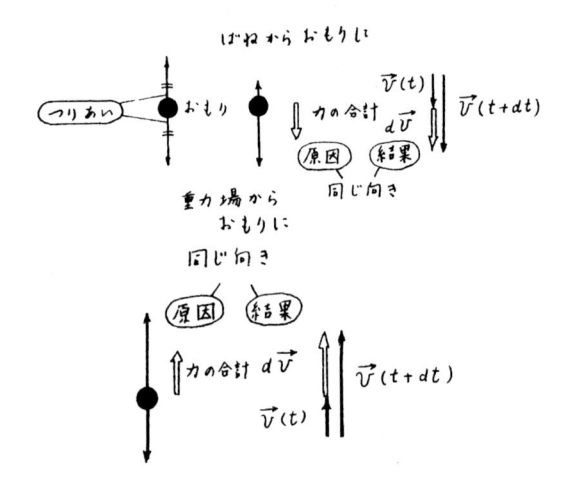

原因：$(-kz)\vec{k} + m\vec{g}$
結果：$d\vec{v}$
$\vec{k}$ は z 軸方向の基本ベクトルである。p. 29 図 2.14 の $\vec{k}$ とちがって、鉛直下向きである。

$(-kz)\vec{k} + m\vec{g} = \vec{0}$ を

$$\begin{pmatrix} 0\,\text{N} \\ 0\,\text{N} \\ -kz \end{pmatrix} + \begin{pmatrix} 0\,\text{N} \\ 0\,\text{N} \\ mg \end{pmatrix} = \begin{pmatrix} 0\,\text{N} \\ 0\,\text{N} \\ 0\,\text{N} \end{pmatrix}$$

と考える。第1行と第2行はそれぞれ x 成分と y 成分である。

単位時間あたりの運動量の変化を考えて、
$$m\frac{d\vec{v}}{dt} = m\vec{g} + (-kz)\vec{k}$$ としてもよい。
これは、運動方程式である。
2.3.4 項参照

図 5.71 ばねの伸び縮みとおもりの運動

　力と速度の向きは必ずしも一致しないが、力の向きに速度が変化する。
3. おもりにはたらいている力を見つける

　おもりを質点として扱う。
   - おもりに力をおよぼす物体：地球上の空間（重力場）、ばね

■つりあいの位置

　自然長の位置を原点（$z = 0\,\text{m}$）とする。力の合計 $(-kz)\vec{k} + m\vec{g} = \vec{0}$ の z 成分は、$(-kz) + mg = 0\,\text{N}$ である。つりあいの位置は、$z = mg/k$ となる。
4. 運動の法則による説明（因果律）

(1) 時間の観点

　時間 dt をかけながら、二つの力がはたらくと、力の合計の向きに勢い（運動量）が $d(m\vec{v})$ だけ変化する。

　どの時刻から時間 dt 経っても、運動量の変化と力積の関係

$$d(m\vec{v}) = \underbrace{[m\vec{g} + (-kz)\vec{k}]}_{原因}\, dt$$
$$\underbrace{\phantom{d(m\vec{v})}}_{結果}$$

が成り立つ。

この z 成分は，
$$d(mv_z) = [mg + (-kz)]\, dt$$
と書ける。

力の合計を $-k(z - mg/k)$ と書き直す。$z - mg/k$ を z' と書くと，力の合計は $-kz'$ と表せる。z' は，つりあいの位置から測った座標である。つりあいの位置が原点になるように座標軸（物差）を置き直したと考えればよい。$v_{z'} = dz'/dt = d(z - mg/k)/dt = dz/dt = v_z$ だから，速度はどちらの座標軸でも同じである。$d(mv_{z'}) = (-kz')\, dt$ は，単振動の標準形と同じ形になっている。おもりは，つりあいの位置を中心に単振動する。

dt は，ある時刻から測った時間

z 軸の正の向きを鉛直下向きとしたので，$m\vec{g}$ の z 成分は mg である。

$mg + (-kz)$
$= -k\left(z - \dfrac{mg}{k}\right)$
$d(z - mg/k)/dt$
$= \dfrac{dz}{dt} - \dfrac{d(mg/k)}{dt}$
$= \dfrac{dz}{dt}$ $\left(\dfrac{mg}{k} \text{ は一定量}\right)$

単振動の標準形
$$\dfrac{d^2 z'}{dt^2} = -(\text{正の一定量}) \times z'$$
p. 159 参照

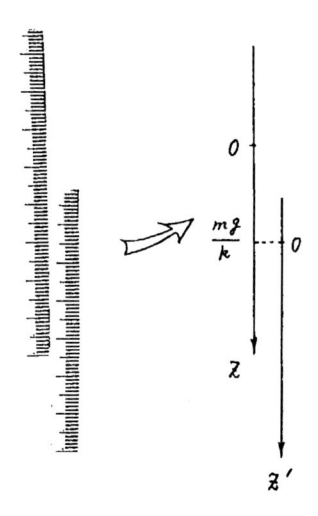

図 5.72 座標軸（物差）の置き方

(2) 空間の観点

おもりが $d\vec{r}$ だけ動く間に，おもりにはたらいているすべての力がおもりにした仕事を考える。

- 重力

  重力がおもりにした仕事

  $=$（重力の x 成分）$\times$（変位の x 成分）$+$（重力の y 成分）$\times$（変位の y 成分）

  　$+$（重力の z 成分）$\times$（変位の z 成分）

  $= 0\,\mathrm{N} \times 0\,\mathrm{m} + 0\,\mathrm{N} \times 0\,\mathrm{m} + mg\, dz$

  となる。

- ばねの力

  ばねからおもりにはたらく力がした仕事

  $=$（ばねの力の x 成分）$\times$（変位の x 成分）

  　$+$（ばねの力の y 成分）$\times$（変位の y 成分）

  　$+$（ばねの力の z 成分）$\times$（変位の z 成分）

  $= 0\,\mathrm{N} \times 0\,\mathrm{m} + 0\,\mathrm{N} \times 0\,\mathrm{m} + (-kz)\, dz$

dz は，ある位置から測った変位。
2.3.4 項参照

仕事を力の成分と変位の成分で表す方法については，3.7.2 項参照

どの位置からでも，複数の力がはたらいて $d\vec{r}$ 動くと，$d\left(\frac{1}{2}m|\vec{v}|^2\right)$ だけ勢い（運動エネルギー）が変化する。

どの位置から $d\vec{r}$ 動いても，運動エネルギーの変化と仕事の関係
$$\underbrace{d\left(\frac{1}{2}m|\vec{v}|^2\right)}_{結果} = \underbrace{[mg + (-kz)]\,dz}_{原因}$$
が成り立つ。

- つりあいの位置に向かって上昇するとき

  おもりが鉛直上向きに加速するのは，力の合計がこの向きだからである。力の向きとおもりの変位の向きから，「重力はおもりに負の仕事 $W_{重力}$ をする」が，「ばねからおもりにはたらく力が正の仕事 $W_{ばね}$ をする」ことがわかる。$mg + (-kz) < 0\,\mathrm{N}$ なので，$dz < 0\,\mathrm{m}$ のとき $[mg + (-kz)]\,dz > 0\,\mathrm{J}$ である。仕事の合計が正になるから，おもりの勢いが増す。

■力学的エネルギー保存則

「おもりが重力場に $-W_{重力}$ の分だけ勢いを預けた」
　＝「重力場のポテンシャルが $dU_{重力}(= -W_{重力})$ だけ変化した」

「おもりがばねに $-W_{弾性力}$ の分だけ勢いを預けた」
　＝「ばねの伸び縮み（弾性力場）のポテンシャルが
　　　$dU_{弾性力}(= -W_{ばね})$ だけ変化した」

おもりの運動エネルギーの変化を dK と書くと，エネルギー原理 $dK = W_{重力} + W_{弾性力}$ は
$$dK = (-dU_{重力}) + (-dU_{弾性力})$$
と書き直せる。

つりあいの位置に向かって上昇するときを考える。重力場に預ける勢いよりも，ばねから取り戻す勢いの方が大きい。このため，おもりの運動中の勢いは大きくなる。上の関係式を変形すると，
$$dK + dU_{重力} + dU_{弾性力} = 0\,\mathrm{J}$$
となるので，力学的エネルギーは変化しない。
$$K + U_{重力} + U_{弾性力} = 一定量$$
は，「おもりの運動中の勢いを表す量」「おもりが重力場から取り戻せる勢いを表す量」「おもりがばねから取り戻せる勢いを表す量」の合計が一定になっていることを表している。自然長の位置を位置エネルギーの基準点に選ぶと，
$$U_{重力}(z_\star) = 0\,\mathrm{J},\quad U_{弾性力}(z_\star) = 0\,\mathrm{J},\quad z_\star = 0\,\mathrm{m}$$
である。

- 重力による位置 z の位置エネルギー $U_{重力}(z)$
  $$U_{重力}(z) = \int_z^{z_\star} mg\,dz = -mgz \quad (z\text{ 軸の正の向きを鉛直下向きに選んだから負号が現れた})$$

↑の方が↓よりも大きいので，↑＋↓が鉛直上向きになる。

正の仕事と負の仕事については 3.7.2 項参照

つりあいの位置に向かって下降するとき，つりあいの位置から上昇するとき，つりあいの位置から下降するときについても考察すること。

「重力がおもりに仕事 $W_{重力}$ をした」
　＝「重力場がおもりに $W_{重力}$ の分だけ勢いを与えた」

「ばねからおもりにはたらく力が仕事 $W_{弾性力}$ をした」
　＝「ばねの伸び縮み（弾性力場）がおもりに $W_{弾性力}$ の分だけ勢いを与えた」

つりあいの位置に向かって上昇するとき，$W_{重力}$ は負の仕事，$W_{弾性力}$ は正の仕事である。

p. 124 参照

ポテンシャルとは，「勢いの貯金」と思えばよい。

$d(\cdots)$ は「$\cdots$ の変化分」と考えるとよい。
$d(\cdots) = 0\,\mathrm{J}$ だから $\cdots$ は変化しない。

$\int_z^{z_\star} \cdots$ は「任意の位置 z から基準の位置 $z_\star$ まで」の積分を表す。

z 軸の正の向きを鉛直上向きに選ぶと，
$U_{重力}(z) = \int_z^{z_\star}(-mg)\,dz$
$= (-mg)(z_\star - z) = mgz$ となる。

- 弾性力による位置 z の位置エネルギー $U_{弾性力}(z)$

$$U_{弾性力}(z) = \int_z^{z^\star}(-kz)\,dz = \frac{1}{2}kz^2$$

力学的エネルギー保存則 $\left[\frac{1}{2}m|\vec{v}|^2 + (-mgz) + \frac{1}{2}kz^2 = 一定量\right]$ が成り立ち，$\frac{1}{2}kz^2 + (-mgz)$ は $z = mg/k$ で最小だから，つりあいの位置でおもりの速さが最大になることがわかる。おもりが静止（速さ $0\,\mathrm{m/s}$）する位置も求めることができる。

> [注意1] 弾性力による位置エネルギー　つりあいの位置を原点とする座標軸を選ぶと，$dK = W$，$W = -d\left(\frac{1}{2}kz'^2\right)$ が成り立つ。$dU = -W$ に注意して $dK + dU = 0\,\mathrm{J}$ と変形すると，$K + U = 一定量$ となる。おもりが静止（速さ $0\,\mathrm{m/s}$）する位置を求めるには，この形の方が簡単で便利である。
> 　$\frac{1}{2}kz'^2$ は，重力と弾性力の合計による位置エネルギーである。z' は，つりあいの位置からの変位であって，自然長からの伸び（または縮み）ではない。したがって，$\frac{1}{2}kz'^2$ は弾性力による位置エネルギーではなく，重力の効果も含んでいる。

「おもりが重力場から取り戻せる勢い」
＝「おもりが重力場に預けた勢い」

「おもりがばねから取り戻せる勢い」
＝「おもりがばねに預けた勢い」

つりあいの位置（$z' = 0\,\mathrm{m}$）で $\frac{1}{2}kz'^2 = 0\,\mathrm{J}$ だから，全エネルギーが $\frac{1}{2}m|\vec{v}|^2$ だけに配分される。
p. 170 問参照

$dU = -W$ の関係式については 5.1 節参照

〈例2〉 単振り子

> **？　疑問**：おもりを糸で吊して振り子を作り，糸の一端をスタンドに固定する。おもりが1往復する時間（周期）は，振り子の糸の長さ，おもりの質量，振れ幅のどれによって変わるだろうか。

1. 時計と物差の用意

　鉛直面内に座標軸を設定する。固定点からおもりまでの距離を r とする。反時計回りに角 θ を測る。紙内の裏から表に向かって，z 軸を設定する。

2. 現象の把握

　空気抵抗，糸とスタンドの間の摩擦がなければ，振り子は一度振動させるとずっと振動したままである。おもりを持ち上げて手を放した高さと同じ高さまで戻る。おもりが固定点の真下を通過するとき，おもりの運動はもっとも速い。このように，等速円運動ではない。

3. 物体にはたらいている力を見つける

　おもりを質点として扱う。

- おもりに力をおよぼす物体：地球上の空間（重力場），糸

　重力場から単位質量 kg の物体にはたらく重力は $9.8\,\mathrm{N/kg}$ とわかっている。これに対して，糸からはたらく力（張力）$\vec{S}$ は直接わからない。張力は，わかっている力（重力）から求めるしかない。重力と張力の合計を作図する。重力は，「おもりを中心から外側に引っぱるはたらき」と「おもりの軌道に沿って速さを変えるはたらき」をする。このため，重力の動径方向の成分と方位角方向の成分を考えると便利である。おもりは，円周に沿って運動している。おもりが円の接線方向に飛んでいかないように，円の中心に向かって引っぱっているからである。したがって，糸からおもりにはたらく力は，重力の動径方向の成分よりも大きい。

極座標

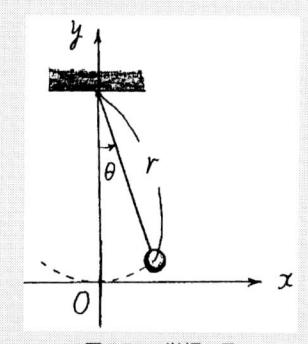

図 5.73　単振り子

力の合計が円の中心に向いている。このため，「向心力がはたらいている」という場合がある。「重力場からおもりにはたらく力」と「糸からおもりにはたらく力」のほかに，向心力という名称の力があるわけではない。こんな名称は，実はどうでもよく，

- 「何から何に」力がはたらいているかということ
- それらの力の合計がどうなるかということ

の方が重要である。

力の合計がおもりの速度を変化させている。

力の合計が原因，速度の変化が結果である。因果関係を正しく理解すること。

図 5.74 を p. 97 例題 4.5 (e) と比べよ。

$m\vec{g}+\vec{S}$ は，時々刻々
↓+↖, ↓+↑, ↓+↗ など
を表す。

糸からおもりにはたらく力は
$$S = -m\frac{(d\vec{v})_r}{dt} + mg\cos\theta$$
$$= m\frac{v^2}{r} + mg\cos\theta$$
となる。5.5 節で導いた
$$\frac{(d\vec{v})_r}{dt} = -\frac{v^2}{r}$$
を使った。

pp. 153–155 参照

固定点からおもりまでの距離 r は，糸の長さ ℓ で表せる。

$\cong$ は「近似的に等しい」

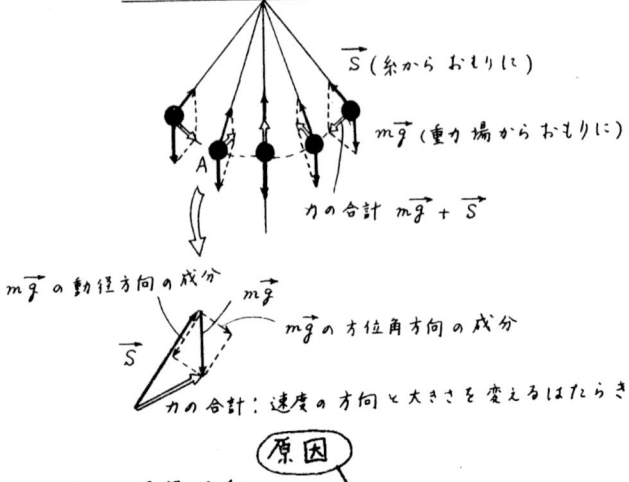

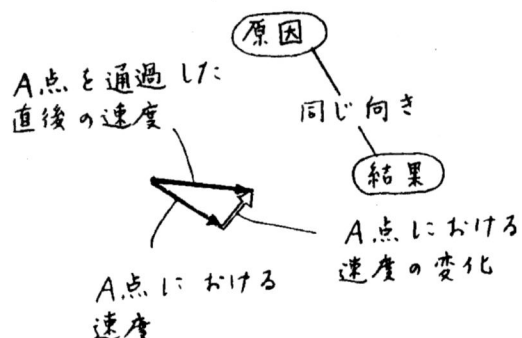

図 5.74 おもりの速度の変化とおもりにはたらく力

4. 運動の法則による説明（因果律）

(1) 時間の観点

時間 dt をかけながら，二つの力がはたらくと，力の合計の向きに勢い（運動量）が $d(m\vec{v})$ だけ変化する。

どの時刻から時間 dt 経っても，運動量の変化と力積の関係
$$d(m\vec{v}) = (m\vec{g} + \vec{S})\,dt$$
が成り立つ。

動径方向は中心から外向きを正，方位角方向は反時計回りを正とする。この方程式の動径方向，方位角方向，z 軸方向の成分は，
$$\begin{pmatrix} m(d\vec{v})_r \\ m(d\vec{v})_\theta \\ m(d\vec{v})_z \end{pmatrix} = \begin{pmatrix} [mg\cos\theta + (-S)]\,dt \\ -mg\sin\theta\,dt \\ 0\,\mathrm{N\cdot s} \end{pmatrix}$$
と書ける。

y 軸を始線として角度を測る（図 5.73）。$\theta > 0$ のとき $-\sin\theta < 0$，$\theta < 0$ のとき $-\sin\theta > 0$ である。だから，重力の方位角方向の成分は $-mg\sin\theta$ のように負号が付く（図 5.74）。

■**微小振動**

振幅が糸の長さ ℓ に比べて十分小さいとき（微小振動）には，
$$\sin\theta = \frac{\mathrm{AB}}{\mathrm{CB}} \cong \frac{s}{\ell} = \theta$$

方位角方向の成分：$m\,dv = -mg\theta\,dt$ から，$dv = -g\theta\,dt = -(g/\ell)s\,dt$ と書ける。この式は，ばね振り子の場合の $dv_x = -(k/m)x\,dt$ とよく似ている。水平方向の x 軸の代りに，円に沿った物差（s 軸）を考えると，v と v_x，s と x がそれぞれ対応する。したがって，単振り子のおもりの運動は，

$$\begin{cases} \text{位置}：s(t) = s_0\cos(\omega t) \\ \text{速度}：v(t) = -s_0\omega\sin(\omega t) \end{cases}$$

と表せる。この運動も単振動である。単振り子の g/ℓ が，ばね振り子の k/m に対応する。周期 T は，$T = 2\pi\sqrt{\ell/g}$ と表せる。

- 糸の長さが長いほど，周期は長い。
- 周期は，おもりの質量によらない。

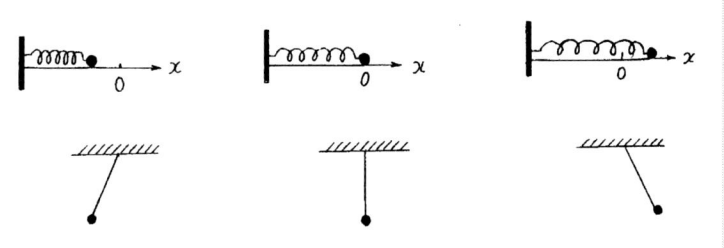

図 5.76　単振り子とばね振り子の比較

〈参考〉　2 階微分方程式：単振動の標準形　　$v = \ell\dfrac{d\theta}{dt}$ だから，$\dfrac{dv}{dt} = \dfrac{d}{dt}\left(\dfrac{d\theta}{dt}\right) = \ell\dfrac{d^2\theta}{dt^2}$ と書ける。$d^2\theta/dt^2$ は，角加速度である。$d^2\theta/dt^2 = -\omega^2\theta\,[(\theta\text{の時間についての 2 階微分})=-(\text{正の一定量})\times\theta]$ の形なので，単振動の標準形に一致する。この形の微分方程式の解は，$\theta = \theta_0\sin(\omega t + \delta)$（$\theta_0$ と δ は一定量）と表せる。ℓ を掛けると，$s = s_0\sin(\omega t + \delta)$ となる。s_0 と δ は，初期条件（初期位置と初速度）から決まる。

■周期を簡単に書き表す方法

ばね振り子の場合

$$\frac{d^2x}{dt^2} = -\frac{k}{m}x \quad \text{または} \quad dv_x = -\frac{k}{m}x\,dt$$

単振り子の場合

$$\frac{d^2\theta}{dt^2} = -\frac{g}{\ell}\theta \quad \text{または} \quad dv = -\frac{g}{\ell}s\,dt$$

これらを，標準形：$d^2\Omega/dt^2 = -\omega^2\Omega$ と比べる。

$$\omega^2 = \frac{k}{m}, \quad \omega^2 = \frac{g}{\ell}$$

$$T = \frac{2\pi}{\omega} = 2\pi\sqrt{\frac{m}{k}}, \quad T = \frac{2\pi}{\omega} = 2\pi\sqrt{\frac{\ell}{g}}$$

(2) 空間の観点

軌道に沿って，ある位置から測った座標を ds とする。$d\theta = ds/r$ だから，ds の方向は方位角 $d\theta$ と同じである。回転の中心から外向きに，ある位置から測った座標を dr と書く。

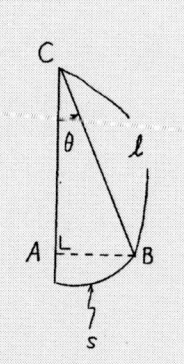

図 5.75　$\sin\theta$

$$dv = -\frac{g}{\ell}s\,dt$$
$$\updownarrow$$
$$dv_x = -\frac{k}{m}x\,dt$$
$$T = 2\pi\sqrt{\frac{m}{k}}$$
$$\updownarrow$$
$$T = 2\pi\sqrt{\frac{\ell}{g}}$$

p. 159 参照

$s = \ell\theta,\ s_0 = \ell\theta_0$

ω^2 は「正の一定量」を表すために，2 乗の形にしてある。

2.3.4 項参照

$ds = r\,d\theta$

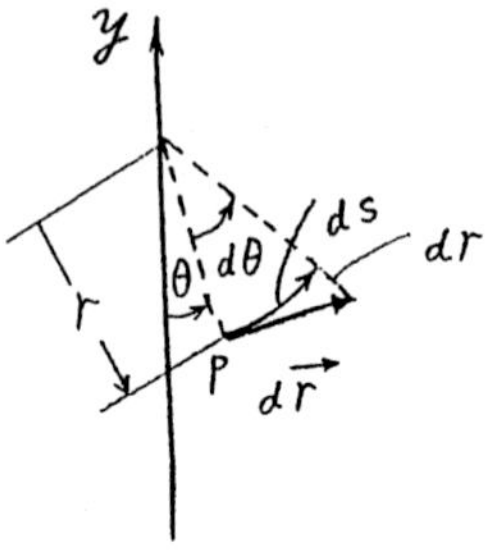

5. いろいろな力学現象

図 5.77 位置の表し方

点 P から測った座標を (dr, ds) とする。円の場合は，$r = \ell$（一定）だから $dr = 0\,\mathrm{m}$ である。

二つの力がはたらいて $d\vec{r}$ 動くと，力の合計がした仕事の分だけ勢い（運動エネルギー）が変化する。

どの位置から $d\vec{r}$ 動いても，運動エネルギーの変化と仕事の関係

$$\underbrace{d\left(\frac{1}{2}m|\vec{v}|^2\right)}_{\text{結果}} = \underbrace{(-mg\sin\theta)\,ds + (-S)\,dr}_{\text{原因}}$$

が成り立つ。

3.7.2 項参照

糸からおもりにはたらく力 $\vec{S}$ の動径成分 $(-S)$ と変位の動径成分 dr を使って，この力のした仕事を表すと $(-S)dr$ と書ける。
重力の方位角成分 $(-mg\sin\theta)$ と変位の方位角成分 ds を使って，重力のした仕事を表すと $(-mg\sin\theta)ds$ と書ける。

おもりが $d\vec{r}$ だけ動くとき，変位 $d\vec{r}$ の成分は軌道に沿って ds，軌道に垂直に $dr = 0\,\mathrm{m}$ である。

- 糸からはたらく力：糸はおもりの軌道に垂直（$dr = 0\,\mathrm{m}$）である。このため，糸からはたらく力はおもりに仕事をしない。だから，おもりの勢いを変えるはたらきをしない。

重力の方位角方向の成分は $-mg\sin\theta$ である。負号は時計回りの向きを表している（図 5.73）。
$(-mg\sin\theta)ds > 0\,\mathrm{J}$ または，
$(-mg\sin\theta)ds < 0\,\mathrm{J}$ となる。

- 重力： $\sin\theta > 0$，$ds < 0\,\mathrm{m}$ または $\sin\theta < 0$，$ds > 0\,\mathrm{m}$ のとき，重力の方位角方向の成分と変位の向きが一致する。このため，重力はおもりに正の仕事をして，おもりの勢いは大きくなる。$\sin\theta > 0$，$ds > 0\,\mathrm{m}$ または $\sin\theta < 0$，$ds < 0\,\mathrm{m}$ のとき，重力の方位角方向の成分と変位の向きが反対である。このため，おもりに負の仕事をして，おもりの勢いは小さくなる。

したがって，固定点の真下で，速さが最大になる。

■力学的エネルギー保存則

「重力がおもりに正の仕事 $W_{重力}$ をした」

＝「おもりが重力場に $-W_{重力}$ の分だけ勢いを預けた」

＝「$W_{重力}$ の分だけ重力場のポテンシャルが減った

$(dU_{重力} = -W_{重力} < 0\,\mathrm{J})$」

「重力がおもりに負の仕事 $W_{重力}$ をした」

＝「おもりが重力場に $-W_{重力}$ の分だけ勢いを預けた」

＝「$-W_{重力}$ の分だけ重力場のポテンシャルが増えた

$(dU_{重力} = -W_{重力} > 0\,\mathrm{J})$」

エネルギー原理については，p. 103 参照

$W_{重力} = -dU_{重力}$ については 5.1 節参照

おもりの運動エネルギーの変化分を dK と書く。エネルギー原理 $dK = W_{重力}$ は $dK = -dU_{重力}$ と書き直せる。この関係式を変形すると，$dK + dU_{重力} = 0\,\mathrm{J}$ となるので，力学的エネルギーは変化しない。$K + U_{重力} = $ 一定量 は，「おもりの運動の勢いを表す量」と「おもりが重力場に預け

$d(\cdots)$ は「$\cdots$ の変化分」と考えるとよい。
$d(\cdots) = 0\,\mathrm{J}$ だから $\cdots$ は変化しない。

た勢い（おもりが重力場から取り戻せる勢い）を表す量」の合計が一定になっていることを表している。

　高さ y で重力による位置エネルギー $U_{重力}(y)$ を求めよう。$s_\star = 0\,\text{m}$ を基準点とする（図 5.75）。この位置では，$y_\star = 0\,\text{m}$ である。θ が時々刻々変るので，ジワジワと小刻みに

$$\underbrace{(-mg\sin\theta)}_{\text{（重力の方位角方向の成分）}} \times \underbrace{ds}_{\text{（方位角方向の変位）}}$$

を基準点まで足し合わせる。

$$U_{重力}(y) = \int_s^{s_\star} (-mg\sin\theta)\,ds = \int_y^{y_\star} (-mg)\,dy = mgy$$

となる。これは経路によらず，高さだけで決まる。

> [注意2] ds と dy の関係　　反時計回りを $ds > 0\,\text{m}$ とする。
> - $\sin\theta > 0$，$ds < 0\,\text{m}$ または $\sin\theta < 0$，$ds > 0\,\text{m}$ のとき
> $$ds\sin\theta = dy < 0\,\text{m}$$
> - $\sin\theta > 0$，$ds > 0\,\text{m}$ または $\sin\theta < 0$，$ds < 0\,\text{m}$ のとき
> $$ds\sin\theta = dy > 0\,\text{m}$$
>
> 図 5.78　ds と dy の間の関係

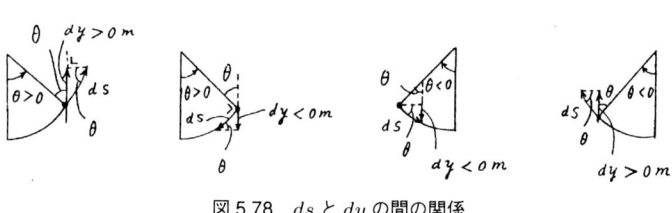

　力学的エネルギー保存則：$\frac{1}{2}mv^2 + mgy = $ 一定量　から，固定点の真下（$y = 0\,\text{m}$）で，おもりの速さが最大になる。速度計を使わなくても，力学的エネルギー保存則によって，おもりの高さだけで速さがわかる。

■振幅と周期

　糸の長さが同じであれば，周期は最初の角の大きさによらず，振幅がちがうだけである。最初の角が大きいと，最下点までの変位は大きい。それなのに周期が最初の角の大きさに関係ないのはなぜだろうか。

　初速度が $0\,\text{m/s}$ の場合を考えてみる。最初の角が大きいと位置エネルギーが大きいので，力学的エネルギーは大きい。同じ高さでは位置エネルギーは同じだから，どの高さでも力学的エネルギーが大きいほど運動エネルギーは大きい。運動エネルギーが大きいほど角速度は大きい。このため，最下点までの変位が大きくても小さくても，同じ時間で 1 往復する。

この関係は，微小振動でなくても正しい。

$ds\sin\theta = dy$

力学的エネルギーは，
　（はじめの運動エネルギー）
　＋（はじめの位置エネルギー）
と表せるが，初速度が $0\,\text{m/s}$ のときはじめの運動エネルギーが $0\,\text{J}$ である。

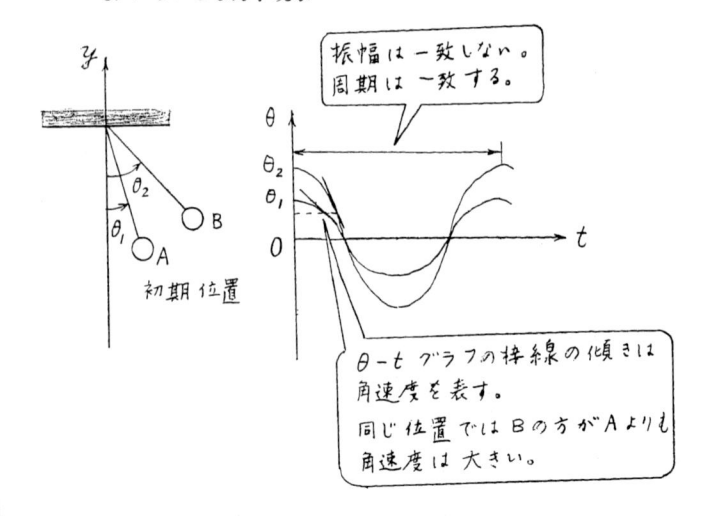

図 5.79 振幅と周期

手書きメモ：
- 振幅は一致しない。周期は一致する。
- θ-t グラフの接線の傾きは角速度を表す。
- 同じ位置ではBの方がAよりも角速度は大きい。

p. 151 参照

「静かに放す」とは，初速度 0 m/s の意味

■問 高さ 0.5 m で，おもりを静かに放すと，どの高さまで上がるか。

■解 力学的エネルギー保存則を使って，静止（速さ 0 m/s）する位置を求める。

$$\underbrace{\frac{1}{2}mv^2 + mgy}_{\text{あとの力学的エネルギー}} = \underbrace{\frac{1}{2}mv_0^2 + mgy_0}_{\text{はじめの力学的エネルギー}}$$

に $v_0 = 0$ m/s, $y_0 = 0.5$ m, $v = 0$ m/s を代入すると，$y = 0.5$ m を得る。おもりを静かに放すと，もとの高さまで上がる。

5.6.2 減衰振動

摩擦の無視できる机上で，水平に置いたばねにおもりを取り付ける。ばねを x_0 だけ伸ばして静かに手を放す。このおもりを振動させても，振幅が次第に減少して，ついに止まる。この振動を「減衰振動」という。減衰のメカニズムは一つとは限らないが，ここでは簡単な場合を扱う。空気抵抗がおもりの速度に比例する場合を考えよう。雨滴の場合は重力に逆らう力であるが，振動の場合はばねからはたらく力に逆らう力である。

空気抵抗は，すでに 5.3 節で取り上げた。

1. 時計と物差の用意

地上に座標軸を設定する。ばねの自然長の位置を原点とする。

3.2 節参照

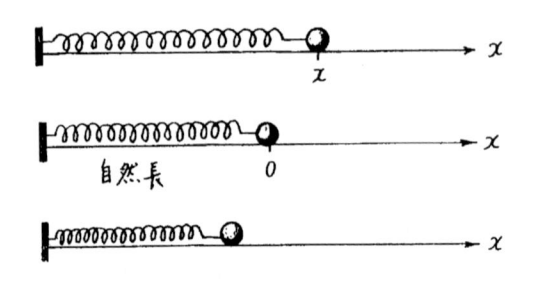

図 5.80 水平に置いたばねとおもり

2. 現象の把握

おもりが単振動していれば，振幅は変わらない．実際には，振幅は次第に減少して，ついに静止する．周期（1周に要する時間）は，単振動の場合よりも長い．

3. 物体にはたらいている力を見つける

おもりを質点として扱う．

- おもりに力をおよぼす物体：地球上の空間（重力場），ばね，机，空気

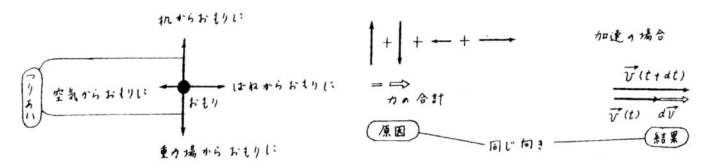

図5.81 おもりの速度の変化とおもりにはたらく力

ばねがおもりを引っぱる力と空気抵抗の合計は，おもりの速度が変化する原因である．

4. 運動の法則による説明（因果律）

(1) 時間の観点

時間 dt をかけながら，おもりに複数の力がはたらくと，力の合計の向きに勢い（運動量）が $d(m\vec{v})$ だけ変化する．

どの時刻でも，運動量の変化と力積の関係

$$d(m\vec{v}) = \underbrace{[(-kx)\vec{i} + (-\mu\vec{v}) + m\vec{g} + \vec{N}]\,dt}_{\text{原因}}$$
（結果）

が成り立つ．

μ は一定量で，この値は正である．上式の x 成分は，

$$d(mv_x) = [(-kx) + (-\mu v_x)]\,dt$$

と書ける．

［注意3］ μ の単位　通常，μ を速度の比例定数というが，μ は数値ではなく量である．μ は数値×単位で表せる．$\mu\vec{v}$ が力なので，この単位はNである．μ の単位は，$N/(m \cdot s^{-1}) = N \cdot s/m$ となる．

この方程式は簡単に解けない．そこで，単振動を参考にしよう．空気抵抗を無視すると，ばね振り子のおもりの運動は，

$$dv_x = -\omega^2 x\,dt, \quad \omega = \sqrt{\frac{k}{m}}$$

位置：$x(t) = x_0 \cos(\omega t)$，　速度：$v_x(t) = -x_0\omega\sin(\omega t)$

と表せる．解かなければならない方程式は，

$$\frac{dv_x}{dt} = (-\omega^2 x) + (-2\alpha v_x) \quad (1)$$

$$\omega = \sqrt{\frac{k}{m}}, \quad \alpha = \frac{\mu}{2m}$$

である．α の定義の分母に2があるのは，式変形すると式が簡単な形になるからにすぎない．初期条件は「$t = 0\,\text{s}$ のとき，$x = x_0, v_x = 0\,\text{m/s}$」

である。観測によると，単振動とちがって，振幅が時間とともに変化する。そこで，おもりの位置を $x(t) = A(t)\cos(\Omega t)$ とおいてみる。$A(t)$ は，一定量ではなく，時間によって変化する。上手な $A(t)$ を見つけて，方程式を満たすことができないかどうかを考える。

$x(t)$ を時間 t で微分すると，

$$v_x = \frac{dA}{dt}\cos(\Omega t) - \Omega A \sin(\Omega t)$$

となる。さらに v_x を t で微分すると，

$$\frac{dv_x}{dt} = \frac{d^2A}{dt^2}\cos(\Omega t) - 2\Omega \frac{dA}{dt}\sin(\Omega t) - \Omega^2 A \cos(\Omega t) \quad (2)$$

となる。x と v_x の表式を使うと，式 (1) は

$$\frac{dv_x}{dt} = -\omega^2 A \cos(\Omega t) + (-2\alpha)\left[\frac{dA}{dt}\cos(\Omega t) - \Omega A \sin(\Omega t)\right]$$

と書ける。これを式 (2) と比べると，

$$\left(\frac{d^2A}{dt} - \Omega^2 A + 2\alpha \frac{dA}{dt} + A\omega^2\right)\cos(\Omega t)$$
$$+ \left(-2\Omega \frac{dA}{dt} - 2\alpha\Omega A\right)\sin(\Omega t) = 0$$

となる。$\sin(\Omega t)$ と $\cos(\Omega t)$ の係数を見ると，

$$\begin{cases} \dfrac{d^2A}{dt} - \Omega^2 A + 2\alpha \dfrac{dA}{dt} + A\omega^2 = 0 \\ -2\Omega \dfrac{dA}{dt} - 2\alpha\Omega A = 0 \end{cases}$$

を解けばよいことがわかる。

第 2 式は，$dA/dt + \alpha A = 0$ と書き直せる。これを，次のように変形する。$t_0 = 0\,\mathrm{s}$ のとき，$A = x_0$ である。

$$\int_{x_0}^{A} \frac{dA}{A} = -\alpha \int_{t_0}^{t} dt$$
$$\log_e \frac{A}{x_0} = -\alpha t$$
$$A = x_0 e^{-\alpha t}$$

となって，振幅 $A(t)$ が求まる。これを第 1 式に代入して整理すると，

$$\alpha^2 = \omega^2 - \Omega^2, \quad \Omega = \pm\sqrt{\omega^2 - \alpha^2}$$

を得る。Ω の値は正なので，負号は不適である。

おもりの位置は，

$$x(t) = x_0 e^{-\alpha t} \cos(\sqrt{\omega^2 - \alpha^2}\, t)$$

と表せる。たしかに，振幅が時間とともに減衰する。周期 T は，$T = 2\pi/\Omega = 2\pi/\sqrt{\omega^2 - \alpha^2}$ と表せる。この分母が ω よりも小さいので，空気抵抗を無視した単振動の周期 $2\pi/\omega$ よりも長い。おもりが空気抵抗を受けて振動しにくいので，1 周に要する時間が長くなる。

A を一定量としないで，時間とともに変化すると考えて $A(t)$ と書く。
$A(t)$ は，「A は t の関数」の意味である。

〈積の微分〉
$$v_x(t) = \frac{dx}{dt}$$

$A(t)$ と書くとわずらわしいので (t) を省いたが，A を一定量と考えないこと。

式 (1) の右辺 = 式 (2) の右辺 とおく。
$\dfrac{dA}{dt} = -\alpha A$ の両辺に $\dfrac{dt}{A}$ を掛けると
$\dfrac{dA}{A} = -\alpha dt$ となる。

〈対応〉
積分の下限：$\int_{x_0} \longleftrightarrow \int_{t_0}$
積分の上限：$\int^{A} \longleftrightarrow \int^{t}$

$$\begin{aligned}\int_{x_0}^{A} \frac{dA}{A} &= [\log_e A]_{x_0}^{A} \\ &= \log_e A - \log_e x_0 \\ &= \log_e \frac{A}{x_0} \\ \frac{A}{x_0} &= e^{-\alpha t}\end{aligned}$$

ここでは，$\omega^2 > \alpha^2$ の場合を考える。この条件は，空気抵抗が小さい場合にあたる。

$t \to \infty$ のとき $e^{-\alpha t} \to 0$

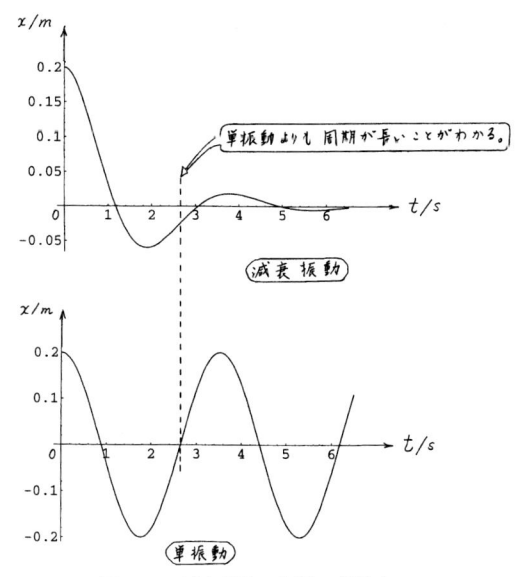

図5.82 減衰振動の位置－時間グラフ

$$\sqrt{\omega^2 - \alpha^2}$$
$$= \sqrt{\omega^2\left(1 - \frac{\alpha^2}{\omega^2}\right)}$$
$$= \omega\sqrt{1 - \frac{\alpha^2}{\omega^2}} < \omega$$

だから，
$$\omega > \sqrt{\omega^2 - \alpha^2}$$
となる。

量 = 数値 × 単位だから，x/m, t/sは量/単位 = 数値 となる。
$t/\mathrm{s} = 2$のとき$t = 2\,\mathrm{s}$, $x/\mathrm{m} = 0.2$のとき$x = 0.2\,\mathrm{m}$など。

単振動と比較すること。

［注意4］**減衰振動の運動方程式の解法** ここでは，現象を手がかりにしながら，振幅を時間の関数と考えて位置の表式を求めた。一般には，単振動の運動方程式と減衰振動の運動方程式は，$x(t) = e^{pt}$（pは一定量）の指数関数の形を仮定して解く。しかし，この形を仮定するという発想は，初学者にはわかりにくい。このため，ここでは通常の力学の教科書とちがった扱い方で，運動方程式を解いた。抵抗力の大きい場合のおもりの振舞を取り上げなかったので，自習するとよい。

(2) 空間の観点

複数の力がはたらいて$d\vec{r}$動くと，勢い（運動エネルギー）が$d\left(\frac{1}{2}m|\vec{v}|^2\right)$だけ変化する。

どの位置から$d\vec{r}$動いても，運動エネルギーの変化と仕事の関係
$$\underbrace{d\left(\frac{1}{2}m|\vec{v}|^2\right)}_{結果} = \underbrace{[(-kx) + (-\mu v_x)]\,dx}_{原因}$$

が成り立つ。単振動と比べると理解しやすい。

dxは，ある位置から測った変位
2.3.4項参照

- おもりがx軸の正の向きに動いている（$dx > 0\,\mathrm{m}$）とき

$x < 0\,\mathrm{m}$では，$-kx > 0\,\mathrm{N}$のほかに$-\mu v_x < 0\,\mathrm{N}$もはたらく。このため，単振動とちがってばねからはたらく力が弱まる。正味の仕事の値は正である。このため，おもりの勢いが増す。しかし，その増し高は単振動よりも少ない。

単振動（p.159）と比較すること。

$x > 0\,\mathrm{m}$では$-kx < 0\,\mathrm{N}$のほかに$-\mu v_x > 0\,\mathrm{N}$もはたらく。正味の仕事の値は負である。このため，おもりの勢いが減る。しかし，その減り高は単振動よりも少ない。

- おもりがx軸の負の向きに動いている（$dx < 0\,\mathrm{m}$）とき

$x < 0\,\mathrm{m}$では，$-kx > 0\,\mathrm{N}$のほかに$-\mu v_x > 0\,\mathrm{N}$もはたらく。正味の仕事の値は負である。このため，おもりの勢いが減る。しかし，

その減し高は単振動よりも少ない。

$x > 0\,\mathrm{m}$ では，$-kx < 0\,\mathrm{N}$ のほかに $-\mu v_x > 0\,\mathrm{N}$ もはたらく。正味の仕事の値は正である。このため，おもりの勢いが増す。しかし，その増し高は単振動よりも少ない。初期位置から dx ごとに仕事を少しずつ足し合わせていくと，おもりの勢いがどれだけ変化したかがわかる。簡単のために，$K = \frac{1}{2}m|\vec{v}|^2$, $K_0 = \frac{1}{2}m|\vec{v}_0|^2$ と書く。x_0 は初期位置 $\vec{r}_0$ の x 成分，$\vec{v}_0$ は初速度である。

$$\int_{K_0}^{K} dK = \int_{x_0}^{x} [(-kx) + (-\mu v_x)]\,dx$$

だから，

$$K - K_0 = -\left(\frac{1}{2}kx^2 - \frac{1}{2}kx_0^2\right) + \int_{x_0}^{x}(-\mu v_x)\,dx$$

または，

$$\frac{1}{2}m|\vec{v}|^2 - \frac{1}{2}m|\vec{v}_0|^2 = -\left(\frac{1}{2}kx^2 - \frac{1}{2}kx_0^2\right) + \int_{x_0}^{x}(-\mu v_x)\,dx$$

となる。

> 単振動 (p. 160) と比較すること。

■力学的エネルギー保存則は成り立たない

「おもりの位置エネルギー」は，「物体がばねからどれだけの勢いを取り戻せるか」を表している。位置 x でおもりの位置エネルギー $U(x)$ は，ばねのポテンシャルの分だから，$U(x) = \int_{x}^{x_\star}(-kx)\,dx = \frac{1}{2}kx^2$ ($x_\star = 0\,\mathrm{m}$) である。位置 x_0 から位置 x までの間に，おもりの位置エネルギーの変化分 $= U(x) - U(x_0) = \frac{1}{2}kx^2 - \frac{1}{2}kx_0^2$ である。

一方，ばねからはたらく力がおもりにした仕事は $W = \int_{x_0}^{x}(-kx)\,dx = -\left(\frac{1}{2}kx^2 - \frac{1}{2}kx_0^2\right)$ と表せる。これらから $W = -[U(x) - U(x_0)]$ となる。エネルギー原理 $K - K_0 = W + \int_{x_0}^{x}(-\mu v_x)\,dx$ は $K - K_0 = -[U(x) - U(x_0)] + \int_{x_0}^{x}(-\mu v_x)\,dx$ と書き直せる。この関係は，

> エネルギー原理については p. 103 参照

$$K + U(x) = K_0 + U(x_0) + \int_{x_0}^{x}(-\mu v_x)\,dx$$

運動エネルギー ＋ 位置エネルギー ≠ 一定量

と表せる。

おもりの力学的エネルギーとは，「ばねから取り戻せる勢いを表す量（位置エネルギー）」と「運動中の勢いを表す量（運動エネルギー）」の合計である。おもりが減衰振動するとき，おもりの力学的エネルギーは保存しない。$[K + U(x)] - [K_0 + U(x_0)] = \int_{x_0}^{x}(-\mu v_x)\,dx$ の分だけ熱の形で散逸する。つまり，

（あとの力学的エネルギー）－（はじめの力学的エネルギー）＝ 熱

> この広い意味のエネルギー保存則を熱力学第1法則という。「はじめの力学的エネルギー」と「あとの力学的エネルギー」の差額を熱と考える。つまり，熱はエネルギーそのものではなく，エネルギーの移動の仕方（入り方と逃げ方）である。

である。われわれは，「力学的エネルギーに限ると保存しないが，熱まで含めるとエネルギー保存則が成り立つ」と信じている。

[注意5] **エネルギー保存則の意味** 運動エネルギーと仕事の間の関係のほかに，ポテンシャルの定義を考え合わせて，力学的エネルギー保存則を導いた。しかし，「導いた」という表現は，誤解を招きやすい。運動エネルギー，

> 位置エネルギー，仕事，ポテンシャルは，どれも人が勝手に作った（定義した）量である。ポテンシャルを定義すると，保存する量（力学的エネルギー）を作ることができたということにすぎない。「自然界に，もともと運動エネルギーと位置エネルギーという量があって，それらを加えたら一定になる」という意味ではない。それでは，これらの合計が一定にならない場合はどう考えるのか。「時間が経ってもエネルギーという量が変化しないようにするために，熱を考えれば都合がよい」という発想である。

■位相軌道

位置と速度の関係をプロットすると，原点に向かうらせんになる。

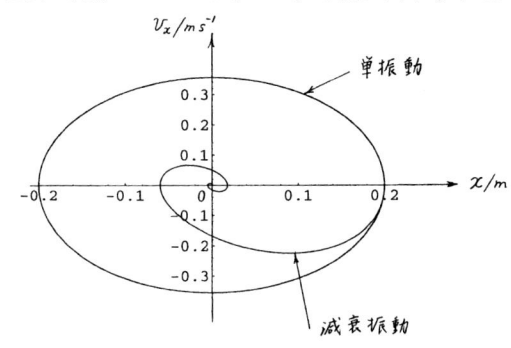

図 5.83 　速度－位置グラフ

単振動の場合の閉じた楕円（図 5.69）と比べること。

5.6.3 ばねを介した 2 物体の振動

摩擦の無視できる机上で，水平に置いたばねに 2 個のおもり A，B を取り付ける。ばねの質量は，これらのおもりに比べて無視できるほど小さい。ばねを伸ばしてから手を放すと，A と B は振動する。A と B の速度を知るには，振動のどんな特徴に注目したらよいだろうか。

図 5.84 　水平に置いたばねとおもり

互いに力を及ぼし合いながら運動する質点の集まりを「質点系」という。

ここで取り上げる 2 個のおもりは，質点系のもっとも簡単な場合で，「2 質点系」という。

1. 時計と物差の用意

   地面に静止した机上に座標軸を設定する。

   3.2 節参照

2. 現象の把握

   a. ばねを自然長 ℓ から s だけ伸ばして，静かに手を放す。
   b. A と B は加速し，ばねは自然長に戻ろうとする。
   c. 自然長の位置では，ばねの力が 0 N になる。このため，どちらのおもりもばねから引っぱられない。おもりには慣性があるので，自然長に達する直前の速度のまま通過する。

d. その後，AとBは減速し，ばねが s だけ縮んだ位置で静止する。
e. そこから，加速しながら自然長の位置に向かう。
f. 自然長の位置を通過すると，減速しながら，s だけ伸びた位置で静止する。

AとBは，こういう運動を繰り返す。

(b) の伸び s_b は (a) の伸び s_a よりも大きい。$ds = s_b - s_a > 0\,\text{m}$ または $ds = dx_\text{B} - dx_\text{A} > 0\,\text{m}$

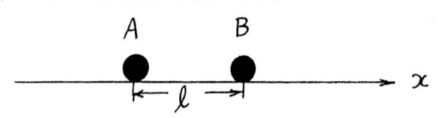

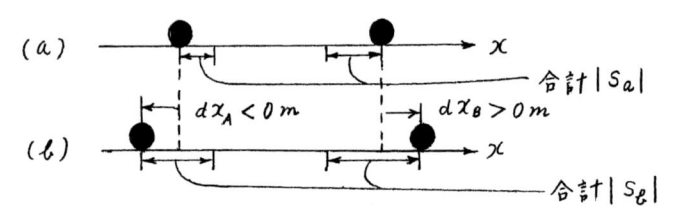

図 5.85 ばねが伸びた状態 (a) から伸びが大きくなって (b) になるとき

3. おもりにはたらいている力を見つける

おもりを質点として扱う。おもりごとに，はたらいている力を見つける。

- Aに力をおよぼす物体：ばね，机，地球上の空間（重力場）
- Bに力をおよぼす物体：ばね，机，地球上の空間（重力場）

AとBは，接触していないので，互いに力をおよぼし合わない。単位質量 kg の物体にはたらく重力は，$9.8\,\text{N/kg}$ とわかっている。だから，Aにはたらいている重力とBにはたらいている重力もわかる。ばねからAにはたらく力は，ばねの伸び（または縮み）s を測ればわかる。ばねからBにはたらく力も同様である。重力，ばねからはたらく力とちがって，机からはたらく力は直接わからない。この力は，わかっている力（重力）から求めるしかない。Aは，鉛直方向に静止しているので，机からはたらく力は重力を打ち消している。Bも同様である。したがって，机からおもりにはたらく力は，重力と反対向きで大きさが等しい。

通常の教科書では，机から受ける力は鉛直上向きにはたらいているので，「垂直抗力」という。しかし，力の名称よりも，「何から何にはたらくか」ということの方が重要である。

$d(m\vec{v})$ の向きが力の合計の向きと一致する。

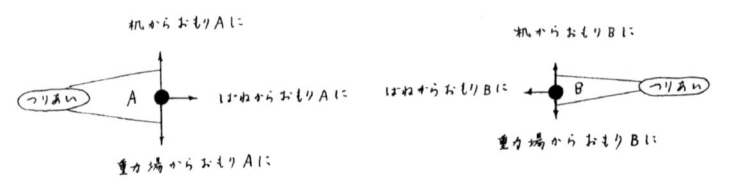

図 5.86 おもりの速度の変化とおもりにはたらく力

[注意 6] ばねからおもりにはたらく力の表し方
- おもり A
    ばねが伸びているとき：$|k|s|\vec{i} = +ks\vec{i}$ $(s > 0\,\mathrm{m},\ |s| = s)$
    ばねが縮んでいるとき：$-k|s|\vec{i} = +ks\vec{i}$ $(s < 0\,\mathrm{m},\ |s| = -s)$
- おもり B
    ばねが伸びているとき：$-k|s|\vec{i} = -ks\vec{i}$ $(s > 0\,\mathrm{m})$
    ばねが縮んでいるとき：$+k|s|\vec{i} = -ks\vec{i}$ $(s < 0\,\mathrm{m})$

(a) ばねが伸びているとき

(b) ばねが縮んでいるとき

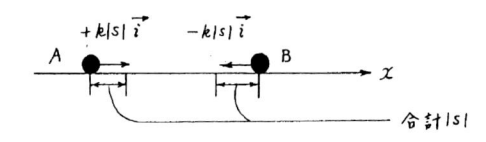

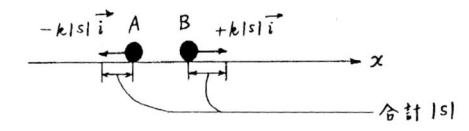

図 5.87　ばねの伸び縮みとおもりにはたらく力

　これらは，大きさが等しく，向きが反対だが，作用反作用の関係ではない。あくまでも「ばねから A にはたらく力」と「ばねから B にはたらく力」である。これらは「A から B にはたらく力」と「B から A にはたらく力」ではない。

[注意 7] おもりからばねにはたらく力　ばねにはおもり A とおもり B から力がはたらく。ばねと A の間，ばねと B の間で，それぞれ作用反作用の法則が成り立っている。ばねは，A に力をおよぼすと同時に，これと同じ大きさの力を A から受ける。ばねは，B にも力をおよぼすと同時に，これと同じ大きさの力を B から受ける。

4. 運動の法則による説明（因果律）

(1) 時間の観点

　おもりごとに考える。時間 dt をかけながら，おもりに力がはたらくと，力の向きに勢い（運動量）が変化する。

　どの時刻から時間 dt 経っても，運動量の変化と力積の関係

$$d(m_A \vec{v}_A) = [(+ks)\vec{i} + \vec{N}_A + m_A \vec{g}]\,dt,$$
$$d(m_B \vec{v}_B) = [(-ks)\vec{i} + \vec{N}_B + m_B \vec{g}]\,dt$$

（結果）（原因）

が成り立つ。

　机からはたらく力と重力は打ち消し合う。このため，ばねからはたら

ばねの長さの変化分 $s =$（伸びているかまたは縮んでいるばねの長さ）− 自然長
s の値は正と負のどちらも取り得る。

ばねの伸び $|s|$
　=（伸びているばねの長さ）− 自然長
　$> 0\,\mathrm{m}$

ばねの縮み $|s|$
　= 自然長 −（縮んでいるばねの長さ）
　$> 0\,\mathrm{m}$

「普通は両端だけについて考え，B が A に力をおよぼし，その反作用として A が B に力をおよぼすといい表す」と説明している教科書がある。しかし，この説明は「ばねの質量が無視できないとき」，「ばねが動いているとき」には通用しない。特別な条件のもとでだけ大きさが等しく，向きが反対の力は作用反作用とはいわない。

「A から B にはたらく力」と「B から A にはたらく力」であれば，これらは作用反作用の関係にある。

dt は，ある時刻から測った時間
2.3.4 項参照

単位時間あたりの運動量の変化を考えて，
$$m_A \frac{d\vec{v}_A}{dt} = (+ks)\vec{i} + \vec{N}_A + m_A \vec{g},$$
$$m_B \frac{d\vec{v}_B}{dt} = (-ks)\vec{i} + \vec{N}_B + m_B \vec{g}$$
としてもよい。これらは，運動方程式である。

く力だけを考えればよい。これらの関係式を辺々加えると，$d(m_A\vec{v}_A + m_B\vec{v}_B) = \vec{0}\,dt$ となる。したがって，運動量保存則

$$m_A\vec{v}_A + m_B\vec{v}_B = 一定量$$

が成り立つことがわかる。一方の運動量が増えると，他方の運動量は減る。このように，A と B は互いに運動量を交換しながら振動している。

(2) 空間の観点

振動中，ばねは $\cdots$，2 cm 伸びた状態，1 cm 伸びた状態，自然長，$\cdots$，1 cm 縮んだ状態，2 cm 縮んだ状態，$\cdots$ のように伸びが変化する。伸び $s[= (x_B - x_A) - \ell]$ の変化は，$ds = d(x_B - x_A - \ell) = dx_B - dx_A$ である。

おもりごとに考える。おもり A が，どの位置からでも複数の力がはたらいて $d\vec{r}$ 動くと，$d(\frac{1}{2}m_A|\vec{v}_A|^2)$ だけ勢い（運動エネルギー）が変化する。おもり B についても同様である。

どの位置から $d\vec{r}$ 動いても，運動エネルギーの変化と仕事の関係

$$d\left(\frac{1}{2}m_A|\vec{v}_A|^2\right) = (+ks)\,dx_A + [(-m_A g) + N_A]\,dz$$

$$d\left(\frac{1}{2}m_B|\vec{v}_B|^2\right) = (-ks)\,dx_B + [(-m_B g) + N_B]\,dz$$

$\underbrace{\qquad\qquad}_{結果}\ \underbrace{\qquad\qquad\qquad\qquad}_{原因}$

が成り立つ。机からはたらく力と重力の方向には動いていない（$dz = 0\,\text{m}$）。したがって，これらの力はおもりに仕事をしない。これらの関係式を辺々加えると，

$$d\left(\frac{1}{2}m_A|\vec{v}_A|^2 + \frac{1}{2}m_B^2|\vec{v}_B|^2\right) = (-ks)(dx_B - dx_A) = (-ks)\,ds$$

となる。

(1) ばねが伸びた状態（$s > 0\,\text{m}$）で伸びが大きくなっているとき 図 5.85 から $dx_A < 0\,\text{m}$，$dx_B > 0\,\text{m}$，$ds > 0\,\text{m}$ とわかる。ばねからはたらく力が 2 個のおもりにする仕事 $(-ks)\,ds$ の値は負である。A と B の運動エネルギーの合計は減る。

(2) ばねが伸びた状態（$s > 0\,\text{m}$）で伸びが小さくなっているとき 図 5.85 から $dx_A > 0\,\text{m}$，$dx_B < 0\,\text{m}$，$ds < 0\,\text{m}$ とわかる。ばねからはたらく力が 2 個のおもりにする仕事 $(-ks)\,ds$ の値は正である。A と B の運動エネルギーの合計は増える。

(3) ばねが縮んだ状態（$s < 0\,\text{m}$）で伸びが大きくなっているとき

(4) ばねが縮んだ状態（$s < 0\,\text{m}$）で伸びが小さくなっているとき

については，各自考えること。

2 個のおもりは，ばねから勢いを取り出したり，ばねに預けたりしながら振動している。

■ばねのポテンシャル

ある伸びから基準の伸びまでに，ばねから物体にはたらく力が仕事をするとしたら，どれだけの仕事ができるかを考える。この仕事で「ばねのポテンシャル」を表す。ポテンシャル U は，伸び s だけで決まるか

$$\begin{array}{ccccc}\uparrow & + & \downarrow & = & \bullet \\ \vec{N}_A & + & m_A\vec{g} & = & \vec{0}\end{array}$$

$$\begin{array}{ccccc}\uparrow & + & \downarrow & = & \bullet \\ \vec{N}_B & + & m_B\vec{g} & = & \vec{0} \\ (+ks)\vec{i} & + & (-ks)\vec{i} & = & \vec{0}\end{array}$$

空間を二つに分ける。
- 「内界」：2 個のおもり A と B
- 「外界」：ばね，机，重力場（地球上の空間）

A には，外界から三つの力がはたらき，それらの合計は $\vec{0}$ ではない。B も同様である。

ℓ は一定なので $d\ell = 0\,\text{m}$ である。

dx と dz は，ある位置から測った変位 2.3.4 項参照

図 5.85 から

$$ds = dx_B - dx_A$$

がわかる。

5.1 節参照

ら，$U(s)$ と表す．基準の伸びを $s_\star$ として

$$U(s) = \int_s^{s_\star} (-ks)\,ds = \frac{1}{2}ks^2 - \frac{1}{2}ks_\star^2$$

と表せる．基準はどのように選んでもよいが，ばねが自然長のときを基準の伸びにする（$s_\star = 0\,\mathrm{m}$）と便利である．このように決めると，

$$U(s) = \frac{1}{2}ks^2$$

の簡単な形になる．

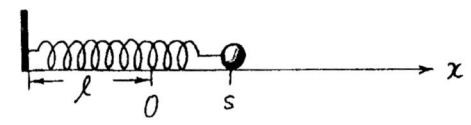

図 5.88 自然長の位置を原点とする場合

■力学的エネルギー保存則

おもり A が位置 $x_{\mathrm{A}0}$ から x_A まで動き，おもり B が位置 $x_{\mathrm{B}0}$ から x_B まで動いた場合を考える．ばねの伸びは，$s_0[=(x_{\mathrm{B}0}-x_{\mathrm{A}0})-\ell]$ から $s[=(x_\mathrm{B}-x_\mathrm{A})-\ell]$ に変化する．この振動の間に，ばねから 2 個のおもりにはたらく力が仕事をする．このとき，ばねのポテンシャルの変化分 $= U(s)-U(s_0) = \frac{1}{2}ks^2 - \frac{1}{2}ks_0^2$ である．ばねから 2 個のおもりにはたらく力がした仕事は $W = \int_{s_0}^{s} (-ks)ds = -(\frac{1}{2}ks^2 - \frac{1}{2}ks_0^2)$ と表せる．これらから，$W = -[U(s)-U(s_0)]$ となる．負号は，「ばねから 2 個のおもりにはたらく力が正（負）の仕事をしたときは，ばねのポテンシャルが減った（増えた）こと」を表す．

それぞれの運動エネルギーを K_A, K_B と書く．エネルギー原理 $(K_\mathrm{A}+K_\mathrm{B}) - (K_{\mathrm{A}0}+K_{\mathrm{B}0}) = W$ は $(K_\mathrm{A}+K_\mathrm{B}) - (K_{\mathrm{A}0}+K_{\mathrm{B}0}) = -[U(s)-U(s_0)]$ と書き直せる．「2 個のおもりの位置エネルギー」は，「これらのおもりが，ばねからどれだけの勢いを取り戻せるか」を表している．伸び s のとき，2 個のおもりは，ばねのポテンシャル $U(s)$ の分だけ位置エネルギーを共有している．おもりの位置 x_A, x_B で伸び s が決まるので，「位置エネルギー」という．ばねのポテンシャルの変化分 $[U(s)-U(s_0)]$ は，2 個のおもりの位置エネルギーの変化分でもある．

ばねから 2 個のおもりにはたらく力が正の仕事をする
$\longrightarrow$ $\begin{cases} \text{ばねのポテンシャルの減少} \\ (= 2\text{ 個のおもりの位置エネルギーの減少}) \\ 2\text{ 個のおもりの運動エネルギーの増加} \end{cases}$

ばねから 2 個のおもりにはたらく力が負の仕事をする
$\longrightarrow$ $\begin{cases} \text{ばねのポテンシャルの増加} \\ (= 2\text{ 個のおもりの位置エネルギーの増加}) \\ 2\text{ 個のおもりの運動エネルギーの減少} \end{cases}$

これらの関係は，

$$K_\mathrm{A} + K_\mathrm{B} + U(s) = K_{\mathrm{A}0} + K_{\mathrm{B}0} + U(s_0)$$

（A の運動エネルギー）＋（B の運動エネルギー）＋（位置エネルギー）

$U(s)$ は「U は s の関数」という意味である．

$s < 0\,\mathrm{m}$ のときは縮みを表す．

$W = -[U(s)-U(s_0)]$
$U(s) - U(s_0) < 0\,\mathrm{J}$ $(U(s)<U(s_0))$
のとき $W > 0\,\mathrm{J}$
$U(s) - U(s_0) > 0\,\mathrm{J}$ $(U(s)>U(s_0))$
のとき $W < 0\,\mathrm{J}$

ばねの力がおもりにした仕事 W の値が正（負）のとき，ばねのポテンシャルが減る（増える）ので，$-[U(s)-U(s_0)]$ の [ ] に負号が付く．

おもりは，弾性力のはたらきで，ばねの伸び縮みとの間で勢いを預けたり取り戻したりして，運動の勢いが変化する．つまり，弾性力が力学的エネルギー保存則を成り立たせている．

$d(K_\mathrm{A}+K_\mathrm{B}) = (-ks)ds$

$K_\mathrm{A}+K_\mathrm{B}$ を K と書くと，$dK = (-ks)ds$ となる．

$\int_{K_0}^{K} dK = \int_{s_0}^{s} (-ks)ds$
$K - K_0 = W$
$(K_\mathrm{A}+K_\mathrm{B}) - (K_{\mathrm{A}0}+K_{\mathrm{B}0}) = W$
ポテンシャルと位置エネルギーについては 5.1 節参照

$$= 一定量$$

の保存則の形で美しく表せる。

2個のおもりの力学的エネルギーとは,「ばねから取り戻せる勢いを表す量（位置エネルギー）」と「運動中の勢いを表す量（2個の運動エネルギー）」の合計である。運動量保存則は,2個の運動量の合計が一定になることを主張する。これに対して,2個の運動エネルギーの合計は一定にならない。運動エネルギーのほかに,位置エネルギーまで含めると,力学的エネルギーが一定になる。

■振動中のおもりの速さ

2個のおもりは,二つの保存則を満たしながら振動している。空間の観点では,2個のおもりは,ばねから仕事の形で勢いを取り出して速さが大きくなる（または,勢いをばねに預けて速さが小さくなる）。

それでは,ばねから得た運動エネルギーを,2個のおもりの間でどれだけずつ配分するだろうか。時間の観点では,運動量の和が増えたり減ったりしない。この制約のもとで,運動エネルギーの配分が決まる。つまり,それぞれのおもりがどれだけの速さで運動するかが決まる。

> 例題5.7で具体的に計算する。

【例題5.7】 静かに手を放したあとのおもりの速さ 2個のおもりを取り付けたばねを a だけ伸ばしてから静かに手を放す。ばねが自然長になったとき,2個のおもりはどれだけの速さで振動しているか。

【解説】 実験しないで法則を信じて,ばねが自然長になったときのおもりの速さを予言する。

- 時間の観点：運動量保存則

$$\underbrace{m_A \vec{v}_A + m_A \vec{v}_A}_{\text{あとの運動量の合計}} = \underbrace{m_A \vec{v}_{A0} + m_B \vec{v}_{B0}}_{\text{はじめの運動量の合計}}$$

$[x 成分: m_A v_A + m_A v_A = m_A v_{A0} + m_B v_{B0}]$

- 空間の観点：力学的エネルギー保存則

$$\underbrace{\frac{1}{2} m_A |\vec{v}_A|^2 + \frac{1}{2} m_B |\vec{v}_B|^2 + \frac{1}{2} k s^2}_{\text{あとの力学的エネルギー}}$$

$$= \underbrace{\frac{1}{2} m_A |\vec{v}_{A0}|^2 + \frac{1}{2} m_B |\vec{v}_{B0}|^2 + \frac{1}{2} k s_0^2}_{\text{はじめの力学的エネルギー}}$$

はじめのAとBの速度は, $v_{A0} = 0\,\mathrm{m/s}$, $v_{B0} = 0\,\mathrm{m/s}$ である。ばねの伸びは, $s = 0\,\mathrm{m}$, $s_0 = a$ である。

運動量保存則から, $\vec{v}_A = -(m_B/m_A)\vec{v}_B$ となる。この負号は, AとBが互いに反対向きに振動することを表している。ばねが縮むとき, Aが正の向きに進み（$v_A > 0\,\mathrm{m/s}$）,Bは負の向きに進む（$v_B < 0\,\mathrm{m/s}$）。ばねが伸びるときは,この反対である。

$\frac{1}{2} m_A |\vec{v}_A|^2 + \frac{1}{2} m_B |\vec{v}_B|^2 = \frac{1}{2} k a^2$ は,ばねの蓄えていたエネルギー $\frac{1}{2} k a^2$ を $\frac{1}{2} m_A |\vec{v}_A|^2$ と $\frac{1}{2} m_B |\vec{v}_B|^2$ に配分することを表している。その配分は, $\frac{1}{2} m_A |\vec{v}_A|^2 : \frac{1}{2} m_B |\vec{v}_B|^2 = m_B : m_A$ である。$\frac{1}{2} k a^2$ を比例配分して,

> 速度の x 成分
> $$v_A = -\frac{m_B}{m_A} v_B$$
> を考えてもよい。

> v_A は $\vec{v}_A$ の x 成分, v_B は $\vec{v}_B$ の x 成分である。

> 注意8参照

$$\frac{1}{2}m_A|\vec{v}_A|^2 = \frac{m_B}{m_A+m_B}\cdot\frac{1}{2}ka^2,$$
$$\frac{1}{2}m_B|\vec{v}_B|^2 = \frac{m_A}{m_A+m_B}\cdot\frac{1}{2}ka^2$$

となる。速さは
$$|\vec{v}_A| = a\sqrt{\frac{k}{m_A+m_B}\cdot\frac{m_B}{m_A}},$$
$$|\vec{v}_B| = a\sqrt{\frac{k}{m_A+m_B}\cdot\frac{m_A}{m_B}}$$

である。

[注意 8] エネルギーの比例配分　$\vec{v}_A = -\dfrac{m_B}{m_A}\vec{v}_B$ を二乗する。$|\vec{v}_A|^2 = \left(\dfrac{m_B}{m_A}\right)^2|\vec{v}_B|^2$ に $\dfrac{1}{2}m_A$ を掛ける。$\dfrac{1}{2}m_A|\vec{v}_A|^2 = \dfrac{m_B}{m_A}\cdot\dfrac{1}{2}m_B|\vec{v}_B|^2$ となる。

単に式変形して結果を求めればよいというわけではない。式を書きかえるごとに，物理のことばで意味を考える姿勢が肝要である。計算しさえすればよいという考え方では，エネルギーの比例配分という発想は生まれない。

[注意 9] 次元解析　複雑な式が出てきたときには，単位が矛盾していないかどうかを確かめること。適当な数値を選んで，質量，速度，伸び，ばね定数の記号に，数値 × 単位 を代入するとよい。

$m_A = 40\,\mathrm{kg}$, $|\vec{v}_A| = 2\,\mathrm{m/s}$, $a = 0.3\,\mathrm{m}$, $k = 5.0\times 10^4\,\mathrm{N/m}$ など。

5.7　衝　突

物理学では，時間の経過または位置の変化とともに力学現象を追跡する。この追跡に便利な量が，運動量と運動エネルギーである。時間をかけながら力がはたらく（「力積」という）と，運動量が変化する。力をはたらかせながら動かす（「仕事」という）と，運動エネルギーが変化する。特殊な状況では，運動量または運動エネルギーが保存する場合がある。物体どうしの間にしか力がはたらかないとき，運動量の合計は保存する（4.2 節）。それでは，このようなとき，運動エネルギーの合計も保存するだろうか。

■弾性衝突，非弾性衝突

台車の衝突について，二つの実験を比べた。

① 質量 m_A の台車 A と質量 m_B の台車 B にガムテープが付いている。なめらかな机の上で，静止している台車 B に，速度 $\vec{v}_A$ の台車 A を衝突させた。その直後から，これらは一体になって速度 $\vec{v}$ で動き出した。

② これらの台車からガムテープをはずした。静止している台車 B に，速度 $\vec{v}_A$ の台車 A を衝突させた。その直後から，台車 A は速度 $\vec{v}_A'$，台車 B は速度 $\vec{v}_B'$ で動き出した。衝突前には，台車 A から見ると台車 B は近づく。衝突後には，台車 A から見ると台車 B は遠ざかる。台車 A から見た台車 B の相対速度は，衝突前後で

「なめらか」とは「摩擦を無視する」という意味である。

$\vec{v}_B' - \vec{v}_A' = -(\vec{v}_B - \vec{v}_A)$ の関係式が成り立っている。

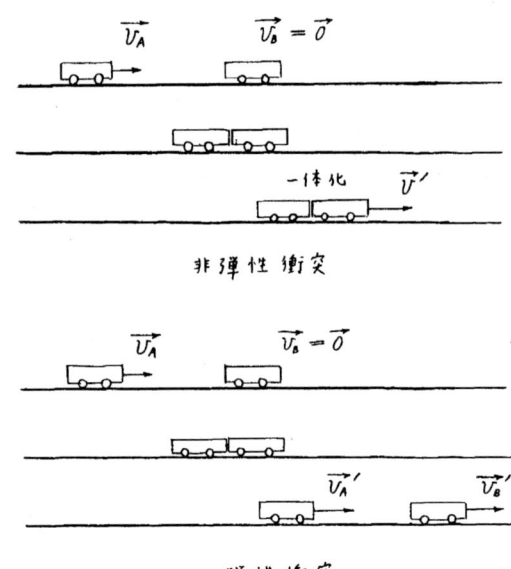

図 5.89 台車の衝突

「相対」とは，「一方に対する他方の」という意味である。A 君が 60 点，B 君が 80 点のとき，A 君から見て B 君は 20 点（= 80 点 − 60 点）高い。

[注意 1] 衝突前後の相対速度の符号　　水平右向きを x 軸の正の向きとする。

- 衝突前に A から見た B の相対速度の x 成分：$v_{Bx} - v_{Ax} < 0\,\text{m/s}$
  これは負の向きなので，A から見ると B は近づいている。
- 衝突後に A から見た B の相対速度の x 成分：$v_{Bx}' - v_{Ax}' > 0\,\text{m/s}$
  これは正の向きなので，A から見ると B は遠去かっている。

衝突前後で $\vec{v}_B' - \vec{v}_A'$ と $\vec{v}_B - \vec{v}_A$ の符号は変わる。

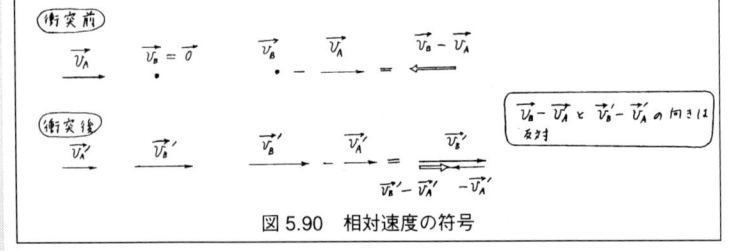

図 5.90 相対速度の符号

3.2 節参照

1. 時計と物差の用意

　地上で静止している机に座標軸を設定する。

2. 運動の法則による説明（因果律）

(1) 時間の観点

　①と②のどちらの場合も，運動量保存則が成り立つ。その理由を考えてみよう。衝突時間を Δt，台車 B が台車 A から受ける力を $\vec{F}$ とする。作用反作用の関係から，台車 A が台車 B から受ける力は $-\vec{F}$ である。台車 A に机の面からはたらく垂直抗力を $\vec{N}_A$，台車 B に机の面からはたらく垂直抗力を $\vec{N}_B$ とする。机がなめらかなので，台車と机の間の摩擦は無視する。

⟶ を $\vec{F}$ と名付けると，
⟵ は $-\vec{F}$ となる。

衝突前と衝突後

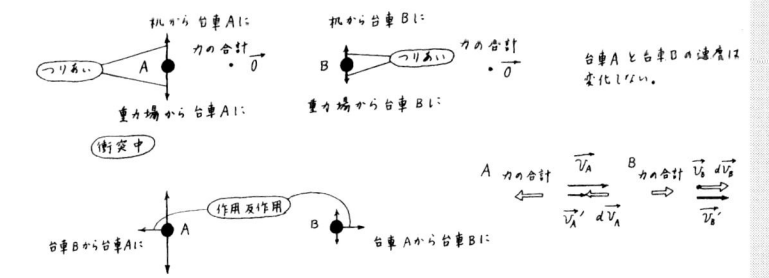

図 5.91　台車の速度の変化と台車にはたらく力

物体ごとに，運動量の変化と力積の関係を書くと，

$$m_A \vec{v}_A' - m_A \vec{v}_A = [-\vec{F} + m_A \vec{g} + \vec{N}_A]\Delta t$$

$$m_B \vec{v}_B' - m_B \vec{v}_B = [\vec{F} + m_B \vec{g} + \vec{N}_B]\Delta t$$

（結果）　　　　　　　（原因）

となる。鉛直方向のつりあいから，$m_A \vec{g} + \vec{N}_A = \vec{0}$, $m_B \vec{g} + \vec{N}_B = \vec{0}$ が成り立つ。上式を辺々足し合わせて整理すると，

$$\underbrace{m_A \vec{v}_A + m_B \vec{v}_B}_{\text{はじめの運動量の合計}} = \underbrace{m_A \vec{v}_A' + m_B \vec{v}_B'}_{\text{あとの運動量の合計}}$$

↓＋↑＝●

となる。これは，運動量保存則である。①と②のどちらの場合も，速度の和は保存しないが，運動量の和は保存する。

$\vec{v}_A + \vec{v}_B = \vec{v}_A' + \vec{v}_B'$ は成り立たない。

(2) 空間の観点

2物体の衝突を考えるときには，質量中心の速度 $\vec{v}_c$ と相対速度 $\vec{v}_r$ を使うと便利である。

$$\text{質量中心の位置} = \frac{(\text{Aの質量}) \times (\text{Aの位置}) + (\text{Bの質量}) \times (\text{Bの位置})}{(\text{Aの質量}) + (\text{Bの質量})}$$

BのAに対する相対位置 ＝ (Bの位置) − (Aの位置)

を定義する。これらを時間微分すると，

$$\text{質量中心の速度} = \frac{(\text{Aの質量}) \times (\text{Aの速度}) + (\text{Bの質量}) \times (\text{Bの速度})}{(\text{Aの質量}) + (\text{Bの質量})}$$

BのAに対する相対速度 ＝ (Bの速度) − (Aの速度)

となる。質量中心の位置は，

$$\text{平均点} = \frac{(\text{英語の得点}) \times (\text{英語を受験した人数}) + (\text{数学の得点}) \times (\text{数学を受験した人数})}{(\text{英語を受験した人数}) + (\text{数学を受験した人数})}$$

と同じ形である。ただし，異なる科目の得点を合計することに，教育上どんな意味があるのかはわからない。

AのBに対する相対速度
＝ (Aの速度) − (Bの速度)

「BのAに対する相対速度」の代わりに，「AのBに対する相対速度」を考えてもよい。衝突前には，

$$\vec{v}_c = \frac{m_A \vec{v}_A + m_B \vec{m}_B}{m_A + m_B}, \quad \vec{v}_r = \vec{v}_B - \vec{v}_A$$

だから，

$\vec{v}_c = \dfrac{m_A \vec{v}_A + m_B \vec{v}_B}{m_A + m_B}$
$\vec{v}_r = \vec{v}_B - \vec{v}_A$
を $\vec{v}_A$ と $\vec{v}_B$ についての連立方程式とみなす。

$$\vec{v}_A = \vec{v}_c - \frac{m_B}{m_A + m_B}\vec{v}_r$$

$$\vec{v}_B = \vec{v}_c + \frac{m_A}{m_A + m_B}\vec{v}_r$$

となる。衝突後も同様である。

衝突前の運動エネルギーの合計
$$\frac{1}{2}m_A|\vec{v}_A|^2 + \frac{1}{2}m_B|\vec{v}_B|^2 = \frac{1}{2}M|\vec{v}_c|^2 + \frac{1}{2}\mu|\vec{v}_r|^2$$

衝突後の運動エネルギーの合計
$$\frac{1}{2}m_A|\vec{v}'_A|^2 + \frac{1}{2}m_B|\vec{v}'_B|^2 = \frac{1}{2}M|\vec{v}'_c|^2 + \frac{1}{2}\mu|\vec{v}'_r|^2$$

$M = m_A + m_B$ は全質量である。$\frac{m_A m_B}{m_A + m_B}$ を μ と表し,「換算質量」という。$\frac{1}{2}M|\vec{v}'_c|^2$ は,台車 A と台車 B の全質量が質量中心に集中した物体の運動エネルギーである。$\frac{1}{2}\mu|\vec{v}'_r|^2$ は,「台車 A から見た台車 B の運動は,質量 μ の物体の運動と同じであること」を表している。

全運動エネルギー
$$= \frac{1}{2} \times 全質量 \times (質量中心の速度)^2 + 相対運動エネルギー$$

運動量保存則が成り立つので,質量中心の速度
$$\vec{v}_c = \frac{m_A\vec{v}_A + m_B\vec{v}_B}{m_A + m_B}$$

は,衝突前後で変わらない。しかし,①と②からわかるように,$\vec{v}_r$ は衝突前後で変化する場合と変化しない場合がある。

① 衝突後に $\vec{v}'_r = \vec{0}$ なので,

(衝突後の運動エネルギーの合計) − (衝突前の運動エネルギーの合計)
$$= -\frac{1}{2}\mu|\vec{v}_r|^2 = -\frac{m_B}{m_A + m_B} \cdot \frac{1}{2}m_A|\vec{v}_A|^2$$
$$< 0\,\mathrm{J}$$

となり,運動エネルギーは損失する。衝突後,一体となったのは,台車 A が台車 B を飛ばす元気がなくなったからであると考えればよい。

② 衝突前後で $|\vec{v}_r|^2 = |\vec{v}'_r|^2$ なので,

衝突後の運動エネルギーの合計 = 衝突前の運動エネルギーの合計

となり,運動エネルギーの合計は変わらない。

- 弾性衝突:衝突前後で運動エネルギーの合計が保存する衝突
- 非弾性衝突:衝突後に運動エネルギーの合計が減る衝突

時間の観点では,必ず運動量の合計が保存する。しかし,空間の観点では,必ずしも運動エネルギーの合計が保存するとは限らない。

$\vec{v}_c = \frac{m_A\vec{v}_A + m_B\vec{v}_B}{m_A + m_B}$ は
「$\frac{m_A\vec{v}_A + m_B\vec{v}_B}{m_A + m_B}$ を記号 $\vec{v}_c$ で表す」
という意味である。
$\vec{v}_r = \vec{v}_B - \vec{v}_A$ も同様

$\vec{v}_c$ の表式の右辺で,分子は運動量の合計になっている。

$\frac{m_B}{m_A + m_B} \cdot \frac{1}{2}m|\vec{v}_A|^2$ のように書くと,

比(単位なし)× 運動エネルギー

の形だから,エネルギーの単位を持つ量であることが見やすい。

$\vec{v}_r = \vec{v}_B - \vec{v}_A$
$\quad = \vec{0} - \vec{v}_A$
$\quad = -\vec{v}_A$
だから,
$|\vec{v}_r|^2 = |\vec{v}_A|^2$
となる。

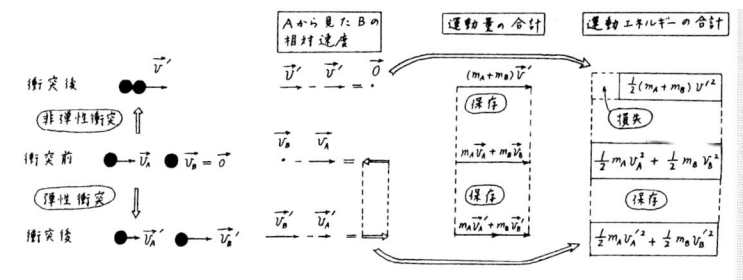

図 5.92 弾性衝突と非弾性衝突の比較

■反発係数

　　　　衝突後の相対速度 = − 反発係数 × (衝突前の相対速度)

とおく。つまり，衝突前の相対速度を (−反発係数) 倍すると，衝突後の相対速度になると考える。はねかえりのメカニズムは，物質の弾性が原因になっている。反発係数 e は，はずみ方を決める。つまり，衝突による変形が戻る程度を表すので，運動エネルギー (勢い) の損失の度合になる。

- 弾性衝突のとき：$e = 1$ (B が A に近づく速さ = A が B から遠ざかる速さ)

　　衝突前に A から見た B の速度 = $v_B − v_A = 4\,\mathrm{m/s}$ のとき，衝突後に A から見た B の速度 = $v'_B − v'_A = −4\,\mathrm{m/s}$ である。このように，$v'_B − v'_A = −(v_B − v_A)$ となり，負号が必要であることがわかる。

- 非弾性衝突のとき：$0 < e < 1$ (B が A に近づく速さ > A が B から遠ざかる速さ)
- 完全非弾性衝突のとき：$e = 0$ (A が B から遠ざかる速さ = $0\,\mathrm{m/s}$ なので，はねかえらない)

　　壁にボールをあてるとよくはずむが，泥をあてると泥が変形して壁に付着する。

$\vec{v}'_B − \vec{v}'_A = −(\vec{v}_B − \vec{v}_A)$

v_A, v_B は $\vec{v}_A, \vec{v}_B$ の x 成分，
v'_A, v'_B は $\vec{v}'_A, \vec{v}'_B$ の x 成分を表す。

[注意 2] **衝突のときの撃力**　物体どうしが衝突すると，瞬間とみなせる短い時間に大きな撃力がはたらく。この力を測定することは困難だが，運動量の変化分は測定できる。

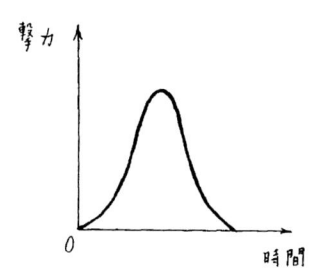

図 5.93 撃力

【例題 5.8】 **速度交換**　質量の等しい 2 球が弾性衝突すると，衝突後の速度はどうなるか。水平右向きを x 軸の正の向きとする。衝突前に，球 A の速度は $v_{Ax} = 4\,\mathrm{m/s}$，球 B の速度は $v_{Bx} = -2\,\mathrm{m/s}$ である。ただし，机が球の動きを妨げる力は無視できるほど摩擦は小さい。

【解説】　保存量に注目して力学現象を解明する。重力と机から受ける力がつりあっているので，速度は水平向きである。

- 時間の観点：運動量保存則　　$mv_{Ax} + mv_{Bx} = mv'_{Ax} + mv'_{Bx}$
- 空間の観点：弾性衝突　$\dfrac{1}{2}m|\vec{v}_A|^2 + \dfrac{1}{2}m|\vec{v}_B|^2 = \dfrac{1}{2}m_A|\vec{v}'_A|^2 + \dfrac{1}{2}m_B|\vec{v}'_B|^2$

A と B は，時間の観点の保存則と空間の観点の保存則の両方を満たす速度で運動している。$v'_{Ax} = v_{Bx} = -2\,\mathrm{m/s}$，$v'_{Bx} = v_{Ax} = 4\,\mathrm{m/s}$ となる。計算を簡単にするために，運動エネルギーの合計の代わりに，$e = 1$ として $v'_{Bx} - v'_{Ax} = -(v_{Bx} - v_{Ax})$ を使ってもよい。このように，質量の等しい 2 球が弾性衝突すると，速度が交換する。

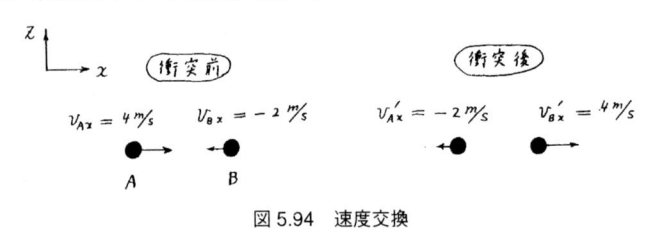

図 5.94 の座標軸を設定する。

$m_A \vec{v}'_A + m_B \vec{v}'_B = m_A \vec{v}_A + m_B \vec{v}_B$
の x 成分

図 5.94　速度交換

■問　**10 円玉の衝突**　3 個の 10 円玉をわずかに離して並べる。図 5.95 のように，この列に 10 円玉を衝突させる。3 個がいっせいに飛んでいかず，端の 10 円玉だけが飛び出す。これは，なぜか。

図 5.95　10 円玉の衝突

■解説　順次，速度交換するので，端の 10 円玉だけが飛び出す。

■床との衝突

【例題 5.9】 **小球と床の衝突**　高さ h_1 から自由落下した小球が床ではねかえり，高さ h_2 まではね上がった。小球が床にあたる直前とはねかえった直後の速さを求め，反発係数を求めよ。

「自由落下」とは，「初速度 $\vec{0}$ の落下運動」である。$h_0 = 0\,\mathrm{m}$ とする。

【解説】

衝突直前　　衝突中　　衝突直後

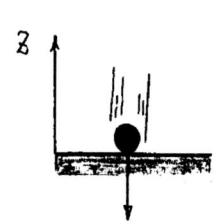

図 5.96　小球と床の衝突

1. 時計と物差の用意

   地上に座標軸（鉛直上向きを正の向きとする z 軸）を設定する。

2. 運動の法則による説明（因果律）

   - 力学的エネルギー保存則

     高さ h_1 から床にあたる直前まで
     $$\frac{1}{2}m_1|\vec{0}|^2 + m_1gh_1 = \frac{1}{2}m_1|\vec{v}_1|^2 + m_1gh_0,$$

     左辺：高さ h_1
     右辺：床

     床から高さ h_2 まで
     $$\frac{1}{2}m_1|\vec{v}_1'|^2 + m_1gh_0 = \frac{1}{2}m_1|\vec{0}|^2 + m_1gh_2$$

     左辺：床
     右辺：高さ h_2

     となる。これらから，$|\vec{v}_1'| = \sqrt{2gh_2}$, $|\vec{v}_1| = \sqrt{2gh_1}$ である。向きに注意して z 成分を書くと，$v_{1z}' = \sqrt{2gh_2}$, $v_{1z} = -\sqrt{2gh_1}$ となる。衝突前後の相対速度の z 成分はの関係式は，$v_{1z}' = -ev_{1z}$ だから，$e = \sqrt{2gh_2}/\sqrt{2gh_1} = \sqrt{h_2/h_1}$ となる。

     負号は z 軸の負の向きに運動していることを表す。

   - $e = 1$ のとき：$v_{1z}' = -v_{1z}$ だから，床にあたる直前とはねかえった直後の運動エネルギーは変化しない。$h_2 = h_1$ となり，小球はもとの高さまで戻る。

   - $0 \leq e < 1$ のとき：$|v_{1z}'| < |v_{1z}|$ だから，はねかえった直後に運動エネルギーは減る。$h_2 < h_1$ となり，小球はもとの高さまで戻らない。

3.2 節参照

5.8　天体の運動と万有引力

ケプラー（Kepler）は，ティコ・ブラーエ（Tycho Brahe）の観測結果を整理して，惑星の楕円運動を発見した。惑星の運動も，ボールの運動と同じ立場で説明できるだろうか。

■ケプラーの法則

1. 現象の把握

- ケプラーの第1法則：惑星は，太陽のまわりに太陽を焦点の一つにした楕円軌道（ほとんど円に近い）を描く。
- ケプラーの第2法則：惑星と太陽を結ぶ動径ベクトルの描く面積速度は一定である。
- ケプラーの第3法則：各惑星の公転周期 T の2乗は，太陽からの平均距離（太陽からもっとも遠い距離と太陽にもっとも近い距離の平均）r の3乗に比例する。

2. 運動の法則による説明（因果律）

(1) 時間の観点

(a) 角運動量で回転の勢いを表す

ケプラーの第2法則の面積速度は，惑星と太陽を結ぶ動径ベクトルが1s間に描く面積である．4.4節にならって，回転の勢いを角運動量で表す．角運動量は面積速度に比例する．物体が 力積のモーメント [(回転の中心から物体までの距離) × (力積の回転方向の成分)] を受けると，角運動量が変化する．角運動量が一定だから，惑星は太陽から力積のモーメント（回すはたらき）がはたらいていないことになる．惑星は，太陽と結ぶ動径ベクトルの方向にしか力がはたらいていないからである．

（欄外）$\vec{r}$ と $\vec{f}$ が同じ方向で反対向きのとき，$\vec{r} \times \vec{f} = \vec{0}$ となる．

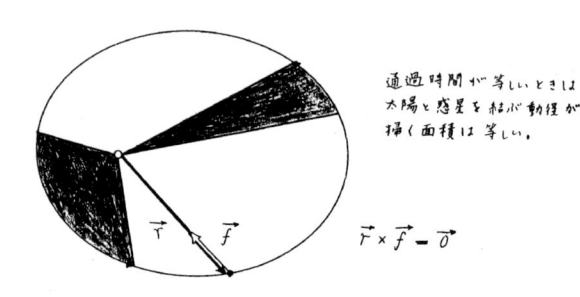

図5.97 惑星と太陽を結ぶ動径ベクトルの方向にはたらく力

着目する物体がほかの物体と結ぶ動径ベクトルの方向にしか力がはたらいていないときには，角運動量保存則が成り立つ．

$\vec{r}$ を太陽から見た惑星の位置，$\vec{f}$ を太陽から惑星にはたらく力とする．$\vec{r}$ と $\vec{f}$ のなす角は π だから，$|\vec{r} \times \vec{f}| = |\vec{r}||\vec{f}|\sin\pi = 0\,\mathrm{N\cdot m}$ となる．ケプラーの第1法則から，惑星が円運動すると考える．そうすると，回転の中心から物体までの距離 r は半径を表す．角運動量 [=（回転の中心から物体までの距離）× 質量 × 速度] が一定だから，速さも変らない．だから，惑星は等速円運動する．

（欄外）3.7.3項参照

（欄外）この質量は，物体の慣性を表す量なので「慣性質量」である（付録B）．

(b) 運動量で運動の勢いを表す

等速円運動では，運動の方向が時々刻々変化するから，速度が変化している．等速円運動している物体には，ほかの物体から中心向きに力がはたらいている（5.5節）．

質量を持った物体があると，これが力の源になって，別の物体に力（引き寄せる力なので引力）がはたらく．太陽から惑星にはたらく力によって等速円運動していると考える．惑星の質量を m とする．どの時刻から時刻 dt 経っても，運動量の変化と力積の関係から，

$$d(m\vec{v}) = \vec{f}\,dt$$

（結果）　（原因）

が成り立つ．$d\vec{v}$ の動径成分は $(v^2/r)\,dt$ だから，この方程式の動径成分は，$m\dfrac{v^2}{r}\,dt = f\,dt$ である．

等速円運動では，$v = 2\pi r/T$ だから，

（欄外）結果：速度の変化　原因：力

（欄外）dt は，ある時刻から測った時間　2.3.4項参照

（欄外）動径成分については5.5節参照　単位時間あたりの運動量の変化を考えて，$m\dfrac{v^2}{r} = f$ としてもよい．これは，運動方程式である．

$$f = \frac{mv^2}{r} = \frac{m(2\pi r/T)^2}{r} = \frac{4\pi^2 mr}{kr^3} = K\frac{m}{r^2} \quad \left(\text{ただし } K = \frac{4\pi^2}{k}\right)$$

で表せる力が，惑星にはたらいているはずである。ここで，ケプラーの第3法則 $T^2 = kr^3$ (k は比例を表す一定量) を考慮した。太陽から惑星にはたらく力は，惑星の質量に比例し，太陽からの距離に反比例することがわかる。

太陽の引力が向心力の役割を果たすので，惑星が太陽のまわりを回転する。惑星も太陽からの引力 $\vec{f}$ の反作用として，等しい大きさの引力 $-\vec{f}$ を太陽におよぼす。太陽の運動量を $M\vec{V}$ とすると，運動量の変化と力積の関係から，

$$\underbrace{d(M\vec{V})}_{\text{結果}} = \underbrace{-\vec{f}\,dt}_{\text{原因}}$$

3.5 節 [注意 2], 5.5 節 [注意 2] 参照

となる。この式から，$\vec{f}$ は太陽の質量にも比例するはずである。ニュートンは，この知見から万有引力の法則を結論した。

■万有引力の法則

惑星と太陽の間にはたらいている力を $\vec{f}$ とすると，

$$|\vec{f}| \propto \frac{mM}{r^2}$$

である。

「万有」は，「すべての物体の間にはたらいている」という意味である。
3.5 節 [注意 2] 参照

● ニュートンの発想：質量のある二つの物体は，引力をおよぼし合っている。この引力は，両者の質量 m_1, m_2 の積に比例し，それらの間の距離 r の 2 乗に反比例する。距離が小さいほど，引力の大きさは大きいので，両者は強く引き寄せ合う。

物体 2 から単位質量の物体にはたらく引力の大きさを $G\dfrac{m_2}{|\vec{r}|^2}$ とする。物体 2 のまわりに物体 1 を置くと，物体 2 から物体 1 にはたらく引力は，

$$\vec{f_1} = G\frac{m_1 m_2}{|\vec{r}|^2}\frac{\vec{r}}{|\vec{r}|}, \quad |\vec{f_1}| = G\frac{m_1 m_2}{|\vec{r}|^2}$$

$\vec{r}/|\vec{r}|$ は，2 物体を結ぶ方向の単位ベクトル (大きさ 1) である。この単位ベクトルで，引力の向きを表すことができる。

である。

物体 1 から単位質量の物体にはたらく引力の大きさを $G\dfrac{m_1}{|\vec{r}|^2}$ とする。物体 1 のまわりに物体 2 を置くと，物体 1 から物体 2 にはたらく引力は，

$$\vec{f_2} = -G\frac{m_1 m_2}{|\vec{r}|^2}\frac{\vec{r}}{|\vec{r}|}, \quad |\vec{f_2}| = G\frac{m_1 m_2}{|\vec{r}|^2}$$

$$\vec{f_1} = -\vec{f_2}$$
$$|\vec{f_1}| = |\vec{f_2}|$$

と表せる。G は物体によらない一定量 ($G = 6.6720 \times 10^{-11}\,\mathrm{N\cdot m^2/kg^2}$) で，「万有引力定数」という。

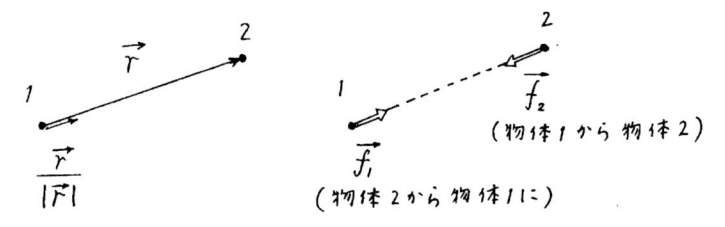

図 5.98　物体 1 と物体 2

[注意1] **万有引力の大きさ** 質量が 3 kg の物体と 5 kg の物体が 1 m 離れているときの万有引力を計算せよ。通常の物体どうしの間にはたらく万有引力は，物体が地球から受ける万有引力に比べて，無視できるほど小さい。

【例題 5.10】 **重力** 地球を質量 M，半径 R の球と考える。地球の表面で単位質量の物体にはたらく重力を $\vec{g}$ とする。重力は，地球と物体の間の万有引力に起因すると見なす。

(1) $\vec{g}$ の大きさを求めよ。

(2) 月の質量は地球の質量の約 1/81，月の半径は地球の半径の約 3/11 である。月の表面では，単位質量の物体にはたらく重力はどのくらいか。

【解説】

(1) 地上の質量 m の物体にはたらく重力 $m\vec{g}\,(g=|\vec{g}|)$ は，万有引力 $\vec{f}$ にほぼ等しいから，

$$mg = G\frac{Mm}{R^2}$$

が成り立つ。

$$g = G\frac{M}{R^2} = 6.6720 \times 10^{-11}\,\mathrm{N\cdot m^2/kg^2} \times \frac{5.98 \times 10^{24}\,\mathrm{kg}}{(6.38 \times 10^6\,\mathrm{m})^2}$$
$$= 9.8\,\mathrm{N/kg}$$

となる。

(2) 月の表面で単位質量の物体にはたらく重力の大きさを g' とすると，

$$g' = G\frac{M/81}{(3R/11)^2} \cong \frac{1}{6}g$$

である。

【例題 5.11】 **太陽が地球を引っぱる力** M を太陽の質量，m を地球の質量，R を太陽と地球の間の平均距離とする。太陽が地球を引っぱる力の大きさを求めよ。

【解説】 $GMm/R^2 = 3.57 \times 10^{22}\,\mathrm{N}$ となる。地球は，この莫大な力で太陽に引き寄せられている。このため，地球は太陽から離れていかず，円に近い軌道を保っている。

【例題 5.12】 **地球の速度の変化** 太陽が地球を引っぱる力は莫大である。それでは，この力によって，地球はどのくらい加速するだろうか。

【解説】 m を地球の質量，M を太陽の質量，$\vec{R}$ を太陽から見た地球の位置ベクトルとする。運動量の変化と力積の間の関係から，

$$\underbrace{d(m\vec{v})}_{\text{結果}} = \underbrace{-G\frac{Mm}{|\vec{R}|^2}\frac{\vec{R}}{|\vec{R}|}dt}_{\text{原因}}$$

が成り立つ。

地球の表面近くのせまい領域では，重力場（3.3節）は一様。この領域内ではどこでも重力の大きさ，方向，向きが同じと見なせる。

例題 5.10 では，重力場の考え方ではなく，離れている地球と物体の間に重力がはたらくと考えている。「場」の概念は，ニュートンの時代以後に生まれた。

$M = 5.98 \times 10^{24}\,\mathrm{kg}$
$R = 6.38 \times 10^6\,\mathrm{m}$

7.3 節参照

$G\dfrac{M/81}{(3R/11)^2} = \dfrac{121}{729}G\dfrac{M}{R^2}$
$= \dfrac{121}{729}g \cong \dfrac{121}{726}g = \dfrac{1}{6}g$
$\cong$ は「近似的に等しい」

$M = 1.99 \times 10^{30}\,\mathrm{kg}$
$m = 5.98 \times 10^{24}\,\mathrm{kg}$
$R = 1.496 \times 10^8\,\mathrm{km}$

$\dfrac{\vec{R}}{|\vec{R}|}$ は，$\vec{R}$ の向きの単位ベクトルである。

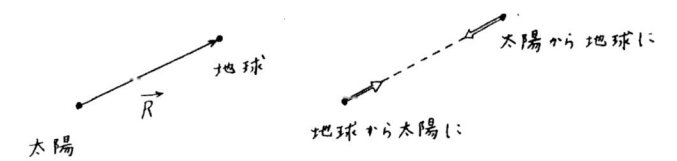

図 5.99 太陽と地球の間にはたらく万有引力

$$\left|\frac{d\vec{v}}{dt}\right| = \left|-G\frac{M}{|\vec{R}|^2}\frac{\vec{R}}{|\vec{R}|}\right| = 5.95 \times 10^{-3} \text{ m/s}^2$$

となる。太陽から莫大な力を受けても，地球の質量（慣性を表す量）が大きいので，速度が変化しにくい。したがって，地球を静止しているとして，地上に座標軸を設定してよいことがわかる。

【例題 5.13】 地球の公転周期　地球が太陽を中心に等速円運動していると仮定して，地球の公転周期 T を求めよ。

【解説】 等速円運動の速度変化は，どの時刻でも $d\vec{v} = -R\omega^2 dt \vec{e}_r$ である。$R = |\vec{R}|$ として，$|d\vec{v}/dt| = R\omega^2 = R(2\pi/T)^2$ から，$T = 2\pi\sqrt{R/|d\vec{v}/dt|} = 3.15 \times 10^7 \text{ s} = 365 \text{ d}$ となる。

■問 ケプラーの第3法則　地球の公転周期 T の2乗は，太陽から地球までの距離 R の3乗に比例することを示せ。

■解 $d\vec{v} = -R\omega^2 dt \vec{e}_r$ だから，

$$d(m\vec{v}) = -G\frac{Mm}{|\vec{R}|^2}\frac{\vec{R}}{|\vec{R}|} dt$$

の動径方向の成分は $m(-R\omega^2) = -GMm/R^2$ と書ける。$\omega = 2\pi/T$ だから，$T^2 = 4\pi^2 R^3/(GM)$ となる。

(2) 空間の観点

?　疑問：人工衛星が地球の表面すれすれに円軌道を描いて回るときと無限に遠くへ行くときでは，打ち上げの速度がちがうのだろうか。

人工衛星が無限に遠くへ行く場合を考えるので，時間の観点よりも空間の観点の方が便利である。そこで，万有引力による位置エネルギーの表し方を考えよう。

■万有引力による位置エネルギー

ある位置で，物体は万有引力場からどれだけの位置エネルギーを受け取れるか。その位置から基準点までに，万有引力が物体にどれだけの仕事をすることができるかを考える。物体は，その仕事の分だけ万有引力場から位置エネルギーを受け取ることができる。人工衛星と地球の質量を，それぞれ m, M とする。このとき，万有引力の大きさは，$GmM/|\vec{r}|^2$ と書ける。$\vec{r}$ は，地球から人工衛星までの位置ベクトルである。ある位置 $\vec{r}_1$ から基準点 $\vec{r}_\star$ まで万有引力によって人工衛星が落ちるとしよう。万有引力は位置ごとに異なるので，微小変位ごとに万有引力が人工衛星にする仕事を考える。万有引力は動径成分しか持たないから，微小変位 $d\vec{r}$ の動径成分 dr を使って，

〈参考〉 慣性質量と重力質量

$d(m\vec{v}) = -G\dfrac{Mm}{|\vec{R}|^2}\dfrac{\vec{R}}{|\vec{R}|} dt$ の左辺の m は慣性質量，右辺の m は重力質量である（付録 B）。

dt は，ある時刻から測った時間
2.3.4 項参照

3.2 節参照

$\sqrt{\dfrac{R}{|d\vec{v}/dt|}}$ の単位は

$\left[\dfrac{\text{m}}{(\text{m/s})/\text{s}}\right]^{1/2} = \text{s}$ である。

5.5 節参照
d は「日」の記号

基本ベクトルの大きさ
$|\vec{e}_r| = 1$
$R = 6.38 \times 10^6$ m

$R = |\vec{R}|$ は「$|\vec{R}|$ を R と書く」という意味である。

$\vec{e}_r$ は $\vec{R}$ の向きの基本ベクトル（大きさ 1）なので，$\vec{e}_r = \dfrac{\vec{R}}{|\vec{R}|}$ である。

本節では，ケプラーの法則から万有引力の形を見出した。これに対して，本問では，万有引力の形がわかっているとして，ケプラーの法則を確認している。

5.1 節参照
位置エネルギーを考えるために，3.3 節にならって，万有引力場を考える。つまり，離れた物体どうしの間に力がはたらくという見方ではない。重力場から物体にはたらく力 = （物体の質量）×（重力場）の右辺を $m\vec{g}$ と表す。

同様に，万有引力場から人工衛星にはたらく力 = （人工衛星の質量）×（地球のつくる万有引力場）の右辺を $m\vec{C}$ と表す。

$$\left(-G\frac{mM}{|\vec{r}|^2}\right)dr$$

と書ける。このような微小な仕事を，位置 $\vec{r}_1$ から基準点 $\vec{r}_\star$ まで小刻みに足し合わせる。万有引力の向きと変位の向きは一致している ($-GmM/|\vec{r}|^2 < 0\,\mathrm{N},\ dr < 0\,\mathrm{m}$) ので，この仕事の値は正である。

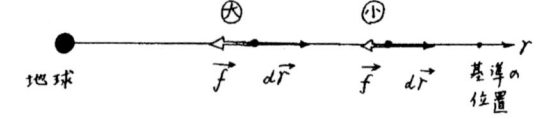

図5.100　万有引力による位置エネルギー

足し合わせる操作は，r_1 から $r_\star$ までの積分だから，

$$\int_{r_1}^{r_\star}\left(-G\frac{mM}{r^2}\right)dr = \left(-G\frac{mM}{r_1}\right) - \left(-G\frac{mM}{r_\star}\right)$$

となる。

■位置エネルギーの基準点

1. 無限遠点

　無限遠 ($r_\star \to \infty$) で，$(-GmM/r_\star) \to 0\,\mathrm{J}$ となるから，基準点を無限遠に選ぶと便利である。

　　　位置 r_1 で，万有引力による位置エネルギーは，
$$U(r_1) = -GmM/r_1\ \text{となる。}$$

2. 地表

　地球の半径を R，地表からの高度を h とする。地表近くでは，物体にはたらく重力 mg は，万有引力にほぼ等しい。地球の中心に向かって正の向きとすると，$mg = GmM/R^2$ だから，$g = GM/R^2$ である。地表を基準とする位置エネルギーは，$r_1 = R+h$，$r_\star = R$ として，高度 h で

$$U(h) = \left(-G\frac{mM}{R+h}\right) - \left(-G\frac{mM}{R}\right) = G\frac{mMh}{R(R+h)}$$

$$\cong G\frac{mM}{R^2}h = mgh$$

となる。mgh は，よく見慣れた形である。しかし，地表上にある物体にはたらいている重力は場所によらず一定と考えてはいけない。

■力学的エネルギー保存則

　力学的エネルギー保存則は，

$$\frac{1}{2}mv^2 + \left(-G\frac{mM}{r}\right) = 一定量$$

と表せる。

地球から人工衛星にはたらく万有引力は $-G\dfrac{mM}{|\vec{r}|^2}\dfrac{\vec{r}}{|\vec{r}|}$ と表せるので，$\vec{C} = -G\dfrac{M}{|\vec{r}|^2}\dfrac{\vec{r}}{|\vec{r}|}$ である。$\vec{C}$ は空間で地球が位置 $\vec{r}$ につくるゆがみの大きさ，方向，向きを表す量である。

人工衛星が基準点まで落ちるときには，$-GmM/|\vec{r}|^2 < 0\,\mathrm{N}$，$dr < 0\,\mathrm{m}$ から，万有引力と変位はどちらも地球の中心向きである。図 5.55 参照

積分の意味は，2.5 節参照

図 5.100 では，簡単のために $-G\dfrac{mM}{|\vec{r}|^2}\dfrac{\vec{r}}{|\vec{r}|}$ を $\vec{f}$ と書いてある。

$|\vec{r}|$ を r と書く。

$h \ll R$
$\ll$ は「よりもはるかに小さい」

例題 5.10 参照

図 5.55 の座標系を使うと，$-GmM/R^2$ の負号が必要になる。

$\cong$ は「近似的に等しい」
$\dfrac{h}{R} \ll 1$ のとき，
$R(R+h) = R^2\left(1+\dfrac{h}{R}\right) \cong R^2$

■第一宇宙速度

人工衛星が地表すれすれに円軌道を描いて回るときの速度を「第一宇宙速度」という。地球の中心に向かって正の向きにすると，$mv^2/R = GmM/R^2$ が成り立つ。$g = GM/R^2$ だから，第一宇宙速度は $v = \sqrt{GM/R} = \sqrt{gR} = 7.91\,\mathrm{km/s}$ となる。

■第二宇宙速度（離脱速度）

地上から打ち上げた人工衛星が，無限に遠くへ行くための速度を「第二宇宙速度（離脱速度）」という。無限遠の点で，人工衛星の運動エネルギーが 0 J になればよい。

$$\underbrace{\frac{1}{2}mv^2 + \left(-G\frac{mM}{R}\right)}_{\text{打ち上げたときの人工衛星の力学的エネルギー}} = \underbrace{0\,\mathrm{J} + 0\,\mathrm{J}}_{\text{無限遠の点での人工衛星の力学的エネルギー}}$$

が成り立つ。第二宇宙速度は $v = \sqrt{2GM/R} = \sqrt{2gR} = 11.2\,\mathrm{km/s}$ となる。

★5 章の自己診断
1. いろいろな力学現象を時間の観点と空間の観点から説明できるようになったか。
2. 力学現象には，運動の過程で時間が経過しても保存する量があることを理解したか。

$R = 6.38 \times 10^6\,\mathrm{m}$
$M = 5.98 \times 10^{24}\,\mathrm{kg}$

$mg = G\dfrac{mM}{R^2}$ の両辺を m で割ると $g = GM/R^2$ となる。

$m\dfrac{v^2}{R} = G\dfrac{mM}{R^2}$ の両辺を m で割ってから整理すると $v = \sqrt{\dfrac{GM}{R}}$ を得る。

休憩室◆

ケプラーの法則には，力の概念は現れない。しかし，ニュートンが万有引力を考えたことによって，身近な力学現象と天体の運動を同じ見方で理解できるようになった。これは，大変な驚きである。

6 剛体の運動
——変形しない物体の運動の表し方

◆ **6章の問題点**
① 質点の運動とちがって，物体の大きさを考えないと説明できない現象には，どのような例があるかを理解すること。
② 剛体の運動を解析するとき，並進運動と回転運動に分けて考えるという発想を理解すること。

キーワード◆剛体，並進運動，回転運動，慣性モーメント

物理学では，自然現象を記述するために，モデル化の考え方が重要である。重力による運動（投げ上げ，投げ下ろし，放物運動），ばねによる運動（単振動）などでは，物体を質点として扱う。これらの運動の軌跡を説明するとき，物体の質量だけを考えて，大きさと形を考えなくて差し支えないからである。力学の範囲では，いつでもそういう扱い方が妥当だろうか。

現実の物体は，どれも大きさがある。シーソーが左右のどちらに傾くかは，支点を通る軸のまわりの回転運動を考えないと理解できない。シーソーの回転は，5章までに扱った運動とどこがちがうのだろうか。もしシーソーを質点として扱うと，左右の傾きを説明することができない。つまり，シーソーの回転は，板の大きさと形を無視すると理解できない現象である。そこで，物体の大きさと形を考慮して，回転の効果を説明する方法を考えなければならない。

本章では，質点の力学の方法を拡張するにはどうすればよいかを考える。そのために，「シーソーがどんなときにつりあうのか」という素朴な問題から探ってみる。その知見を手がかりにして，もっと複雑な回転運動に進める。

> 0.3 節参照
>
> 日常生活を思い出してみる。右腕で重い荷物を持っていると上体が傾いてくる。左腕にも重い荷物を持つとバランスがとれる。

6.1 剛体とは

物体の大きさを考慮するといっても，いろいろな物体がある。ここでは，ねじまわし，板などの変形しない物体に限定する。流体（水，アルコールなど）を対象にしない。どんなに固い物体でも力をはたらかせると，実際はわずかに変形する。しかし，モデル化（理想化）して，

どんな力でもまったく変形しない物体を想定し，
「剛体」と呼ぶ。

> 0.3 節参照
>
> 「変形しない」とは，「物体を構成している質点どうしの距離が一定である」といい表せる。

■剛体の運動学
- 並進運動：運動の間，剛体内の任意の線分が同じ方向を保つ。
- 回転運動：回転軸に垂直で，この軸上に中心を持つ平面内の円に沿って動く。

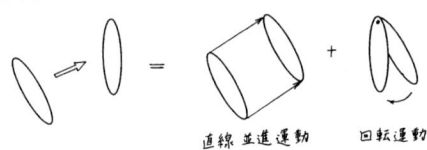

図 6.1 剛体の並進運動と回転運動

6.2 剛体のつりあい

シーソーがつりあわない場合を観察してみよう。左回りの回転の大きさと右回りの回転の大きさに差があることに気が付く。板の大きさを考慮すると，単に力の大きさだけではつりあいを説明することができない。剛体には大きさがあるので，板にはたらく力の大きさのほかに，力のはたらく位置も関係している。時間が経っても板が並進運動しないのは，力積がゼロだからである。時間が経っても板が回転運動しないのは，力積のモーメントがゼロだからである。シーソーに荷物を乗せない場合，どこを支点にすると，つりあわせることができるだろうか。

> 4.1.2 項参照
>
> 4.4 節参照
>
> 机の上で消しゴムに定規を乗せてもつりあいの条件がわかる。

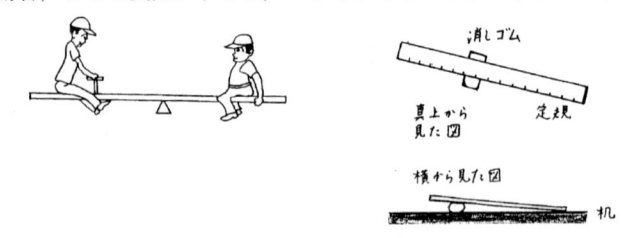

図 6.2 シーソーのつりあい

■剛体が速度を変化させないで回転も始めないための条件
    a. すべての力の合計 $= \vec{0}$ （速度を変化させない条件）
    b. すべてのトルクの合計 $= \vec{0}$ （回転を始めない条件）

■剛体にはたらく重力

板をヤスリで磨いたり，カンナで削ったりすると，おがくずが出る。花びんを割ると，粉になる。つまり，

　　　　　剛体は，多くの質点から成り立っている。

各質点には，鉛直下向きに重力がはたらいている。各質点の回転の勢いを増すはたらきは，重力のトルクである。

　　　質点にはたらいている重力のトルク
　　　＝（回転の中心から質点までの距離）
　　　　×（質点にはたらいている重力の回転方向の成分）

と表せる。剛体全体では，

　　　剛体を構成する各質点にはたらいている重力は，
　　　質量中心にはたらく一つの力と同等である。

この理由を考えてみよう。便宜上，質点に番号を付ける。

a. 重力の合計

$$\sum_i m_i \vec{g} = \left(\sum_i m_i\right)\vec{g} = m\vec{g} \quad (m \text{ は剛体の質量})$$

b. 質量中心 $\vec{r}_c$ の定義

$$\vec{r}_c = \frac{\sum_i m_i \vec{r}_i}{\sum_i m_i}$$

位置ベクトルの始点は，どの質点にも共通である。この始点をどこに選んでもよい。多くの場合，支点にすると都合がよい。

c. 支点を通る軸のまわりの重力のトルクの合計

$$\sum_i \vec{r}_i \times m_i \vec{g} = \left(\sum_i m_i \vec{r}_i\right) \times \vec{g}$$
$$= \left(\sum_i m_i\right) \vec{r}_c \times \vec{g}$$
$$= \vec{r}_c \times \left(\sum_i m_i\right) \vec{g}$$
$$= \vec{r}_c \times m\vec{g}$$

a. と c. から，剛体の質量中心に一つの重力 $m\vec{g}$ が鉛直下向きにはたらくと見なせる。質量中心を通る軸のまわりの重力のトルクは，$\vec{r}_c \times m\vec{g}$ である。

　　　　この性質から，「重力の着力点」の意味で，
　　　　剛体の質量中心を「重心」と呼ぶ。

質点は大きさと形を考えない。したがって，質点にはたらく力の位置は気にしなくてよい。これに対して，剛体は大きさを考える。このため，剛体にはたらく力の位置に注意しなければならない。

トルクの定義と求め方は 4.4 節参照

$m_1\vec{g} + m_2\vec{g} + m_3\vec{g} + \cdots$
$\quad = (m_1 + m_2 + m_3 + \cdots)\vec{g}$

5.7 節参照

$\vec{r}_c = \dfrac{\sum_i m_i \vec{r}_i}{\sum_i m_i}$ は

「$\left(\sum_i m_i \vec{r}_i\right)/\sum_i m_i$ を記号 $\vec{r}_c$ で表す」という意味である。

図 6.3，図 6.4 では支点を位置ベクトルの始点としている。

$\vec{r}_1 \times m_1\vec{g} + \vec{r}_2 \times m_2\vec{g}$
$\quad + \vec{r}_3 \times m_3\vec{g} + \cdots$
$= m_1\vec{r}_1 \times \vec{g} + m_2\vec{r}_2 \times \vec{g}$
$\quad + m_3\vec{r}_3 \times \vec{g} + \cdots$
$= (m_1\vec{r}_1 + m_2\vec{r}_2 + m_3\vec{r}_3 + \cdots)$
$\quad \times \vec{g}$

質量中心 $\vec{r}_c$ の定義から

$$\sum_i m_i \vec{r}_i = \left(\sum_i m_i\right)\vec{r}_c$$

となる。

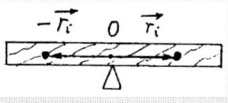

図 6.3　板のつりあい

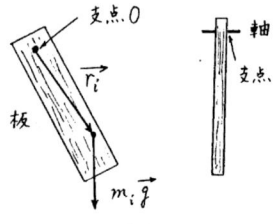

図6.4 重力のトルク

板の重心の位置

図6.3のように板を支えると，板は支点に対して左右対称である。だから，支点からの位置 $\vec{r}_i$ と $-\vec{r}_i$ には，等しい質量の質点があると考える。$\vec{r}_c = \sum_i m_i \vec{r}_i / \sum_i m_i$ の右辺で，$\vec{r}_i$ の質点と $-\vec{r}_i$ の質点の正負が相殺する。この結果，$\vec{r}_c = \vec{0}$ となる。つまり，板が左右対称になるように支えると，支点が板の重心である。このとき，支点を通る軸のまわりの重力のトルクの合計 $\vec{r}_c \times m\vec{g}$ は $\vec{0}$ だから，板は回転しない。したがって，板が回転しない支点を見つけると，その点が板の重心であることがわかる。

> **疑問**：シーソーに二つの荷物を乗せた場合を思い出してみよう。質量が等しい二つの荷物には，同じ大きさの重力が同じ向きにはたらいている。それにもかかわらず，それぞれの位置の選び方によって，シーソーがつりあわなくなる場合がある。これはなぜだろうか。

質量が異なる荷物には，ちがう大きさの重力がはたらいている。しかし，それぞれの位置を調整すれば，シーソーをつりあわせることができる。これはなぜだろうか。シーソーがつりあわなくても，支点は鉛直方向と水平方向のどちらにも動かない。これは，どのように理解したらよいのか。

【例題6.1】 シーソーのつりあい 質量が等しい二つの荷物AとBがある。板の重心の位置を支点とする。
(1) それぞれの荷物をシーソーのどの位置に乗せると，シーソーはつりあうか。
(2) 支点が板を支えている力の大きさ，方向，向きを求めよ。

【解説】 (1) シーソーのつりあい
1. 時計と物差の用意
   地上に座標軸を設定する。シーソーの支点の位置を原点とする。
2. 現象の把握
   a. 左右に同じ質量の荷物を乗せる場合
   - 支点からの距離が等しい位置に荷物を乗せる：つりあいが保てる。
   - 支点からの距離が等しくない位置に荷物を乗せる：つりあいが保てない。
   b. 左右に異なる質量の荷物を乗せる場合
   - 支点からの距離が等しい位置に荷物を乗せる：つりあいが保てない。
   - 支点からの距離が等しくない位置に荷物を乗せる：つりあう位置が見つかる。

支点の右側に番号 $1 \sim N$，左側に番号 $(N+1) \sim 2N$ の質点があると考える。
$m_{N+1}\vec{r}_{N+1} = -m_1\vec{r}_1$,
$m_{N+2}\vec{r}_{N+2} = -m_2\vec{r}_2, \cdots$ とすると，

$\sum_i m_i \vec{r}_i$
$= \underbrace{m_1(-\vec{r}_1) + m_2(-\vec{r}_2) + \cdots + m_N(-\vec{r}_N)}_{\text{支点の左側}}$
$\quad + \underbrace{m_1\vec{r}_1 + m_2\vec{r}_2 + \cdots + m_N\vec{r}_N}_{\text{支点の右側}}$
$= \vec{0}$

となる。

3.2節参照

図 6.5 シーソーのつりあい

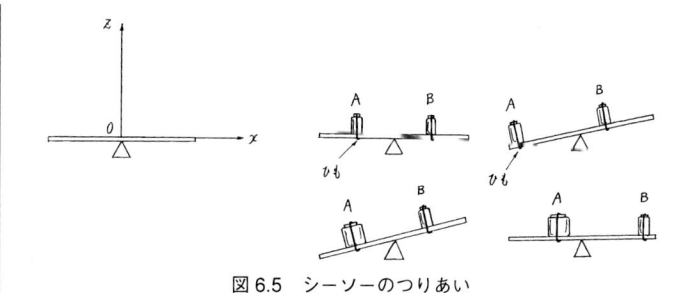

3. 物体にはたらいている力を見つける

荷物を質点，板を剛体として扱う。

- 荷物に力をおよぼす物体：地球上の空間（重力場），板

  荷物 A： $\quad m_A \vec{g} + \vec{N}_A = \vec{0}$
  $\quad\quad\quad\quad\quad\quad \downarrow + \uparrow = \bullet$

  荷物 B： $\quad m_B \vec{g} + \vec{N}_B = \vec{0}$
  $\quad\quad\quad\quad\quad\quad \downarrow + \uparrow = \bullet$

それぞれの荷物ごとにはたらいている力を見つける。
板から荷物 A にはたらく力を $\vec{N}_A$，板から荷物 B にはたらく力を $\vec{N}_B$ と表す。

- 板に力をおよぼす物体：地球上の空間（重力場），支点，荷物 A，荷物 B

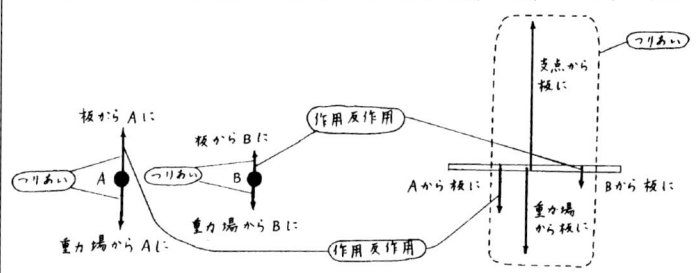

図 6.6 板と荷物にはたらいている力

[注意 1]「荷物にはたらいている重力」と「板にはたらいている力」の区別　「荷物にはたらいている重力」は，板にはたらいているのではない。板には，荷物が押す力がはたらいている。「何から何にはたらいている力か」を考えること。

3.3 節参照

4. 剛体が速度を変化させないで回転も始めないための条件

- 板の質量中心の並進運動

  板にはたらいている力の合計 $= \vec{0}$ だから，
  $$m\vec{g} + \vec{R} + \vec{f}_A + \vec{f}_B = \vec{0}$$
  $\quad\quad\quad \downarrow + \uparrow + \downarrow + \downarrow = \bullet$

  板の質量中心は，静止したままで移動しない。

支点が板を支えている力を $\vec{R}$，荷物 A から板にはたらく力を $\vec{f}_A$，荷物 B から板にはたらく力を $\vec{f}_B$ と表す。

- 板の質量中心を通る軸のまわりの回転運動

時間 dt をかけながら，トルクの合計の向きに回転の勢い（角運動量）が変化する。

(a) 重力のトルク：着力点（質量中心）が $\vec{0}$ なので，$0\,\mathrm{N\cdot m}$ となる。
(b) 支点から受ける力のトルク：着力点が $\vec{0}$ なので，$0\,\mathrm{N\cdot m}$ となる。
(c) 荷物 A が押す力のトルク：着力点が $\vec{r}_A$ なので，$\vec{r}_A \times \vec{f}_A$ となる。
(d) 荷物 B が押す力のトルク：着力点が $\vec{r}_B$ なので，$\vec{r}_B \times \vec{f}_B$ となる。

質点の場合，「着力点」は質点の位置と同じ意味になる。

$\vec{r}_A$ と $\vec{r}_B$ の始点は，支点の位置に選んである。支点の位置は $\vec{0}$ と表せる。

二つの荷物の質量が等しいとき，$m_A = m_B$ だから，$m_A \vec{g} = m_B \vec{g}$ である。

$\vec{r}_A \times \vec{f}_A + \vec{r}_B \times \vec{f}_B$
$= \vec{r}_A \times \vec{f}_A + \vec{r}_B \times \vec{f}_A$
$= (\vec{r}_A + \vec{r}_B) \times \vec{f}_A$

図 6.7

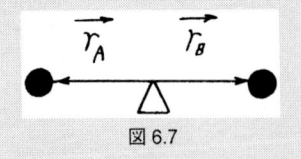

$\vec{g}$ は鉛直下向きのベクトル量である。

p. 138 参照

$\vec{r}_i - \vec{r}_0$ は，回転の中心から質点までの位置ベクトルである。

$\vec{r}_0$ は各質点の番号 i によらないから，和の記号の外に出せる。

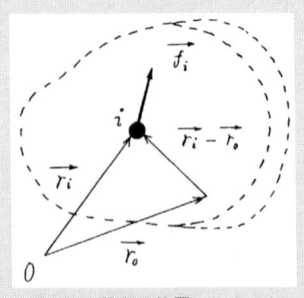

図 6.8 質点の位置ベクトルと力ベクトル

(c) と (d) の合計を求める。荷物 A の力のつりあいから，$\vec{N}_A = -m_A \vec{g}$ である。作用反作用の関係から，$\vec{f}_A = -\vec{N}_A$ が成り立つ。荷物 B の力のつりあいから，$\vec{N}_B = -m_B \vec{g}$ である。作用反作用の関係から，$\vec{f}_B = -\vec{N}_B$ が成り立つ。これらから，$\vec{f}_A = m_A \vec{g}$，$\vec{f}_B = m_B \vec{g}$ となる。$m_A \vec{g} = m_B \vec{g}$ だから，$\vec{f}_A = \vec{f}_B$ である。$\vec{r}_A \times \vec{f}_A + \vec{r}_B \times \vec{f}_B = (\vec{r}_A + \vec{r}_B) \times \vec{f}_A$ となる。A と B が支点から等しい距離にあれば，$\vec{r}_A = -\vec{r}_B$（図 6.7）だから (c) と (d) の合計は $0\,\mathrm{N\cdot m}$ である。

板にはたらくトルクの合計は $\vec{0}$ となる。板は，はじめのままであり回転しない。

(2) 支点が板を支えている力

板にはたらいている力の合計は $m\vec{g} + \vec{R} + \vec{f}_A + \vec{f}_B = \vec{0}$ だから，$\vec{R} = -(m\vec{g} + \vec{f}_A + \vec{f}_B)$ である。$\vec{f}_A = m_A \vec{g}$，$\vec{f}_B = m_B \vec{g}$ だから，$\vec{R} = -(m\vec{g} + m_A \vec{g} + m_B \vec{g}) = -(m + m_A + m_B)\vec{g}$ となる。

大きさ：$(m + m_A + m_B)|\vec{g}|$

方向と向き：$\vec{g}$ に負号が付いているから鉛直上向き。

[注意2] 既知の力と未知の力　板には四つの力がはたらいている。重力は大きさ，方向，向きがわかっているので，既知の力である。荷物が板を押す力，支点が板を支える力は，未知の力である。$\vec{f}_A$，$\vec{f}_B$，$\vec{R}$ の方向と向きを適当に仮定した上で，既知の力を手がかりとして計算すればよい。結果として求まった符号で向きがわかる。

[注意3] トルクのつりあいの式の立て方　剛体は質点とちがって，大きさを考慮する。したがって，力がどの位置にはたらくかによって剛体の運動は異なる。しかし，剛体がつりあっているときには，どの点を通る軸のまわりでトルクを考えてもよい。適当な位置を位置ベクトルの始点とする。その点を通る軸のまわりで考えたトルクの合計が $\vec{0}$ とする。つまり，

$$\sum_i \vec{r}_i \times \vec{f}_i = \vec{0}$$

である。位置 $\vec{r}_0$ にある別の点を通る軸のまわりで，トルクの合計 $\sum_i (\vec{r}_i - \vec{r}_0) \times \vec{f}_i$ を考えてみる（図 6.8）。これを

$$\sum_i (\vec{r}_i - \vec{r}_0) \times \vec{f}_i = \sum_i \vec{r}_i \times \vec{f}_i - \vec{r}_0 \times \sum_i \vec{f}_i$$

と書き直す。剛体がつりあっているとき，$\sum_i \vec{r}_i \times \vec{f}_i = \vec{0}$，$\sum_i \vec{f}_i = \vec{0}$ なので，

$$\sum_i (\vec{r}_i - \vec{r}_0) \times \vec{f}_i = \vec{0}$$

任意の点を通る軸のまわりのトルクの合計
　＝ [（任意の点から見た各質点の位置ベクトル）
　　×（各質点にはたらいている力）] の合計 ＝ $\vec{0}$

となる。トルクのつりあいの式は，計算に便利な点を通る軸のまわりで立てればよい。図 6.5 の座標軸とちがって，支点が原点でない場合でも，すべて

6.3 回転の勢いの表し方再論 ―慣性モーメント

■剛体の回転の勢い

剛体は質点の集まりだから,剛体の運動は各質点からの寄与で決まる。

(質点の運動の勢いの表し方)

(1) 時間の観点
- 並進運動の勢い:運動の軌跡が直線でも曲線(放物線)でも,運動量で表す。
- 回転運動の勢い:角運動量で表す。

運動量と角運動量は,大きさだけでなく,方向,向きも合わせ持つので,ベクトル量である。

(2) 空間の観点

どんな運動でも,運動エネルギーで表す。運動エネルギーは,大きさだけを持ち,方向,向きに関係ないので,スカラー量である。

(剛体の回転の勢いの表し方)

(1) 時間の観点

時間の観点で,回転の勢いを表す量は,剛体の角運動量である。原点 O を通る軸のまわりの角運動量は,各質点(位置 $\vec{r}_i$,質量 m_i の微小部分)からの寄与の合計 $\vec{L}$ で,

$$\vec{L} = \sum_i \vec{r}_i \times m_i \vec{v}_i$$

となる。

(2) 空間の観点

空間の観点で,回転の勢いを表す量は,剛体の運動エネルギーである。各質点(位置 $\vec{r}_i$,質量 m_i の微小部分)の運動エネルギーの合計 K は,

$$K = \sum_i \frac{1}{2} m_i |\vec{v}_i|^2$$

となる。

6.3.1 固定軸のまわりの剛体の回転

剛体が軸のまわりに自由に回転できるが,
他の回転ができないとき,
この軸を「固定軸」という。

剛体を構成している各質点は,軸に垂直な平面の中で,この平面と軸の交点を中心として円運動する。剛体は変形しないから,どの質点もいっせいに回転する。回転の角速度 $\omega = d\theta/dt$ は,すべての質点に共通である。

> **? 疑問**:剛体は質点が集まってできている。剛体が固定軸のまわりに回転するときも,質点の運動の法則が成り立つと考えてよいのだろうか。

の力のトルクの合計は,$0\,\mathrm{N \cdot m}$ になる。

4.4 節と関連付けて理解すること。

6.1 節参照

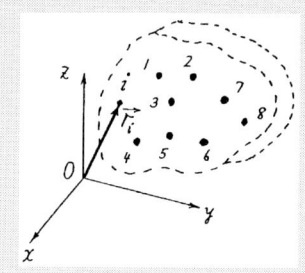

図 6.9 質点の集まり

$\vec{L} = \sum_i \vec{r}_i \times m_i \vec{v}_i$ は
「$\sum_i \vec{r}_i \times m_i \vec{v}_i$ を記号 $\vec{L}$ で表す」
という意味である。

$K = \sum_i \frac{1}{2} m_i |\vec{v}_i|^2$ は
「$\sum_i \frac{1}{2} m_i |\vec{v}_i|^2$ を記号 K で表す」
という意味である。

4.4 節,5.5 節参照

■慣性モーメント

一様な面密度（単位面積あたりの質量）の薄い円板を考える。円板の中心を原点とする座標軸（図 6.10）を設定する。z 軸を回転軸として円板を回転させる。剛体を構成している各質点の速度ベクトルは，中心からの位置ベクトルに垂直である。円弧 = 半径 × 角度 の関係式から $|\vec{v}_i| = |\vec{r}_i|\omega$ と書ける。

> 「薄い」とは，「厚さを無視する」という意味である。
>
> 3.7.3 項参照

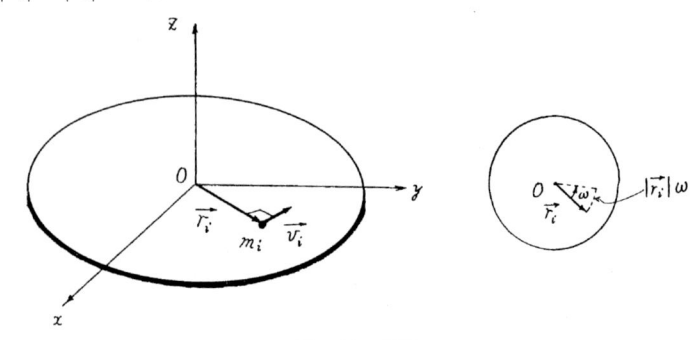

図 6.10 円板

（円板の角運動量）

$$\vec{L} = \sum_i \vec{r}_i \times m_i \vec{v}_i = \sum_i m_i |\vec{r}_i||\vec{v}_i|\vec{k}$$
$$= \sum_i m_i |\vec{r}_i|^2 \omega \vec{k} = \left(\sum_i m_i |\vec{r}_i|^2\right) \omega \vec{k}$$

$\vec{k}$ は z 軸方向の基本ベクトルである。

> ［注意 1］参照
>
> ω は，i によらず全質点に共通なので，くくり出した。

［注意 1］**ベクトル積の計算**　角運動量を求めるには，位置ベクトルと速度ベクトルのベクトル積が必要である。
- 向き：位置ベクトル $\vec{r}_i$ と速度ベクトル $\vec{v}_i$ の張る平面に垂直で，$\vec{r}_i \Rightarrow \vec{v}_i$ の向きに右ねじを回したときにねじの進む向き（z 軸の正の向き）
- 大きさ：回転の中心から見た位置ベクトルと速度ベクトルの張る面の面積 $|\vec{r}_i||\vec{v}_i|$

質点の角運動量は，$\vec{L}_i = m_i|r_i||v_i|\vec{k}$ と表せる。

（円板の運動エネルギー）

$$K = \sum_i \frac{1}{2} m_i |\vec{v}_i|^2 = \sum_i \frac{1}{2} m_i |\vec{r}_i|^2 \omega^2 = \frac{1}{2}\left(\sum_i m_i |\vec{r}_i|^2\right)\omega^2$$

円板の角運動量と運動エネルギーのどちらにも共通に，$\sum_i m_i |\vec{r}_i|^2$ という量が現れる。これは，円板の回転を特徴付ける重要な量である。そこで，

$$\sum_i m_i |\vec{r}_i|^2 \ (|\vec{r}_i| \text{ は軸から質点までの距離})\ \text{を}$$

「**慣性モーメント**」と定義する。

円板を構成している各質点の質量と回転軸からの距離の2乗との積を，円板の全部分にわたって足し合わせた量である。$I = \sum_i m_i |\vec{r}_i|^2$ と書くと，円板の角運動量は $\vec{L} = I\omega\vec{k}$，円板の運動エネルギーは $K = \frac{1}{2}I\omega^2$

> 3.7.3 項参照
>
> 図 6.10 参照
>
> z 軸の正の向きは基本ベクトル $\vec{k}$ の向きである。
>
> モーメントは，「軸からの距離に応じて重みを付ける」という意味。
>
> $I = \sum_i m_i |\vec{r}_i|^2$ は「$\sum_i m_i |\vec{r}_i|^2$ を記号 I で表す」という意味である。

と表せる。

> **? 疑問**：なぜ「慣性」という用語が出てきたのだろうか。

円板の角運動量と運動エネルギーを慣性モーメントで表すと，質点の運動量と運動エネルギーとよく似た形になる。

$$m\vec{v} \longleftrightarrow I\omega$$
質量 × 速度　　　　　慣性モーメント × 角速度

$$\frac{1}{2}m|\vec{v}|^2 \longleftrightarrow \frac{1}{2}I\omega^2$$

$\frac{1}{2}$ × 質量 × (速度)^2　　　$\frac{1}{2}$ × 慣性モーメント × (角速度)^2

これらの対応から，慣性モーメントは質量と似たはたらきをすることが読み取れる。つまり，どちらも慣性（同じ向きに同じ速さで運動を続けようとする性質）を表す量である。

質点の運動の勢いを変えるには，質点に力をはたらかせなければならない。回転の角速度を速くするためには，

- 時間の観点：力を長い時間はたらかせる必要がある（力積）。
- 空間の観点：力を長い距離にわたってはたらかせる必要がある（力のした仕事）。

質点の勢いに対応して，剛体の勢いを理解することができる。剛体の回転の勢いを変えるには，剛体にトルクをはたらかせなければならない。回転の角速度を速くするためには，

- 時間の観点：トルクを長い時間はたらかせる必要がある（力積のモーメント）。
- 空間の観点：トルクを大きい角度にわたってはたらかせる必要がある（トルクのした仕事）。

[注意2] **剛体にはたらくトルクの合計**　　空間を二つに分ける。
- 「内界」：剛体の内部
- 「外界」：剛体の外部

剛体の回転の勢いを変えるはたらきは，「外界からの力積のモーメント」と「外界からのトルクのした仕事」である。内界には，質点が集まっている。i番目の質点とj番目の質点は，作用反作用の関係から，大きさが等しく，向きが反対の力をおよぼし合う。1番目と2番目，1番目と3番目，$\cdots$，2番目と3番目，2番目と4番目，$\cdots$のすべての組についてあてはまる。

1番目の質点の角運動量の変化 = 1番目の質点にはたらく力積のモーメント

2番目の質点の角運動量の変化 = 2番目の質点にはたらく力積のモーメント

$\cdots\cdots\cdots$

i番目の質点の角運動量の変化 = i番目の質点にはたらく力積のモーメント

$\cdots\cdots\cdots$

合計：剛体の角運動量の変化 = 各質点にはたらく力積のモーメントの和

「内界」「外界」は熱力学でも考える概念である。

一つの剛体をその部分に分けて考えることができる。作用反作用の法則が成り立つからである。もし，この法則が成り立たなかったならば，[注意2]のような扱い方はできない。

1番目と2番目の質点の位置ベクトルを $\vec{r}_1$ と $\vec{r}_2$ とする。2番目の質点から1番の質点にはたらく力を $\vec{f}$ とすると，1番目の質点から2番目の質点にはたらく力は $-\vec{f}$ である。

$$\vec{r}_1 \times \vec{f}\, dt + \vec{r}_2 \times (-\vec{f})\, dt$$
$$= (\vec{r}_1 - \vec{r}_2) \times \vec{f}\, dt = \vec{0}$$

となる。
$\vec{r}_1 - \vec{r}_2$ は2番目の質点から1番目の質点に向かう矢線で表せるので，$\vec{f}$ と反平行だからである。
ほかの組についても同じ考え方で，力積のモーメントが打ち消し合う。

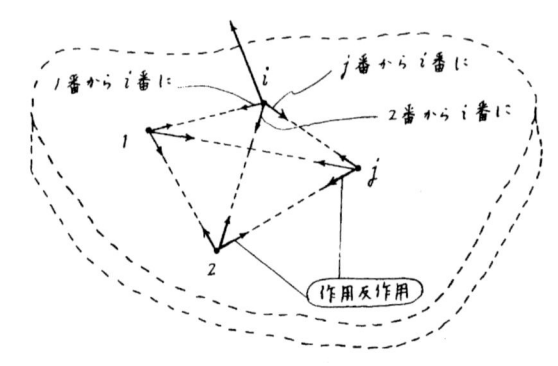

図6.11　剛体を構成する質点にはたらく力

1番目の質点にはたらく力積のモーメント

　＝1番目の質点にはたらく外界からの力積のモーメント

　　＋2番目の質点からはたらく力積のモーメント

　　＋3番目の質点からはたらく力積のモーメント ＋…

2番目の質点にはたらく力積のモーメント

　＝2番目の質点にはたらく外界からの力積のモーメント

　　＋1番目の質点からはたらく力積のモーメント

　　＋3番目の質点からはたらく力積のモーメント ＋…

などである。

「2番目から1番目にはたらく力積のモーメント」と「1番目から2番目にはたらく力積のモーメント」が打ち消し合う。すべての組について，内界ではたらいている力積のモーメントが打ち消し合う。したがって，内界ではたらいている力積のモーメントは考えなくてよい。

【例題6.2】　ねじまわしのまわし方　　かたいねじを回すとき：太いにぎりのねじまわしの方が，細いにぎりのねじまわしよりも楽に回せる。

　ゆるいねじを何回も回すとき：細いにぎりのねじまわしの方が使いやすい。これらの理由は何か。

【解説】　回すはたらき（トルク）が同じ大きさであっても，回転軸から遠い部分に力をはたらかせる方が小さい力ですむ。

【例題6.3】　慣性モーメントと回転の勢いの関係　　質量 m_1，半径 a で，一様な面密度（単位面積あたりの質量）の薄い滑車がある。滑車に比べて質量の無視できるほど軽い糸を滑車に巻きつける。糸の一端は滑車に固着し，糸の他端に質量 m_2 のおもりを吊す。滑車と糸の間の摩擦は完全なので，糸は滑車とともに回転する。回転の角速度を速くするためには，どうすればよいか。

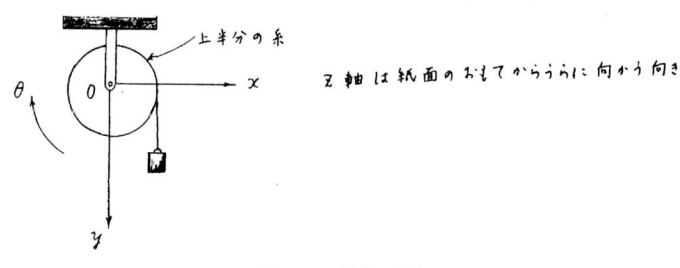

図 6.12　滑車の回転

【解説】

1. 時計と物差の用意

地上に静止したスタンドに座標軸を設定する。滑車の中心を原点に選ぶ。滑車に垂直で，この点を通る軸が回転軸である。時計回りを回転の正の向きとする。

3.2 節参照

2. 現象の把握

おもりから手を放すと，滑車が回り始める。

3. 物体にはたらいている力を見つける

滑車を剛体，おもりを質点として扱う。

- 滑車に力をおよぼす物体：地球上の空間（重力場），支点，上半分の糸
- おもりに力をおよぼす物体：地球上の空間（重力場），下部の糸

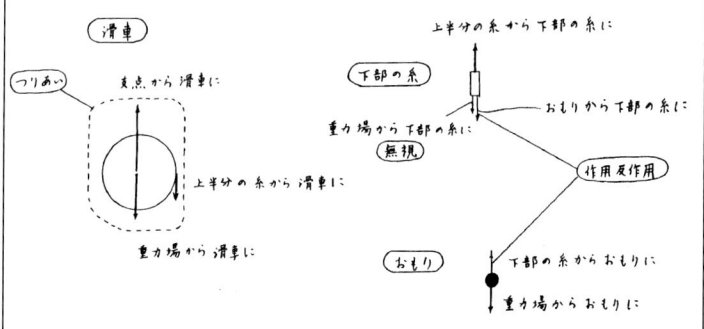

図 6.13　物体にはたらいている力

4. 運動の法則による説明（因果律）

(1) 時間の観点

- 並進運動

時間 dt をかけながら，複数の力がはたらくと，力の合計の向きに勢い（運動量）が変化する。

dt は，ある時刻から測った時間
2.3.4 項参照

どの時刻から時間 dt 経っても，物体ごとに運動量の変化と力積の関係

- 滑車：$d(m_1 \vec{v}_1) = (m_1 \vec{g} + \vec{K} + \vec{T})\, dt$

  結果　　　　原因

- おもり：$d(m_2 \vec{v}_2) = (m_2 \vec{g} + \vec{S})\, dt$

  結果　　　原因

が成り立つ。

下部の糸から上半分の糸にはたらく力を $\vec{T}$，支点から滑車にはたらく力を $\vec{K}$，下部の糸からおもりにはたらく力を $\vec{S}$ と表す。

[注意 4] 参照

$\vec{T} = -\vec{S}$

図 6.14 速度の変化と力の合計

● 回転運動

時間 dt をかけながら，複数のトルクがはたらくと，トルクの合計の向きに勢い（角運動量）が変化する。円板の慣性モーメント I と角速度 ω を使って，$\vec{L}_1(t) = I\omega(t)\vec{k}$ と書ける。滑車の重心（円板の中心）に重力がはたらいている。

どの時刻から時間 dt 経っても，角運動量の変化と力積のモーメントの関係

$$\text{滑車}: \underbrace{d(I\omega)\vec{k}}_{\text{結果}} = \underbrace{\vec{0} \times (m_1\vec{g} + \vec{K})\,dt + (\vec{r} \times \vec{T})\,dt}_{\text{原因}}$$

が成り立つ。

重力と支点にはたらく力は，回転の勢いを変えるはたらきをしない。回転の勢いは，糸からはたらく力のトルクで変化する。

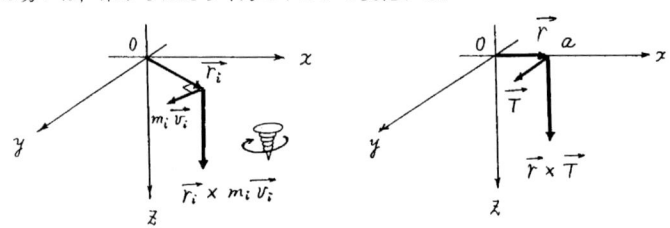

図 6.15 位置ベクトルと速度ベクトルのベクトル積

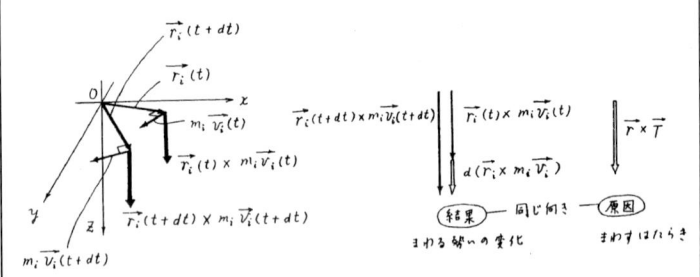

図 6.16 各質点の角運動量の変化分とトルクの間の関係

● 拘束条件（幾何的関係）

糸は伸び縮みしない。どの時刻から測っても，おもりが $dy_2(>0\,\text{m})$ だけ進むと，滑車は時計回りに $a\,d\theta$（半径 × 回転角，$d\theta > 0$）だけ回転する。ある時刻から測った時間を dt とする。$dy_2 = a\,d\theta$ を dt で割ると，単位時間あたり $v_{2y} = a\omega$ となる。

糸からはたらく力のトルクの求め方は，3.7.3 項参照

ベクトル積を考えるときには，図 6.12 よりも図 6.15 の方が見やすい。

この問題の角運動量は z 方向（基本ベクトルは $\vec{k}$）のベクトル量である。各質点の位置 $\vec{r}_i$ と速度 $\vec{v}_i$ のベクトル積は，これらの張る平面（xy 平面）に垂直で，$\vec{r}_i \Rightarrow \vec{v}_i$ の向きに右ねじを回したときにねじの進む向きだから。

各質点の角運動量の変化分を合計すると，$\sum_i d(\vec{r}_i \times m_i\vec{v}_i) = \vec{r} \times \vec{T}$ となる。この左辺が $d(I\omega)\vec{k}$ と表せる。p. 202 参照

ゴムひも，ばねは伸び縮みするから，この幾何的関係は成り立たない。

$d\theta$ と dy_2 は，勝手な値を取ることはできない。おもりは $dy_2 = a\,d\theta$ に拘束された運動しかしない。

dt は，ある時刻から測った時間 2.3.4 項参照

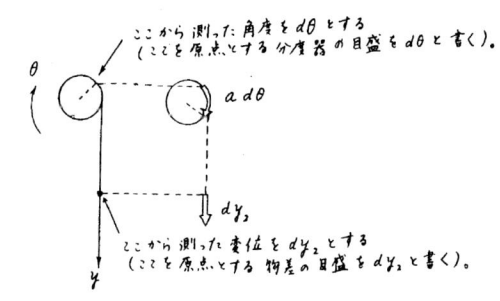

図 6.17　変位と回転角の関係

おもりと滑車の速度
$$d(m_2\vec{v}_2) = (m_2\vec{g} + \vec{S})\,dt$$
$$d(I\omega)\vec{k} = \vec{r} \times \vec{T}\,dt$$

これらの方程式を成分で表す。
$$d(m_2 v_{2y}) = (m_2 g + S_y)\,dt$$
$$d(I\omega) = aT_y\,dt$$

拘束条件に注意して，これらの式を整理すると，

$(I + m_2 a^2)\,d\omega = m_2 g a\,dt$ となる。

$d\omega = [m_2 g a/(I + m_2 a^2)]\,dt$ は，

- 符号から時計回りに加速すること
- トルクを長い時間はたらかせるほど角速度が変化しやすいこと
- おもりの質量を変えないときには，滑車の慣性モーメントが大きいほど角速度が変化しにくいこと

を示している。この両辺を，初期時刻 t_0 から任意の時刻 t' まで積分する。初角速度を ω_0，時刻 t' の角速度を ω' とする。

$$\int_{\omega_0}^{\omega'} d\omega = \int_{t_0}^{t'} \frac{m_2 g a}{I + m_2 a^2}\,dt$$

から

$$\omega' = \frac{m_2 g a}{I + m_2 a^2}(t' - t_0) + \omega_0$$

を得る。慣性モーメントは，円板を構成している質点の質量の分布で決まる。くわしい計算によると，円板の中心を通る軸のまわりの慣性モーメントは，$I = \frac{1}{2}m_1 a^2$ である。円板の質量と半径が小さいほど慣性モーメントは小さいので，角速度を大きくしやすい。

[注意3] 円板の重心：「一様な面密度」の意味　「一様な面密度」とは，「円板内のどこで小さい領域を取っても質量分布が同じ」という意味である。「円板の対称性」とは，「円板の中心から見て偏りのない形」を意味する。これらの性質から，円板の重心の位置は，円板の中心にある。円であっても面密度が一様でない板，面密度が一様であっても対称性がない形の板は，重心の位置が板の中心とは限らない。

[注意4] 下部の糸と滑車の上半分の糸　上半分の糸が滑車を回す力の大きさは，おもりが下部の糸を引っぱる力の大きさと等しい。これはな

$\vec{r} \times \vec{T} = a\vec{i} \times T_y\vec{j} = aT_y\vec{i} \times \vec{j} = aT_y\vec{k}$，$\vec{i}$，$\vec{j}$，$\vec{k}$ はそれぞれ x 軸，y 軸，z 軸方向の基本ベクトル
$T_y < 0\,\text{N}$（y 軸の負の向き）だから $aT_y < 0\,\text{N}\cdot\text{m}$ に注意

未知量が v_{2y}，ω，T_y の三つあるのに，運動の法則から方程式が二つしかない。こういう場合は，拘束条件の式を使わないと，未知量が求まらない。

下部の糸について

$$d(m_3 \vec{v}_3) = [m_3 \vec{g} + (-\vec{T}) + (-\vec{S})]\,dt$$

$m_3 = 0\,\text{kg}$ だから $(-\vec{T}) + (-\vec{S}) = \vec{0}$ となるので $T_y = -S_y$ である。
$d(m_2 v_{2y}) = \cdots$ の両辺に a を掛けて，$d(I\omega) = \cdots$ と足し合わせて，

$$a \times d(m_2 v_{2y}) + d(I\omega)$$
$$= (m_2 g + S_y)a\,dt + aT_y\,dt$$

を作る。拘束条件 $v_{2y} = a\omega$ を使うと，左辺は $d(I\omega + m_2 a^2 \omega)$ となる。$T_y = -S_y$ だから $aS_y + aT_y = 0\,\text{N}$ なので右辺は $m_2 g a\,dt$ となる。

$\dfrac{d\omega}{dt} = \dfrac{m_2 g a}{I + m_2 a^2}$ の左辺の単位が $\dfrac{(1/\text{s})}{\text{s}}$ だから s^{-2} になる。

【参考】質量 m_1，半径 a の薄い円板の慣性モーメント I の求め方
円環の面積 ＝（半径 $r + dr$ の円の面積）－（半径 r の円の面積）は $\pi(r+dr)^2 - \pi r^2 = \pi[2r\,dr + (dr)^2]$ であるが，dr を微小な長さとすると，円環の面積は $2\pi r\,dr$ となる。この円環の質量を dm とすると $m_i r_i^2$ を合計するには $r^2\,dm$（中心から円環のどの構成粒子までの距離も r とみなす）を，半径 $0\,\text{m}$ から a のすべての円環について合計すればよい。
$\sigma = m_1/(\pi a^2)$，$dm = \sigma \cdot 2\pi r\,dr$，
$r^2\,dm = \dfrac{2m_1}{a^2} r^3\,dr$ だから
$$I = \int_{0\,\text{m}}^{a} \frac{2m_1}{a^2} r^3\,dr = \frac{1}{2}m_1 a^2$$
である。

ぜか。

- 下部の糸に力をおよぼす物体：地球上の空間（重力場），上半分の糸，おもり
- 上半分の糸に力をおよぼす物体：地球上の空間（重力場），下部の糸，滑車

糸の質量が無視できるほど小さいので，重力場から糸にはたらく重力を無視してよい。

- 下部の糸の並進運動の勢いの変化と力積

   下部の糸の運動量の変化

   ＝（上半部の糸から下部の糸にはたらく力積）

   ＋（おもりから下部の糸にはたらく力積）

糸の質量を無視するから，左辺＝$0\,\mathrm{kg\cdot m/s}$ と考える。したがって，

  $-$（おもりから下部の糸にはたらく力）

  ＝上半分の糸から下部の糸にはたらく力

となる。

- 上半分の糸の回転運動の勢いの変化と力積のモーメント

   上半分の糸の角運動量の変化

   ＝（滑車から上半分の糸にはたらく力積のモーメント）

   ＋（下部の糸から上半分の糸にはたらく力積のモーメント）

糸の質量を無視するから，左辺＝$0\,\mathrm{kg\cdot m^2/s}$ と考える。したがって，

   下部の糸から上半分の糸にはたらく力積のモーメント

   ＝$-$（滑車から上半分の糸にはたらく力積のモーメント）

となる。作用反作用の法則から，

  $-$（滑車から上半分の糸にはたらく力積のモーメント）

  ＝上半分の糸から滑車にはたらく力積のモーメント

である。だから，

   下部の糸から上半分の糸にはたらく力積のモーメント

   ＝上半分の糸から滑車にはたらく力積のモーメント

となる。したがって，上半分の糸から滑車にはたらく力の大きさは，おもりから下部の糸にはたらく力の大きさに等しい。

- 滑車の回転運動の勢いの変化と力積のモーメント

   滑車の角運動量の変化

   ＝（重力場から滑車にはたらく力積のモーメント）

   ＋（支点から滑車にはたらく力積のモーメント）

   ＋（上半分の糸から滑車にはたらく力積のモーメント）

である。この右辺第3項を（下部の糸から上半分の糸にはたらく力積のモーメント）と書きかえてよい。

上半分の糸を小部分の集まりと考えて，
滑車から上半分の糸にはたらく力
＝滑車から上半分の糸の小部分にはたらく力の合計
である。

■**問** 糸から滑車にはたらく力と支点から滑車にはたらく力　糸から滑車にはたらく力と支点から滑車にはたらく力を求めよ。

■**解説**

- 糸から滑車にはたらく力

$$T_y = \frac{d(I\omega)}{a\,dt} = \frac{I}{I + m_2 a^2} m_2 g$$

滑車は並進運動しないので，$d(m_1 \vec{v}_1) = [m_1 \vec{g} + \vec{K} + (-\vec{T})]\,dt$ で，$d\vec{v}_1 = \vec{0}$ である。この式を成分で表すと，

$$\begin{pmatrix} 0\,\text{kg}\cdot\text{m/s} \\ 0\,\text{kg}\cdot\text{m/s} \\ 0\,\text{kg}\cdot\text{m/s} \end{pmatrix} = \begin{pmatrix} K_x\,dt \\ [m_1 g + K_y + (-T_y)]\,dt \\ K_z\,dt \end{pmatrix}$$

となる。

- 支点から滑車にはたらく力

$$K_x = 0\,\text{N}, \quad K_y = -m_1 g + T_y = -m_1 g + \frac{I}{I + m_2 a^2} m_2 g,$$
$$K_z = 0\,\text{N}$$

支点は，滑車を鉛直上向きに支えている。この力は，

（重力場から滑車にはたらいている重力）
　　+（糸から滑車にはたらいている力）

を打ち消す大きさである。この結果は，直観的にも明らかである。

[注意5] **力の表式の書き方**　T_y と K_y の表式で，分数 ×mg の形にするとよい。分数の部分は単位がない（無次元という）ので，T_y と K_y の単位は力 mg と同じ単位になることがわかる。

$2I + m_2 a^2$ と $I + m_2 a^2$ は単位が同じなので，分子と分母で単位が約分できる。

(2) 空間の観点

複数の力がはたらいて $d\vec{r}$ 動くと，力の合計がした仕事の分だけ勢い（運動エネルギー）が変化する。

どの位置から $d\vec{r}$ 動いても，物体ごとに運動エネルギーの変化と仕事の関係

- 滑車

並進運動の勢い：$d\left(\frac{1}{2} m_1 |\vec{v}_1|^2\right) = (m_1 g + K_y + T_y)\,dy_1$
　　　　　　　　　　　　結果　　　　　　　　原因

回転運動の勢い：$d\left(\frac{1}{2} I\omega^2\right) = T_y a\,d\theta$
　　　　　　　　　　　結果　　　　原因

- おもり：$d\left(\frac{1}{2} m_2 |\vec{v}_2|^2\right) = (m_2 g + S_y)\,dy_2$
　　　　　　　　　　結果　　　　　　原因

- 下部の糸：$d\left(\frac{1}{2} m_3 |\vec{v}_3|^2\right) = [m_3 g + (-T_y) + (-S_y)]\,dy_3$
　　　　　　　　　　　結果　　　　　　　　原因

が成り立つ。

- 拘束条件（幾何的関係）：$dy_2 = a\,d\theta$

系全体では $d\left(\frac{1}{2} I\omega^2 + \frac{1}{2} m_2 |\vec{v}_2|^2\right) = T_y a\,d\theta + (m_2 g + S_y)\,dy_2$

糸から滑車にはたらく力は $(-T_y) a\,d\theta$
[（糸から滑車にはたらく力）×（滑車の回転の変位）] だけの仕事をする。
$\vec{T}$ は y 軸の負の向き，$(-\vec{T})$ は y 軸の正の向きの力である。$T_y < 0\,\text{N}$ だから $-T_y > 0\,\text{N}$ に注意

dy_3 は下部の糸の質量中心の変位

だから,

$$d\left(\frac{1}{2}I\omega^2 + \frac{1}{2}m_2|\vec{v}_2|^2\right) = m_2 g\, dy_2$$

$\underbrace{\quad\quad\quad\quad\quad\quad\quad\quad\quad}_{\begin{array}{l}[(\text{滑車の回転運動エネルギー})\\ \quad+(\text{おもりの並進運動エネルギー})]\\ \text{の変化分}\end{array}}$　　　　重力がおもりにした仕事

となる。この関係式から,おもりと滑車の速度を求めることができる。

[注意 6] 系全体の勢いの変化

- 内界(系を構成する物体):滑車,おもり,糸
- 外界:地球上の空間(重力場)

系全体では,滑車の回転運動とおもりの並進運動の勢いだけを考えればよい。糸から受ける力 $\vec{T}$ と $\vec{S}$ は,系の内部ではたらき合っている力である。系全体の勢いは,外界から系にはたらくトルクだけによって変化する。これは,おもりにはたらく重力のトルクしかない。このように考えると,すぐに [(滑車の回転運動エネルギー) + (おもりの並進運動エネルギー)] の変化分 = 重力がおもりにした仕事　と書ける。

■力学的エネルギー保存則

重力が系に正の仕事をする

$\longrightarrow \begin{cases} \text{重力場のポテンシャルの減少}\\ \quad(=\text{おもりの位置エネルギーの減少})\\ [(\text{滑車の回転運動エネルギー})\\ \quad+(\text{おもりの並進運動エネルギー})]\text{の増加} \end{cases}$

重力が系に負の仕事をする

$\longrightarrow \begin{cases} \text{重力場のポテンシャルの増加}\\ \quad(=\text{おもりの位置エネルギーの増加})\\ [(\text{滑車の回転運動エネルギー})\\ \quad+(\text{おもりの並進運動エネルギー})]\text{の減少} \end{cases}$

これらの関係は,

$$K_1 + K_2 + U(x, y, z) = K_{10} + K_{20} + U(x_0, y_0, z_0)$$

滑車の回転運動エネルギー + おもりの並進運動エネルギー
　　+ 位置エネルギー
= 一定量

の保存則の形で美しく表せる。

6.3.2 剛体の平面運動

どんな場合でも回転軸が固定しているというわけではない。円板が斜面を転がるとき,回転軸が移動する。こういう運動は,どのようにして扱うことができるのだろうか。数学のことばではなく,できるだけイメージを大切にしながら考える。このため,質点の運動と剛体の運動を比べることから始める。剛体の運動は,質点の運動とちがって,物体の

滑車は並進運動しない ($dy_1 = 0$ m) ので,滑車の並進運動の勢いは変わらない。したがって, $d\left(\frac{1}{2}m_1|\vec{v}_1|^2\right) = 0\,\mathrm{J}$ である。$d(\cdots)$ は「$\cdots$の変化分」と考えるとよい。
$m_3 = 0\,\mathrm{kg}$ として扱っているから,下部の糸の勢いは考えなくてよい。
$T_y = -S_y$ と $a\,d\theta = dy_2$ から,
$T_y a\,d\theta + S_y dy_2 = T_y(a\,d\theta - dy_2)$
$= 0\,\mathrm{J}$
となる。

滑車の位置は固定しているから,重力は滑車に仕事をしない。

下部の糸の質量が無視できると考えているので,下部の糸にはたらく重力は無視する。

左辺:あとの力学的エネルギー
右辺:はじめの力学的エネルギー

大きさを考えないと説明できない。この事情は，具体的にはどういう意味だろうか。

まず，ボールを投げた場合を思い出してみる。5.2節で，ボールを単なる質点として扱った。つまり，ボールが回転しているかどうかを考えなかった。これだけでも，放物運動しているボールの軌跡がわかる。次に，三角定規を鉛直面内で回転するように投げた場合を考えてみる（図6.18）。三角定規は円板とちがって角があるので，三角定規そのものの回転が見やすい。6.2節の考え方で，三角定規の重心を見つけることができる。1点で支えたときに，重力のトルクがつりあえば，その点が重心（質量中心）である。三角定規は回転しているものの，飛んでいる道筋には，何か規則性がありそうである。

くわしく解析すると，三角定規の質量中心の軌跡が放物線を描いていることがわかる。したがって，質量中心は，ボールと同様に質点とみなしてよい。他方，三角定規は，変形しないで質量中心を通る軸のまわりに回転していることもわかる。三角定規を質点としたら，この回転運動を表すことはできない。質量中心は，三角定規の回転に関係なく放物運動する。つまり，質量中心の並進運動とそのまわりの回転運動は互いに影響し合わない。

物体の大きさと形を考慮するときには，

「**質量中心の運動**」と「**質量中心を通る軸のまわりの回転**」

に分けて扱う。

あくまでも頭の中で考えるときの都合であって，運動そのものが実際に分解しているわけではない。

「質量中心の運動」と「質量中心を通る軸のまわりの運動」は独立な運動である。

剛体の運動の自由度から，「運動を記述するには何個の独立な方程式が必要か」が決まる。本書では，その数学上の説明は省く。

剛体運動を並進と回転に分けることが便利であることをベルヌーイ（Bernoulli）が最初に指摘した。

図6.18 質点の運動と剛体の運動

【例題6.4】 **斜面を転がる円板** 傾角 θ の斜面を机の上に固定する。質量 m，半径 a で，一様な面密度（単位面積あたりの質量）の薄い円板を用意する。円板と斜面の間の摩擦が完全なので，円板が斜面をすべらずに転がる。摩擦の無視できる斜面を質点がすべるときと比べて，どのくらい加速しにくいか。

5.4節参照。例題5.5と関連付けて理解すること。

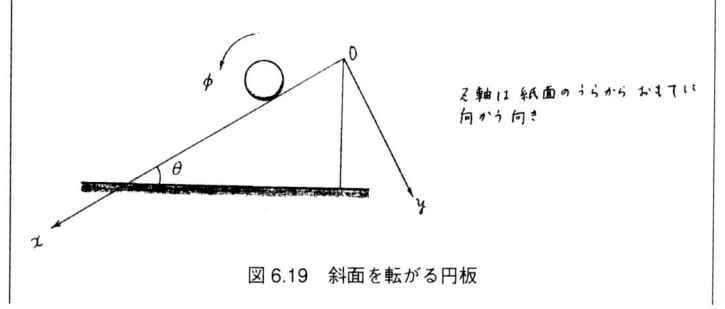

z軸は紙面のうらからおもてに向かう向き

図6.19 斜面を転がる円板

［注意7］参照

【解説】

1. 時計と物差の用意
地上に静止した斜面に座標軸を設定する。円板の重心を通る軸のまわりで、反時計回りを回転の正の向きとする。

2. 現象の把握
円板から手を放すと、円板は斜面から浮き上がったり沈んだりしないで、転がり始める。

3. 物体にはたらいている力を見つける
円板を剛体として扱う。

- 円板に力をおよぼす物体：地球上の空間（重力場），斜面

> 3.2 節参照

> 斜面から円板にはたらく力 $\vec{F}$ の斜面に平行な方向の成分を R，斜面に垂直な方向の成分を N と表す。

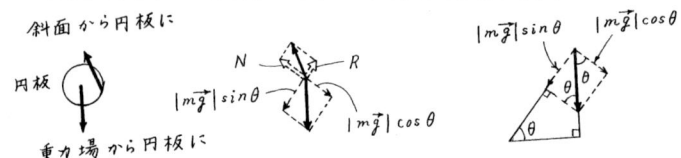

図 6.20 円板にはたらく力

円板と斜面の間で互いに力をおよぼし合う。これらの力は、作用反作用の関係を満たしている。ここでは、円板の運動だけに注目する。

4. 運動の法則による説明（因果律）

(1) 時間の観点

- 質量中心（重心）の並進運動

時間 dt をかけながら、複数の力がはたらくと、力の合計の向きに勢い（運動量）が $d(m\vec{v}_c)$ だけ変化する。

どの時刻から時刻 dt 経っても、運動量の変化と力積の関係

$$d(m\vec{v}_c) = (m\vec{g} + \vec{F})\,dt$$

（結果）　（原因）

が成り立つ。

> 例題 5.5 参照

> dt は，ある時刻から測った時間
> 2.3.4 項参照

> $\vec{v}_c = \dfrac{d\vec{r}_c}{dt}$ （$\vec{r}_c$ は原点から見た質量中心の位置ベクトル）
> $\vec{v}_c$ は円板の質量中心の速度である。
> ［注意 8］参照

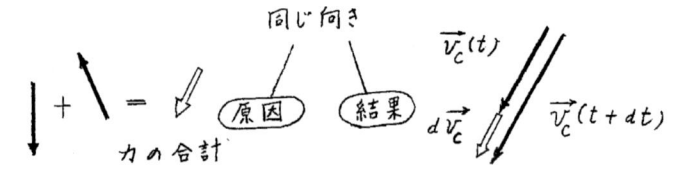

図 6.21 円板の質量中心の速度変化と円板にはたらく力の間の関係

- 質量中心を通る軸のまわりの回転運動

時間 dt をかけながら、複数のトルクがはたらくと、それらの合計の向きに勢い（角運動量）が $d(I\omega)$ だけ変化する。円板の質量中心を通る軸のまわりの慣性モーメントを I とする。円板の角運動量は、角速度 ω を使って、$\vec{L} = I\omega\vec{k}$ と書ける。滑車の質量中心（円板の中心）に重力がはたらいている。

どの時刻から時間 dt 経っても、角運動量の変化と力積のモーメントの関係

$$d(I\omega)\vec{k} = (\vec{0} \times m\vec{g} + \vec{a} \times \vec{F})\,dt$$

（結果）　（原因）

が成り立つ。$\vec{0} \times m\vec{g} = \vec{0}$ だから、重力のトルクは回転の勢いを変えるはた

> この問題の角運動量は z 方向（基本ベクトル $\vec{k}$) のベクトル量である。各質点の位置と速度のベクトル積は、これらの張る平面（xy 平面）に垂直だから。

> $\vec{a}$ は、円板の質量中心から見た $\vec{F}$ の着力点の位置ベクトルである。

らきをしない。斜面から受ける力のトルクのはたらきで，円板がまわりながら回転の勢いが変化する。

● 拘束条件（幾何的関係）

円板はすべらない。ある時刻から測った時間を dt とする。$dx = a\,d\phi = dl$ で割ると，単位時間あたり $v_x = a\omega$ となる。

$$d(m\vec{v}_c) = (m\vec{g} + \vec{F})\,dt$$

$$d(I\omega)\vec{k} = a|R|\vec{k}\,dt$$

これらの方程式を成分で表すと

$$d(mv_x) = (mg\sin\theta + R)\,dt$$

$$d(I\omega) = (-aR)\,dt$$

となる。拘束条件に注意して，これらの式を整理すると，

$$(I + ma^2)\,d\omega = mga\sin\theta\,dt$$

を得る。

$$d\omega = \frac{mga\sin\theta}{I + ma^2}\,dt$$

は，

● 符号から反時計回りに加速すること
● $dv_x = a\,d\omega = \dfrac{ma^2}{I + ma^2}g\sin\theta\,dt$
  $< g\sin\theta\,dt$（摩擦の無視できる斜面を質点がすべるとき）

を示している。

初期時刻 t_0 から任意の時刻 t' まで両辺を積分する。初角速度を ω_0，時刻 t' の角速度を ω' とする。

$$\int_{\omega_0}^{\omega'} d\omega = \int_{t_0}^{t'} \frac{mga\sin\theta}{I + ma^2}\,dt$$

から

$$\omega' = \frac{mga\sin\theta}{I + ma^2}(t' - t_0) + \omega_0$$

を得る。

■ 問　斜面から受ける力の斜面に垂直な成分　円板が斜面から受ける力の斜面に垂直な成分を求めよ。

■ 解　$d(mv_y) = (mg\cos\theta + N)\,dt$ で，$dv_y = 0\,\text{m/s}$ だから，$N = -mg\cos\theta < 0\,\text{N}$（$y$ 軸の負の向き）となる。斜面から受ける力の斜面に垂直な成分は，重力の斜面に垂直な成分と反対向きで同じ大きさである。だから，円板は斜面から浮き上がったり沈んだりしない。

[注意7]「すべらずに転がる」　接触点を大げさに描いてみる。円板がまわっている間，接触点にある質点は，斜面上ですべらず静止している。5.4節と同じ考え方で，この質点が斜面から受ける力の斜面方向の成分（静止摩擦力）は $0\,\text{N}$ ではない。運動摩擦力ではないことに注意する。円板全体は斜面に沿って動いている。

[注意9] 参照

角度 $= \dfrac{\text{円弧}}{\text{半径}}$ から，どの時刻から測っても，円板が質量中心を通る軸のまわりに $d\phi > 0$（反時計回り）だけ回転すると，円弧 $=$ 半径 $\times$ 角度から円板の質量中心は $dx(= a\,d\phi > 0\,\text{m})$ だけ進む。

円板が斜面上をすべる場合，この幾何的関係は成り立たない。

未知量が v_x, ω, R の三つあるのに，運動の法則から方程式が二つしかない。こういう場合は，拘束条件の式を使わないと，未知量が求まらない。

$R < 0\,\text{N}$ だから $|R| = -R > 0\,\text{N}$ である。

$\dfrac{ma^2}{I + ma^2} < 1$（分子 $<$ 分母）

（無次元量）$\times$ [（加速度 $\times$ 時間）の次元を持つ量）] の形で式を書くと，$g\sin\theta\,dt$ と比べやすい。無次元量とは，単位のない量である。

p. 206 [注意5] 参照

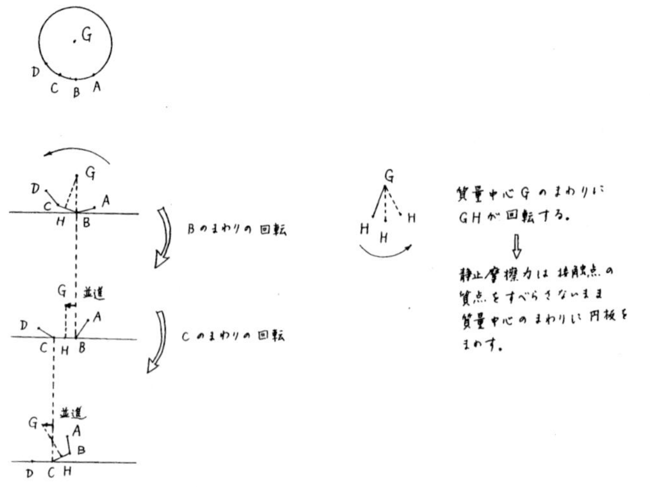

図 6.22　すべらずに転がる円板

手書き注: 質量中心 G のまわりに GH が回転する。⇒ 静止摩擦力は接触点の質点をすべらさないまま質量中心のまわりに円板をまわす。

斜面の傾角 θ と質量中心のまわりの回転角 ϕ はちがう。円板全体は，斜面との接触点にある質点 B のまわりを回転する。別の質点 C が斜面上に達すると，円板はそのまわりを回転する。

[注意 8] **剛体にはたらいている力**　質量中心に直接はたらいていない力でも，すべて考慮する。簡単のために，2 質点系について，この理由を考えてみる。

> 6.2 節参照

質点 1 の運動量の変化分
　　= (重力場から質点 1 にはたらく力積)
　　　+ (外界の物体から質点 1 にはたらく力積)

質点 2 の運動量の変化分
　　= (重力場から質点 2 にはたらく力積)
　　　+ (外界の物体から質点 2 にはたらく力積)

合計：2 質点系の全運動量の変化分
　　= (重力場から質点 1 と質点 2 にはたらく力積の合計)
　　　+ (外界の物体から質点 1 にはたらく力積)
　　　+ (外界の物体から質点 2 にはたらく力積)

> 5.7 節参照

質量中心の定義式を時間微分すると，

$$\text{質量中心の速度}: \vec{v}_c = \frac{m_1 \vec{v}_1 + m_2 \vec{v}_2}{m}, \quad m = m_1 + m_2$$

となる。したがって，2 質点系の全運動量 $= m_1 \vec{v}_1 + m_2 \vec{v}_2 = m\vec{v}_c$ と書ける。重力の合計は，質量中心にはたらく一つの力と見ることができる。外界の物体から質点 1 にはたらく力を $\vec{f}_1$，外界の物体から質点 2 にはたらく力を $\vec{f}_2$ と表すと，

> $d(m_1\vec{v}_1 + m_2\vec{v}_2)$ を $d(m\vec{v}_c)$ と書くことができる。
>
> 質量中心に物体があるのではない。その位置に全質量を持った物体があるかのように考えるにすぎない。

$$\underset{\text{質量中心の運動量の変化分}}{d(m\vec{v}_c)} = \underset{\substack{\text{(重力場から各質点にはたらく力積の合計)}\\\text{+ (外界から各質点にはたらく力積の合計)}}}{(m\vec{g} + \vec{f}_1 + \vec{f}_2)\,dt}$$

となる．上の式変形でわかるように，各質点にはたらく力は質量中心にはたらいているわけではない．

[注意9] **斜面から受ける力のトルクの求め方**　斜面から受ける力 $\vec{F}$ を斜面に平行な方向の成分と垂直な方向の成分で表すと，$\vec{F} = R\vec{i} + N\vec{j}$（$R$ は静止摩擦力，N は垂直抗力）となる．R と N は正負の値を取り得る．

- 静止摩擦力：運動と反対向き（x 軸の負の向き）にはたらくので，$R = -|R| < 0 \mathrm{N}$ となる．
- 垂直抗力：y 軸の正の向きだから $N = |N| > 0 \mathrm{N}$ である．

斜面から受ける力のトルク $= \vec{a} \times (R\vec{i} + N\vec{j})$ と書ける．斜面から受ける力はあくまでも一つの力であって，斜面上で二つの力に分解するわけではない．しかし，成分（$R\vec{i}$ と $N\vec{j}$）を考えるとわかりやすい．

$\vec{a} \times R\vec{i}$：

- 向き：$\vec{a}$ と $R\vec{i}$ の張る平面に垂直で
  $\vec{a} \Rightarrow R\vec{i}$ の向きに右ねじを回したときにねじの進む向き（z 軸の正の向き）
- 大きさ：質量中心から見た $\vec{a}$ と $R\vec{i}$ の張る面の面積
  $|\vec{a}||R\vec{i}| = a|R| = -aR > 0 \mathrm{N \cdot m}$ （$R = -|R|$）

これらから，
$$\vec{a} \times \vec{F} = -a|R|\vec{k}$$

となる．

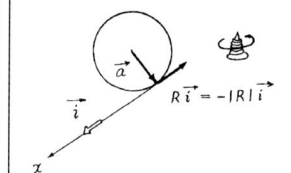

図 6.23　静止摩擦力のトルク

斜面から受ける力の斜面に平行な成分（静止摩擦力）が円板を回すはたらきをしていることがわかる．

(2) 空間の観点

円板の運動エネルギー

円板は，回転運動をしながら並進運動をする．円板の運動の勢いは，回転運動からの寄与と並進運動からの寄与の合計で表せる．

〈参考〉　数式を使って補足する．円板を構成している各質点の速度は，$\vec{v}_i = \vec{v}_c + \vec{v}'_i$（$\vec{v}_c$：円板の質量中心の速度，$\vec{v}'_i$：質量中心から見た速度）と書ける．

各質点の運動エネルギー
$$= \frac{1}{2} m_i |\vec{v}_i|^2$$
$$= \frac{1}{2} m_i (v_{ix}^2 + v_{iy}^2 + v_{iz}^2)$$

3.7.3 項参照
$\vec{i}$ は斜面に平行な基本ベクトル，
$\vec{j}$ は斜面に垂直な基本ベクトル

$x = -3$ のとき $|x| = 3$ だから，
$x = -|x|$ と書ける．

$\vec{a}$ と $N\vec{j}$ は反平行なので，$\vec{a}$ と $N\vec{j}$ は面を張らないから，$\vec{a} \times N\vec{j} = \vec{0}$ となる．

$$\begin{pmatrix} v_{ix} \\ v_{iy} \\ v_{iz} \end{pmatrix} = \begin{pmatrix} v_{cx} \\ v_{cy} \\ v_{cz} \end{pmatrix} + \begin{pmatrix} v'_{ix} \\ v'_{iy} \\ v'_{iz} \end{pmatrix}$$

$$= \frac{1}{2} m_i[(v_{cx} + v'_{ix})^2 + (v_{cy} + v'_{iy})^2 + (v_{cz} + v'_{iz})^2]$$

$$= \frac{1}{2} m_i(v_{cx}^2 + v_{cy}^2 + v_{cz}^2) + \frac{1}{2} m_i(v'_{ix}{}^2 + v'_{iy}{}^2 + v'_{iz}{}^2)$$

$$+ m_i(v'_{ix} v_{cx} + v'_{iy} v_{cy} + v'_{iz} v_{cz})$$

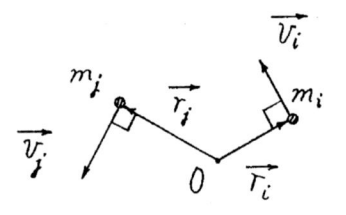

図 6.24 円板を構成している各質点の速度

円板の運動エネルギー

$$= \sum_i \frac{1}{2} m_i(v_{cx}^2 + v_{cy}^2 + v_{cz}^2) + \sum_i \frac{1}{2} m_i(v'_{ix}{}^2 + v'_{iy}{}^2 + v'_{iz}{}^2)$$

$$+ \sum_i m_i(v'_{ix} v_{cx} + v'_{iy} v_{cy} + v'_{iz} v_{cz})$$

$$= \frac{1}{2} m |\vec{v}_c|^2 + \sum_i \frac{1}{2} m_i |\vec{v}_i|^2$$

$$= \frac{1}{2} m |\vec{v}_c|^2 + \sum_i \frac{1}{2} I \omega^2$$

$|\vec{v}_i|^2 = (r_i \omega)^2$ に注意すると,

$$\sum_i \frac{1}{2} m_i |\vec{v}_i|^2 = \frac{1}{2} \left[\sum_i m_i r_i^2 \right] \omega^2 = \underbrace{\frac{1}{2} I \omega^2}_{\frac{1}{2} \times \text{慣性モーメント} \times (\text{角速度})^2}$$

と書き直せる。 $\sum_i m_i(v'_{ix} v_{cx} + v'_{iy} v_{cy} + v'_{iz} v_{cz})$ の値が 0 となる理由を考える。質量中心の定義から, $mv_{cx} = \sum_i m_i v_{ix} = \left(\sum_i m_i \right) v_{cx} + \sum_i m_i v'_{ix} = \sum_i m_i (v_{cx} + v'_{ix}) = mv_{cx} + \sum_i m_i v'_{ix}$ である。したがって, $\sum_i m_i v'_{ix} = 0\,\mathrm{kg \cdot m/s}$ となる。y 成分, z 成分も同様である。

複数の力がはたらいて $d\vec{r}$ 動くと, 勢い (運動エネルギー) が $d\left(\frac{1}{2} m |\vec{v}|^2\right)$ だけ変化する。

どの位置から $d\vec{r}$ 動いても, 運動エネルギーの変化と仕事の関係

- 並進運動の勢い: $d\left(\frac{1}{2} m |\vec{v}|^2\right) = (mg \sin\theta + R)\,dx$
- 回転運動の勢い: $d\left(\frac{1}{2} I \omega^2\right) = (-R)(a\,d\phi)$

が成り立つ。

- 拘束条件 (幾何的関係): $dx = a\,d\phi$

並進運動と回転運動の運動エネルギーを足し合わせると,

$$d\left(\frac{1}{2} m |\vec{v}|^2 + \frac{1}{2} I \omega^2\right) = (mg \sin\theta)\,dx$$

$m = m_1 + m_2 + \cdots = \sum_i m_i$

質点の番号 i によらない部分を $\sum_i$ の外に出せる。

$$\sum_i \frac{1}{2} m_i (v_{cx}^2 + v_{cy}^2 + v_{cz}^2)$$
$$= \frac{1}{2} \left(\sum_i m_i \right) |\vec{v}_c|^2$$
$$= \frac{1}{2} m |\vec{v}_c|^2$$

$\sum_i m_i v'_{ix} v_{cx} = \left(\sum_i m_i v'_{ix} \right) v_{cx}$
$= 0\,\mathrm{kg \cdot m/s} \times v_{cx}$
$= 0\,\mathrm{kg(m/s)}^2$

v_{cx} の単位は m/s だから m/s と v_{cx} の積の単位は $(\mathrm{m/s})^2$ になる。

[注意 10] 参照
dx は, ある位置から測った変位
$d\phi$ は, ある位置から測った角度の変化分
2.3.4 項参照

[（質量中心の並進運動エネルギー）

　＋（質量中心を通る軸のまわりの回転運動エネルギー）]の変化分

＝重力が円板にした仕事

となる。この関係式から，円板の質量中心の速度と質量中心を通る軸のまわりの角速度を求めることができる。

　摩擦力が円板に仕事をしないので，はじめから

円板の運動エネルギー（並進＋回転）の変化分

＝重力のトルクが円板にした仕事

と考えることもできる。初速 0 m/s で原点から位置 x まですべったとすると，

$$v_x = \sqrt{\frac{ma^2}{1+ma^2}}\sqrt{2gx\sin\theta}$$

$$< \sqrt{2gx\sin\theta}\,(摩擦の無視できる斜面を質点がすべるとき)$$

となる。

$dx = a\,d\phi$ だから，
$$|\vec{v}|^2 = v_x^2$$
$$= \left(a\frac{d\phi}{dt}\right)^2$$
$$= a^2\omega^2$$

となる。
摩擦の無視できる斜面を質点がすべるときは，
$$d\left(\frac{1}{2}m|\vec{v}|^2\right) = (mg\sin\theta)\,dx$$
が成り立つ。

速度の求め方は，例題 5.4 参照

[注意 10] **斜面からはたらく力の斜面方向の成分が円板にした仕事**　斜面からはたらく力の斜面方向の成分を摩擦力と呼ぶ。$R = -|R| < 0\,\mathrm{N}$ と書くと，$|R| = -R$ となる。$dx > 0\,\mathrm{m}$ のとき，質量中心の運動の向きと摩擦力の向きが反対である。

- 摩擦力が円板の質量中心にした仕事

（摩擦力の大きさ）×（質量中心が摩擦力の向きに動いた距離）$= |R|(-|dx|)$

だから，負の仕事である。

$d\phi > 0$ のとき，変位 $a\,d\phi$ の向きと摩擦力の向きが同じである。

- 摩擦力が円板をまわした仕事

（摩擦力の大きさ）×（円板が摩擦力の向きにまわった距離）$= |R||a\,d\phi|$

だから，正の仕事である。

dt に時間の長さの制約はない。しかし，時々刻々，運動の方向が変わるので，限りなく短い dt を考える。微小時間 dt では，接線方向に $a\,d\phi$ だけ回ったことになる。$(-aR)\,d\phi$ と見ると，トルク × 回転角 の形なので，「トルクのした仕事」である。

摩擦力は，円板を回すはたらき [正の仕事：$(-R)(a\,d\phi) > 0\,\mathrm{J}$，$-R = |R| > 0\,\mathrm{N}$，$d\phi > 0$] をして，回転運動の勢いを大きくしようとした。しかし，摩擦力は円板の質量中心の落下を妨げるはたらき（負の仕事：$R\,dx < 0\,\mathrm{J}$，$R = -|R| < 0\,\mathrm{N}$，$dx > 0\,\mathrm{m}$）をして，並進運動の勢いを減らした。円板がすべらないので，質量中心のまわりに回転した変位 $a\,d\phi$ と質量中心が落下した変位 dx の大きさが同じである。したがって，これらの正負の仕事は同じ大きさだから打ち消し合う。$R\,dx + (-R)(a\,d\phi) = 0\,\mathrm{J}$ となって，摩擦力は円板に正味の仕事をしない。

別の考え方もできる。斜面との接触点にある質点は，円板がまわる間に動いていない。摩擦力は 0 N ではないが，この質点の変位は 0 m である。重力のはたらきで斜面に沿って落下しようとしても，摩擦力が妨げるから $dx - a\,d\phi = 0\,\mathrm{m}$ となる。だから，摩擦力が質点にした仕事は 0 J である。

正の仕事：力の向きと変位の向きが一致するので，運動をたすけるはたらき
負の仕事：力の向きと変位の向きが反対なので，運動を妨げるはたらき

$R < 0\,\mathrm{N}$ だから，$|R| = -R > 0\,\mathrm{N}$ である。
$dx > 0\,\mathrm{m}$ だから，$|dx| = dx$ である。

反時計回りを回転の正の向きとしている。

解析力学では，$-aR$ を「一般化した力」，ϕ を「一般化した座標」と考える。

$|R||a\,d\phi| = (-R)(a\,d\phi)$
$\qquad\qquad = (-aR)d\phi$
$|R|(-|dx|) = (-R)(-dx) = R\,dx$

拘束条件から $dx = a\,d\phi$ である。

■力学的エネルギー保存則

　力学的エネルギー保存則を考えるための準備として，重力場のポテンシャルを復習する。

> [注意 11] 重力場のポテンシャル　　基準の位置 $(x_\star, y_\star)$ を $(0\,\mathrm{m},\ 0\,\mathrm{m})$ とする。円板の質量中心の位置が (x, y) のとき，原点から鉛直下向きに測った変位が h である。ある位置から基準の位置まで，斜面に沿って円板を投げ上げたとする。重力が質量中心にすることができる仕事は，
> $$U(x,y) = \int_x^{x_\star} (mg\sin\theta)\,dx = (mg\sin\theta)x_\star - (mg\sin\theta)x$$
> $$= -(mg\sin\theta)x = -mgh$$
> と表せる。重力は，円板に [(重力の大きさ)× 高さ] の分だけ負の仕事をする。つまり，重力場は円板に仕事をして円板から勢いを奪うので，重力場のポテンシャルが増える。円板は，位置 (x, y) で重力場のポテンシャルと同じ分だけの位置エネルギー $U(x, y)$ を持っている。

重力が円板の質量中心に正の仕事をする

$$\longrightarrow \begin{cases} 重力場のポテンシャルの減少 \\ (=円板の位置エネルギーの減少) \\ [(円板の並進運動エネルギー)+(回転運動エネルギー)]の増加 \end{cases}$$

この関係は，

$$K_{並進,あと} + K_{回転,あと} + U(x,y)$$
$$= K_{並進,はじめ} + K_{回転,はじめ} + U(x_0, y_0)$$

円板の並進運動エネルギー ＋ 円板の回転運動エネルギー
　　＋ 位置エネルギー ＝ 一定量

$$\frac{1}{2}m|\vec{v}|^2 + \frac{1}{2}I\omega^2 + (-mgh) = 一定量\ (h = x\sin\theta)$$

の保存則の形で美しく表せる（問参照）。

> ■問　$d(m\vec{v}) = (m\vec{g} + \vec{F})\,dt$ と $d(I\omega)\vec{k} = (\vec{0}\times m\vec{g} + \vec{a}\times\vec{F})\,dt$ から，$\frac{1}{2}mv^2 + \frac{1}{2}I\omega^2 + (mg\sin\theta)x = 一定量$ を導け。
>
> ■解
> - 並進運動
> $$\begin{pmatrix} d(mv_x) \\ 0\,\mathrm{kg\cdot m/s^2} \\ 0\,\mathrm{kg\cdot m/s^2} \end{pmatrix} = \begin{pmatrix} (mg\sin\theta + R)\,dt \\ (mg\cos\theta + N)\,dt \\ 0\,\mathrm{N\cdot s} \end{pmatrix}$$
>
> - 回転運動
> $$d(I\omega) = (-aR)\,dt$$
>
> 「時間の観点」から「空間の観点」に翻訳する。時間の観点で立てた上式の各成分の両辺に v_x, v_y, v_z, ω を掛ける。$v_x\,dt = dx, \omega\,dt = d\phi$ は，時間 dt

---

基準の位置までの変位の向きと力の向きが一致しているとき仕事の値は正，反対のとき負である。

3.7.2 項参照

$(x_\star, y_\star) = (0\,\mathrm{m}, 0\,\mathrm{m})$

$\int_x^{x_\star} (mg\sin\theta)\,dx$
$= mg\sin\theta \int_x^{x_\star} dx$
$= mg\sin\theta(x_\star - x)$
$x_\star = 0\,\mathrm{m},\ x\sin\theta = h$

5.1 節参照

並進運動の y 成分と z 成分から実質的に仕事の寄与はない。

$R < 0\,\mathrm{N}$ だから $|R| = -R > 0\,\mathrm{N}$ に注意すると，
$d(I\omega)\vec{k} = a|R|\vec{k}\,dt$ の z 成分は，
$d(I\omega) = (-aR)\,dt$ となる。

から変位 dx, $d\phi$ への翻訳にあたる。$v_x\,dv_x = d\left(\frac{1}{2}v_x^2\right)$, $\omega\,d\omega = d\left(\frac{1}{2}\omega^2\right)$ から，

$$d\left(\frac{1}{2}mv_x^2\right) = (mg\sin\theta + R)\,dx$$

$$d\left(\frac{1}{2}I\omega^2\right) = (-aR)\,d\phi \quad (dx = a\,d\phi)$$

と書き直すことができる。これらを足し合わせるとき，

$$R\,dx + (-aR)\,d\phi = R(dx - a\,d\phi) = 0\,\text{J} \quad \text{と} \quad dx\sin\theta = dh$$

に注意すると，

$$\underbrace{d\left(\frac{1}{2}mv_x^2 + \frac{1}{2}I\omega^2\right)}_{\text{円板の運動エネルギーの増加分}} = \underbrace{-d(-mgh)}_{\text{円板の位置エネルギーの減少分}}$$

となる。これを書き直すと，

$$d\left[\frac{1}{2}mv_x^2 + \frac{1}{2}I\omega^2 + (-mgh)\right] = 0\,\text{J}$$

だから，[ ] は一定量となる。

$$\frac{d\left(\frac{1}{2}v_x^2\right)}{dv_x} = \frac{1}{2} \cdot 2v_x = v_x$$

$\dfrac{a}{b} = c$ が $a = bc$ と書き直せるのと同様に，$d\left(\frac{1}{2}v_x^2\right) = v_x\,dv_x$ となる。

$(mg\sin\theta)dx = mg\,dx\sin\theta$
$= mg\,dh = d(mgh)$
$= -d(-mgh)$

mg は一定量だから $d(\cdots)$ の ( ) 内に入れた。
円板の位置エネルギーが $-mgh$ なので，$d(mgh)$ を $-d(-mgh)$ と書き直した。

5.1 節参照

6.4 角運動量保存則

？ 疑問：スケートの選手が，広げていた両腕をからだの方に縮めると，自転の角速度が速くなる。これはなぜだろうか。

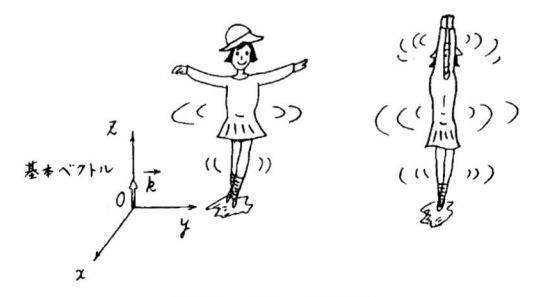

図 6.25 スケートの選手

選手の質量を m と表す。時間 dt をかけながら，複数のトルクを受けると，それらの合計の向きに勢い（角運動量）が変化する。選手の質量中心を通る軸のまわりの慣性モーメントを I とする。角運動量 $\vec{L}$ は，角速度 ω を使って，$I\omega\vec{k}$ と書ける。重力場から選手の重心に重力 $m\vec{g}$ がはたらき，氷面から靴底に力 $\vec{F}$ がはたらいている。$\vec{F}$ の氷面に平行な成分（回転を妨げる摩擦力）と垂直な成分（垂直抗力）を考える。

わずらわしいので $\omega(t)$ の (t) を省略する。

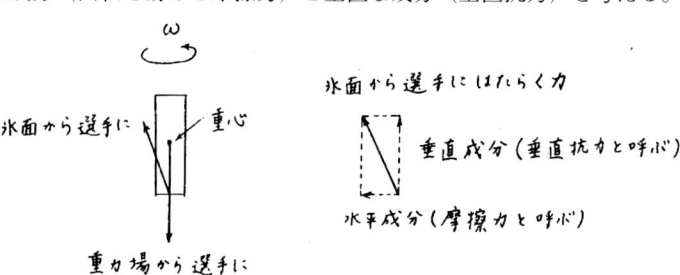

図 6.26 選手にはたらく力

氷とスケート靴の間の摩擦は無視できるくらい小さい。このため，スケートの選手には回転運動を妨げる力ははたらかないと仮定することができる。

$\vec{r}$ は重心から見た $\vec{F}$ の着力点の位置ベクトルである。

どの時刻でも，角運動量の変化と力積のモーメントの関係

$$d(I\omega\vec{k}) = (\vec{0} \times m\vec{g} + \vec{r} \times \vec{F})\,dt$$

（結果）＝（原因）

が成り立つ。

選手の質量中心を通る軸のまわりの $\vec{F}$ のトルクは，無視できる。$d(I\omega\vec{k}) \fallingdotseq \vec{0}$ となるので，$I\omega\vec{k}$ は一定である。つまり，選手の角運動量の大きさ $|I\omega|$ と向き（$\vec{k}$ の向き）は変化しない。選手の角運動量は，からだの各部分の角運動量の合計だから，

$$I\omega = \left(\sum_i m_i r_i^2\right)\omega$$

と書ける。

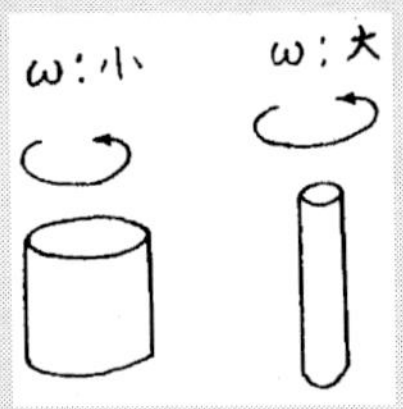

- 腕を縮めるとき：腕の部分の r_i が小さくなるから，慣性モーメント I が小さくなる。
  　⟶ 角速度 ω は大きくなる。
- 腕を伸ばすとき：腕の部分の r_i が大きくなるから，慣性モーメント I が大きくなる。
  　⟶ 角速度 ω は小さくなる。

図 6.27 慣性モーメントと角速度の間の関係

選手が氷面から浮いたり，氷面に沈んだりしない。z 方向の力のつりあいから，$\vec{F}$ の垂直成分と重力は向きが反対で大きさは等しい。

★6章の自己診断

1. 物体が変形しないと理想化（モデル化）すると，剛体の運動を説明できることを理解したか。
2. どんな場合に剛体がつりあいを保つことができるかを理解したか。
3. 剛体の運動を「回転運動」と「並進運動」に分けて考えるという見方を理解したか。

7 非慣性系で観測した運動の法則
──観測する立場のちがい

◆ 7章の問題点
① 運動を観測するときには，座標系（時計と物差）を明らかにすること。
② 「遠心力」という力は，どの座標系で運動を観測するときに感じる力かを理解すること。

キーワード◆非慣性系，慣性力，遠心力

　加速度運動している電車から観測すると，地上の電柱は加速度運動している。電車と地上という立場のちがいによって，電柱の運動の特徴だけがちがうのだろうか。ここで，力について思い出してみよう。力は物体の速度を変えるはたらきである。加速度運動している電車から見ると，「電柱に力がはたらいている」と考えなければならない。他方，地上の人から見ると，この電柱は止まったままである。したがって，この人は「電柱に力がはたらいていない」と考えなければならない。

　力を見つけるときの基本は二つある。一つは，着目している物体に接触している物体からはたらく力である。もう一つは，地球上の空間のゆがみによってはたらく重力である。それでは，電車内の人が考える力は，何からはたらいているのだろうか。本章では，3章以降理解してきた力の見つけ方を見直してみる。

　水平に置いたばねにおもりを取り付け，ばねを伸ばして手を離す。おもりはばねから力を受けて，自然の位置に向かって動き出す。おもりをばねに取り付けなければ，おもりには水平方向に力がはたらかない。したがって，おもりは止まったままである。しかし，電車から見る限り，地上の電柱を止まったままにすることはできない。電柱にはたらいていると考えた力は，ばねからおもりにはたらく力とは性質がちがうらしい。観測する立場によってはたらくと感じる力について探究する。

3.3 節参照

7.1 慣性系で観測した運動

物体に外界から力がはたらいていないとき，または，はたらいている力がつりあっているとき，物体は等速度運動する。つまり，静止している物体は静止しつづけ，動いている物体は運動の速さ，方向，向きを変えない。座標系の選び方の要請によると，この現象が成り立つ物差を「慣性系」という。

ある慣性系に対して等速度運動している物差も慣性系である。

これはなぜだろうか。一方を地上に静止している物差，他方を地上に対して等速度運動している物差とする。ここでは，簡単のために1方向だけを考えよう。

地上に静止している観測者が観測すると，投げたボールは水平方向に等速度運動している。つまり，このボールには水平方向に外界から力がはたらいていない。ボールは，時刻 $t_1 (= 0\,\mathrm{s})$ から時刻 $t_2 (= 2\,\mathrm{s})$ までの間に，地上を $A_1(x_1 = 7\,\mathrm{m})$ から $A_2(x_2 = 12\,\mathrm{m})$ まで5m進んだ場合を考える（図7.1）。地上に対するボールの速度は，2.5 m/sである。

他方，地上に対して速度 0.5 m/s で走っている乗り物がある。この乗り物は，時刻 0s から時刻 2s までの間に，地上を $B_1(X_1 = 1\,\mathrm{m})$ から $B_2(X_2 = 2\,\mathrm{m})$ まで進む。これに乗っている観測者が測ると，ボールは時刻 0s で

$$x'_1 = x_1 - X_1 = 7\,\mathrm{m} - 1\,\mathrm{m} = 6\,\mathrm{m}$$

だけ右にある。時刻 2s では

$$x'_2 = x_2 - X_2 = 12\,\mathrm{m} - 2\,\mathrm{m} = 10\,\mathrm{m}$$

だけ右にある。したがって，乗り物から見ると，ボールは2s間に4mだけ右に進む。乗り物から観測すると，ボールの速度は2m/sである。2m/s < 2.5 m/s になるのは，乗り物がボールを追いかけているからである。

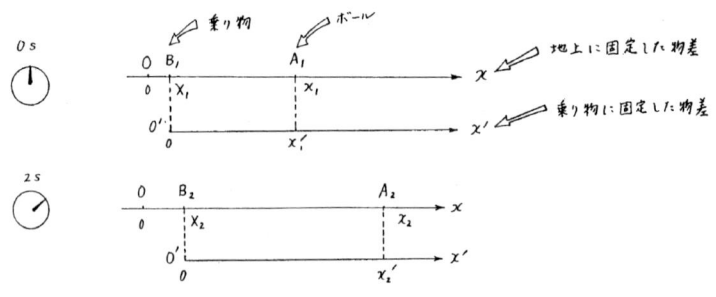

図7.1 地上に固定した物差と乗り物に固定した物差

どの時刻でも，$x' = x - X$ の関係がある。

$$x'_2 - x'_1 = (x_2 - X_2) - (x_1 - X_1) = (x_2 - x_1) - (X_2 - X_1)$$

から，

$$v' = \frac{x'_2 - x'_1}{t_2 - t_1} = \frac{x_2 - x_1}{t_2 - t_1} - \frac{X_2 - X_1}{t_2 - t_1} = v - V$$

例題 3.2 参照

すべての座標軸が慣性系であるわけではない。

5.2 節参照

$$\frac{12\,\mathrm{m} - 7\,\mathrm{m}}{2\,\mathrm{s} - 0\,\mathrm{s}} = 2.5\,\mathrm{m/s}$$

$x'_2 - x'_1 = 10\,\mathrm{m} - 6\,\mathrm{m} = 4\,\mathrm{m}$

$$\frac{10\,\mathrm{m} - 6\,\mathrm{m}}{2\,\mathrm{s} - 0\,\mathrm{s}} = 2\,\mathrm{m/s}$$

地上と乗り物のどちらでも時間の進み方は同じである。つまり，地上で1sと観測した時間は，乗り物でも1sである。

となる。この関係式は，

乗り物から観測したボールの速度
　＝（地上に静止している観測者が観測したボールの速度）
　　－（地上に静止している観測者が観測した乗り物の速度）

を表している。v と V が一定のとき，v' も一定である。ボールは，乗り物から観測しても等速度運動する。つまり，この乗り物でも，ボールにはどこからも力がはたらいていないと観測する。したがって，地上に対して等速度運動している乗り物も慣性系である。

7.2　非慣性系で観測した運動

？ 疑問：電車内でボールの運動を観測してみる。ボールの速度の変化の原因となる力は，電車の運動（等速度運動または等加速度運動）によってちがうのだろうか。

【例題 7.1】　**電車内のボールの運動**　水平方向に走っている電車の床の 1 点から，床に垂直にボールを投げ上げる。
(1) 地上で観測したボールの運動を説明せよ。
(2) 電車内で観測したボールの運動を説明せよ。
  (a) 電車が等速度運動しているとき
  (b) 電車が等加速度運動しているとき

【解説】
1. 時計と物差の用意

電車に座標軸を設定する。

座標軸とは物差である。

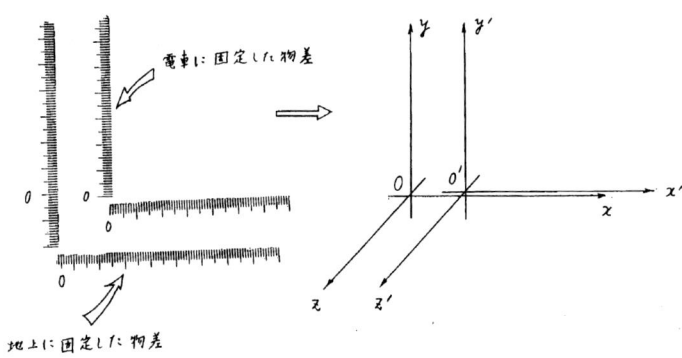

図 7.2　地上に固定した物差と乗り物に固定した物差

2. 現象の把握

地上で静止して，ボールの運動を観測した場合を考えよう。ボールが床から離れるまで，ボールは電車と同じ速度で動いている。つまり，ボールを投げ上げたときの初速度の水平成分は，地上に対する電車の速度に等しい。地上から見ると，ボールは床から離れても，空中に取り残されず水平方向に運動している。

図 7.3 地上で観測したボールの運動

ボールは上昇したり，下降したりする．ボールの運動の向きが変化するので，「ボールの速度が変化する」といえる．ボールの速度の鉛直成分は，電車の運動に関係ないことに注意する．電車が等速度運動しているときは，ボールは電車内のもとの位置に戻る．しかし，電車が等加速度運動しているときは，こうならない．

3. ボールにはたらいている力を見つける

力を見つけるとき，どの物体どうしが接触しているかを考える．ボールが運動している間，ボールはどの物体とも接触していない．したがって，ボールには地球上の空間のゆがみ（重力場）から重力がはたらくだけである．

> 3.3 節参照

4. 運動の法則による説明（因果律）

ボールの質量を m，地上で観測した速度を $\vec{v}$ とする．時間 dt をかけながら，ボールに重力 $m\vec{g}$ がはたらくと，重力の向きに勢い（運動量）が $d(m\vec{v})$ だけ変わる．ここでは，ボールにはたらいている力が電車の運動によってちがうのかどうかが問題である．だから，$d(m\vec{v}) = m\vec{g}\,dt$ の両辺を時間 dt で割って，運動方程式

$$m\frac{d\vec{v}}{dt} = m\vec{g}$$

$\underbrace{\phantom{m\frac{d\vec{v}}{dt}}}_{\text{結果}}$ $\underbrace{\phantom{m\vec{g}}}_{\text{原因}}$

> p. 98 参照

の形に直すと都合がよい．

(1) 地上の観測者の立場

- 地上で観測した加速度：運動方程式の両辺を質量 m で割ると，

$$\frac{d\vec{v}}{dt} = \vec{g}$$

となる．$\vec{g}$ は鉛直下向きなので，水平方向には速度は変化せず，鉛直下向きに加速する．

$$\vec{g} = \begin{pmatrix} 0\,\text{N/kg} \\ -g \\ 0\,\text{N/kg} \end{pmatrix}$$

- 地上で観測した速度：ボールの初速度を

$$\vec{v}_0 = \begin{pmatrix} v_{0x} \\ v_{0y} \\ 0\,\text{m/s} \end{pmatrix}$$

とする．$d\vec{v} = \vec{g}\,dt$ の両辺を積分すると，

$$\int_{\vec{v}_0}^{\vec{v}} d\vec{v} = \int_{t_0}^{t} \vec{g}\,dt$$

だから，

$$\vec{v} - \vec{v}_0 = \vec{g}(t - t_0), \quad t_0 = 0\,\text{s}$$

である．

> $\frac{d\vec{v}}{dt} = \vec{g}$ を $d\vec{v} = \vec{g}\,dt$ と書き直す．積分については，2.5 節参照．
>
> 鉛直上向きを y 軸の正の向きとしたので，$\vec{g}$ の y 成分は $-g$（負の値を取る）と表せる．ここで，$|\vec{g}|$ を g と書いた．2.3.4 項，5.2 節参照．
>
> $(-g)t$ の単位は，$\frac{\text{N}}{\text{kg}} \cdot \text{s} = \frac{\text{N} \cdot \text{s}}{\text{kg}} = \text{m/s}$ である．

$$\vec{v} = \vec{v}_0 + \vec{g}t = \begin{pmatrix} v_{0x} \\ v_{0y} + (-g)t \\ 0\,\text{m/s} \end{pmatrix}$$

となる。

水平方向には等速度運動（初速度の x 成分のまま）し，鉛直方向には等加速度運動（加速度の y 成分は $-g$）する。

- 地上で観測した軌跡：変位を $d\vec{r}$, ボールの初期位置を

$$\vec{r}_0 = \begin{pmatrix} x_0 \\ y_0 \\ 0\,\mathrm{m} \end{pmatrix}$$

とする。$d\vec{r} = \vec{v}\,dt$ の両辺を積分すると，

$$\int_{\vec{r}_0}^{\vec{r}} d\vec{r} = \int_{t_0}^{t} (\vec{v}_0 + \vec{g}t)\,dt, \quad t_0 = 0\,\mathrm{s}$$

だから，

$$\vec{r} - \vec{r}_0 = \vec{v}_0 t + \frac{1}{2}\vec{g}t^2$$

である。

$$\vec{r} = \vec{r}_0 + \vec{v}_0 t + \frac{1}{2}\vec{g}t^2 = \begin{pmatrix} x_0 + v_{0x}t \\ y_0 + v_{0y}t + \dfrac{1}{2}(-g)t^2 \\ 0\,\mathrm{m} \end{pmatrix}$$

となる。

(2) 電車内の観測者の立場

電車内で観測したボールの加速度

＝（地上で観測したボールの加速度）－（電車の加速度）

$$\frac{d\vec{v}'}{dt} = \frac{d\vec{v}}{dt} - \frac{d\vec{V}}{dt}$$

(a) 電車が等速度運動しているとき

地上で観測した電車の速度を

$$\vec{V} = \begin{pmatrix} V_0 \\ 0\,\mathrm{m/s} \\ 0\,\mathrm{m/s} \end{pmatrix}$$

とする。電車の加速度 $= \vec{0}$ だから，

電車内で観測したボールの加速度 ＝ 地上で観測したボールの加速度

$$\frac{d\vec{v}'}{dt} = \frac{d\vec{v}}{dt}$$

となる。地上でボールの運動方程式は，$m\dfrac{d\vec{v}}{dt} = m\vec{g}$ である。したがって，電車内で運動方程式は，

$$m\frac{d\vec{v}'}{dt} = m\vec{g}$$

と書ける。

N・s は力積の単位，kg は質量の単位。運動量（＝質量 × 速度）の変化分は力積に等しいから，
（力積の単位）/（質量の単位）＝ 速度の単位になる。

速度の定義 $\vec{v} = \dfrac{d\vec{r}}{dt}$ を $d\vec{r} = \vec{v}\,dt$ と書き直す。

電車が等速度運動しているので，V_0 は一定だから，$\dfrac{d\vec{V}}{dt} = \vec{0}$ となる。

$$\vec{0} = \begin{pmatrix} 0\,\mathrm{m/s^2} \\ 0\,\mathrm{m/s^2} \\ 0\,\mathrm{m/s^2} \end{pmatrix}$$

電車内の立場で運動方程式を立てるとき，この左辺は，
（ボールの質量）
× （電車内で観測したボールの加速度）
となる。

7. 非慣性系で観測した運動の法則

図 7.4 等速度運動している電車から観測したボールの運動

> 地上で観測すると同じ時間間隔で進む距離は等しい。

地上で観測しても，等速度運動している電車から観測しても，運動方程式の右辺の力は同じなので，加速度も同じである。どちらも慣性系で観測した運動の法則である。

電車内で，ボールの初速度は

$$\vec{v}_0' = \begin{pmatrix} 0\,\text{m/s} \\ v_{0y}' \\ 0\,\text{m/s} \end{pmatrix}$$

> 7.1 節参照

である。

地面も電車も鉛直方向には運動していない。したがって，どちらで観測しても初速度の鉛直方向の成分は同じなので，$v_{0y} = v_{0y}'$ である。電車内で観測すると，ボールは水平方向には動かず（初速度の x 成分のまま），鉛直方向に等加速度運動（加速度の y 成分は $-g$）する。

> 地上で観測しても，ボールが床に垂直に運動すると錯覚しないこと。

(b) 電車が等加速度運動しているとき

ボールの鉛直方向の運動は，電車の運動の仕方に関係なく同じである。しかし，水平方向の運動は，そうではない。ボールには，どの物体からも水平方向に力がはたらかない。だから，地上から観測すると，ボールは水平方向に等速度運動する。一方，電車は地面に対して次第に速くなる（または遅くなる）運動をしている。このため，ボールと電車の間にずれが生じる。

> 地上で観測すると同じ時間間隔に進む距離は等しい。

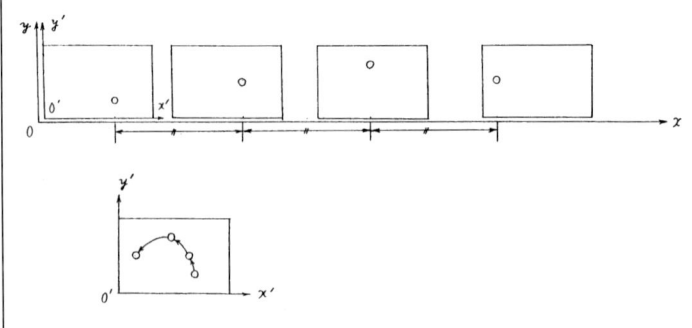

図 7.5 等加速度運動している電車から観測したボールの運動

電車内の観測者は，地面に対するボールの運動を考えず，あくまでも電車に対するボールの運動を見ている。この観測者は，あたかもボールには電車の加速度の反対向き（電車の速度が変化する向きと反対向き）に力がはたらいているように感じる（図 7.6）。

この力は，ほかの物体からボールにはたらいているのではなく，電車が等加速度運動していることによって現れる。「何から何に」はたらく力といえないので，作用反作用の関係を考えることはできない。つまり，ボールからほかの物体にはたらく力はない。

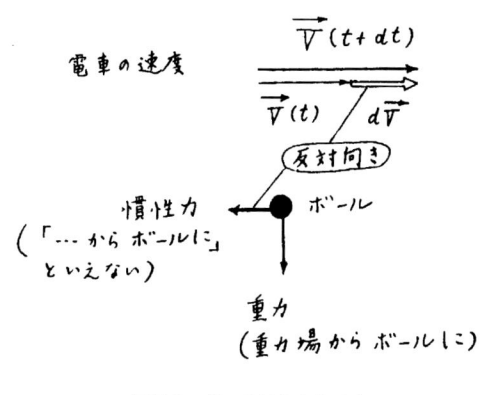

図 7.6　ボールにはたらく力

ほかの物体からボールにはたらくわけではないのに，電車の加速度と反対向きの力を考える理由は何か。ボールの水平方向の位置を変えないためには，ボールに電車の加速度の向きに力をはたらかせなければならない。電車の加速度と反対向きの力が，ボールに実際にはたらいているからである。このため「力」と見なし，「慣性力」と名付ける。

それでは，慣性力はどのように表せるのだろうか。地上でボールの運動方程式は，$m\dfrac{d\vec{v}}{dt} = m\vec{g}$ である。

加速度どうしの関係式：$\dfrac{d\vec{v}'}{dt} = \dfrac{d\vec{v}}{dt} - \dfrac{d\vec{V}}{dt}$

を左辺に使うと，

$$m\dfrac{d\vec{v}'}{dt} + m\dfrac{d\vec{V}}{dt} = m\vec{g}$$

を得る。これを

（ボールの質量）×（電車内で観測したボールの加速度）

　＝ ボールにはたらいている力

の形に書き直す。この形が，電車内から見て因果律を正しく表した運動方程式（結果 ＝ 原因 の形）である。

$$m\dfrac{d\vec{v}'}{dt}_{結果} = m\vec{g} - m\dfrac{d\vec{V}}{dt}_{原因}$$

の右辺の

$$-m\dfrac{d\vec{V}}{dt}$$

が慣性力である。これは，

$-[$（ボールの質量）×（地上で観測した電車の加速度）$]$

の形（負号も含む）になっている。電車内では，

−[（ボールの質量）×（地上で観測したボールの加速度）]ではないことに注意

(ボールの質量)×(電車内で観測したボールの加速度) = 重力

は成立しない。その代わりに，

(ボールの質量)×(電車内で観測したボールの加速度) = 重力 + 慣性力

が成立する。

$$\frac{d\vec{v}'}{dt} = \vec{g} - \frac{d\vec{V}}{dt}$$

$$= \begin{pmatrix} -a \\ -g \\ 0\,\mathrm{m/s^2} \end{pmatrix}$$

だから，電車内で観測すると，ボールは水平方向にも鉛直方向にも等加速度運動（加速度の x' 成分は $-a$, y' 成分は $-g$）する。

[注意1]「見かけの力」 慣性力は，物体と物体の間にはたらいている力ではない。このため，慣性力を実在の力ではないと考えて，「見かけの力」と呼んでいる教科書もある。しかし，ここまでの説明でわかるように，慣性力は実際に物体にはたらく力である。

7.3 回転座標系で観測した運動

円板とともに等速円運動している球がある。

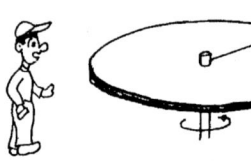

図 7.7 球の運動

- 地上に静止している人の立場

球は糸で止めてあり，糸が球を円の中心に向かって引っぱっている。

- 円板の上に乗っている人の立場

球は静止している。この人は，球が円の中心向きと中心から外向きの両方の向きに引っぱられていると感じる。球には糸の張力のほかに，半径に沿って中心から外側に向かう力（遠心力）がはたらき，これらの力がつりあっている。

球の運動方程式を立てて，この事情を考えてみよう。地上に固定した座標系 $Oxyz$（原点 O は円板の中心）と円板に固定した座標系 $O'x'y'z'$（原点 O' は円板の中心）を考える。各座標系で，球の加速度を極座標表示しよう。

等速円運動している物体には，円の中心に向かう力（向心力）がはたらいている（5.5節）。「向心力」という名称の力があるわけではない。「糸から球にはたらく力」が円の中心に向いているから，この力を向心力と呼んでいるにすぎない。

5.5節参照

- 座標系 $\mathrm{O}xyz$：

$$\frac{d\vec{v}}{dt} = \begin{pmatrix} -r\left(\dfrac{d\theta}{dt}\right)^2 \\ r\dfrac{d^2\theta}{dt^2} \\ \dfrac{dv_z}{dt} \end{pmatrix}$$

第1行：動径方向の成分 $-$(原点から球までの距離)$\times$(角速度)^2
第2行：方位角方向の成分 (原点から球までの距離)$\times$(角加速度)
第3行：z 成分

- 座標系 $\mathrm{O}'x'y'z'$：

$$\frac{d\vec{v}'}{dt} = \begin{pmatrix} -r'\left(\dfrac{d\theta'}{dt}\right)^2 \\ r'\dfrac{d^2\theta'}{dt^2} \\ \dfrac{dv_{z'}}{dt} \end{pmatrix}$$

第1行：動径方向の成分 $-$(原点から球までの距離)$\times$(角速度)^2
第2行：方位角方向の成分 (原点から球までの距離)$\times$(角加速度)
第3行：z' 成分

座標系 $\mathrm{O}xyz$ は静止系，
座標系 $\mathrm{O}'x'y'z'$ は回転系である。

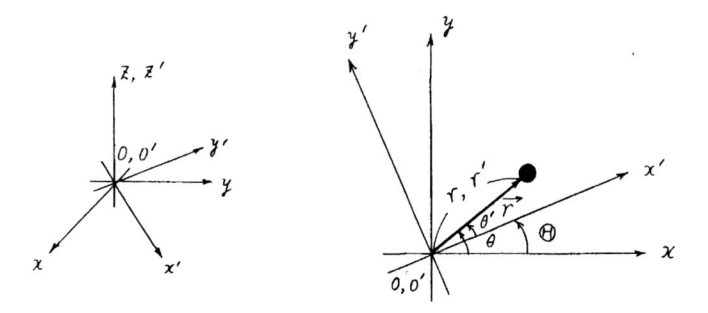

図 7.8 座標系 $\mathrm{O}xyz$ と座標系 $\mathrm{O}'x'y'z'$

座標系 $\mathrm{O}'x'y'z'$ における加速度は，座標系 $\mathrm{O}xyz$ における加速度の r を r' に，θ を θ' に書き換えた形である。

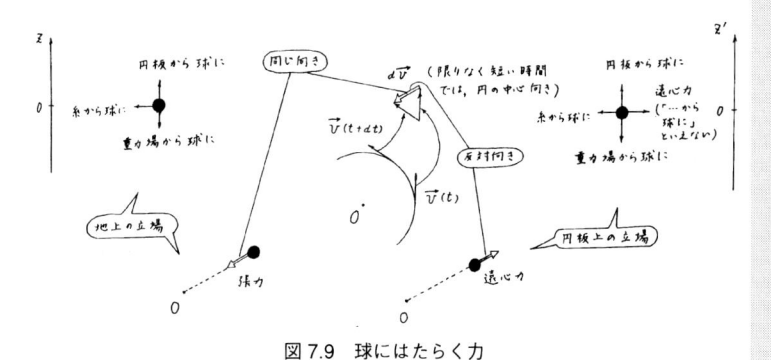

図 7.9 球にはたらく力

7. 非慣性系で観測した運動の法則

地上に静止した座標系で，球の運動方程式

$$質量 \times (地上で観測した球の加速度) = 力$$

を成分で表すと，

$$m\left[-r\left(\frac{d\theta}{dt}\right)^2\right]_{結果} = \underbrace{-S}_{原因}$$

$$m\left(r\frac{d^2\theta}{dt^2}\right)_{結果} = \underbrace{0\,\mathrm{N}}_{原因}$$

$$m\frac{dv_z}{dt}_{結果} = \underbrace{(-mg) + N}_{原因}$$

である。糸から受ける力 $\vec{S}$ は円の中心向きなので，$S(=|\vec{S}|)$ に負号が付く。円板から受ける力 $\vec{N}$ と重力 $m\vec{g}$ はつりあっている。加速度の方位角方向の成分は $0\,\mathrm{m/s^2}$ なので，角速度は一定である。z 軸方向には速度 $0\,\mathrm{m/s}$ のまま加速も減速もしないので，加速度の z 成分は $0\,\mathrm{m/s^2}$ である。

座標系 Oxyz と座標系 O$'x'y'z'$ の間の関係は，

$$\begin{cases} r = r' \,(原点 \mathrm{O} と \mathrm{O}' が一致しているので, \\ \qquad 原点から球までの距離は等しい) \\ \theta = \theta' + \Theta \end{cases}$$

である。Θ は，地上に静止した座標系の x 軸から測った回転系の x' 軸の方位角を表す。運動方程式の動径方向の成分：$m[-r(d\theta/dt)^2] = -S$ の左辺にこれらの関係式を使うと，

$$m\left[-r'\left(\frac{d(\theta'+\Theta)}{dt}\right)^2\right] = -S$$

となる。これを

$$(球の質量) \times (回転系で観測した球の加速度) = 球にはたらいている力$$

の形に書き直す。この形が，回転系から見て因果律を正しく表した運動方程式（結果 = 原因 の形）である。

$$m\left[-r'\left(\frac{d\theta'}{dt}\right)^2\right]_{結果} = \underbrace{-S + mr'\left(\frac{d\Theta}{dt}\right)^2 + 2mr'\frac{d\theta'}{dt}\frac{d\Theta}{dt}}_{原因}$$

球がつねに x' 軸上にある場合を考えてみよう。この場合，O$'x'y'z'$ 系から見て，球は回転しないから，$d\theta'/dt = 0\,\mathrm{s^{-1}}$ である。回転系で記述した運動方程式は，

$$m \cdot 0\,\mathrm{m/s^2} = -S + mr'\left(\frac{d\Theta}{dt}\right)^2$$

となる。右辺の

$$+mr'\left(\frac{d\Theta}{dt}\right)^2$$

糸から球にはたらく力（張力）を $\vec{S}$, その大きさを $S(=|\vec{S}|)$ とする。
円板から球にはたらく力（垂直抗力）を $\vec{N}$, その大きさを $N(=|\vec{N}|)$ とする。

$\vec{N} + m\vec{g} = \vec{0}$
↑ + ↓ = ●

$r\dfrac{d^2\theta}{dt^2} = 0\,\mathrm{m/s^2}$ だから

$\dfrac{d^2\theta}{dt^2} = 0\,\mathrm{s^{-2}}$ となるので

$\dfrac{d\theta}{dt}$ は一定である。

円運動の加速度については 5.5 節参照

(球の質量)×(地上で観測した円板の加速度)

が慣性力である。ただし，球の位置 r' における円板の加速度であることに注意すること。この慣性力は，中心から外向きにはたらいているので，「遠心力」という。

- 静止系では，糸から受ける力によって，球は回転しているように観測される。
- 回転系では，糸から受ける力と遠心力がつりあって，球は静止しているように観測される。

(球の質量)×(回転系で観測した球の加速度)
　　　＝(糸から受ける力)＋遠心力

が成り立つ。遠心力の表式から，

- 半径が一定のカーブを曲がるときにはたらく遠心力は，角速度の2乗に比例して大きくなる。
- 一定の速さでカーブを曲がるときには，カーブの半径が小さいほど遠心力は大きくなる。

[注意1] 遠心力以外の慣性力　　ここでは，球がつねに x' 軸上にある場合を考えた。そうでない場合は，遠心力以外の慣性力（コリオリの力）も現れる。

〈参考〉万有引力と重力　　地球上の物体は，地球から万有引力を受けている。他方，地球上の物体は，地球の自転で生じる遠心力も受けている。遠心力は，地球の回転軸に垂直で，外向きにはたらいている。

　(地球からはたらく万有引力)＋(地球の自転で生じる遠心力)
　　　＝重力

しかし，地球の自転で生じる遠心力は，もっとも大きい赤道上でさえ万有引力の約 1/300 しかない。だから，重力は万有引力に等しいと見なしてよい。

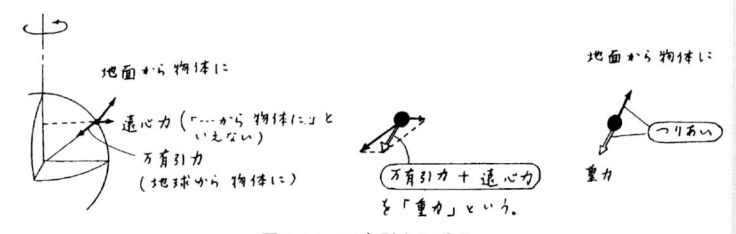

図 7.10　万有引力と重力

★7 章の自己診断
1. 同じ運動であっても，観測する立場によって見方がちがうことを理解したか。
2. 慣性系（地上に設定した座標系）では，遠心力は現れないことを理解したか。

回転系では，
(球の質量)
　×(回転系で観測した球の加速度)
　　＝糸から受ける力
の形の運動方程式は成り立たない。

静止系では，運動方程式は
$$m\left[-r\left(\frac{d\theta}{dt}\right)^2\right] = -S$$
と書ける。

$\dfrac{d\theta}{dt} = \dfrac{d\theta'}{dt} + \dfrac{d\Theta}{dt}$ で $\dfrac{d\theta'}{dt} = 0\,\text{s}^{-1}$

のとき，$\dfrac{d\theta}{dt} = \dfrac{d\Theta}{dt}$ である。
したがって，
$$m\left[-r\left(\frac{d\Theta}{dt}\right)^2\right] = -S$$
となる。この式は，回転系の
$$m\cdot 0\,\text{m/s}^2 = -S + mr'\left(\frac{d\Theta}{dt}\right)^2$$
と矛盾しない。

コリオリの力は，$2mr'\dfrac{d\theta'}{dt}\dfrac{d\Theta}{dt}$ と r' の時間変化の効果に由来する。コリオリの力の具体的な表式は，本書で取り上げない。

＋は力の合計を表す。

8 エピローグ
——数学は物理のことばである

キーワード◆2体問題，重力質量，慣性質量，三角関数，等号

　小・中学校では，実験と観察を通して，理科に興味を持った学生も少なくない。しかし，現在の高校の物理では，実験が減り，ほとんどの時間が数式の羅列になりがちである。一方，大学の物理では，微積分とベクトル解析などの数学の方法を駆使して法則を学習する。これらの数学に慣れると，いろいろな関係式が導けるようになる。このため，あたかも物理がわかったかのような錯覚に陥る。しかし，数式の操作に慣れただけで，物理現象を見てきたかのようなイメージが描けるようになったとは限らない。心理学でも指摘のある通り，「運動の向きに力がはたらいている」と思い込んでいる学生は少なくない。計算問題を解くことができても，力学現象がわかっていない場合もある。「できる」と「わかる」はちがう。この教訓に注意しながら，さらに物理学の学習を進めるとよい。そのときも数学に埋没して物理現象を見失わないようにしなければならない。

> 安西祐一郎『人はいかに学ぶか』中公新書（1985）

　物理学では，「数式を単なる記号または道具と見ればよい」という立場がある。数学は使えればよいという発想らしい。定理，証明の羅列になりがちの数学の教科書に対する考え方のようである。たしかに，こういう教科書を学習しても，すぐに物理学に応用できるわけではない。しかし，慣れると，数学の記号と物理のことばが密接に絡み合っていることに気付くはずである。法則を数式で表すと，現象のカラクリがわかりやすくなるし，実験する以前に予言できるようになる。微分 dx, dt には，「瞬間をどのようにしてとらえようとしたか」という物理の思想が込められている。微分の思想は，慣性を理解する基礎になる。しかし，微分の概念と慣性の関わりを説明している物理の教科書はなかなか見つからない。積分 $\int_a^b dx$ を見たら，「線素 dx を位置 a から位置 b までつなぎ合わせる操作」を頭に描かなければならない。ベクトル記号 $\vec{v}$ を見たら，「物体が動いているようすを頭に描こう」という発想が大切である。

> 本書は，必ずしもこのような立場ではない。

> 5.2 節参照

> 2.5 節参照

> $\vec{v}$ は速度を表す。

　法則を理解する上で，必ず一つは例をあげることができるようにしよう。例が一つも思い浮かばないときは，その法則がよくわかっていないことになる。「わからない」とは，過去に蓄積した知識と新しく取り入れた知識が頭の中で結び付かない状態である。だから，わかるためには，自分の内面であたりまえになっている知識と結び付ければよい。大学の力学で扱う概念は，日常の経験または小・中学校で学習した知識がどのように発展した内容なのかを考えよう。

付録

A 異なる力学現象の間の共通性

一見ちがった力学現象でも，不思議なことに共通性の見つかる場合がある。こういう例を通して，力学の法則のおもしろさを楽しむきっかけにすると，理解が深まる。

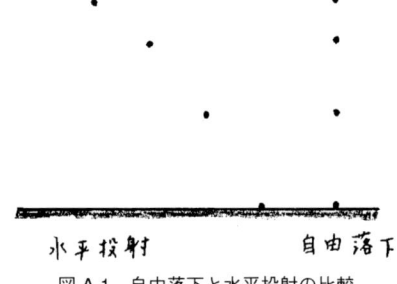

1. 自由落下と水平投射

自由落下と水平投射のどちらも，
　　水平方向の運動：等速度運動（自由落下のときは 0 m/s）
　　鉛直方向の運動：等加速度運動
である。

- どちらの運動でも，物体には同じ重力がはたらいている。しかし，初速度がちがうので，運動の軌跡がちがう。
- 水平方向と鉛直方向は互いに垂直であり，これらの方向の運動は影響をおよぼし合わない。

図 A.1　自由落下と水平投射の比較

2. 放物運動と等速円運動

- 放物運動している物体には，鉛直下向きに重力がはたらいている。
- 等速円運動している物体には，円の中心向きに力がはたらいている。

どちらの運動でも，物体は力の向きに動いていない。力は，速度を変えるはたらきである。

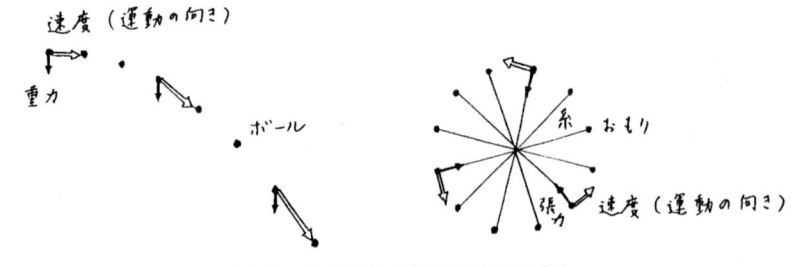

図 A.2　放物運動と等速円運動の共通性

3. ばね振り子と等速円運動

ばね振り子の振動は，等速円運動とちがって，直線に沿った往復運動である。しかし，位置を $\vec{r}$，加速度を $\vec{a}$ とすると，どちらの場合も $\vec{a} = -(\text{正の一定量})\vec{r}$ と書ける。方程式が同じならば，現象も同じである。等速円運動の射影は，ばね振り子と同じように振動する。

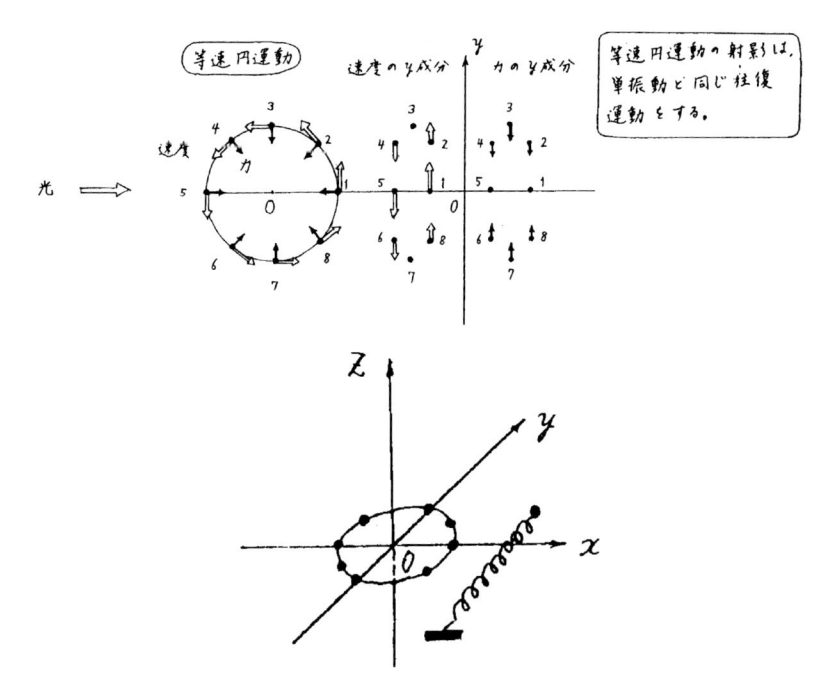

図 A.3　ばね振り子と等速円運動の共通性

[注意 1]　ばね振り子の振動では，運動エネルギーと位置エネルギーがたえず交換し合っている。これに対して，等速円運動では，運動エネルギーは一定である。

4. 単振り子の周期と地球の公転周期

単振り子の運動も円運動（残念ながら「円弧運動」という用語がない）と見なせる。

周期：

$$単振り子：T = 2\pi\sqrt{\frac{\ell}{g}} \quad (\ell \text{は糸の長さ，}g\text{は単位質量の物体にはたらく重力だが，重力加速度の値と一致})$$

$$地球：T = 2\pi\sqrt{\frac{R}{|\vec{a}|}} \quad (R \text{は太陽と地球の間の距離，}\vec{a}\text{は加速度})$$

5. 2体問題

二つの物体の間ではたらく力は，作用反作用の法則が成り立つ。

- 地球とボールは，万有引力によって，互いに引っぱり合っている。
- ボールを壁に衝突させると，壁からボールに力がはたらき，ボールから壁に力がはたらく。

しかし，地球の質量がボールの質量よりもはるかに大きいので，地球は実質的に動かない（3.5節 [注意 2]）。壁とボールも同様である。

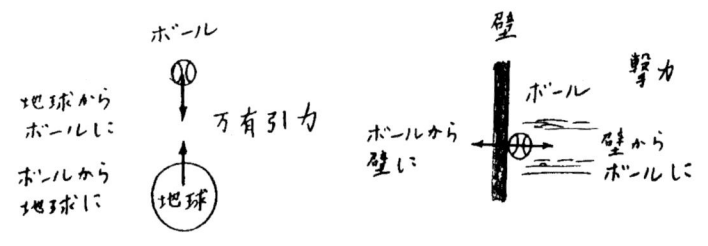

図 A.4　地球とボール，壁とボール

壁は小球が衝突しても，動かないように見える。そうすると，衝突前後で小球だけの運動量が変化する。これでは，運動量保存則が成り立たないのではないか。

小球の質量を m_1，壁の質量を m_2 と表す。衝突前の小球の速度を $\vec{v}_1$，衝突後の小球の速度を $\vec{v}_1'$，壁の速度を $\vec{v}_2'$ とする。衝突時間が短いので，撃力の力積に比べて，重力の力積は無視できるほど小さい。小球と壁の間にはたらく撃力は，作用反作用の法則を満たしているので，

$$\text{運動量保存則}: m_1\vec{v}_1 + m_2\vec{0} = m_1\vec{v}_1' + m_2\vec{v}_2'$$

を考える。

$$\text{衝突前後の相対速度}: \vec{v}_2' - \vec{v}_1' = -e(\vec{0} - \vec{v}_1)$$

の関係式を使うと，$(m_1 + m_2)\vec{v}_2' = (1+e)m_1\vec{v}_1$ となる。$m_1 \ll m_2$ なので，$m_1/(m_1+m_2) \cong 0$ である（$\cong$ は「近似的に等しい」）。実質上，衝突後の壁の速度は $\vec{v}_2' = \vec{0}$ と見てよい。

B 重力質量と慣性質量

物体は，もともと物質の量を備えている。これを「質量」という。通常の教科書では，重力質量と慣性質量の2種類の質量を区別する。これらの質量は，まったく別の発想から生まれたからである。重力質量は，「物体ごとに重さ（地球上の空間のゆがみによって受ける重力の大きさ）が異なる」という事情を説明するために考えた。一方，慣性質量は，「物体ごとに慣性（現在の運動状態を保とうとする性質）を表す量の大きさが異なる」という事情を説明するために考えた。落下実験によると，初速度が同じであれば，どの物体も同じ速度で落下する。重い（重力質量が大きい）物体ほど，鉛直下向きにはたらく重力が大きいので，加速しやすいような気がする。しかし，実際には慣性のため重い物体ほど動きにくい（速度が変化しにくい）。結局，速度は物体に無関係となる。

- 重力質量は，物体が加速する性質を表す。
- 慣性質量は，物体に重力がはたらいているかどうかに関係なく，もとの速度を保とうとする性質を表す。

? 疑問：重力質量が大きいほど慣性質量も大きいと考えてよいだろうか。

ガリレイの見出した落下の法則：すべての物体の真空中での落下速度は等しい。

2個のボールを同じ初速度で落下させた場合を考えてみよう。時刻 t の速度は，運動量の変化と力積の関係から求まる（4.1.2項参照）。重力質量を m_G，慣性質量を m_I と書く。初期時刻 t_0 を $0\,\mathrm{s}$ とする。

$$\text{ボール1}: m_{I1}\vec{v}_1(t) - m_{I1}\vec{v}_1(t_0) = m_{G1}\vec{g}(t-t_0)$$

$$\text{ボール2}: m_{I2}\vec{v}_2(t) - m_{I2}\vec{v}_2(t_0) = m_{G2}\vec{g}(t-t_0)$$

から，

$$\vec{v}_1(t) - \vec{v}_1(t_0) = \frac{m_{G1}}{m_{I1}}\vec{g}t$$

$$\vec{v}_2(t) - \vec{v}_2(t_0) = \frac{m_{G2}}{m_{I2}}\vec{g}t$$

となる。同じ初速度 $[\vec{v}_1(t_0) = \vec{v}_2(t_0)]$ に注意して辺々引くと，

$$\vec{v}_1(t) - \vec{v}_2(t) = \left(\frac{m_{G1}}{m_{I1}} - \frac{m_{G2}}{m_{I2}}\right)\vec{g}t$$

となる。落下の法則から左辺が $0\,\mathrm{m/s}$ なので，

$$\frac{m_{G1}}{m_{I1}} = \frac{m_{G2}}{m_{I2}}$$

である。同様の関係は，二つの物体だけでなく，すべての物体の間で成り立つ。だから，（慣性質量/重力質量）

は，物体に関係なく一定である。つまり，重力質量と慣性質量は比例する。

物理学では，すべての物体について2種類の量が比例しているとき，数値を一致させるように単位を選ぶ。重力質量と慣性質量を同じ単位で測ることにして，これらの比例定数の値を1と決める。こうすると，重力質量と慣性質量の値は一致する。つまり，重力質量の標準であるキログラム原器を慣性質量の標準とみなす。

通常は，重力質量と慣性質量を区別せず，どちらも単に「質量」と呼ぶ。

物体は，「大きな重力を受けて加速する性質」と「速度を保とうとする性質」というまったく別の性質を合わせ持っている。その結果，落下速度は物体によらない。

[注意1] **重力質量と慣性質量が比例しなかったらどうなるか** 慣性質量 m_I が物体に関係なく同じ大きさだと考えてみる。$d(m_I \vec{v}) = m_G \vec{g}$ から，$d\vec{v} = (m_G/m_I)\vec{g}$ となる。したがって，重力質量 m_G が大きいほど速度が大きく変化する。重いと加速しやすいので，自由落下のときは速く地面に着く。重いと減速しやすいので，投げ上げのときは最高点が低い。しかし，実際はこうならない。重力質量が大きい物体は，慣性質量も大きいからである。慣性質量と重力質量は比例する（m_G/m_I は一定）と考えれば，落下速度の変化は物体に関係なくなる。

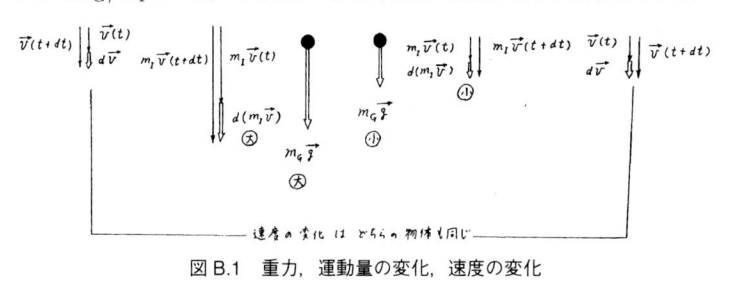

図B.1　重力，運動量の変化，速度の変化

遠回りな説明を避けるために，4.1.1項では，はじめから「質量」を考え，重力質量と慣性質量を区別しなかった。投げ上げ，投げ下ろしの経験から，「大きい重力がはたらく物体ほど慣性を表す量も大きい」と受け止めればよいからである。つまり，質量には，重力で引っぱられる性質を表すだけでなく，動きにくさの意味もある。

C　三角比から三角関数へ

■三角比

直角三角形の辺の長さの比を「三角比」という。

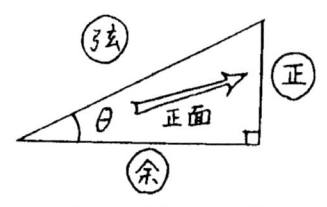

図C.1　直角三角形の辺

- 正：角 θ に正面に向いている辺
- 弦：弦に似た辺（斜辺）
- 余：これら以外の余った辺

$$\text{正弦 (sin)} = \text{正} \div \text{弦} = \frac{\text{正}}{\text{弦}}$$

$$\text{余弦 (cos)} = \text{余} \div \text{弦} = \frac{\text{余}}{\text{弦}}$$

■三角関数(円関数)

直角三角形を作らない場合に拡張するために,三角比を角θの関数と見なす。この場合,「旧法則保存の原理」(古い規則を含んだ上で新しい規則をつくる)に従う。単位円(半径1の円)を考える。さしあたり,長さの単位は何でもよい。三角比の定義の通り,角θの位置が第1象限にあるとき,$x = \cos\theta$, $y = \sin\theta$である。

- 位置がどの象限にあっても,角にx座標を対応させる関数を$\cos$と約束する。「$y = f(x)$の関数記号fを$\cos$, xをθ, yをxと書く」という意味である。
- 位置がどの象限にあっても,角にy座標を対応させる関数を$\sin$と約束する。

「三角関数」というよりも「円関数」という方がわかりやすい。

$$x \to f(\ ) \to y$$
$$\theta \to \cos(\ ) \to x$$

( )に変数を入れる。角が$\theta + \pi/2$の点Pのx座標を$\cos(\theta + \pi/2)$, y座標を$\sin(\theta + \pi/2)$と書くから,

$$\sin\left(\theta + \frac{\pi}{2}\right) = \cos\theta, \quad \cos\left(\theta + \frac{\pi}{2}\right) = -\sin\theta$$

の関係が成り立つ(図C.2)。

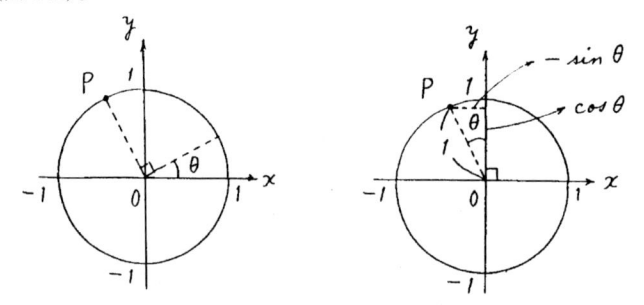

図C.2 θと$\frac{\pi}{2}$ 左図は$(\theta + \frac{\pi}{2})$,右図は$(\frac{\pi}{2} + \theta)$と考えて描いてある。$(\theta + \frac{\pi}{2})$を$(\frac{\pi}{2} + \theta)$と書く方が点Pの座標の表式をつくりやすい。

[注意1]　「$(\cos\theta)^2$が$\cos^2\theta^2$とならないのはなぜか」と疑問に感じている学生を見かける。$f(\ ) = (\ )^2$の場合,「関数fは( )に入った変数を2乗するはたらき」を表す。関数記号fが$\cos^2$のとき,( )にθを入れる。

■三角関数の微積分

反時計回りをθの正の向きとする。点Pが$d\theta (> 0)$だけ回転すると,点Qに達する。このとき,P→Rだから$dx < 0$ m,P→Qだから$dy > 0$ mである。$x = \cos\theta$, $y = \sin\theta$に注意すると,

$$\frac{d(\cos\theta)}{d\theta} = \frac{dx}{d\theta} = \frac{-\mathrm{RP}}{\mathrm{QP}} = -\sin\theta$$

$$\frac{d(\sin\theta)}{d\theta} = \frac{dy}{d\theta} = \frac{\mathrm{QR}}{\mathrm{QP}} = \cos\theta$$

となる。

$d(\cos\theta) = -\sin\theta\, d\theta$は,「角$\theta$の変化にともなう$x$座標の値の変化」を表す。同様に,$d(\sin\theta) = \cos\theta\, d\theta$は,「角$\theta$の変化にともなう$y$座標の値の変化」を表す。

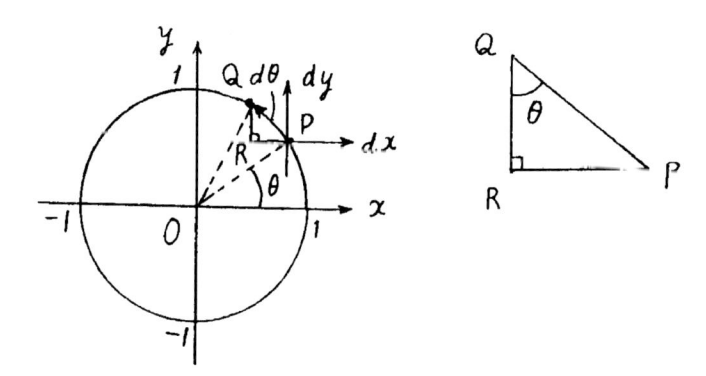

図 C.3　単位円　$d\theta$ が限りなく小さいときには，円弧 PQ を線分と見なせる。
dx 軸，dy 軸の意味については，2.3.4 項参照

D　等号の意味

中学数学では，恒等式 $(2a + 3a = 5a)$，方程式 $(4x = 8)$ を学習する。物理学では，等号は単なる「等しい」という意味の記号とは限らない。等号は，ことばとしての役割を担っている。

1. 定義式

$$v_x = \frac{dx}{dt}, \quad a_x = \frac{dv_x}{dt} \text{ など。}$$

本来は等号ではなく，$\equiv$ を使う。定義とは，「$\dfrac{dx}{dt}$ を記号 v_x で表す」という意味である。

2. 法則を表す関係式

$$d(m\vec{v}) = \vec{f}\,dt, \quad d\left(\frac{1}{2}m|\vec{v}|^2\right) = \vec{f} \cdot d\vec{r} \text{ など。}$$

左辺は結果，右辺は原因を表し，等号は「因果律」を意味する。左辺と右辺は，量の大きさは等しいが，量そのものは同じではない。$d(m\vec{v}) = \vec{f}\,dt$ の左辺は慣性を表す量と速度の変化分であり，右辺は押したり引っぱったりするはたらきと時間である。ただし，質量と加速度の積を力と定義するという見方ができる。本書では，この議論に深入りしない。

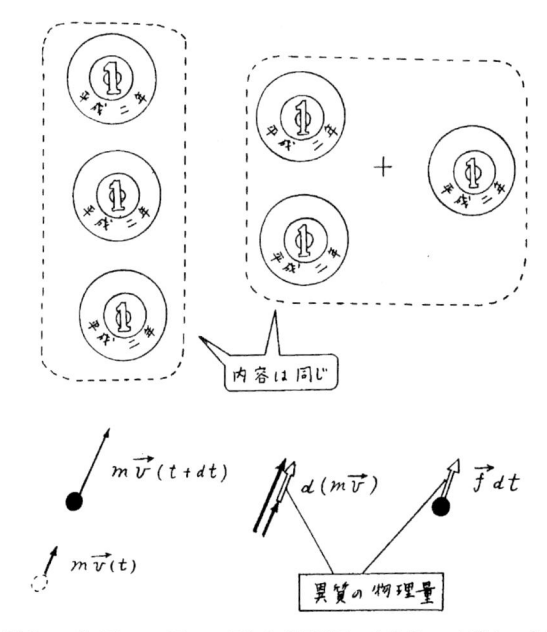

図 D.1　「3 円 = 2 円 + 1 円」と「運動量の変化分 = 力積」の比較

3. 同等

a. ベクトルの合成

〈例〉 $\vec{a}+\vec{b}=\vec{c}$ $\vec{a}$ と $\vec{b}$ をつなぐ筋道と $\vec{c}$ は明らかにちがう。等号は，両者の筋道を「同じと見なす」という意味である。

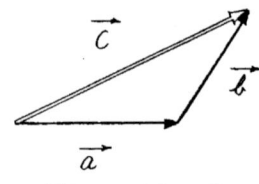

図 D.2 ベクトルの和

b. 1対1対応

例．$\vec{a} = \begin{pmatrix} 3 \\ -5 \\ 2 \end{pmatrix}$

- 左辺：矢印という図形
- 右辺：数の組

これらは明らかに異なる概念である。等号は，「両者が 1 対 1 に対応する」という意味を表す。

〈参考〉 プログラミング言語で，代入文 `i=i+1` の等号は，「右辺で求まった値を左辺に代入する」という意味を表す。← (左向きの矢印) のニュアンスである。$0 = 1$ と誤解してはいけない。

E 文字の使い方

数学，物理学の記号と文字は，思想 (philosophy) を反映している。これらは，数学と物理学の長い歴史の所産である。記号と文字の使い方がちがえば，それらの表す意味もちがう。いいかえると，意味がちがうことを表すために，わざわざ記号と文字を使い分ける。英語でも，at は前置詞だが an は不定冠詞である。たった 1 文字ちがうだけでも意味はまったくちがう。

1. 物理量と単位の記号

a. 物理量：大文字と小文字のどちらを使ってもよい。
- イタリック体 (斜体) で印刷する。

b. 単位：人名に由来する記号は頭文字を大文字にする (例．J, N)。
それ以外はすべて小文字にする (例．m, s)。
- ローマン体 (立体) で印刷する。

2. 量と数値の区別

- r, v が量を表すとき：$r = 2\,\mathrm{m}$, $v = 3\,\mathrm{m/s}$ と書く。
- r, v を m, cm, m/s, cm/s, ... のどの単位で表すかを示すとき：$r[\mathrm{m}]$, $v[\mathrm{m/s}]$ と書く。この表記は r に m が付いているという意味ではない。「r は単位 m を含む (例．$r = 2\,\mathrm{m}$)」という意味である。

量 = 数値 × 単位 の関係式から，量を表す文字は数値だけでなく単位も含んでいる。

3. ベクトル記号

ベクトルは，$\vec{a}$ または $\boldsymbol{a}$ と書く。

- a は,ベクトル $\vec{a}$ の大きさで正の値を取る。a は $|\vec{a}|$ を表している。
- a_x は,ベクトルの x 成分なので正の値,0,負の値のどれでも取り得る。

$\vec{a}$ が座標軸の正の向きのとき $a_x = a$,負の向きのとき $a_x = -a$

〈例 1〉 速度 速さが $v = 2\,\mathrm{m/s}$ の場合

速度 $\vec{v}$ が座標軸の正の向きのとき $v_x = 2\,\mathrm{m/s}$,負の向きのとき $v_x = -2\,\mathrm{m/s}$

〈例 2〉 力 本来,$\vec{f_1}$ と $\vec{f_2}$ の合計は↑+↓の形で表せばよい。これでは幼稚に見えると思うのであれば,$\vec{f_1} + \vec{f_2}$ と書けばよい。それぞれの記号は矢印の名称である。

鉛直下向きのベクトルに負号が付くと思い込んでいる学生がいる。これは誤解である。

- 鉛直下向きのベクトル↓を $\vec{g}$ と名付けたら,鉛直上向きのベクトル↑は $-\vec{g}$ となる。
- 鉛直上向きのベクトル↑を $\vec{g}$ と名付けたら,鉛直下向きのベクトル↓は $-\vec{g}$ となる。

↘ を $\vec{F}$ と表すと $-\vec{F}$ は ↖ である。文字を使ったら高級そうに見えるだけのことである。文字を見ても,二つの力の間で向きと大きさの関係はまったくわからないという難点がある。

計算には,$\vec{f_1} + \vec{f_2} = \vec{f}$ の成分表示

$$\begin{pmatrix} f_{1x} \\ f_{1y} \\ f_{1z} \end{pmatrix} + \begin{pmatrix} f_{2x} \\ f_{2y} \\ f_{2z} \end{pmatrix} = \begin{pmatrix} f_x \\ f_y \\ f_z \end{pmatrix}$$

から,

$$f_{1x} + f_{2x} = f_x, \quad f_{1y} + f_{2y} = f_y, \quad f_{1z} + f_{2z} = f_z$$

を使うと便利である。タテベクトルの形だから,第 1 行どうしを足し合わせると x 成分の合計になる。他の成分も同様。ヨコベクトルにすると,見にくいから不便である。

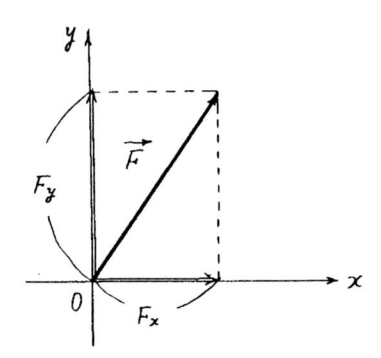

$$\vec{f} = \vec{F}\,\mathrm{N}$$
$$f_x = F_x\,\mathrm{N} = 2\,\mathrm{N}$$
$$f_y = F_y\,\mathrm{N} = 3\,\mathrm{N}$$

図 E.1 力の成分 $f_x = 2\,\mathrm{N}$,$f_y = 3\,\mathrm{N}$ f_x と f_y は**量**を表すが,F_x と F_y は**数値**を表す。

$$\vec{f} = \vec{F}\,\mathrm{N}$$
$$f_x = F_x\,\mathrm{N} = -4\,\mathrm{N}$$
$$f_y = F_y\,\mathrm{N} = 5\,\mathrm{N}$$

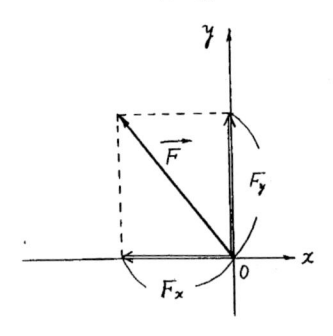

図 E.2 力の成分 $f_x = -4\,\mathrm{N}$, $f_y = 5\,\mathrm{N}$

成分は正の値, 0, 負の値のどれでも取り得る。

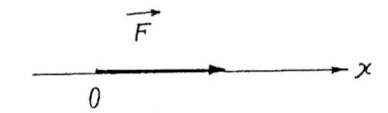

$$\vec{f} = \vec{F}\,\mathrm{N}$$
$$f_x = F_x\,\mathrm{N} = 2\,\mathrm{N}$$

図 E.3 力の成分 $|\vec{f}|$ を f と書くと, $|\vec{f}| = f = 2\,\mathrm{N}$ として $f_x = f = 2\,\mathrm{N}$ である。

$$\vec{f} = \vec{F}\,\mathrm{N}$$
$$f_x = F_x\,\mathrm{N} = -2\,\mathrm{N}$$

図 E.4 力の成分 $|\vec{f}| = f = 2\,\mathrm{N}$ として $f_x = -f = -2\,\mathrm{N}$ である。

[注意 1] 成分と負号　$f(=|\vec{f}|)$ を使うと, 図 E.4 の場合には $f_x = -f$ のように負号が付く。f_x に負号を付けるのではない。

質量を m, 速度を $\vec{v}$, 力を $\vec{f}$, 時間を dt と書くと,

運動量の変化 ＝ 物体にはたらいた力積
$$\downarrow \qquad \qquad \downarrow$$
$$d(m\vec{v}) = \vec{f}\,dt$$

と表せる。

$m = M\,\mathrm{kg}$, $\vec{v} = \vec{V}\,\mathrm{m/s}$, $\vec{f} = \vec{F}\,\mathrm{N}$, $dt = dT\,\mathrm{s}$ と書くと,
$$d(M\,\mathrm{kg}\cdot \vec{V}\,\mathrm{m/s}) = \vec{F}\,\mathrm{N}\cdot dT\,\mathrm{s}$$

または, $\mathrm{kg\cdot m/s = N\cdot s}$ だから

$$d(M\vec{V}) = \vec{F}\,dT$$

となる。

$d(m\vec{v}) = \vec{f}\,dt$ は，量の間の関係式なので，単位の選び方によらない。しかし，$d(M\vec{V}) = \vec{F}\,dT$ は，数値の関係式なので，選んだ単位で数値が異なる。$m = 2\,\mathrm{kg} = 2000\,\mathrm{g}$ のように，m はどんな単位で表してもよい。$M = 2$ と $M = 2000$ のどちらになるかは，単位によってちがう。

F　グラフの書き方

物理量の間の関係を式で表すだけでなく，グラフで描くと特徴が見やすくなる。

- 横軸：変化させた量（例．測定値）
- 縦軸：変化した量（例．人数）

を取る。横軸と縦軸には，数値（量を単位で割った値）だけを示す。

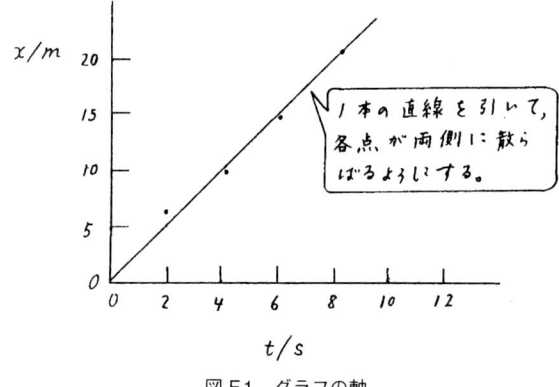

図 F.1　グラフの軸

索 引

〈あ 行〉

位相軌道 (trajectory) 161, 175
位置 (position) 19
位置エネルギー (potential energy) 118, 119, 122
位置ベクトル (position vector) 19, 26
因果律 (causality) 95, 128
上皿てんびん (Roberual balance) 70
上皿はかり (balance) 71
運動 (motion) 20
運動エネルギー (kinetic energy) 89, 92, 101, 201, 215
運動学 (kinematics) 19
運動の第1法則 (Newton's First Law) 59
運動の第2法則 (Newton's Second Law) 95
運動の第3法則 (Newton's Third Law) 65
運動方程式 (equation of motion) 98
運動摩擦係数 (coefficient of kinetic friction) 140
運動摩擦力 (kinetic friction) 117, 138, 140, 148
運動量 (momentum) 89, 92, 93, 201
運動量保存則 (momentum conservation law) 105, 106, 182, 183, 236
エネルギー原理 (energy theorem) 103
エネルギー積分 (energy integral) 124
MKS単位系 (MKS system of units) 106
円運動 (circular motion) 150
円関数 (circular function) 158, 238
遠心力 (centrifugal force) 228, 231
オーダー (order) 17
重さ (weight) 69

〈か 行〉

外界 (surroundings) 101, 203, 210, 222
回転運動 (rotational motion) 196
回転座標系 (rotating coordinate system) 228
回転力 (torque) 84
外力 (external force) 101
角運動量 (angular momentum) 89, 106, 110, 201
角運動量保存則 (law of conservation of angular momentum) 112, 219
角加速度 (angular acceleration) 107
角振動数 (angular frequency) 158
角速度 (angular velocity) 107, 151
加速度 (acceleration) 19, 46
換算質量 (reduced mass) 184
慣性 (inertia) 58, 89, 94, 129
慣性系 (inertial system) 58, 59, 222
慣性質量 (inertial mass) 236
慣性モーメント (moment of inertia) 201, 202
慣性力 (inertia force) 227
基本単位 (fundamental unit) 106
基本ベクトル (fundamental vectors) 29
極座標 (polar coordinates) 151, 228
キログラム原器 (prototype kirogram) 69
近似値 (approximate value) 17
空気抵抗 (air resistance) 132, 133
区分求積法 (end summing rule) 53
組立単位 (derived unit) 106
撃力 (impulsive force) 74, 185
ケプラーの法則 (Kepler's law) 187
減衰振動 (damped harmonic oscillator) 170
向心力 (centripetal force) 150
剛体 (rigid body) 3, 196
誤差 (error) 2, 11, 12
固定軸 (fixed axis) 201
古典力学 (classical mechanics) 2
弧度法 (circular method) 82
個別単位 (particular unit) 6

〈さ 行〉

最大摩擦力 (maximum frictional force) 138, 139
座標 (coordinate) 19, 27, 28, 31
座標系 (coordinate system) 59
座標軸 (axes of coordinates) 28
作用 (action) 65
作用反作用の法則 (low of action and reaction) 65, 235
三角関数 (trigonometric functions) 158, 237
時間 (time) 15
次元解析 (dimensional analysis) 181
思考実験 (thought experiment) 2
仕事 (work) 55, 75, 102
仕事の原理 (principle of work) 80
CGS単位系 (CGS system of units) 106
指数関数 (exponential function) 134
実数 (real number) 6
質点 (mass point) 2, 62
質点系 (system of particles) 175
質量 (mass) 69, 104, 237
質量中心 (center of mass) 183, 197, 211
斜面 (slope) 143, 211
周期 (period) 158, 167, 169, 235

索 引

重心 (center of gravity) 197, 211
自由落下 (free fall) 186, 234
重力 (gravity/gravitational force) . 115, 148, 190, 231
重力質量 (gravitational mass) 236
重力場 (gravitational field) 61, 218
瞬間加速度 (instantaneous acceleration) 49
瞬間速度 (instantaneous velocity) 38, 41, 129
準静的過程 (quasistatic process) 120
衝突 (collision) 186, 235
振幅 (amplitude) 169
垂直抗力 (normal component of reaction) ... 117, 139
数値 (numerical value) 6
数直線 (real line) 28
数ベクトル (numerical vector) 19, 31
スカラー (scalar) 19, 23
スカラー成分 (scalar component) 30, 31
スカラー倍 (scalar multiple) 23
スカラー量 (scalar quantity) 19, 42, 103
静止摩擦係数 (coefficient of static friction) 139
静止摩擦力 (static friction) 138
積分 (integral) 50, 52
相対速度 (relative velocity) 181–183, 236
測定 (measurement) 5, 6, 8
測定値 (measured value) 8
速度 (velocity) 19, 34, 35
速度ベクトル (velocity vector) 32

〈た 行〉

対数関数 (logarithmic function) 134
台はかり (balance) 71
単位 (unit) 5, 6
単位ベクトル (unit vector) 25
単振動 (simple harmonic motion) 155, 158, 161
弾性衝突 (elastic collision) 181, 184
弾性力 (elastic force) 148, 155
単振り子 (simple pendulum) 165, 235
力 (force) 55, 56, 62, 91, 94
力ベクトル (force vector) 32, 62
中心力 (central force) 112
直線 (straight line) 43
直交座標 (Cartesian coordinates) 151
つりあい (equilibrium) 65, 198
デカルト座標 (Cartesian coordinates) 151
等加速度運動 (uniformly accelerated motion) 127, 223, 234
動径 (moving radius) 151
等号 (sign of equality) 239
等速円運動 (uniform circular motion) .. 154, 188, 234
等速度運動 (constant velocity motion, linear uniform motion) 40, 127, 223, 234
トルク (torque) 55, 82, 84, 111

〈な 行〉

内界 (system) 101, 203, 210
内積 (inner product) 82, 85
内力 (internal force) 101
長さ (length) 6, 34
2体問題 (two body problem) 235

〈は 行〉

ばね定数 (spring constant) 155
ばねはかり (spring balance) 68
ばね振り子 (spring pendulum) 155, 234
速さ (speed) 34, 35
反作用 (reaction) 65
反発係数 (coefficient of restitution) 185
万有引力 (universal gravitation/gravitational force) 187, 231
万有引力定数 (universal gravitation constant) 189
万有引力による位置エネルギー (gravitational potential energy) 191
万有引力の法則 (Newton's law of universal gravitation) 189
万有引力場 (gravitational field) 191
非慣性系 (noninertial system of coordinates) . 58, 59, 223
微小振動 (small oscillation) 166
非弾性衝突 (inelastic collision) 181, 184
微分 (differential) 42, 44
微分係数 (differential coefficient) 42
微分する (diffentiate) 46
非保存力 (nonconservative force) 149
フック (Hooke) の法則 (Hooke's law) 155
物理量 (physical quantity) 5
普遍単位 (universal unit) 6
分度器 (protractor) 151
平均加速度 (mean acceleration) 47, 48
平均速度 (mean velocity) 38, 40
並進運動 (translational motion) 196
平面運動 (plane motion) 210
ベクトル (vector) 19, 22
ベクトル成分 (vector component) 29
ベクトル積 (vector product) 85, 110
ベクトルの加法 (vector addition) 22
ベクトルの加法の分配法則 (associative property for sums of vectors) 25
ベクトルのスカラー倍 (scalar multiple) 23
ベクトルの成分 (component) 114
ベクトル量 (vector quantity) 19, 33, 42, 103
変位 (displacement) 19, 21, 33, 34, 115
変位ベクトル (displacement vector) 26, 33
方位角 (azimuthal angle) 151
方向 (direction) 21

放物運動 (paraboloid motion) 125, 234
保存力 (conservative force) 149
ポテンシャル (potential) 121, 160, 178

〈ま 行〉

摩擦 (friction) 136
摩擦角 (angle of friction) 139
見かけの力 (fictitious force) 228
向き (sense) 21
メートル (meter) 6
面積ベクトル (area vector) 108
モデル化 (model) 2
物差 (ruler) 6, 151
モーメント (moment) 110

〈や 行〉

有効数字 (significant figure) 11

有向平面 (oriented plane) 108

〈ら 行〉

力学 (mechanics) 19
力学的エネルギー (mechanical energy) 119
力学的エネルギー保存則 (law of conservation of mechanical energy) ... 119, 130, 136, 147, 160, 164, 168, 174, 179, 192, 210, 218
力積 (impuls) 55, 73, 94
力積のモーメント (moment of impuls) 111
力場 (force field) 148, 161
離散量 (discrete quantity) 8
量 (quantity) 5
連続量 (continuous quantity) 8
60進法 (sexagesimal system) 16

著者紹介

小林 幸夫（こばやし・ゆきお）
東京大学大学院理学系研究科博士課程修了
理学博士
理化学研究所（現・特定国立研究開発法人）フロンティア研究員（常勤）等を経て，成蹊大学非常勤講師，創価大学理工学部教授．

◆応用物理学会応用物理教育分科会副庶務幹事，編集副委員長

◆専攻分野
理論物理学（タンパク質の立体構造構築原理に関する統計力学，複合系のトンネル効果に関する量子力学），物理教育（力学教授法の開発），数学教育（ことばを使わない証明法の考案）

◆著書
単著：『数学ターミナル 線型代数の発想』（現代数学社，2008）．
『数学オフィスアワー 現場で出会う微積分・線型代数』（現代数学社，2011）．
『数学ラーニング・アシスタント 常微分方程式の相談室』（コロナ社，2019）．
共著：The physical foundation of protein architecture (World Scientific, 2001).
分担執筆：日本生物工学会編：『生物工学ハンドブック』（コロナ社，2005）．
日本バイオインフォマティクス学会編：『バイオインフォマティクス事典』（共立出版，2006）．

力学ステーション
—時間と空間を舞台とした物体の振る舞い— © 小林幸夫 2002

| 2002 年 12 月 16 日　第 1 版第 1 刷発行 | 【本書の無断転載を禁ず】 |
| 2025 年 4 月 10 日　第 1 版第 17 刷発行 | |

著　者　小林幸夫
発行者　森北博巳
発行所　森北出版株式会社
　　　　東京都千代田区富士見 1-4-11（〒102-0071）
　　　　電話 03-3265-8341 ／ FAX 03-3264-8709
　　　　https://www.morikita.co.jp/
　　　　日本書籍出版協会・自然科学書協会　会員
　　　　JCOPY <（一社）出版者著作権管理機構　委託出版物>

乱丁・落丁本はお取替え致します．　　印刷・製本／(株)ワコー
TEX 組版処理/(株)プレイン　　http://www.plain.jp/

Printed in Japan ／ ISBN978-4-627-16061-3

■ギリシア文字

ギリシア文字

大文字	小文字	相当するローマ字	読み方	
A	α	a, ā	alpha	アルファ
B	β	b	beta	ベータ
Γ	γ	g	gamma	ガンマ
Δ	δ	d	delta	デルタ
E	ε, ϵ	e	epsilon	エプシロン
Z	ζ	z	zeta	ゼータ
H	η	ē	eta	エータ
Θ	θ, ϑ	th	theta	テータ（シータ）
I	ι	i	iota	イオタ
K	κ	k	kappa	カッパ
Λ	λ	l	lambda	ラムダ
M	μ	m	mu	ミュー
N	ν	n	nu	ニュー
Ξ	ξ	x	xi	グザイ（クシー）
O	o	o	omicron	オミクロン
Π	π	p	pi	パイ
P	ρ	r	rho	ロー
Σ	σ, ς	s	sigma	シグマ
T	τ	t	tau	タウ
Υ	υ	u, y	upsilon	ユープシロン
Φ	ϕ, φ	ph(f)	phi	ファイ
X	χ	ch	chi, khi	カイ
Ψ	ψ	ps	psi	プサイ（プシー）
Ω	ω	ō	omega	オメガ

まぎらわしい文字

a	エイ	α	アルファ		v	ブイ	ν	ニュー
B	ビー	β	ベータ		p	ピー	ρ	ロー
r	アール	γ	ガンマ		t	ティー	τ	タウ
E	イー	ε	エプシロン		x	エックス	χ	カイ
k	ケイ	κ	カッパ		w	ダブリュー	ω	オメガ

ワープロで「かい」と入力して変換を繰り返すと，χ がみつかる。χ は「エックス」ではない。統計学に χ^2 分布（カイ2乗分布）という概念がある。これを「エックス2乗分布」と読まないこと。